高 等 学 校 规 划 教 材

土 木 工 程 测 量

金向农　汪善根　夏敬潮　曾　秋　编

许国辉　主审

中国建筑工业出版社

图书在版编目（CIP）数据

土木工程测量/金向农等主编 . —北京：中国建筑工业
出版社，2019.1（2025.11重印）
高等学校规划教材
ISBN 978-7-112-23051-8

Ⅰ.①土… Ⅱ.①金… Ⅲ.①土木工程-工程测量-高
等学校-教材 Ⅳ.①TU198

中国版本图书馆 CIP 数据核字（2018）第 288968 号

本书较为全面、系统地介绍了测量学的基本理论、方法及相关的测绘仪器设备。全书
共分 12 章，第 1 章介绍了测量学的一些基本概念及测量坐标系统和高程系统的建立方法；
第 2、3、4 章主要介绍测量的三项基本工作（水准测量、角度测量和距离测量）内容，包
括测量方法及相关的常规测量仪器的构造和使用；第 5 章介绍测量误差的基本知识；第 6
章为小地区控制测量，主要介绍导线测量方法，三、四等水准测量和全站仪的构造及使用
方法；第 7 章为现代测绘技术简介，简要介绍了 GNSS、摄影测量及遥感技术；第 8、9 章
介绍了大比例尺地形图测绘和应用的内容；第 10、11 章分别介绍建筑施工测量和道路工
程测量；第 12 章介绍变形监测与竣工测量。附录为测量实验与实习。

本书可作为高等院校土木工程及相关专业"测量学"课程教材，也可作为土木工程技
术人员参考用书。

为便于教学，作者特制作了与教材配套的课件，如有需要，可发邮件至 Cabpbeijing@
126. com 索取（注明书名和作者名）。

* * *

责任编辑：王美玲 张莉英
责任校对：王 瑞

高等学校规划教材

土木工程测量

金向农 汪善根 夏敬潮 曾 秋 编
许国辉 主审

*
中国建筑工业出版社出版、发行（北京海淀三里河路 9 号）
各地新华书店、建筑书店经销
北京红光制版公司制版
建工社（河北）印刷有限公司印刷
*
开本：787×1092 毫米 1/16 印张：17¾ 字数：430 千字
2019 年 1 月第一版 2025 年 11 月第五次印刷
定价：**48.00** 元（赠课件）
ISBN 978-7-112-23051-8
（33154）

前　言

"测量学"课程是土木工程及相关专业一门重要的专业基础课程。当前，随着测绘科学技术的发展，新的测绘技术方法和测量新仪器设备不断涌现并应用于实践，使测绘领域发生了革命性的变化。如 GNSS 定位技术的应用、数字化测图、无人机倾斜摄影测量应用于大比例尺地形图测绘、三维激光扫描技术等，改变了传统的作业模式。2018 年 7 月 1 日起，国家全面启用 2000 国家大地坐标系，全站仪目前也已全面普及应用，成为测量的常规仪器。一些传统的测绘方法，如视距测量、经纬仪视距法测绘地形图等正逐步被淘汰。本教材是根据土木工程及相关专业测量学教学大纲的要求，并考虑当前测绘领域的现实状态，结合土木工程等非测绘类专业教学学时的特点而编写的。可作为普通高等院校土木工程、给排水科学与工程、工程管理、交通工程、城乡规划、建筑学等专业的教学用书，也可作为相关专业技术人员的参考用书。

本教材在编写时参考了其他一些相关教材的成功经验，并结合了编者自己长期教学及专业实践的体会。在内容的选择上，保留传统经典的教学内容，摒弃或减少一些将要淘汰的测量仪器或方法等内容，并增加对测绘新技术、新设备的介绍。既考虑实用性，又兼顾先进性。

本教材由广州大学金向农、汪善根、夏敬潮、曾秋编，编写分工如下：汪善根编写了第 1、2、3、4、5 章和第 6 章第 1、2、3、4 节；夏敬潮编写了第 6 章第 5 节和第 7 章；金向农编写了第 8、9、10、11、12 章；曾秋编写了附录。

主审广州大学许国辉教授对全部书稿进行了认真、细致的审查，提出了宝贵的意见和建议，在此表示衷心的感谢。

本教材受广州大学教材出版基金资助。

由于编者水平所限，教材中难免存在缺点和不足，恳请读者和同行专家批评指正。

编者

2018 年 10 月

目　　录

第1章 绪 论

1.1 测绘学与测量学

测绘学是测量学与制图学的统称。它研究的对象是地球整体及其表面和外层空间中的各种自然物体、人造物体的有关空间信息。它的研究任务是对这些与地理空间有关的信息进行采集、处理、管理、更新和利用。测量学是研究如何测定地面点的点位，将地球表面的各种地物、地貌及其他信息测绘成图，以及确定地球的形状和大小的一门学科。制图学是结合社会和自然信息的地理分布，研究绘制全球和局部地区各种比例尺的地形图和专题地图的理论和技术的学科。由此可见，测量学与制图学是测绘学的两个组成部分，其中测量学是它的重要组成内容。

1.1.1 测量学研究的范围和内容

传统的测量学研究的对象是地球及其表面，传统测量主要是采用光学仪器的全手工测量。随着科学技术的发展，现代测量学已扩展到地球的外层空间，观测和研究的对象已由静态发展到动态。同时，所获得的观测量，既有宏观量如航摄像片，也有微观量如单点坐标，使用的手段和设备，也已转向自动化、遥测、遥感和数字化。现代测量主要包括全站仪测量、GNSS测量（Global Navigation Satellite System，全球导航卫星系统）、遥感测量，与传统测量相比，现代测量大大缩短了测量时间，提高了测量精度。

测量学研究的内容分测定和测设两部分。测定（测图）是指使用测量仪器和工具，通过测量和计算，得到一系列测量数据或成果，将地球表面的地形缩绘成地形图，供经济建设、国防建设、规划设计及科学研究使用。测设（放样）是指用一定的测量方法，按要求的精度，把设计图纸上规划设计好的建（构）筑物的平面位置和高程标定在实地上，作为施工的依据。测定和测设互为逆过程，但所用的测量方法和仪器工具是一样的。

1.1.2 测绘学科的组成

测绘学科的组成并无统一规定，按照研究对象和范围的不同，测绘学科主要分为以下几个分支学科：

（1）大地测量学

大地测量学是从地球整体考虑，并顾及地球曲率影响，精确地测定地面点的位置，建立国家大地控制网，测量地球重力场的分布与变化，其测量成果用以研究地球的形状和大小、地壳的升降、大陆的变迁、地震预报以及作为各种测量的依据。按照测量手段的不同，大地测量学又分为常规大地测量学、卫星大地测量学及物理大地测量学等。

（2）地形测量学

地形测量学是以地球表面小区域范围为研究对象，不考虑地球曲率影响，把测量基准面当做平面，将地面上的物体以及地球表面高低起伏的形态测绘成图，供国民经济建设及国防建设各方面需要之用，亦称为普通测量学。

（3）摄影测量学

摄影测量学是通过对摄影像片经量测、解译等图像处理，测定物体的形状、大小和空间位置的科学。摄影测量根据像片获取的方式不同，可以分为"地面摄影测量"、"航空摄影测量"及"航天摄影测量"。地面摄影测量由于会受到地形条件的限制，主要用于某些工程建设方面的测量；航空摄影测量利用从飞机上摄得的地面像片成图，是目前测绘地形图的主要方法之一；航天摄影测量是从人造地球卫星或宇宙飞船上进行摄影，故可有效地研究地球及其他星体。

（4）工程测量学

工程测量学是研究各项工程建设在勘测设计、施工建设和管理运营各阶段所进行的各种测量工作的科学。各项工程包括：工业建设、铁路、公路、桥梁、隧道、水利工程、地下工程、管线（输电线、输油管）工程、矿山和城市建设等。工程测量学主要任务有三个方面，一是将地面上的地形、地物测绘到图纸上；二是将图纸上设计的建筑物测设到实地，亦即在地面上标定出所测设点的位置；三是对建筑物在施工过程中和竣工后会产生变化而进行的变形观测。

（5）地图制图学

地图制图学是研究地图的基础理论、设计、编绘、复制的技术、方法以及应用的科学。它的基本任务是利用各种测量成果编制各类地图，其内容一般包括地图投影、地图编制、地图整饰和地图制印等分支。现代地图制图学多利用空间遥感技术获取信息编制各种地图。

本书主要介绍土木建筑工程中测绘工作的内容，它属于工程测量学的范畴，也与其他测量学科有着密切的联系。

1.1.3 测绘学的发展及作用

测绘学是一门历史悠久的科学，早在几千年前，由于当时社会生产发展的需要，中国、古埃及、古希腊等国家的劳动人民就开始创造与运用测量工具进行测量。我国在古代就发明了指南针、浑天仪等测量仪器，为天文、航海及测绘地图作出了重要的贡献。随着人类社会需求和近代科学技术的发展，测绘技术已由常规的大地测量发展到空间卫星大地测量，由航空摄影测量发展到航天遥感技术的应用；测量对象由地球表面扩展到空间星球，由静态发展到动态；测量仪器已广泛趋向精密化、电子化和自动化。从20世纪50年代起，我国的测绘事业进一步得到了蓬勃发展，在天文大地测量、人造卫星大地测量、航空摄影与遥感、精密工程测量、近代平差计算、测量仪器研制以及测绘人才培养等方面，都取得了令人鼓舞的成就。我国的测绘科学技术已居世界先进行列。

测绘技术是了解自然、改造自然的重要手段，也是国民经济建设中一项基础性、前期性工作，应用广泛。它能为城镇规划、市政工程、土地与房地产开发、农业、防灾、科研等方面提供各种比例尺的现状地形图或专用图和测绘资料；同时，按照规划设计部门的要求，进行道路规划定线和坡地测量，以及市政工程、工业与民用建筑工程等土木建筑工程的放样测量，直接为建设工程项目的设计与施工服务；在工程施工过程和运营管理阶段，对高层、大型建（构）筑物进行沉降、位移、倾斜等变形观测，以确保建（构）筑物的安全，并为建（构）筑物结构和地基基础的研究提供各种可靠的测量数据。所以，测绘工作将直接关系到工程的质量和预期效益的实现，是我国现代化建设不可缺少的一项重要工作。随着测绘科技的发展以及新技术的研究开发与应用，必将为各个行业及时提供更多更好的信息服务与准确、适用的测绘成果。

综合上述，测量工作贯穿于工程建设的全过程。参与工程建设的技术人员必须具备工程测量的基本技能，测量学是工程建设技术人员的一门必修基础课。

1.1.4 学习要求

本教材的主要目的是让土木工程及其他工程建设相关专业的人员学习和掌握下列内容：

（1）地形图测绘。用测量学的理论、方法和仪器工具，将小范围内地面上的地物和地貌按一定比例尺测绘成地形图等，这项任务简称为测图。

（2）地形图的应用。工程建设的规划设计，从地形图中获取所需要的资料，例如点的坐标和高程、两点间的水平距离、地块的面积、地面的坡度、地形的断面和进行地形分析等，这项任务简称为图的应用。

（3）施工测设。把图上设计好的建筑物、设计物的位置标定在实地上，作为施工的依据，这项任务简称为测设或放样。

测量工作的实质是确定点的空间位置，即确定点的平面位置和高程，学习时一定要抓住这个基本点，去理解测量理论和方法，同时要重视测量实际操作，使理论和实践紧密结合起来。

1.2 测量工作的基准面和基准线

1.2.1 地球的形状和大小

测量工作的主要研究对象是地球的自然表面，但地球表面形状十分复杂。通过长期的测绘工作和科学调查，人们了解到地球表面上海洋面积约占 71%，陆地面积约占 29%，世界第一高峰珠穆朗玛峰高出海平面 8844m，而位于太平洋西部的马里亚纳海沟低于海平面 11022m。尽管有如此大的高低起伏，但相对于地球平均半径 6371km 来说仍可忽略不计。因此，地球总的形体可视为由海洋面包围着的球体。

1.2.2 铅垂线、水平线、水平面和水准面

由于地球的自转运动，地球上任意一点都受到离心力和地球引力的双重作用，这两个力的合力称为重力，重力的方向线称为铅垂线（图 1-1）。铅垂线是测量工作的基准线。处处与重力方向垂直的连续曲面称为水准面。同一水准面上各点的重力加速度值（g）相等，故又将水准面称为重力等位面。任何自由静止的水面都是水准面。与水准面相切的平面称为水平面。水准面、水平面是测量工作的基准面。铅垂线是地面任意点向水准面或水

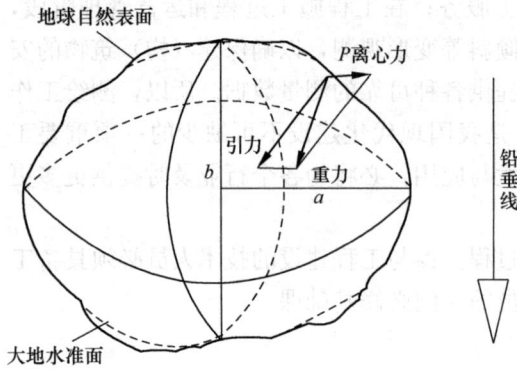

图 1-1　地球铅垂线

平面投影的基准线。小范围的水准面可近似用其中心的切平面即水平面来代替。水平面内任意一条直线，称为水平线。水平线和与其相交的铅垂线相互垂直。

1.2.3　大地水准面和参考椭球面

水准面因其高度不同而有无数个，其中与平均海洋面相重合并延伸向大陆且包围整个地球的闭合曲面称为大地水准面。由大地水准面包围的地球形体，称为大地体。在宇宙空间中客观存在的实际地球形体，称为自然球体。从宏观上看，大地体最接近自然球体，大地水准面最接近自然地球表面。因此，将大地水准面作为最基本的测量基准面。

用大地体表示地球形体是恰当的，但由于地球内部质量分布不均匀，引起铅垂线的方向产生不规则的变化，致使大地水准面是一个复杂的曲面（图 1-2），无法在这个曲面上进行测量数据处理。为了使用方便，通常用一个非常接近大地水准面的规则的几何表面，即地球椭球体的表面来代替大地水准面作为测量计算工作的基准面，如图 1-3 所示。

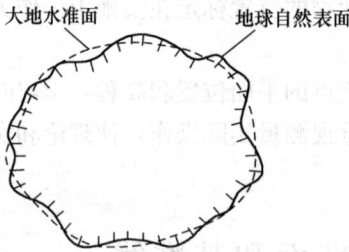

图 1-2　地球自然表面与大地水准面

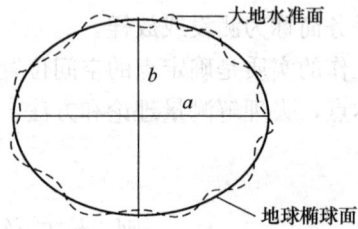

图 1-3　大地水准面与地球椭球面

如图 1-4 所示，地球椭球体是由椭圆 NWSE 绕其短轴 NS 旋转而成的，又称为旋转椭球体，其表面称为地球椭球面或旋转椭球面。

某一国家或地区为了更好地处理测量成果，通常采用既与大地体的形状和大小接近，又适合本国或本地区要求的旋转椭球，这样的椭球体称为参考椭球体，其表面称为参考椭球面。确定参考椭球体与大地体之间的相对位置关系，称为椭球定位。在椭球定位时，为了使椭球面与大地水准面在一定地区范围内尽可能密合，通常

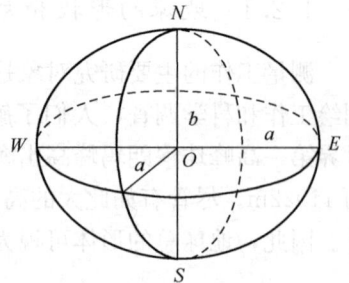

图 1-4　地球椭球体

使椭球面与大地水准面在该地区的中心处内切，其切点称为大地原点。经过椭球面上的一点且垂直于该点切平面的直线，称为椭球面的法线。法线是地面任意点向椭球面投影的基准线。

决定地球椭球体形状和大小的参数为椭圆的长半轴 a、短半轴 b、扁率 $\alpha\left(\alpha=\dfrac{a-b}{a}\right)$。

我国目前采用的地球椭球体的参数值为：

$$a = 6378137\text{m}, \alpha = 1/298.257$$

由于地球椭球体的扁率 α 很小，当测量的区域不大时，可将地球椭球体看作半径为 $\frac{1}{3}(2a+b)$ 即 6371km 的圆球。

综合上述，大地水准面作为测量工作的基准面，由于其不规则性，实用上采取如下近似处理方式：在小范围内（如小于 25km²）进行测量工作时，可用其中心处的切平面即水平面代替；超过一定范围，可用参考椭球面代替，并进一步将椭球面采用地图投影的方式近似转换为平面（即高斯投影平面，参见 1.3.3）。目的是使测量基准面由曲面变为简单的平面，一方面简化了测量数据处理，另一方面也实现了将地球曲面上的地物、地貌尽可能相似地表示在平面图纸上。

1.3 地面点位的确定

测量工作的根本任务是确定地面点的位置。地面点的空间位置采用向测量基准面投影的方式确定，从而获得三个基本分量：其中两个量是地面点沿投影线在投影面上的二维坐标，第三个量是地面点沿投影线到投影面的距离（称为高程）。投影线为铅垂线或法线，投影面为大地水准面或其近似面（水平面、参考椭球面、高斯投影平面）。地面点在投影线、投影面基础上，其空间位置可以用一个统一的三维坐标系来表示，也可用一个二维坐标系与一个一维高程系的组合来表示，实际测量工作中采用后者，通常所谓的坐标是指二维坐标。不同的坐标系所依据的投影线和投影面不同，如表 1-1 所示。

确定地面点位的坐标系统　　　　　　　　　　　　　　　　表 1-1

投影线、面　　　　坐标系统	投影线	投影面	坐标分量
天文坐标系	铅垂线	大地水准面	天文经度 λ、天文纬度 φ、绝对高程 H
大地坐标系	法线	参考椭球面	大地经度 L、大地纬度 B、大地高程 H'
独立平面直角坐标系	铅垂线	水平面	独立纵坐标 x、独立横坐标 y
高斯平面直角坐标系	高斯投影	高斯投影平面	高斯纵坐标 X、高斯横坐标 Y

在表 1-1 中，各投影面的关系是：大地水准面是最基本的测量基准面，它是自然地球表面的近似面；水平面、参考椭球面、高斯投影平面都是大地水准面的近似面。水平面是大地水准面的平面化、离散化；参考椭球面是大地水准面的规则化；高斯投影平面是参考椭球面的平面化、离散化。不同的投影面及相应的坐标系统适用于不同范围大小的测区。

实际测量工作中，采用表 1-1 中绝对高程 H、独立平面坐标 (x, y) 或高斯平面坐标 (X, Y) 表示地面点的空间位置。究其原因，一方面，由于水准面较椭球面容易直接确定，故采用水准面高程即绝对高程或假定高程；另一方面，由于平面坐标较曲面坐标更便于计算和应用，故采用平面直角坐标形式。

下面分别介绍上述坐标系统表示地面点位置的方法。

1.3.1 天文坐标系

天文坐标系的基准是铅垂线和大地水准面,它用天文经度 λ、天文纬度 φ 和绝对高程 H 来表示地面点的位置。经纬度通常称为地理坐标。天文坐标系可看成由一个二维的天文地理坐标系与一个一维的绝对高程系组合而成。

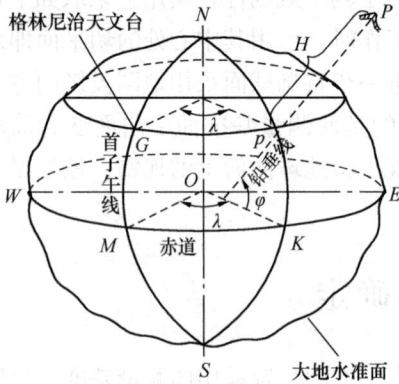

图1-5 地面点的天文坐标

如图 1-5 所示,N、S 分别是地球的北极和南极,NS 称为地轴。过地面上任一点 P 的铅垂线与地球旋转轴 NS 所组成的平面称为该点的天文子午面。天文子午面与大地水准面的交线称为天文子午线,也称经线。通过原格林尼治天文台的子午面称为首子午面。过地面上任意一点 P 的天文子午面与首子午面的夹角 λ 称为 P 点的经度。由首子午面向东量称为东经,向西量称为西经,其取值范围均为 $0°\sim180°$。通过地心且垂直于地轴的平面称为赤道平面。过 P 点的铅垂线与赤道平面的夹角 φ 称为 P 点的纬度。由赤道平面向北量称为北纬,向南量称为南纬,其取值范围均为 $0°\sim90°$。我国位于东半球和北半球,所以各地的地理坐标都是东经和北纬。自任一点 P 沿铅垂线到大地水准面的距离 H,称为 P 点绝对高程。

1.3.2 大地坐标系

大地坐标系的基准是法线和参考椭球面,用大地经度 L、大地纬度 B 和大地高程 H' 来表示地面点的位置。大地经纬度又称为大地地理坐标。大地坐标系是一个统一的三维坐标系,它有大地地理坐标和大地空间直角坐标两种形式。

如图 1-6 所示,包含地面上任一点 P 的法线且通过椭球旋转轴 NS 的平面称为 P 的大地子午面。地面点 P 的大地经度 L 是 P 的大地子午面和首子午面的夹角,其值分为东经 $0°\sim180°$ 和西经 $0°\sim180°$;P 点的大地纬度 B 是过 P 点的法线与赤道面的夹角,其值分为北纬 $0°\sim90°$ 和南纬 $0°\sim90°$。自 P 点沿法线到椭球面的距离 H',称为 P 点大地高程。

依据参考椭球,还可以建立一个空间直角坐标系,如图 1-7 所示。地面任一点 P 的

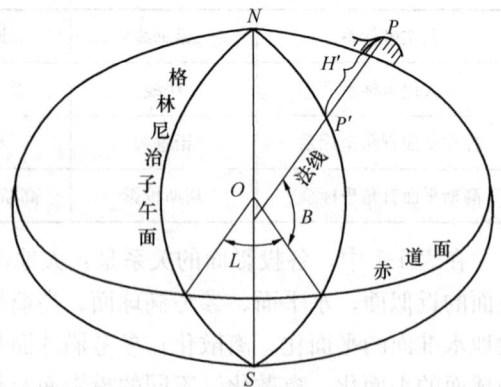

图1-6 地面点的大地坐标

坐标表示为 (X, Y, Z),坐标原点在参考椭球中心,Z 轴与椭球旋转轴相重合,指向椭球北极点 N,X 轴指向椭球旋转轴与原格林尼治天文台所决定的子午面与赤道面的交点 G,而 Y 轴与 XOZ 平面垂直,且与 X 轴、Z 轴构成右手坐标系。任一点 P 的大地空间直角坐标 (X, Y, Z) 与大地地理坐标 (L, B, H') 可

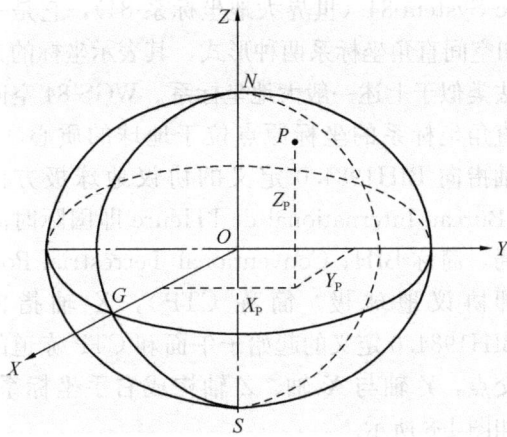

图 1-7　地面点的空间直角坐标

以通过一定的数学公式相互换算。

在参考椭球定位时，若使椭球中心与地球质心（地球的质量中心）重合，则相应建立的大地坐标系或空间直角坐标系属于地心坐标系；若椭球中心与地球质心不重合，则相应建立的坐标系属于参心坐标系。由于地心的唯一性，地心坐标系适合作为全球统一的坐标系，如全球卫星定位系统的坐标系。

大地坐标系常用于大地问题解算、地球形状和大小的研究、编制大面积地图、火箭与卫星发射、战略防御和指挥等方面，对一个国家或地区的经济建设和国防建设意义重大。我国先后采用的大地坐标系统有如下三种。

（1）1954 年北京坐标系

20 世纪 50 年代，我国通过联测苏联的平面坐标系统，建立了 1954 年北京坐标系。1954 年北京坐标系属于参心坐标系，它采用的是克拉索夫斯基椭球元素值，大地原点在苏联普尔科沃天文台。由于大地原点离我国甚远，在我国范围内该参考椭球面与大地水准面存在着明显的差距，最大处达 69m 之多，因此对我国绝大多数地区而言，它不是最佳的参心坐标系。

（2）1980 年西安坐标系

自 1980 年起，我国采用 1975 年国际大地测量协会推荐的参考椭球参数，将大地原点定在陕西省泾阳县永乐镇，建立了新的大地坐标系统——1980 年西安坐标系。1980 年西安坐标系属于参心坐标系，在椭球定位时，实现了在我国范围内，椭球面与大地水准面之差的平方和为最小，达到最佳吻合，因此它是当时真正适合我国的参心坐标系。

（3）2000 国家大地坐标系

为了适应社会发展的新要求，我国自 2008 年 7 月 1 日起，开始启用 2000 国家大地坐标系。该坐标系是我国当前最新的国家大地坐标系，将日益广泛应用于我国经济建设、国防建设和科学研究，同时作为我国北斗卫星导航系统的全球统一坐标系。

2000 国家大地坐标系是全球地心坐标系在我国的具体体现，其原点为包括海洋和大气的整个地球的质量中心，定义参照 WGS-84 坐标系，有地理坐标系和空间直角坐标系两种形式。2000 国家大地坐标系采用的地球椭球体参数如下：

长半轴　　　　　　　　　$a = 6378137m$

扁率　　　　　　　　　　$\alpha = 1/298.257$

地心引力常数　　　　　　$GM = 3.986 \times 10^{14} m^3 \cdot s^{-2}$

自转角速度　　　　　　　$\omega = 7.292 \times 10^{-5} rad \cdot s^{-1}$

此外，在实际卫星定位测量工作中，常用到 WGS-84 坐标系。WGS-84 坐标系是美国为 GPS（Global Positioning System，全球定位系统）使用而建立的坐标系统，它是全球包括我国在内 GPS 定位的基准。

WGS-84 坐标系的全称是 World Geodetic System-84（世界大地坐标系-84），它是一个全球统一的地心坐标系统，有地理坐标系和空间直角坐标系两种形式，其表示坐标的方法类似于上述一般大地坐标系。WGS-84 空间直角坐标系的坐标原点位于地球的质心，Z 轴指向 BIH1984.0 定义的协议地球极方向（Bureau International de l'Heure 即国际时间局，简称 BIH；Conventional Terrestrial Pole 即协议地球极，简称 CTP），X 轴指向 BIH1984.0 定义的起始子午面和 CTP 赤道的交点，Y 轴与 X 轴、Z 轴构成右手坐标系，如图 1-8 所示。

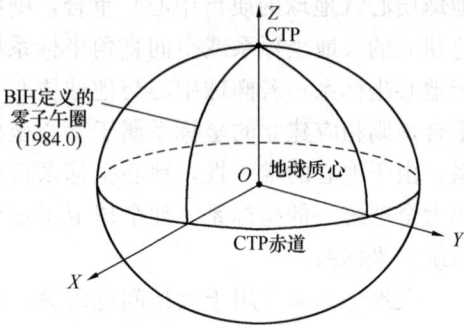

图 1-8　WGS-84 空间直角坐标系

上述四种坐标系的坐标可以相互换算。如 1980 年西安坐标系的参心坐标可以与 2000 国家大地坐标系的地心坐标相互转换，方法是：在测区内，利用至少 3 个以上公共点的两套坐标列出坐标变换方程，采用最小二乘原理解算出 7 个转换参数（3 个平移参数、3 个旋转参数和 1 个尺度参数），进而推算其他点的转换坐标。实际工作中，坐标转换可由相应的应用软件快速完成。

1.3.3　高斯平面直角坐标系

如前所述，地面点沿法线投影至参考椭球面上的位置，用大地经纬度表示。经纬度是球面坐标，若直接用于工程建设规划、设计、施工，会带来很多计算和测量的不便。测量计算最好在平面上进行，但椭球面是一个不可展的曲面，需将球面坐标按一定的数学法则归算到平面上，即测量中所称的地图投影。我国采用的是高斯—克吕格正形投影，简称高斯投影。

在高斯投影中，椭球面上图形投影至平面后，其角度在投影前后保持不变，但任意两点间的长度却被拉长，即投影在平面上的长度大于椭球面上长度，且被投影的区域越大，长度变形越大。长度变形直接导致位置误差。由于曲面与平面的几何本质不同，完全避免变形是不可能的，但可采用适当的方法限制变形。

为了限制长度变形，需将被投影的区域限制在一定范围内，使长度变形引起的投影前后位置误差相对工程实际需要可以忽略不计。为此对椭球面不是采用整体投影，而是采用分带投影的方法，使椭球面上的图形投影到平面上尽可能与原图形保持相似。

如图 1-9 (a) 所示，设想将一个横椭圆柱套在参考椭球外面，并与椭球面上某一子午

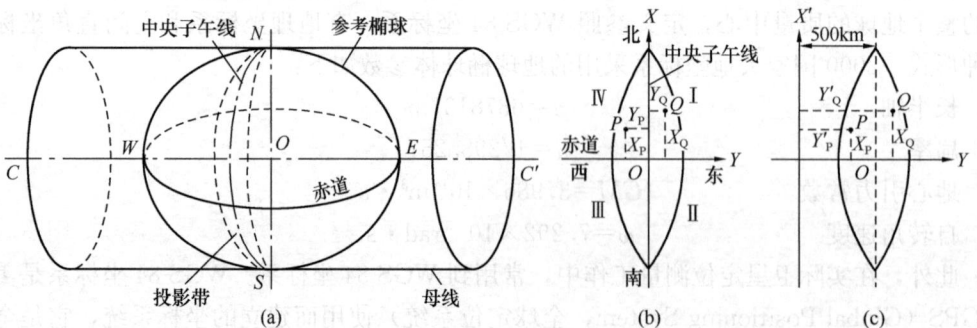

图 1-9　高斯平面坐标系投影图

线相切，称该子午线为中央子午线；使横圆柱的轴心 CC' 通过椭球的中心 O 并与椭球旋转轴 NS 垂直，然后将中央子午线东西对称在一定经差范围内的点、线投影到横椭圆柱面上；再分别沿着该横椭圆柱面过南、北极 S、N 的母线将圆柱面剪开，并展开为平面，这个平面称为高斯投影平面；在高斯投影平面上，中央子午线和赤道的投影是两条相互垂直的直线，见图 1-9（b），其他子午线和纬线的投影均为曲线。取中央子午线为坐标纵轴，即 X 轴，取赤道为坐标横轴，即 Y 轴，两轴的交点为坐标原点 O，建立高斯平面直角坐标系；规定 X 轴向北为正，Y 轴向东为正，坐标象限按顺时针编号。

如上所述，为了限制变形，将椭球按经线划分成若干带进行分带高斯投影。带宽用投影带两边缘子午线的经度差表示，常用带宽为 6°、3° 和 1.5°，分别简称 6° 带、3° 带和 1.5° 带投影。国际上对 6° 和 3° 带投影的中央子午线经度有统一规定，满足这一规定的投影称为统一 6° 带投影和统一 3° 带投影。

（1）统一 6° 带投影

按 6° 的经度差将椭球分成 60 个带，从首子午线开始自西向东编号，东经 0°～6° 为第 1 带，6°～12° 为第 2 带，依此类推，如图 1-10 所示。

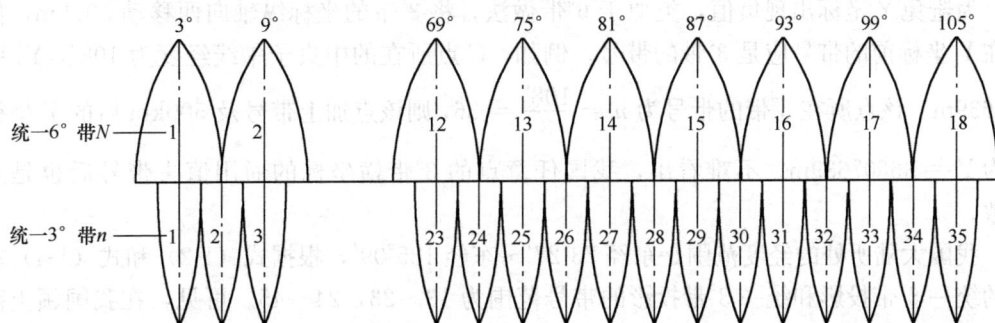

图 1-10　统一 6° 带投影与统一 3° 带投影高斯平面坐标系的关系

位于每一带中央的子午线称为中央子午线，第 1 带中央子午线的经度为 3°，各带中央子午线的经度 L_0 与带号 N 的关系为：

$$L_0 = 6N - 3 \tag{1-1}$$

反之，已知地面任一点的经度 L，要计算该点所在的统一 6° 带编号的公式为：

$$N = \mathrm{Int}\left(\frac{L+3}{6} + 0.5\right) \tag{1-2}$$

式中，L 以度为单位，Int 为取整函数。

我国位于北半球，X 坐标值恒为正，横坐标值 Y 则有正有负：中央子午线以东为正，以西为负。如图 1-9(b) 中的 P 点位于中央子午线以西，其 Y 坐标为负值 $Y_P = -271976\mathrm{m}$，Q 点位于中央子午线以东，$Y_Q = +137168\mathrm{m}$。对于 6° 带投影，Y 坐标的最大负值量约为 $-334\mathrm{km}$。这种以中央子午线为纵轴的坐标值，称为自然坐标值。为了避免 Y 坐标出现负值，我国统一规定将每带的坐标纵轴向西平移 500km，使之恒为正值。如图 1-9(c) 所示，纵轴西移后，$Y_P' = 500000 - 271976 = 228024\mathrm{m}$，$Y_Q' = 500000 + 137168 = 637168\mathrm{m}$。

为了确定某点所在的带号，规定在横坐标之前均冠以带号。为方便起见，将经过加 500km 和冠以带号处理后的横坐标仍用 Y 表示，设 Q、P 点均位于 18 带，则 $Y_Q =$

18637168m，$Y_{\text{P}}=18228024$m。这种由带号、500km 和自然坐标值三部分组成的横坐标值 Y 称为统一值或通用值，它是国家控制点坐标成果的标准形式，其中纵坐标仍为自然值。我国任意点的 6°带横坐标的通用值有一个特点：去带号后的数字总是六位数（以米为单位）。根据这一特点，可将任意点的横坐标通用值化为自然值。

（2）统一 3°带投影

在高斯投影中，离中央子午线越远，长度变形越大，当要求投影变形更小时，可采用 3°带投影。

如图 1-10 所示，3°带是从东经 $1°30'$ 开始，按经度差 3°划分一个带，全球共分为 120 带。

每带中央子午线经度 L_0' 与带号 n 的关系为：

$$L_0' = 3n \tag{1-3}$$

反之，已知地面任一点的经度 L，要计算该点所在的统一 3°带编号的公式为：

$$n = \text{Int}\left(\frac{L}{3} + 0.5\right) \tag{1-4}$$

为避免 Y 坐标出现负值，类似于 6°带做法，将 3°带的坐标纵轴向西移动 500km，但加在 Y 坐标前的带号应是 3°带的带号。例如，C 点所在的中央子午线经度为 108°，$Y_{\text{C}}'=607639$m。该点所在 3°带的带号为 $n=\dfrac{108°}{3}=36$，则该点加上带号及 500km 后的 Y 坐标值为 $Y_{\text{C}}=36607639$m。不难看出，我国任意点的 3°带横坐标的通用值去带号后也是六位数。

我国大陆所处的经度范围是东经 $73°27'\sim$ 东经 $135°09'$，根据式（1-2）和式（1-4）求得的统一 6°带投影和统一 3°带投影的带号范围为 13～23，24～45。可见，在我国领土范围内，统一 6°带和统一 3°带投影带号不重叠。

（3）1.5°带投影

1.5°带投影变形进一步减小。1.5°带投影的中央子午线经度与带号的关系，国际上没有统一规定，通常是使 1.5°带投影的中央子午线与统一 3°带投影的中央子午线或边缘子午线重合。

（4）任意带投影

任意带投影常用于建立城市独立坐标系。例如，可以选择过城市中心某点的子午线为中央子午线进行投影，这样可以使整个城市范围内的距离投影变形都较小。

1.3.4　独立平面直角坐标系

按《城市测量规范》CJJ/T 8—2011 规定，当测区面积小于 25km^2 的城镇，可以将相应的大地水准面当做水平面看待，这样地面点在大地水准面上的投影位置就可以用平面直角坐标来确定。由于该类坐标系未与国家统一坐标系相联系，故称为任意坐标系或独立坐标系。

如图 1-11 所示，将测区中心点 C 沿铅垂线投影到大地水准面上的 c 点，用过 c 点的切平面即水平面来代替水准面，在水平面上建立的测区平面直角坐标系 xoy 即为独立平面直角坐标系，其坐标原点选在测区西南角某点上，使测区内坐标值均为正值。将测区内任一点 P 沿铅垂线投影到切平面上得 p 点，通过测量，计算出的 P 点坐标（x_{p}，y_{p}）就

是 P 点在独立平面直角坐标系中的坐标。

在房屋建筑或其他工程施工现场,为了对其平面位置进行施工放样的方便,通常使所采用的独立平面直角坐标系的坐标轴与建筑设计的轴线相平行或垂直,称为建筑坐标系或施工坐标系。对于左右、前后对称的建筑物,甚至可以把坐标原点设置于其对称中心,以简化计算。

测量工作中采用的独立平面直角坐标系及高斯平面直角坐标系与数学中所介绍的直角坐标系相似,只是坐标轴互换。如图 1-12所示,其以 x 轴为纵轴,一般用它表示南北

图 1-11 独立平面直角坐标系

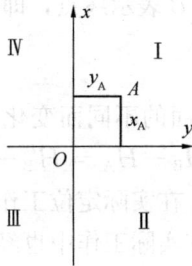

方向;以 y 轴为横轴,表示东西方向;纵、横坐标轴的交点称为坐标原点。在象限的编号顺序上,测量坐标系按顺时针编号,而数学坐标系(图 1-13)则按逆时针编号。这是由于测量上用来计算坐标的方位角是从纵坐标轴北端起按顺时针方向度量的,因此测量坐标系以纵轴为 x 轴,象限按顺时针编号,则测量上的方位角与数学上的象限角含义相同、三角函数定义一致,数学坐标计算中全部三角公式都可在测量坐标计算中直接应用。

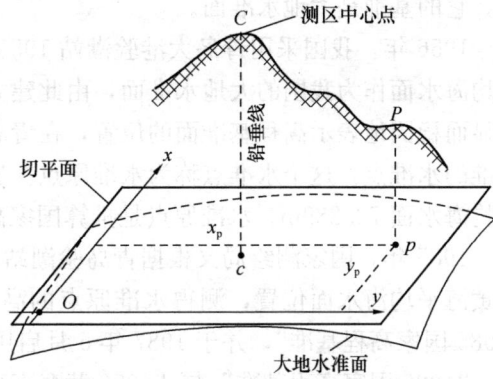

图 1-12 测量坐标系　　　　图 1-13 数学坐标系

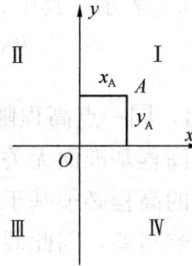

1.3.5 高程系统

地面点沿铅垂线到大地水准面的距离称为该点的绝对高程或海拔,简称高程。通常用 H 加点名作下标表示,图 1-14 中 A、B 两点的高程表示为 H_A、H_B。高程系是一维坐标

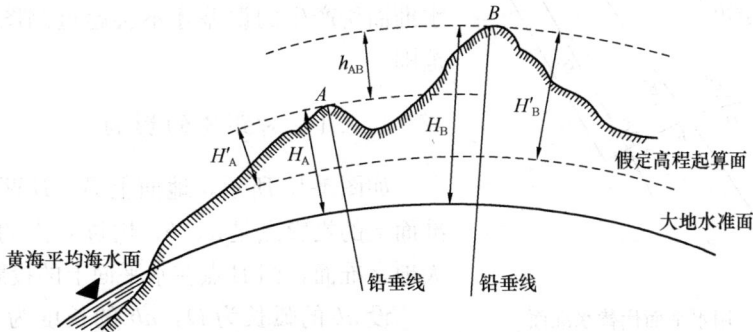

图 1-14 高程和高差

11

系，它的基准是大地水准面。

1956年，我国采用青岛大港验潮站1950～1956年共7年的潮汐记录资料推算出黄海平均海水面作为我国的大地水准面，由此建立的高程系统称为"1956黄海高程系"。为了明显而稳固地表示高程基准面的位置，在青岛市观象山上建立了一个以黄海平均海水面为基准的水准点，这个水准点称为水准原点。通过精密水准测量的方法测出该原点高出黄海平均海水面72.289m。水准原点是推算国家高程控制点高程的起算点。

1985年，国家测绘局又根据青岛验潮站1952～1979年间的验潮资料重新计算并确定了黄海平均海水面位置，测得水准原点的高程为72.260m，依此建立的高程系统被称为"1985国家高程基准"，并于1987年5月启用后沿用至今。

"1985国家高程基准"与"1956黄海高程系"比较，水准原点位置未变，只是前者验潮数据更精确，即所确定的黄海平均海水面位置更精确，两者相差0.029m，两高程系统成果互换时需要考虑此差值。

在局部地区，当无法知道绝对高程时，也可假定一个水准面作为高程起算面，地面点到假定水准面的垂直距离，称为假定高程或相对高程，通常用H'加点名作下标表示，如图1-14中A、B两点的相对高程表示为H'_A、H'_B。在土木建筑工程测量中，常将绝对高程或相对高程统称为标高。

地面两点间的绝对高程或相对高程之差称为高差，用h加两个点的点名作下标表示，如A、B两点间高差用h_{AB}表示，其中A表示起点，B表示终点，即：

$$h_{AB} = H_B - H_A \tag{1-5}$$

显然，$h_{AB} = -h_{BA}$。

由图1-14不难看出，同一点高程随着高程基准面的不同而变化，但是两点间高差只跟两点位置有关，而跟高程基准面无关，即$h_{AB} = H_B - H_A = H'_B - H'_A$，其值为固定值，且在计算高差时，两点的高程必须基于同一基准面。在实际定位工作中，真正有意义的是高差，而假定高程不影响高差，因此假定高程系统在实际工作中也经常用到。

1.4 水平面代替水准面的限度

在一定的测量精度要求及测区范围不大的情况下，可以用水平面直接代替水准面，但这必定会影响到距离、角度和高程的测量精度。下面分析，在多大的测区范围内，用水平面代替水准面所产生的误差才不会超过测图误差的允许范围。

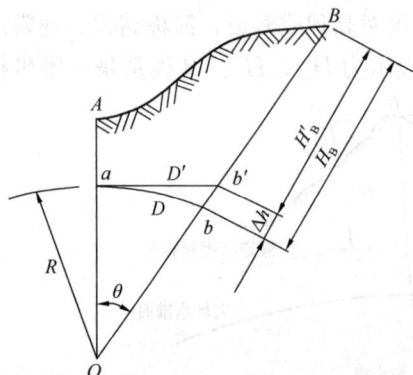

图1-15 用水平面代替水准面
对距离和高程的影响

1.4.1 对距离的影响

如图1-15所示，地面上A、B两点在大地水准面上的投影点是a、b，用过a点的水平面代替大地水准面，则B点在水平面上的投影为b'。

设ab的弧长为D，ab'的长度为D'，球面半径为R，D所对的圆心角为θ，则以水平长度D'代

替弧长 D 所产生的误差 ΔD 为：

$$\Delta D = D' - D = R\tan\theta - R\theta = R(\tan\theta - \theta) \tag{1-6}$$

将 $\tan\theta$ 用级数展开为：

$$\tan\theta = \theta + \frac{1}{3}\theta^3 + \frac{5}{12}\theta^5 + \cdots$$

因为 θ 角很小，所以只取级数式前两项代入式（1-6），得：

$$\Delta D = R\left(\theta + \frac{1}{3}\theta^3 - \theta\right) = \frac{1}{3}R\theta^3 \tag{1-7}$$

又因 $\theta = \dfrac{D}{R}$，代入式（1-7），得：

$$\Delta D = \frac{D^3}{3R^2} \tag{1-8}$$

$$\frac{\Delta D}{D} = \frac{D^2}{3R^2} \tag{1-9}$$

取地球半径 $R=6371\text{km}$，并以不同的距离 D 值代入式（1-8）和式（1-9），则可求出距离误差 ΔD 和相对误差 $\Delta D/D$，如表 1-2 所示。

水平面代替水准面的距离误差和相对误差　　表 1-2

距离 D（km）	距离误差 ΔD（mm）	相对误差 $\Delta D/D$
10	8	1：1220000
20	128	1：200000
50	1026	1：49000
100	8212	1：12000

由表 1-2 可知，当水平距离为 10km 时，以水平面代替水准面所产生的距离误差为距离的 1/122 万，这样小的误差，即使精密量距，也是允许的。因此，在半径为 10km 的圆面积内进行距离测量时，可以用水平面代替水准面，而不必考虑地球曲率对距离的影响，误差可忽略不计。

1.4.2　对水平角的影响

从球面三角学可知，同一空间多边形在球面上投影的各内角和，比在平面上投影的各内角和大一个球面角超值 ε。

$$\varepsilon = \rho\frac{P}{R^2} \tag{1-10}$$

式中　ε——球面角超值（″）；

　　　P——球面多边形的面积（km²）；

　　　R——地球半径（km）；

　　　ρ——弧度的秒值，$\rho=206265''$。

以不同的面积 P 代入式（1-10），可求出球面角超值，如表 1-3 所示。

水平面代替水准面的水平角误差　　表 1-3

球面多边形面积 P（km²）	球面角超值 ε（″）	球面多边形面积 P（km²）	球面角超值 ε（″）
10	0.05	100	0.51
50	0.25	300	1.52

由表中数值可看出，对于面积为 $100km^2$ 以内的多边形，用水平面代替水准面所产生的角度影响只有在最精密的测量中才需要考虑，一般的测量工作是不必考虑的；当测量精度要求较低时，这个范围还可以扩大。

1.4.3 对高程的影响

如图 1-15 所示，地面点 B 的绝对高程为 H_B，用水平面代替水准面后，B 点的高程为 H'_B，H_B 与 H'_B 的差值，即为水平面代替水准面产生的高程误差，用 Δh 表示，则：

$$(R + \Delta h)^2 = R^2 + D'^2$$

$$\Delta h = \frac{D'^2}{2R + \Delta h}$$

上式中，可以用 D 代替 D'，Δh 相对于 $2R$ 很小，可略去不计，则：

$$\Delta h = \frac{D^2}{2R} \tag{1-11}$$

以不同的距离 D 值代入式（1-11），可求出相应的高程误差 Δh，如表 1-4 所示。

水平面代替水准面的高程误差 表 1-4

距离 D(km)	0.1	0.2	0.3	0.4	0.5	1	2	5	10
Δh(mm)	0.8	3	7	13	20	78	314	1962	7848

由表 1-4 可知，用水平面代替水准面作为高程起算面，即使在很短的距离内，对高程的影响也是很大的。因此，高程的起算面不能用水平面代替，而必须使用水准面作为高程起算面。

1.5 测 量 工 作 概 述

1.5.1 测量的基本工作

测量工作的主要目的是确定点的坐标和高程。在实际工作中，常常不是直接测量点的坐标和高程，而是观测坐标和高程已知的点与坐标、高程未知的待定点之间的几何位置关系，然后推算出待定点的坐标和高程。

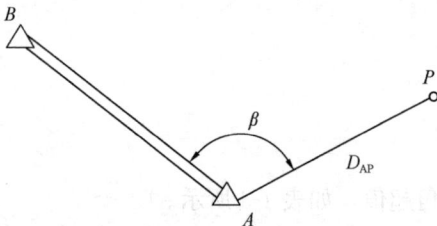

图 1-16 平面直角坐标的测定

（1）平面直角坐标的测定

如图 1-16 所示，设 A、B 为已知坐标点，P 为待定点。首先测出了水平角 β 和水平距离 D_{AP}，再根据 A、B 的坐标，即可推算出 P 点的坐标。

测定地面点平面直角坐标的主要测量工作是测量水平角和水平距离。

（2）高程的测定

如图 1-17 所示，设 A 为已知高程点，P 为待定点。根据式（1-5）得：

$$H_P = H_A + h_{AP} \tag{1-12}$$

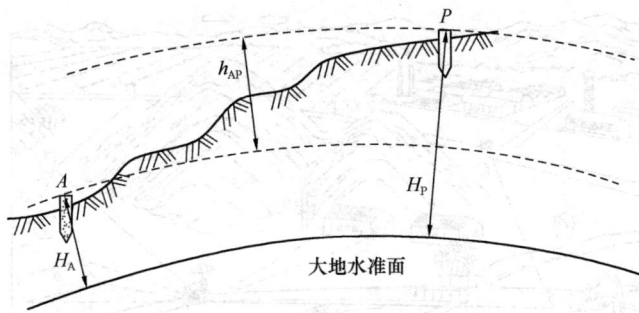

图 1-17　高程的测定

只要测出 A、P 之间的高差 h_{AP}，利用式（1-12），即可算出 P 点的高程。

测定地面点高程的主要测量工作是测量高差。

测量的基本工作是：高差测量、角度测量、水平距离测量。任何复杂的测量任务，都是通过综合应用这三项基本测量工作来完成的。

1.5.2　测量工作的基本原则

地球表面复杂多样的形态可分为地物和地貌两大类。地面上的固定性物体称为地物，如河流、湖泊、道路和房屋等。地面上高低起伏的形态称为地貌，如高原、山地、平原、丘陵、盆地等。不论地物还是地貌及工程设计物，它们的形状都是由一些关键性点即特征点的位置所决定。这些特征点也称为碎部点，如图 1-18（a）、（b）所示，图 1-18（a）中1～8 点为某建筑物的特征点，图 1-18（b）中 1～24 点为某河流的特征点。进行测量时，主要是测定或测设这些碎部点的平面位置和高程。如果从一个碎部点开始到下一个碎部点逐点进行施测，虽可得到各点的位置，但由于测量中不可避免地存在误差，会导致前一点的测量误差传递到下一点，这样累计起来可能会使点位误差达到不可容许的程度。另外，逐点传递的测量效率也很低。因此，测量工作必须按照一定的原则进行。

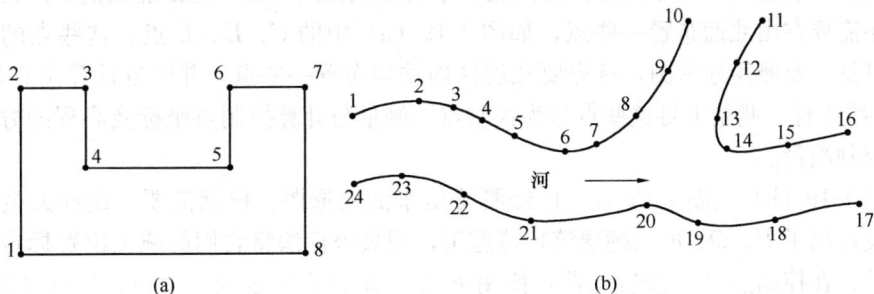

图 1-18　地物特征点

如图 1-19（a）所示，测区内有山丘、房屋、河流、小桥、公路等，测绘地形图的过程是先测量出这些地物、地貌碎部点的坐标，然后按一定的比例尺、规定的符号缩小展绘在图纸上。例如，要在图纸上绘出一幢房屋，就需要在这幢房屋附近、与房屋通视且坐标已知的点（如图 1-19a 中的 A 点）上安置测量仪器，选择另一个坐标已知的点（如图 1-19a 中的 F 点或 B 点）作为定向方向，才能测量出这幢房屋碎部点（角点）的坐标。在 A

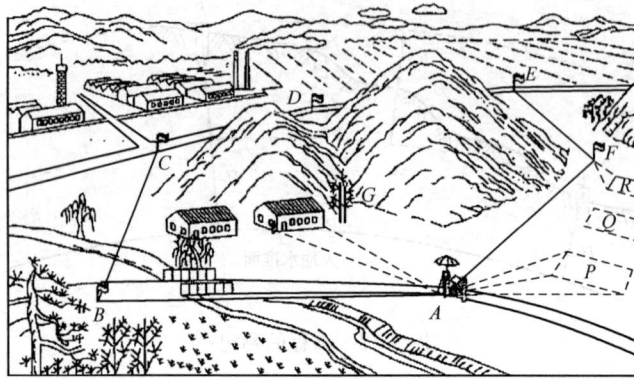

(a)

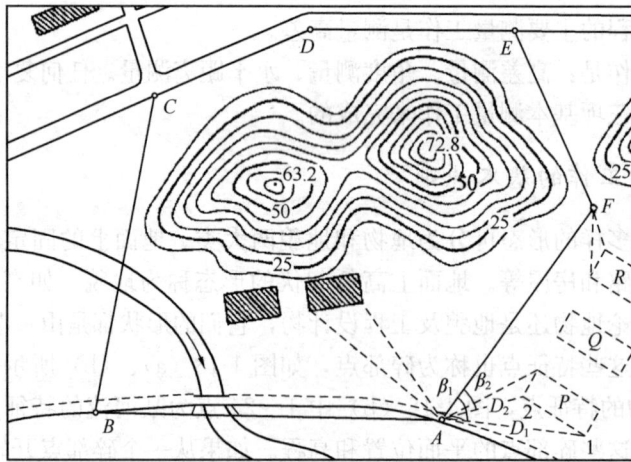

(b)

图 1-19 控制测量与碎部测量

点安置测量仪器还可以测绘出西面的河流、小桥，北面的山丘，但山北面的工厂区就看不见了。还需要在山北面布置一些点，如图 1-19（a）中的 C、D、E 点，这些点的坐标应已知。可见，要测绘地形图，首先要在测区内均匀布置一些点，并测量计算出它们的 x、y、H 三维坐标。测量上将这些点称为控制点，测量与计算控制点坐标及高程的方法与过程称为控制测量。

设图 1-19（b）是图 1-19（a）已经测绘出来的地形图。根据需要，设计人员已经在图纸上设计出了 P、Q、R 三幢建筑物待施工，用极坐标法将它们的施工位置标定到实地的方法是：在控制点 A 上安置仪器，使用 F 点（或 B 点）定向，由 A、F 点（或 B 点）及 P、Q、R 三幢建筑物轴线交点的设计坐标计算出水平夹角 β_1、β_2…和水平距离 D_1、D_2…，然后用仪器分别定出水平夹角 β_1、β_2…所指的方向，并沿这些方向量出水平距离 D_1、D_2…，即可在实地上定出点 1、2…，它们就是设计建筑物的实地平面位置。

由上面的介绍可知，测定和测设都是在控制点上进行的，因此，"从整体到局部、先控制后碎部"是测量工作应遵循的基本原则之一。也就是先在测区选择一些有控制作用的点，称为控制点，把它们的坐标和高程精确测定出来；然后分别以这些控制点为基础，测定出附近碎部点的位置，称为碎部测量。这种方法不但可以减少碎部点测量误差积累，而且多个小组可以同时在各个控制点上进行碎部测量，提高工作效率。

此外，在控制测量或碎部测量工作中都有可能发生错误，当测量工作中发生错误，又没有及时发现，则所测绘的成果资料就是错误的，势必造成返工浪费，甚至造成不可挽回的损失。为了避免出错，测量工作必须进行严格的检核工作，因此"前一步工作未做检核，不进行下一步工作"，是测量工作必须遵循的又一个基本原则。

测量工作一般要经过野外观测和室内计算、绘图等程序。野外的观测工作称为"外业"，室内的计算和绘图工程称为"内业"。外业工作是取得原始数据的过程，内业工作是对原始数据进行加工、整理、分析的过程。外业观测必须按规范或规程的要求来完成，不合格的必须重测，记录手簿、图纸等原始资料，应保证正确、清楚和完整；内业必须认真细致，交付的成果必须经复核检验，确保成果质量。

思 考 题 与 习 题

1. 什么是测量学，测定与测设有何区别？

2. 何谓铅垂线，何谓大地水准面，何谓地球椭球面？

3. 水准面与水平面、大地水准面与参考椭球面各有何关系？

4. 测量工作上采用的基准面、基准线各有哪些？

5. 有哪几种坐标系统表示地面点位，各自如何表示地面点位？

6. 何谓参心坐标系，何谓地心坐标系，我国采用的大地坐标系有哪几种？

7. 高斯平面直角坐标系和独立平面直角坐标系是怎样建立的？

8. 已知点 P 位于东经 $128°30'$，试求其所在 $6°$ 带和 $3°$ 带的带号与相应带号内中央子午线的经度。

9. 从我国控制点坐标成果表中抄录某点在高斯平面直角坐标系中的纵坐标 $X=3642853.452m$，横坐标 $Y=16376417.592m$，试问该点所处的 $6°$ 投影带和 $3°$ 投影带的带号分别是多少，在 $6°$ 投影带高斯平面直角坐标系中自然纵、横坐标 X'、Y' 为多少，该点位于第几象限内？

10. 已知某点位于高斯投影 $6°$ 带第 20 号带，若该点在该投影带高斯平面直角坐标系中的横坐标自然值 $Y'=-296369.210m$，写出该点横坐标通用值 Y 及该带的中央子午线经度 L_0。

11. 测量学中的平面直角坐标系和数学上的平面直角坐标系有何异同点？

12. 何谓绝对高程，何谓相对高程，何谓高差，两点之间的绝对高程之差与相对高程之差是否相同？

13. 已知 $H_A=26.725m$，$H_B=38.376m$，求 h_{AB} 和 h_{BA}。

14. 已知地面某点相对高程为 $21.280m$，其对应的假定水准面的绝对高程为 $158.680m$，则该点的绝对高程为多少？绘出示意图。

15. 何谓水平面，用水平面代替水准面对水平距离和高程分别有何影响？

16. 测量的基本工作是什么，何谓外业，何谓内业？

17. 测量工作的基本原则是什么？

第 2 章　水　准　测　量

2.1　水准测量的原理

2.1.1　高程测量简介

测量地面上各点高程的工作，称为高程测量。根据所使用仪器和施测方法不同，高程测量分为水准测量、三角高程测量、GPS 高程测量以及因精度低目前较少采用的气压高程测量。

水准测量是高程测量中最基本、精度最高、最常用的一种方法，在国家高程控制测量和工程测量中广泛采用。

三角高程测量是通过观测两点间的距离和竖直角求定两点间高差的方法。它的观测方法简单，不受地形条件限制，常用于高差较大的丘陵地和山区的较低等级高程测量。

GPS 高程测量是利用全球定位系统（GPS）测量技术直接测定地面点的大地高，或间接确定地面点的绝对高程（正常高）的方法。对于后者，首先采用 GPS 直接测得测区内所有 GPS 点的大地高，再在测区内选择数量和位置均能满足拟合需要的若干 GPS 点，用水准测量方法测定其正常高，并计算所有 GPS 点的大地高与正常高之差（高程异常），以此为基础利用平面或曲面拟合的方法进行高程拟合，即可获得测区内其他 GPS 点的正常高。此法精度已达到厘米级，应用越来越广泛。

2.1.2　水准测量原理

（1）水准测量的基本原理

水准测量是利用水准仪提供的一条水平视线，对竖立于两个点上的水准尺进行瞄准读数，来测定两点间的高差，再根据已知点的高程计算待定点的高程。如图 2-1 所示，在地面上有 A、B 两点，已知 A 点高程为 H_A，求 B 点的高程 H_B。若能求出 B 点对于 A 点的高差 h_{AB}，就能求得 B 点的高程。为此，在 A、B 两点间安置一台水准仪，并在 A、B 点上分别竖立水准尺，根据水准仪提供的水平视线在 A 点水准尺上的读数为 a，在 B 点水准尺上的读数为 b，则 A、B 两点间的高差为：

$$h_{AB} = a - b \qquad (2-1)$$

设水准测量是由 A 点向 B 点方向进行的，则称 A 点为后视点，其水准尺读数 a 为后视读数，仪器至 A 点水准尺的视线距离为后视距离；B 点为前视点，其水准尺读数 b 为前视读数，仪器至 B 点水准尺的视线距离为前视距离。两点间的高差等于"后视读数"减"前视读数"。在测量高差时要说明进行的方向，从而确定前、后视点及前、后视读数，避免计算高差时符号出错。如果后视读数大于前视读数，则高差为正，表示 B 点比 A 点

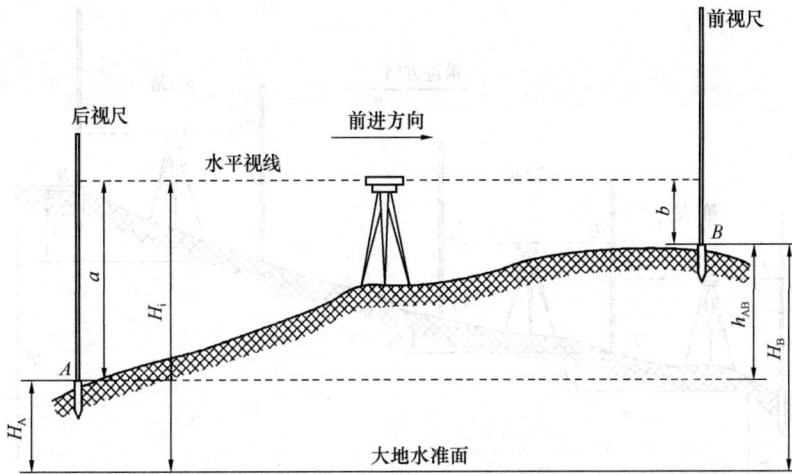

图 2-1 水准测量原理

高，$h_{AB} > 0$；如果后视读数小于前视读数，则高差为负，表示 B 点比 A 点低，$h_{AB} < 0$。注意：h_{AB} 表示 A 点至 B 点的高差，即（$H_B - H_A$），h_{BA} 表示 B 点至 A 点的高差，即（$H_A - H_B$）。

若已知 A 点的高程为 H_A，则 B 点的高程为：

$$H_B = H_A + h_{AB} = H_A + (a - b) \tag{2-2}$$

如图 2-1 所示，B 点的高程也可以用水准仪的视线高程（亦称为仪器高程）H_i 来计算：

$$H_i = H_A + a \tag{2-3}$$

$$H_B = H_i - b \tag{2-4}$$

一般情况下，式（2-2）是直接利用高差 h_{AB} 计算 B 点高程的，称为高差法。式（2-3）、式（2-4）是利用仪器视线高 H_i 计算 B 点高程的，称为视线高法。当安置一次水准仪需要测定若干前视点的高程时，视线高法比高差法方便。

（2）连续水准测量

如果 A、B 两点之间的距离较远或高差较大且安置一次仪器无法测得高差时，就需要在两点之间增设若干个作为传递高程的临时立尺点，称为转点（Turning Point，缩写为 TP）。先依次连续地在两个立尺点中间安置水准仪来测定相邻点的高差，最后取各个高差的代数和，即求得 A、B 两点间的高差值。

如图 2-2 所示，欲求 h_{AB}，可依次在 A 与 TP_1、TP_1 与 TP_2…中间安置仪器，作为第一站、第二站…，在相应的 A 与 TP_1、TP_1 与 TP_2…处立水准尺，测出各站高差 h_1，h_2，…，h_n。

$$\left. \begin{array}{l} h_{A1} = h_1 = a_1 - b_1 \\ h_{12} = h_2 = a_2 - b_2 \\ \quad\quad\vdots \\ h_{(n-1)B} = h_n = a_n - b_n \end{array} \right\} \tag{2-5}$$

则 A、B 两点间高差的计算公式为：

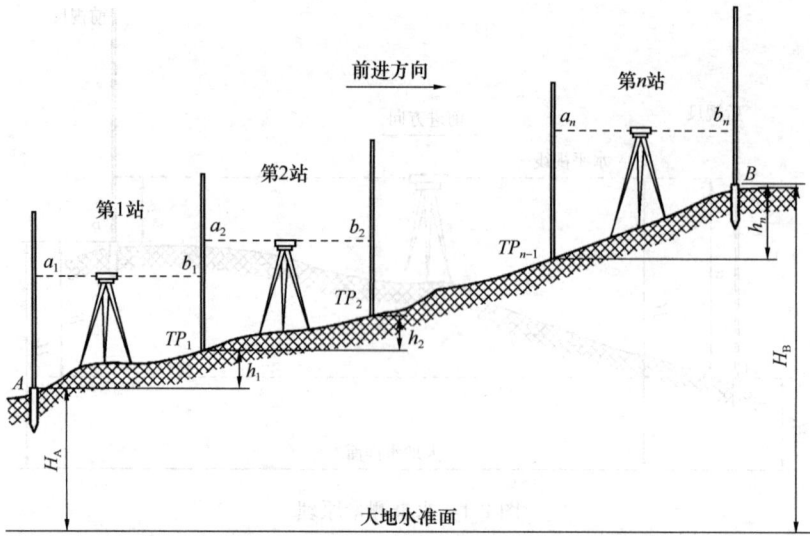

图 2-2　连续水准测量

$$h_{AB} = \sum_{i=1}^{n} h_i = \sum_{i=1}^{n} a_i - \sum_{i=1}^{n} b_i \qquad (2\text{-}6)$$

由式（2-5）、式（2-6）可以看出：

1）每一站的高差等于此站的后视读数减去前视读数。

2）起点到终点的高差等于各段高差的代数和，也等于后视读数之和减去前视读数之和，通常要同时用 Σh 和 $(\Sigma a - \Sigma b)$ 进行计算，用来检查计算是否有误。

3）A、B 两点间增设的转点起高程传递的作用。

为了保证高程传递的正确性，在连续水准测量过程中，不仅要选择土质稳固的地方作为转点位置（需安放尺垫），而且在相邻测站的观测过程中，要保持转点（尺垫）稳定；同时要尽可能保持各测站的前、后视距离大致相同；还要通过调节前、后视距离，尽可能保持整条水准路线中的前视距离之和与后视距离之和相等，这样可以消除或减小地球曲率、大气折光和某些仪器误差（如 i 角误差）对高差的影响。

2.2　水准测量的仪器及工具

水准测量所使用的仪器为水准仪，所使用的工具有水准尺和尺垫。

2.2.1　水准仪

1. 水准仪的分类

水准仪全称为大地测量水准仪，按精度可分为 DS_{05}、DS_1、DS_3 和 DS_{10} 四个等级。其中，D、S 分别为"大地测量"和"水准仪"的汉语拼音的第一个字母，通常书写时 D 可以省略，下标数值表示仪器的精度，即该型号仪器每千米路线往、返测高差中数的中误差，以毫米为单位，如 DS_3 型水准仪，表示用该型号仪器进行水准测量每千米路线往、返测高差精度可达 $\pm 3mm$。DS_3 型（简称 S_3 型）水准仪称为普通水准仪，用于国家三、四等水准测量及一般工程测量；DS$_{05}$、DS$_1$型（简称S$_{05}$型、S$_1$型）水准仪称为精密水准仪，用于国家一、二等水准测量及其他精密水准测量。水准仪按其构造可分为微倾式水准仪、自动安平水准仪和电子（数字）水准仪等。目前，水准仪向着高精度、自动化、数字化方向发展，大大提高了工作效率。

水准仪主要功能是测量两点间的高差，另外，利用视距测量原理，它还可以测量两点间的水平距离。

2. DS$_3$型微倾式光学水准仪

水准仪是能够提供水平视线的仪器，所谓微倾是指在水准仪上设有微倾装置，可使望远镜在很小的范围内上下微倾，使水准管气泡居中，从而使望远镜视线水平。图2-3所示为我国生产的DS$_3$型微倾式光学水准仪，主要由望远镜、水准器和基座三部分构成。

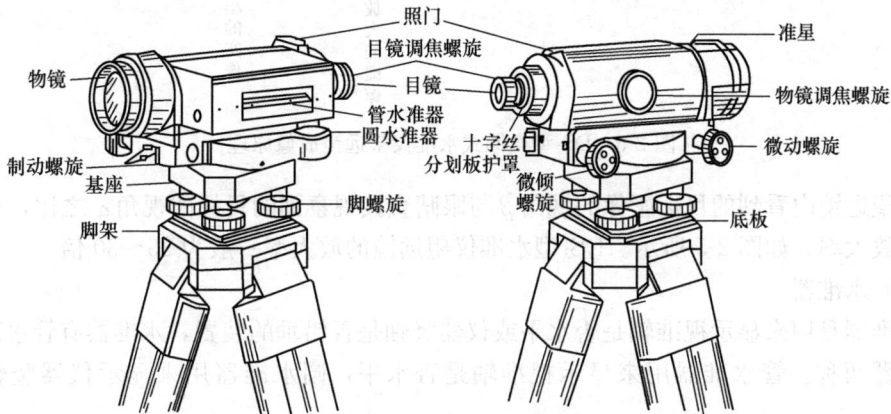

图 2-3　DS$_3$型微倾式水准仪构造

（1）望远镜

望远镜的作用是使人们看清不同距离的目标，并提供一条照准目标的视线，具有定位目标和放大倍数作用。望远镜由物镜、目镜、调焦透镜和十字丝分划板组成，如图2-4（a）所示。物镜、调焦透镜和目镜多采用复合透镜组，调焦透镜为凹透镜，位于物镜和目镜之间。物镜固定在物镜筒前端，调焦透镜通过调焦螺旋可沿光轴在镜筒内前后移动。如图2-4（b）所示，十字丝分划板上竖直的一条长线称为竖丝，与之垂直的长线称为横丝（或中丝）。与中丝平行的上、下两短丝称为视距丝，用来测量距离。

物镜光心与十字丝交点的连线称为视准轴，如图2-4中CC所示。视准轴是水准测量

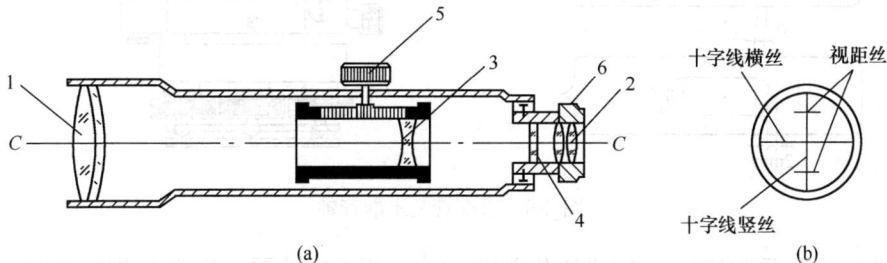

(a)　　　　　　　　　　　　　　　　(b)

图 2-4　DS$_3$型微倾水准仪望远镜的组成

1—物镜；2—目镜；3—调焦透镜；4—十字丝分划板；5—调焦螺旋；6—目镜筒

中用来读数的视线。望远镜成像原理如图 2-5 所示，目标 AB 经过物镜和调焦透镜的作用后，在十字丝平面上形成一倒立缩小的实像 ab（有些型号的水准仪成正像）。人眼通过目镜的作用，可看清同时放大了的十字丝和目标影像 $a'b'$。

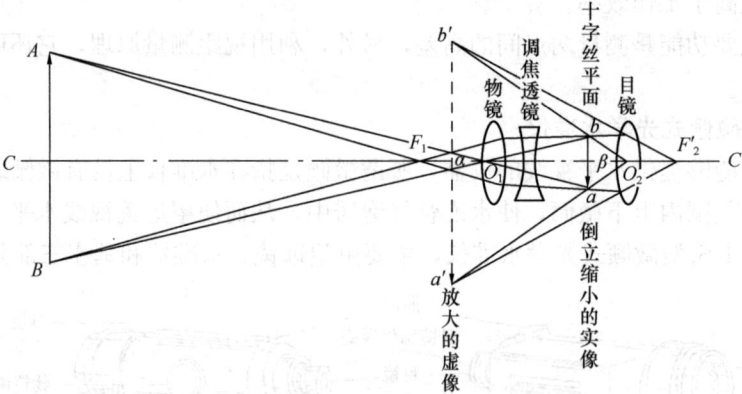

图 2-5　DS₃ 型微倾式水准仪望远镜成像原理

从望远镜内看到的目标影像的视角 β 与眼睛直接观察到的目标的视角 α 之比，称为望远镜的放大率，如图 2-5 所示。DS₃ 型水准仪望远镜的放大率一般为 25～30 倍。

（2）水准器

水准器是用来显示视准轴是否水平或仪器竖轴是否铅垂的装置，水准器有管水准器和圆水准器两种。管水准器用来显示视准轴是否水平，圆水准器用来显示仪器竖轴是否铅垂。

1）管水准器

如图 2-6 所示，管水准器又称水准管，是把纵向内壁磨成圆弧形的玻璃管，玻璃管内封装有液体和一个气泡。管水准器的纵切面为一段圆弧，圆弧的中点 O，称为水准管的零点。过零点的圆弧切线 LL，称为水准管轴。当水准管气泡的中心处于水准管的零点时，称为气泡居中，此时，水准管轴处于水平位置。由于水准仪的水准管轴与视准轴（视线）CC 保持平行，故当水准管轴水平时，视线也处于水平位置。

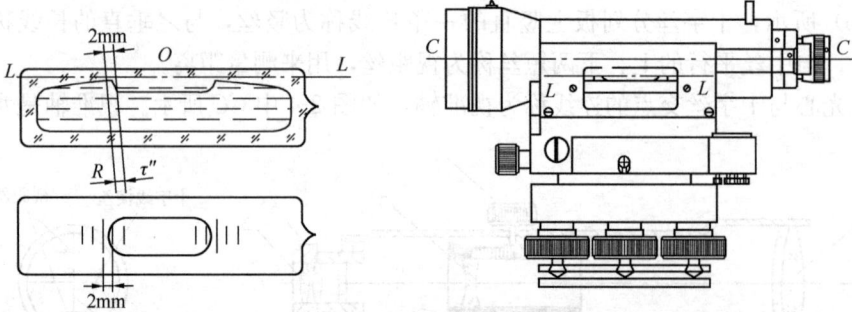

图 2-6　水准管及水准管轴

水准管外表面刻有 2mm 间隔的分划线，2mm 所对应的圆心角称为水准管分划值，即水准管内气泡每移动一格时，水准管轴 LL 所倾斜的角度。

$$\tau = \frac{2}{R}\rho'' \tag{2-7}$$

式中　τ——水准管分划值（"）；

　　　R——水准管圆弧半径（mm）；

　　　ρ''——206265"，即 1 弧度所对应的角度秒值。

水准管分划值的大小反映了仪器置平精度的高低，水准管圆弧半径越大，分划值就越小，则水准管灵敏度就越高，即仪器置平精度越高。DS$_3$型水准仪的水准管分划值要求不大于 20"/2mm。

为了提高水准管气泡居中的精度，DS$_3$型微倾式水准仪多采用符合水准管系统，如图 2-7 所示。通过符合棱镜的反射作用，使气泡两端的影像反映在望远镜的观察窗中。由观察窗看气泡两端的半像吻合与否，来判断气泡是否居中。若气泡两端影像符合，表示气泡居中；若两端影像错开，则表示气泡不居中，可转动微倾螺旋使气泡影像符合。

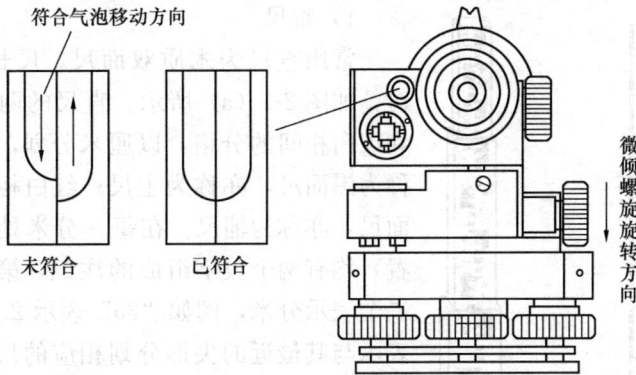

图 2-7　符合水准器

2）圆水准器

如图 2-8 所示，圆水准器是一个圆柱形的玻璃盒子，顶面内壁是一个球面，球面中央有一圆圈，其圆心称为水准器零点。通过零点的球面法线 $L'L'$，称为圆水准轴，当圆水准气泡居中时，圆水准轴处于竖直位置。由于水准仪的圆水准轴与仪器竖轴 VV 保持平行，故当圆水准轴竖直时，仪器竖轴也处于竖直位置，视线 CC 大致处于水平位置。

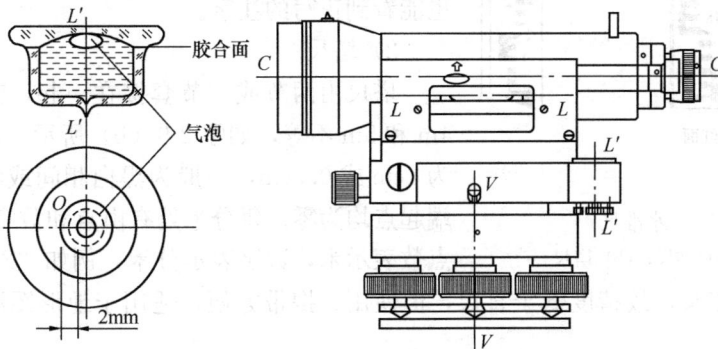

图 2-8　圆水准器及圆水准轴

圆水准器的分划值是指通过零点的任意一个纵断面上，气泡中心偏离 2mm 的弧长所对圆心角的大小。DS$_3$型水准仪圆水准器分划值一般为 $8'/2mm$。

（3）基座

基座主要由轴座、脚螺旋、底板等构成（图 2-3），其作用是置平仪器，支承仪器的上部使其在水平方向上转动，并通过中心螺旋与三脚架连接。调节三个脚螺旋可使圆水准器的气泡居中，使仪器粗略整平。

2.2.2 水准尺和尺垫

（1）水准尺

水准尺是水准测量时使用的标尺。水准尺采用经过干燥处理且伸缩性较小的优质木材制成，现在也有用玻璃钢或铝合金制成的水准尺。从外形看，常见的有直尺和塔尺两种，如图 2-9 所示。

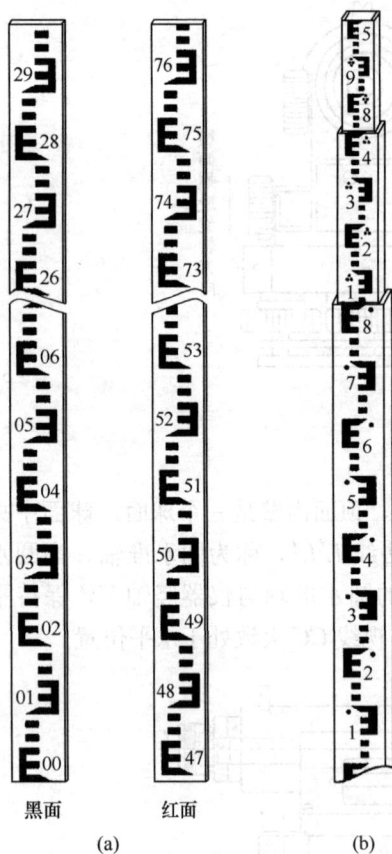

黑面 　 红面

(a) 　 (b)

图 2-9　水准尺

(a) 双面水准尺；(b) 塔尺

1）直尺

常用直尺为木质双面尺，尺长 3m，两根为一对，如图 2-9（a）所示。直尺的两面分别绘有黑白和红白相间的分格，以厘米分划，黑白相间的一面称为黑面尺，亦称为主尺；红白相间的一面称为红面尺，亦称为辅尺。在每一分米处（即尖形分划位置）均有两个数字组成的注记，第一个表示米，第二个表示分米，例如"26"表示 2.6m，该注记数字表示与其最近的尖形分划相应的尺面读数。黑面尺底端起点为零。红面尺底端起点一根为 4.687，另一根为 4.787。设置两面起点不同的目的，是为了防止两面出现同样的读数错误，从而对水准测量读数进行检核。这种直尺适用于精度较高的水准测量中。根据望远镜成像原理，观测者从望远镜里看到的水准尺影像是倒立的（大多数仪器如此），为了便于读数，一般将水准尺上注字倒写，这样在望远镜里能看到正写的注字。

2）塔尺

塔尺由两节或三节套接在一起，其长度有 3m、4m 和 5m 不等，如图 2-9（b）所示。塔尺最小分划为 1cm 或 0.5cm，一般为黑白相间或红白相间，底端起点均为零。每分米处有由点和数字组成的注记，点数表示米，数字表示分米，例如"2"表示 1.2m。

塔尺由于存在接头，故精度低于直尺，但使用、携带方便，适用于地形图测绘和施工测量等。

（2）尺垫

尺垫由生铁铸成，如图 2-10 所示。其下部有三个支脚，上部中央有一凸起的半球体。

尺垫用于进行多测站连续水准测量时，在转点上作为临时立尺点，以防止水准尺下沉和立尺点移动。使用时应将尺垫的支脚牢固地踩入地下，然后将水准尺立于其半球顶上。

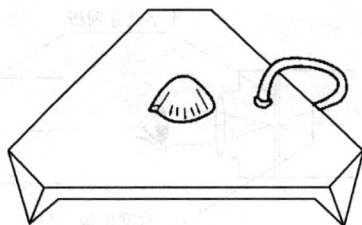

图 2-10　尺垫

2.2.3　水准仪的使用

微倾式水准仪的使用包括安置仪器、粗略整平、瞄准水准尺、精确整平和读数等操作步骤。

（1）安置仪器

进行水准测量时，首先在测站上安置三脚架，按观测者的身高调节好三脚架的高度，为便于整平仪器，要求三脚架的架头面应大致水平，并将三脚架的三个脚尖踩入土中，使脚架稳定。然后从仪器箱内取出水准仪，放在三脚架的架头上，并立即用中心连接螺旋将仪器牢固地固定在三脚架头上，以防止仪器从架头上摔落。

（2）粗略整平（粗平）

粗平是借助圆水准器的气泡居中，使仪器竖轴大致铅垂，从而使视准轴粗略水平。如图 2-11（a）所示，气泡未居中而位于 a 处。这时先按图上箭头所指的方向用两手相对转动脚螺旋①和②，使气泡移到 b 的位置（图 2-11b），再转动脚螺旋③，即可使气泡居中。在粗平过程中，气泡的移动方向与左手大拇指运动的方向一致。

（3）瞄准水准尺

首先进行目镜调焦，即把望远镜对着明亮的背景，转动目镜调焦螺旋，使十字丝清晰。然后松开制动螺旋，转动望远镜，用望远镜镜筒上的照门和准星瞄准水准尺，拧紧制动螺旋。再从望远镜中观察，转动物镜调焦螺旋进行调焦，使目标清晰，最后转动微动螺旋，使十字丝竖丝靠近水准尺边缘或内部，如图 2-12 所示，检查水准尺在左右方向是否倾斜。

当眼睛在目镜端上下微微移动时，若发现十字丝与目标影像有相对运动，则这种现象

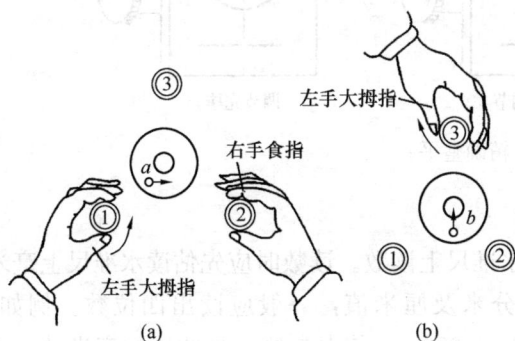

图 2-11　粗略整平过程

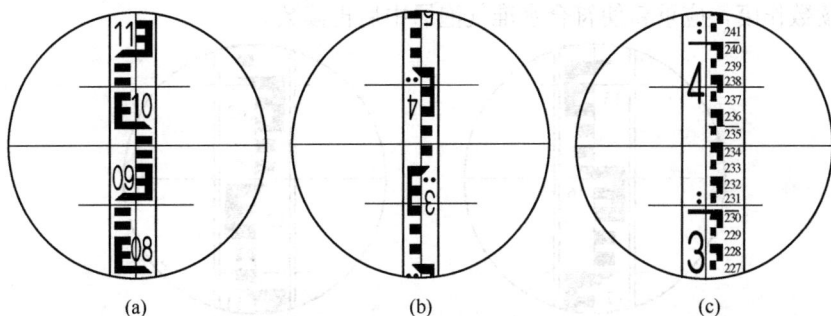

图 2-12　瞄准水准尺

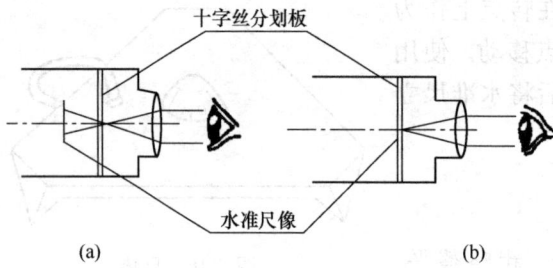

图 2-13　视差现象

(a) 有视差；(b) 无视差

称为视差。如图 2-13 所示，产生视差的原因是目标成像平面和十字丝平面不重合。由于视差的存在会影响到读数的正确性，故必须加以消除。消除的方法是重新仔细地进行目镜和物镜调焦，直到眼睛上下移动时读数不变为止。

（4）精确整平（精平）

如图 2-14 所示，眼睛通过位于目镜左方的符合气泡观察窗观察水准管气泡，右手缓慢而均匀地转动微倾螺旋，使符合水准器气泡两端影像对齐，呈"U"形，此时，水准管轴水平，从而使得视准轴水平。在精确整平时，转动微倾螺旋的方向与符合水准器气泡左边影像移动的方向一致。

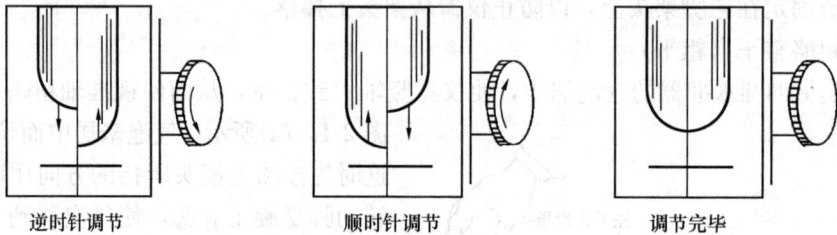

逆时针调节　　　　　　顺时针调节　　　　　　调节完毕

图 2-14　精确整平

（5）读数

仪器精平后，应立即用十字丝的中丝在水准尺上读数。读数时应先估读水准尺上毫米数（小于一格的估值），然后直接读出米、分米及厘米值，一般应读出四位数。例如，图 2-12（a）所示为 1 厘米分划的直尺，读数为 0.979m，其中末位 9 是估读的毫米数，也可读记为 0979mm，以下相同；图 2-12（b）所示为 1 厘米分划的塔尺，读数为 2.321m，图 2-12（c）所示为塔尺的另一面，分划为 0.5 厘米，每厘米处注有读数，便于近距离观测，此处读数为 2.338m。

读数时，注意从小往大读，若望远镜成正像，即是由下往上读（图 2-12）；若望远镜成倒像，则是由上往下读，如图 2-15 所示，读数分别为 1.609m、6.297m。读数应迅速、果断、准确，读数后应立即重新检视符合水准气泡是否仍旧居中，如仍居中，则读数有效；否则读数作废，应重新使符合水准气泡居中后再读数。

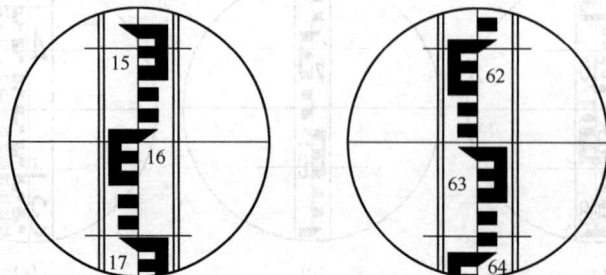

图 2-15　水准尺读数

自动安平水准仪不需要精确整平，粗平后直接读数，因此提高了工作效率。

2.3 水准测量的实施

2.3.1 水准点

通过水准测量方法获得其高程的高程控制点，称为水准点，简记为"BM"，用"⊗"符号表示，如图2-17所示。水准点分为永久性和临时性两种，如图2-16所示。需要长期保存的水准点一般用混凝土或石料制成标石，中间嵌半球形金属标志，埋设在冰冻线以下0.5m左右的坚硬土基中，并设防护井保护，称永久性水准点，如图2-16（a）所示；亦可埋设在岩石或永久建（构）筑物上，如图2-16（b）所示。使用时间较短的，称临时水准点。一般用混凝土标石埋在地面，如图2-16（c）所示；或用大木桩顶面加一帽钉打入地下，并用混凝土固定，如图2-16（d）所示；亦可在岩石或建（构）筑物上用红漆标记。

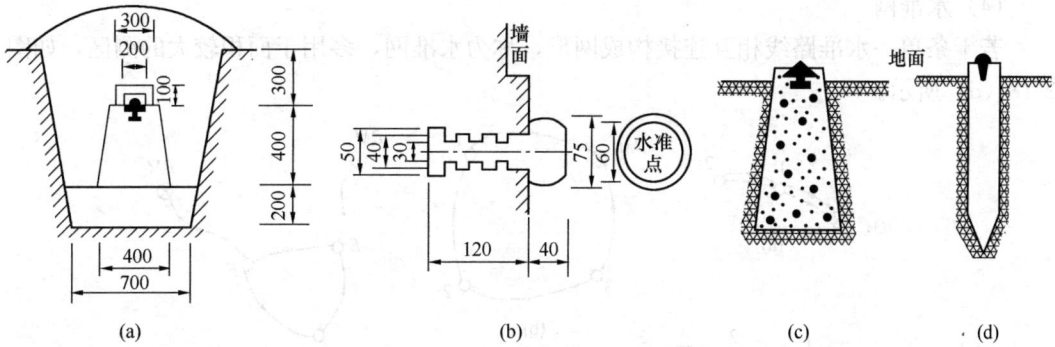

图2-16 水准点的埋设

为了满足各类测量工作的需要，水准点按精度分为不同等级。国家水准点分四个等级，即一、二、三、四等，埋设永久性标志，其高程为绝对高程。实际工作中常在国家等级水准点的基础上进行补充和加密，得到精度低于国家等级要求的水准点，该测量工作称为等外水准测量或普通水准测量。根据具体情况，普通水准测量可按上述规格埋设永久性水准点，也可埋设临时性水准点。其高程应从国家水准点引测，引测有困难时，可采用相对高程。

为便于以后寻找，水准点应进行编号，编号前一般冠以"BM"字样，以表示水准点，并绘出水准点与附近固定建筑物或其他明显地物关系的点位草图（图2-17），称为"点之记"，作为水准测量的成果一并保存。

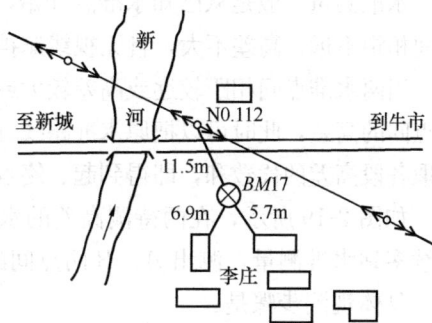

图2-17 水准点的点之记

2.3.2 水准路线

水准路线是水准测量所经过的路线，根据已知水准点的分布情况和测区的实际情况，测量前应按要求选定水准点的位置，埋设好水准点标石，拟订水准测量进行的路线。水准路线有以下几种布设形式。

（1）支水准路线

从一个已知高程的水准点 BM_A 开始，沿待测的高程点 1、2 进行水准测量，称为支水准路线，多用于测图水准点加密，如图 2-18（a）所示。对于支水准路线应进行往返观测。

（2）闭合水准路线

从一个已知高程的水准点 BM_A 开始，沿各待测高程点 1、2、3 进行水准测量，最后又回到原水准点 BM_A，称为闭合水准路线，多用于面积较小的块状测区，如图 2-18（b）所示。

（3）附合水准路线

从一个已知高程的水准点 BM_A 开始，沿各待测高程点 1、2、3 进行水准测量，最后附合至另一已知水准点 BM_B 上，称为附合水准路线，多用于带状测区，如图 2-18（c）所示。

（4）水准网

若干条单一水准路线相互连接构成网形，称为水准网，多用于面积较大的测区，如图 2-18（d）所示。

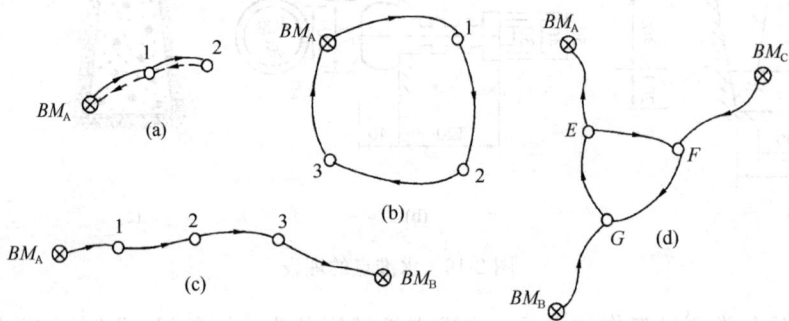

图 2-18　水准路线的布设形式
（a）支水准路线；（b）闭合水准路线；（c）附合水准路线；（d）水准网

2.3.3　水准测量的施测方法

水准测量一般是从已知水准点开始，经过高程待定点，形成水准路线。当已知点和待定点间相距不远，高差不大，且无视线遮挡时，只需要安置一次水准仪就可以测得两点间的高差。当两水准点间相距较远或高差较大或有障碍物遮挡视线时，仅安置一次仪器不可能测得两点间的高差，此时可以把原水准路线分成若干段，依次连续安置水准仪测定各段高差，最后取各段高差的代数和，即得到起、终点间的高差。下面主要介绍普通水准测量的做法。

如图 2-19 所示，在两待测高差的水准点 A 和待定点 B 之间，设置若干个转点，经过连续多站水准测量，测出 A、B 两点间的高差。

具体观测步骤是：

（1）在 A 点前方适当位置 1 处安置水准仪，再根据前后视距离大致相等的原则选择转点 TP_1，放上尺垫，在 A、TP_1 点上分别立水准尺。调节圆水准器，使水准仪粗平。

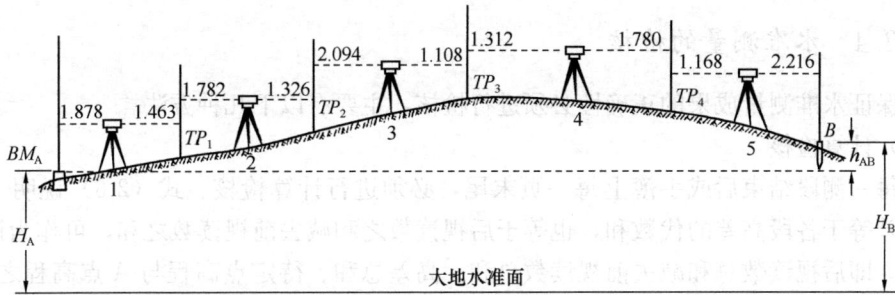

图 2-19 水准测量外业施测

（2）照准后视点 A 上水准尺，精确整平、读数 a_1，记入表 2-1 中 A 点后视读数栏内。

（3）旋转望远镜，照准前视点 TP_1 上水准尺，精平、读数 b_1，记入 TP_1 点前视读数栏内。

（4）按式（2-1）计算 A 至 TP_1 点高差 h_1，记入测站 1 的高差栏内。至此完成了第一个测站的观测。

（5）在 TP_1 点前方适当位置 2 处安置水准仪，再根据前后视距离大致相等的原则选择转点 TP_2，放上尺垫，同时将 A 点水准尺移至 TP_2 点，TP_1 点水准尺不动。将水准仪粗平后，按(2)～(4)所述步骤和方法，观测并计算出 TP_1 至 TP_2 点高差 h_2。同理连续设站，直至测出最后一个转点 TP_4 至待定点 B 之间的高差。

全部观测完成后，将各测站的高差相加，即得总高差，然后按式（2-2）计算待定点 B 的高程，计算过程和结果见表 2-1。

水准测量手簿   表 2-1

测站	点号	后视读数（m）	前视读数（m）	高差（m）	高程（m）	备注
	BM_A	1.878	—		76.668	水准点
1				0.415		
	TP_1	1.782	1.463		77.083	转点
2				0.456		
	TP_2	2.094	1.326		77.539	转点
3				0.986		
	TP_3	1.312	1.108		78.525	转点
4				−0.468		
	TP_4	1.168	1.780		78.057	转点
5				−1.048		
	B	—	2.216		77.009	待定点
计算检核		$\Sigma=8.234$	$\Sigma=7.893$	$\Sigma=0.341$	$77.009-76.668=0.341$	—
		8.234−7.893=0.341				

2.3.4 水准测量的检核

为保证水准测量成果的正确性必须进行检核，主要有以下几种方法。

（1）计算检核

在每一测段结束后或手簿上每一页末尾，必须进行计算检核。式（2-6）说明了两点间的高差等于各段高差的代数和，也等于后视读数之和减去前视读数之和，可作为计算检核公式。即后视读数总和减去前视读数总和、高差总和、待定点高程与 A 点高程之差值，这三个数字应当相等。否则，计算有错。例如，表 2-1 中，三者结果均为 0.341，说明计算正确。在计算时，先检核高差计算是否正确，当高差计算正确后再进行高程的计算。表2-1 中各转点的高程也可不逐一计算，用 A 点高程加上高差总和即为 B 点的高程。此外，计算检核只能检查计算是否正确，对读数不正确等观测过程中发生的错误，是不能通过计算检核检查出来的。

（2）测站检核

在进行连续水准测量时，如果任何一测站的后视读数或前视读数有错误，都将影响最终高差的正确性。因此，每一测站的水准测量，为了能及时发现观测中的错误，通常采用变动仪器高法或双面尺法进行观测，以检核高差测量中可能发生的错误，这种检核称测站检核。

1）变动仪器高法

变动仪器高法也称两次仪器高法，即在同一测站上用两次不同仪器高度的水平视线来测定相邻两点间的高差，改变仪器高度应在 10cm 以上。如果两次高差观测值不超过容许值（如图根水准测量的容许值为 $\pm6mm$），则认为符合要求，并取其平均值作为最后结果；否则应重测。

2）双面尺法

变动仪器高法每次都要重新安置仪器，降低测量速度，为此在每一测站上保持仪器高度不变时，经常采用双面尺法，即在每一测站测量过程中同时读取每一把水准尺的黑面和红面读数，然后由前后视尺的黑面读数计算出一个高差，前后视尺的红面读数计算出另一个高差，若这两个高差之差在容许值范围内（如四等水准测量为 $\pm5mm$），并且每一根尺子红、黑两面读数差与常数（4.687m 或 4.787m）之差不超过容许值（如四等水准测量为 $\pm3mm$）时，则认为符合要求，并取其平均值作为最后结果；否则要检查原因，重新测量。

（3）路线检核

上述检核只能检查单个测站的观测精度和计算是否正确，对于一条水准路线来说，还不足以说明所求水准点的高差精度符合要求。例如，在搬站时转点的位置被移动，测站检核是检查不出来的，此外温度、风力、大气折光等外界条件引起的误差，尺子倾斜和读数的误差，水准仪本身的误差等虽然在一个测站上反映不太明显，但随着测站增多致使误差累积，有时也会超过规定的限差。因此，对整个水准路线的成果检核是必要的。实际测量得到的高差与其理论高差之差为测量误差，也称高差闭合差，用 f_h 来表示：

$$f_h = \sum h_{测} - \sum h_{理} \tag{2-8}$$

如果高差闭合差 f_h 在容许限差 $f_{h容}$ 之内（即 $|f_h| \leqslant |f_{h容}|$），说明观测结果可信，

精度合乎要求，数据有效；否则应查明原因返工重测，直至符合要求为止。水准测量的高差闭合差的容许值 $f_\text{h容}$ 根据水准测量等级的不同而不同，表 2-2 为工程测量限差的部分规定。

工程测量的限差规定   表 2-2

等级	容许闭合差（mm）	一般应用范围举例
三等	$f_\text{h容}=\pm 12\sqrt{L}$，$f_\text{h容}=\pm 4\sqrt{n}$	有特殊要求的较大型工程，城市地面沉降观测等
四等	$f_\text{h容}=\pm 20\sqrt{L}$，$f_\text{h容}=\pm 6\sqrt{n}$	综合规划路线、小型隧道工程，普通建筑工程、河道工程等
五等	$f_\text{h容}=\pm 30\sqrt{L}$	铁路、二级及以下等级公路，自流管线，小型水工建筑物等
图根	$f_\text{h容}=\pm 40\sqrt{L}$，$f_\text{h容}=\pm 12\sqrt{n}$	山区线路工程、压力管线、排水沟疏浚工程、小型农田水利工程

注：1. 表中 L 为水准路线单程千米数，n 为测站数；
　　2. 容许闭合差 $f_\text{h容}$，在平地按水准路线的千米数 L 计算，在山地按测站数 n 计算。

按照水准路线的布设形式，分不同条件进行路线检核。
1）附合水准路线的高差闭合差
对于附合水准路线，$\sum h_\text{理论}=H_\text{终}-H_\text{始}$，可得：
$$f_\text{h}=\sum h_\text{测}-(H_\text{终}-H_\text{始})=\sum h_\text{测}+H_\text{始}-H_\text{终} \qquad (2\text{-}9)$$
2）闭合水准路线的高差闭合差
对于闭合水准路线，$\sum h_\text{理论}=0$，可得：
$$f_\text{h}=\sum h_\text{测} \qquad (2\text{-}10)$$
3）支水准路线的高差闭合差
支水准路线中往返测量理论之和应等于零，可得：
$$f_\text{h}=\sum h_\text{测}=\sum h_\text{往}+\sum h_\text{返} \qquad (2\text{-}11)$$

2.3.5　水准测量的成果计算

在进行水准测量的成果计算时，首先要计算出高差闭合差，它是衡量水准测量精度的重要指标。当高差闭合差在容许值范围内时，再对闭合差进行调整，求出改正后的高差，最后求出待定点的高程。下面对几种水准路线的计算方法进行介绍。

（1）附合水准路线的成果计算
某一附合水准路线观测成果如图 2-20 所示，BM_1、BM_2 为已知高程点，1、2、3 为待定高程点，则高差闭合差的调整及各点高程的计算过程见表 2-3。具体计算步骤如下。

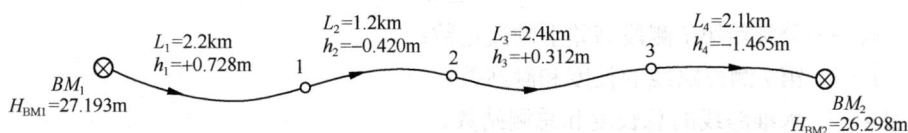

图 2-20　某附合水准路线观测成果图

1）高差闭合差的计算
由附合水准路线的高差闭合差式（2-9）得：
$$f_\text{h}=\sum h_\text{测}-(H_\text{终}-H_\text{始})=-0.845-(26.298-27.193)=+0.050\text{m}$$
按表 2-2 图根水准测量的精度要求，计算高差闭合差的容许值为：

$$f_{h容} = \pm 40\sqrt{L} = \pm 40\sqrt{7.9} = \pm 112 \text{mm}$$

故 $f_h \leqslant |f_{h容}|$，精度符合要求。

f_h、$f_{h容}$ 的计算应填入表 2-3 的辅助计算栏。

某附合水准路线观测成果计算表　　　　　　　表 2-3

测段	点号	路线长度 L (km)	实测高差 (m)	改正数 (m)	改正后高差 (m)	高程 (m)
BM_1-1	BM_1	2.2	+0.728	-0.014	+0.714	27.193
	1					27.907
1-2		1.2	-0.420	-0.008	-0.428	
	2					27.479
2-3		2.4	+0.312	-0.015	+0.297	
	3					27.776
3-BM_2		2.1	-1.465	-0.013	-1.478	
	BM_2					26.298
Σ		7.9	-0.845	-0.050	-0.895	
辅助计算	$f_h = \Sigma h_i - (H_{终} - H_{始}) = -0.845 - (-0.895) = 0.050\text{m}$ $f_{h容} = \pm 40\sqrt{L} = \pm 40\sqrt{7.9} = \pm 112\text{mm}$ $\|f_h\| \leqslant \|f_{h容}\|$，精度符合要求					

2）高差闭合差的调整

当闭合差在容许值范围内时，可把闭合差分配到各测段的高差上。在同一条水准路线上，观测条件基本相同，因此可认为各测站产生误差的机会是相同的，而各测站的距离大致相等，故测量误差应与测站数或水准路线长度成正比，所以分配的原则是将闭合差以相反的符号根据测站数或水准路线的长度成正比分配到各段高差上。各测段高差的改正数用公式表示为：

$$v_i = -\frac{f_h}{\Sigma L} \cdot L_i \qquad (2\text{-}12)$$

或

$$v_i = -\frac{f_h}{\Sigma n} \cdot n_i \qquad (2\text{-}13)$$

式中　　v_i——分配给第 i 测段高差上的改正数；

L_i、n_i——第 i 测段路线的长度和测站数；

ΣL、Σn——水准路线的总长度和总测站数。

按上式计算高差改正数时，应四舍五入凑整至 f_h 的末位单位，对本例而言为毫米（mm）。

本例中第一个测段 BM_1-1 段的改正数为 $v_1 = -\dfrac{50}{7.9} \times 2.2 = -14\text{mm}$。同法计算出其他各测段高差改正数，填入表 2-3 的相应列。

计算检核：各测段改正数的总和应与高差闭合差的大小相等且符号相反。即：

$$\Sigma v_i = -f_h \tag{2-14}$$

由于凑整误差的影响，往往使上述检核等式左右不完全相等（一般相差 f_h 末位的一个单位，本例即 1mm），需要在首次改正的基础上，再按以下原则进行二次改正：若改正数之和的绝对值大于闭合差的绝对值，则选择路线最短或测站数最小的测段少改正一个 f_h 的末位单位；反之，则选择路线最长或测站数最大的测段多改正一个 f_h 的末位单位。最终使式（2-14）成立。

再计算改正后的高差 h_i'，它等于第 i 测段观测高差 h_i 加上其相应的高差改正数 v_i，即：

$$h_i' = h_i + v_i \tag{2-15}$$

本例中第一个测段 BM_1-1 段改正后的高差为 $h_1' = +0.728 - 0.014 = +0.714$m。同法计算出其他各测段改正后的高差，填入表 2-3 的相应列。

计算检核：改正后的高差总和应等于其理论值。即：

$$\Sigma h_i' = \Sigma h_{理} \tag{2-16}$$

对附合水准路线而言，改正后的高差总和应等于起点与终点的高差，本例为 -0.895m。对闭合水准路线而言，改正后的高差总和应等于零。

3）各待定点高程的计算

根据改正后高差，由起点 BM_1 开始，逐点计算出各点的高程，填入表 2-3 的相应列，即：

$$H_i = H_{i-1} + h_i' \tag{2-17}$$

计算检核：最后算得终点 BM_2 的高程与已知值相等。即：

$$H_{终(计算)} = H_{终(已知)} \tag{2-18}$$

至此，计算工作全部结束。

在上述计算过程中，每一步都有检核，检核通过才能进行下一步计算，这种步步有检核是测量工作应遵循的基本原则之一。

（2）闭合水准路线的成果计算

闭合水准路线的高差闭合差按式（2-10）计算，若闭合差在容许值范围内，按与上述相同的方法调整闭合差并计算高程，否则要重新测量。

（3）支水准路线的成果计算

支水准路线的高差闭合差按式（2-11）计算，若闭合差在容许值范围内，应将闭合差按相反的符号平均分配在往测和返测的实测高差值上。

【例 2-1】 在 A、B 间进行往返图根水准测量，已知 $H_A = 48.237$m，$\Sigma h_{往} = +0.254$m，$\Sigma h_{返} = -0.238$m，A、B 间路线长 2km，求改正后 B 点的高程。

【解】 根据式（2-11）得高差闭合差

$f_h = \Sigma h_{测} = \Sigma h_{往} + \Sigma h_{返} = 0.254 - 0.238 = 0.016$m。根据 $f_{h容} = \pm 40\sqrt{L}$ 得容许高差闭合差为 ± 57mm，$|f_h| \leqslant |f_{h容}|$，故精度符合要求。

改正后往、返测高差分别为：

$$\Sigma h_{往}' = \Sigma h_{往} + \left(-\frac{f_h}{2}\right) = +0.254 - 0.008 = +0.246\text{m}$$

$$\Sigma h_{返}' = \Sigma h_{返} + \left(-\frac{f_h}{2}\right) = -0.238 - 0.008 = -0.246\text{m}$$

故 B 点高程：

$$H_B = H_A + \sum h'_{往} = 48.237 + 0.246 = 48.483\text{m}$$

或：

$$H_B = H_A - \sum h'_{返} = 48.237 - (-0.246) = 48.483\text{m}$$

也可以不分配闭合差，直接求改正后高差。支水准路线往返测高差的平均值即为改正后高差，符号以往测为准，即：

$$\sum h' = \frac{\sum h_{往} + (-\sum h_{返})}{2} = \frac{0.254 + 0.238}{2} = 0.246\text{m}$$

则 B 点高程为：

$$H_B = H_A + \sum h' = 48.237 + 0.246 = 48.483\text{m}$$

2.4 水准仪的检验与校正

水准测量前，应对所使用的水准仪进行检验校正。检验校正时，先做一般性检查，内容包括：制动、微动螺旋和目镜、物镜调焦螺旋是否有效；微倾螺旋、脚螺旋是否灵活；连接螺旋与三脚架头连接是否可靠；架脚有无松动。

水准仪的检验与校正，主要是检验仪器各主要轴线之间的几何条件是否满足，若不满足，则应校正。

2.4.1 水准仪的轴线及其应满足的几何条件

如图 2-21 所示，DS₃ 型微倾式光学水准仪的主要几何轴线有：视准轴 CC、水准管轴 LL、圆水准器轴 $L'L'$、仪器竖轴（仪器旋转轴）VV。此外，还有读取水准尺上读数的十字丝横丝。

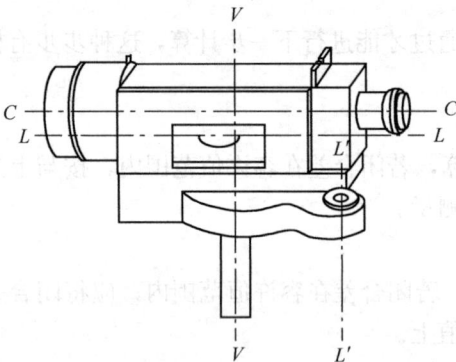

图 2-21 水准仪的主要轴线

水准测量中，通过调水准管使气泡居中（水准管轴水平），实现视准轴水平，从而正确测定两点之间的高差，因此，水准管轴必须平行于视准轴，这是水准仪应满足的主要条件；通过调圆水准器使气泡居中（圆水准器轴铅垂），实现竖轴铅垂，从而使水准仪旋转到任意方向上，都易于调水准管气泡居中，因此，圆水准器轴应平行于竖轴；另外，竖轴铅垂时，十字丝横丝应水平，以便于在水准尺上读数，因此，十字丝横丝应垂直于竖轴。综上所述，各轴线应满足以下几何条件：

（1）圆水准器轴 $L'L'$ 应平行于仪器竖轴 VV；

（2）十字丝横丝垂直于仪器竖轴 VV；

（3）水准管轴应平行于视准轴即 $LL // CC$。

水准仪的检验就是查明仪器各轴线是否满足应有的几何条件，这些条件仪器在出厂时经检验都满足，但由于长期的使用和在运输过程中的振动，使仪器各部分的螺钉松动，各轴线之间的几何关系发生变化。水准测量作业前，应对水准仪进行检验，若不满足几何条件，且超出规定的范围，应及时校正。

2.4.2 水准仪的检验与校正

检验、校正的顺序应使后一项检验（校正）不破坏前一项检验（校正），检校的步骤和方法如下所述。

（1）圆水准器轴与仪器竖轴应平行的检验与校正（$L'L'//VV$）

1）检验

转动脚螺旋使圆水准气泡居中（图 2-22a），然后将仪器旋转 180°，若气泡仍居中，说明圆水准器轴平行于仪器竖轴；若气泡偏离中央，则说明两轴不平行（图 2-22b），此时需校正。

2）校正

先旋转脚螺旋使气泡向居中位置移动偏离长度的一半，即达到 O' 的位置，此时竖轴就处于铅垂位置（图 2-22c）；然后稍微松动圆水准器底部中央的固定螺钉，如图 2-23 所示，再拨动圆水准器的三个校正螺钉，使气泡居中（图 2-22d），此时圆水准器轴与竖轴平行。经反复检校，直到仪器无论转到任何位置，气泡都居中为止，最后旋紧固定螺钉。

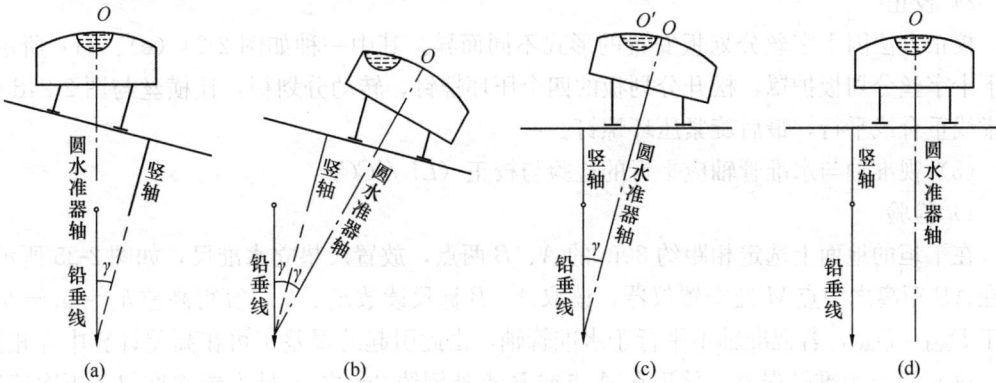

图 2-22 圆水准器的检校原理

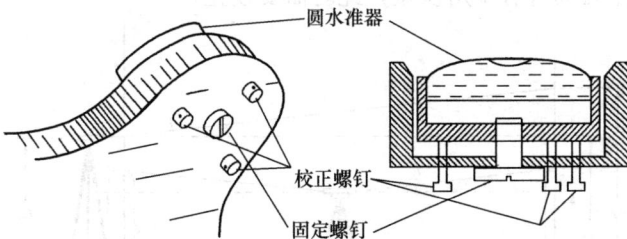

图 2-23 校正圆水准器

（2）十字丝横丝与仪器竖轴应垂直的检验与校正

1）检验

先整平仪器，再用十字丝横丝的一端对准远处的一明显标志 P（图 2-24a），旋紧制动螺旋，利用微动螺旋缓慢地转动望远镜，如果标志 P 始终在横丝上移动（图 2-24b），说明横丝是一垂直于竖轴的水平线。否则，需校正（图 2-24c、图 2-24d）。

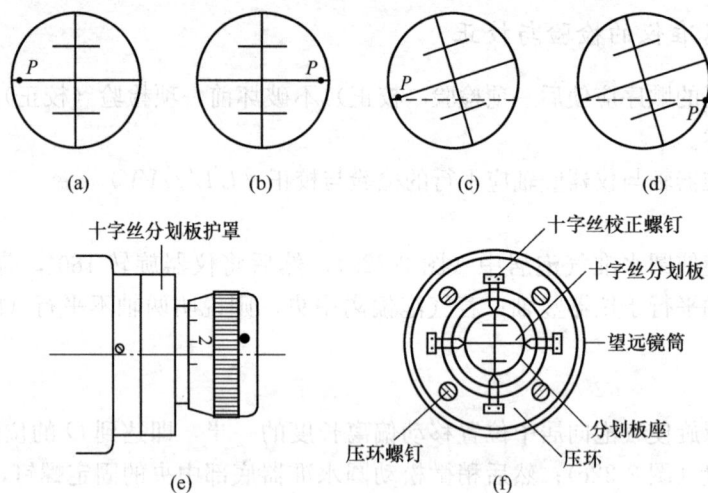

图 2-24　十字丝的检验与校正

2）校正

校正方法因十字丝分划板安置的形式不同而异。其中一种如图 2-24（e）、（f）所示，拧下十字丝分划板护罩，松开分划板的四个压环螺钉，转动分划板，让横丝与图 2-24d 中的虚线重合或平行，最后旋紧压环螺钉。

（3）视准轴与水准管轴应平行的检验与校正（$LL /\!/ CC$）

1）检验

在平坦的地面上选定相距约 80m 的 A、B 两点，放置尺垫立水准尺，如图 2-25 所示，先在 AB 距离之中点 M 处安置仪器，读取 A、B 标尺读数 a_1、b_1，算得高差 $h_1 = a_1 - b_1$。由于 $D_{AM} = D_{BM}$，若视准轴不平行于水准管轴，由此引起的误差 x 可在高差计算中互相抵消，故 h_1 不含视准轴误差。然后在 A 点或 B 点外侧约 2m 之 N 处安置水准仪，再次读取 A、B 标尺读数 a_2、b_2，算得高差 $h_2 = a_2 - b_2$。如果 $h_1 = h_2$，说明视准轴平行于水准管轴；反之，两轴不平行而存在 i 角误差，此时需要校正。

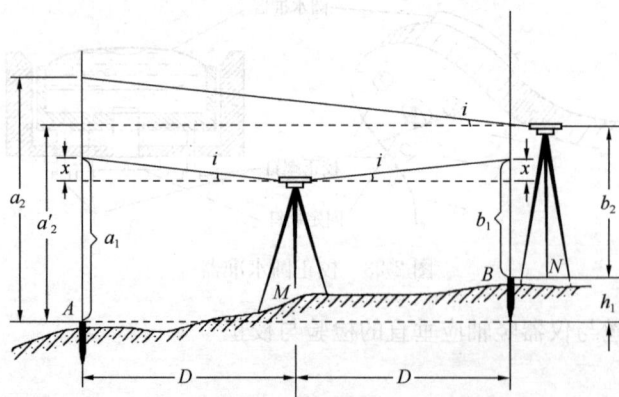

图 2-25　水准管轴平行于视准轴的检验

2) 校正

因 N 与 B 相距很近，可以认为 b_2 读数无误差，根据 b_2 和正确高差 h_1 可算出 A 尺上应读的正确读数 $a'_2 = b_2 + h_1$，然后转动仪器微倾螺旋，使横丝对准 a'_2 处，此时视准轴处于水平位置，但水准管气泡已不居中，即气泡影像不符合，水准管轴倾斜，如图 2-26 所示。这时，首先用拨针松开水准管左右校正螺钉（水准管校正螺钉在水准管的一端），用校正针拨动水准管上、下校正螺钉，拨动时应先松后紧，以免损坏螺钉，直到气泡影像符合为止。根据图中关系，可算出视准轴与水准管轴不平行而构成的夹角 $i = \dfrac{\mid a_2 - a'_2 \mid}{D_{\mathrm{BA}}} \rho''$，经反复检校，直到 $i \leqslant 20''$ 为止。

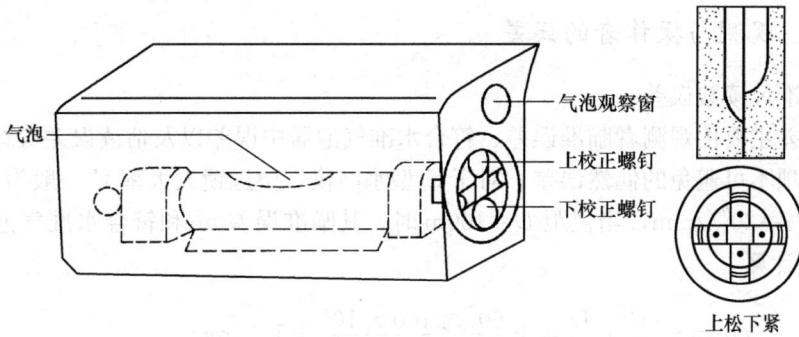

图 2-26　管水准器的校正

自动安平水准仪圆水准器的检校和十字丝的检校与前述相同；但因仪器无水准管，故仅有 i 角的检验而改做仪器补偿器正确性的校正。

2.5　水准测量误差分析及注意事项

由于测量仪器制造不可能完美，经检验校正也不能完全满足理想的几何条件，观测人员的感官也有一定的局限，再加上野外观测必定要受到外界环境的影响，使水准测量中不可避免地存在着误差。为了保证应有的观测精度，测量人员应对水准测量误差产生的原因以及控制误差的方法有所了解。尤其要避免读数错误、错记读数、碰动脚架或尺垫等观测错误。

水准测量误差按其来源可分为仪器误差、观测与操作者的误差以及外界环境的影响等三个方面。

2.5.1　仪器误差

水准仪使用前，应按规定进行水准仪的检验与校正，以保证各轴线满足条件。但由于仪器检验与校正不甚完善以及其他方面的影响，使仪器尚存在一些残余误差，其中最主要的是水准管轴不完全平行于视准轴的误差（又称为 i 角残余误差）。这个 i 角残余误差对高差的影响为 Δh，即：

$$\Delta h = x_1 - x_2 = \frac{i''}{\rho''} D_{\mathrm{A}} - \frac{i''}{\rho''} D_{\mathrm{B}} = \frac{i''}{\rho''} (D_{\mathrm{A}} - D_{\mathrm{B}}) \tag{2-19}$$

式中 $(D_A - D_B)$——前后视距之差；

x_1、x_2——i 角残余误差对读数的影响（参考图 2-25）。

若保持同一测站上前、后视距相等（即 $D_A = D_B$），即可消除 i 角残余误差对高差的影响。对于一条水准路线而言，也应保持前视视距总和与后视视距总和相等，同样可消除 i 角残余误差对路线高差总和的影响。

水准尺是水准测量的重要工具，它的误差（分划误差及尺长误差等）也影响着水准尺的读数及高差的精度。因此，水准尺应尺面平直，分划准确、清晰，有的水准尺上安装有圆水准器，便于水准尺竖直，还应注意水准尺零点差。对于精度要求较高的水准测量，水准尺应进行检定。

2.5.2 观测与操作者的误差

（1）水准尺读数误差

此项误差主要由观测者瞄准误差、符合水准气泡居中误差以及估读误差等综合影响所致，这是一项不可避免的偶然误差。对于 S_3 型水准仪，望远镜放大率 V 一般为 28 倍，水准管分划值 $\tau = 20''/2\text{mm}$，当视距 $D = 100\text{m}$ 时，其瞄准误差 m_1 和符合水准气泡居中误差 m_2 可由下式计算：

$$m_1 = \pm \frac{60''}{V} \cdot \frac{D}{\rho''} = \pm \frac{60''}{28} \times \frac{100 \times 10^3}{206265''} \pm 1.04\text{mm}$$

$$m_2 = \pm \frac{0.15\tau}{2\rho} D = \pm \frac{0.15 \times 20''}{2 \times 206265''} \times 100 \times 10^3 = \pm 0.73\text{mm}$$

若取估读误差 $m_3 = \pm 1.0\text{mm}$，则水准尺上读数误差为：

$$m = \sqrt{m_1^2 + m_2^2 + m_3^2} = \pm 1.62\text{mm}$$

因此，观测者应认真读数与操作，以尽量减少此项误差的影响。

（2）水准尺竖立不直（倾斜）的误差

根据水准测量的原理，水准尺必须竖直立在点上，否则总会使水准尺上读数增大。这种影响随着视线的抬高（即读数增大），其影响也随之增大。如图 2-27 所示，其误差可写成：

$$\Delta a = a_1 - a = a_1(1 - \cos\delta) \qquad (2\text{-}20)$$

由上式可知，尺子倾斜角 δ 愈大，尺上读数 a_1 愈大，误差也愈大。当取 $a_1 = 2\text{m}$，$\delta = 2°$ 时，将会产生约 1mm 的读数误差。

因此，作业时应保证标尺的竖直，从而削弱此项误差造成的影响。一般在水准尺上安装有圆水准器，扶尺者操作时应注意使尺上圆气泡居中，表明水准尺竖直。如果水准尺上没有安装圆水准器，可采用摇尺法，使水准尺缓缓地向前、后倾斜，当观测者读取到最小读数时，即为水准尺竖直时的读数。水准尺左右倾斜可由仪器观测者指挥司尺员纠正。

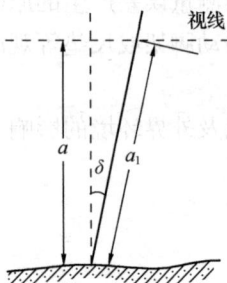

图 2-27 水准尺倾斜误差

2.5.3 外界环境的影响

(1) 仪器和水准尺的升沉误差

在水准测量过程中，由于仪器、水准尺受重力作用会下沉，又由于土壤的弹性会使仪器、水准尺上升，由此将引起高差误差。如图 2-28 所示，当仪器的脚架随时间而逐渐下沉时，在读完后视读数转向前视读数的时间内，仪器下沉了 Δ 值，使测得的高差偏大 Δ。为了消除或削弱这种误差的影响，可采用"后、前、前、后"的观测程序来解决。

关于水准尺下沉（上升）的影响，是在迁站的过程中，原来的前视尺转为后视尺而产生下沉，总使后视尺读数偏大，使各测站的观测高差都偏大，成为系统性误差，如图 2-29 所示。这种误差影响在往返测高差的平均值中可以得到有效的削弱。

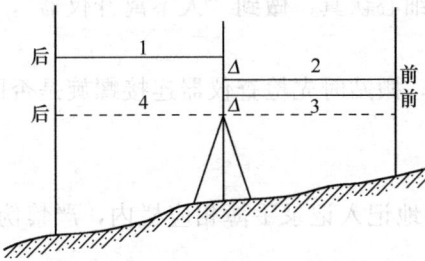

图 2-28　仪器的升沉误差

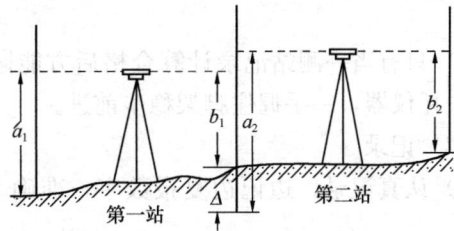

图 2-29　尺子的升沉误差

(2) 地球曲率与大气折光影响

如图 2-30 所示，水平视线在水准尺上的读数 a，应改算为相应水准面截于尺上的读数 a_1，此差值 $a-a_1=p$ 就是地球曲率改正。它对水准测量的影响可通过使测站的前、后视距离相等来消除。另外，由于地面大气层密度不匀，使仪器的水平视线产生折光弯曲而成一曲线，曲线在尺上截于 a_2 处，差值 $a-a_2=r$ 为大气折光改正。在气象稳定的条件下，它对观测高差的影响同样可通过使测站的前、后视距离相等来消除。但影响折光的因素很复杂，所以，减弱其影响的相应措施还有：限制视线长度，使视线离地面有足够的高度（不小于 0.3m），分上、下午两时段进行测量，往返测量等。

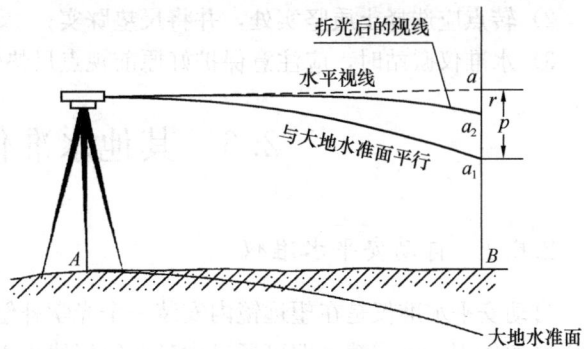

图 2-30　地球曲率与大气折光影响

(3) 大气温度（日光）和风力的影响

当大气温度变化或日光直射水准仪时，由于仪器受热不均匀，会影响仪器轴线间的正常几何关系，如水准仪气泡偏离中心或三脚架扭转等现象。所以，在水准测量时水准仪在阳光下应打伞防晒，风力较大时应暂停水准测量。

2.5.4 水准测量注意事项

水准测量是一项集观测、记录及扶尺为一体的测量工作，只有全体参加人员认真负责，按规定要求仔细观测与操作，才能取得良好的成果。归纳起来应注意如下几点：

（1）观测

1）观测前应认真按要求检校水准仪，检视水准尺；

2）仪器应安置在土质坚实处，并踩实三脚架；

3）水准仪至前、后视水准尺的视距应尽可能相等；

4）每次读数前，注意消除视差，只有当符合水准气泡居中后，才能读数，读数应迅速、果断、准确，特别应认真估读毫米数；

5）晴好天气，仪器应打伞防晒，操作时应细心认真，做到"人不离开仪器"，使之安全；

6）只有当一测站记录计算合格后方能搬站，搬站时先检查仪器连接螺旋是否固紧，一手扶托仪器，一手握住脚架稳步前进。

（2）记录

1）认真记录，边记边复报数字，准确无误地记入记录手簿相应栏内，严禁伪造和转抄；

2）字体要端正、清楚，不准连环涂改，不准用橡皮擦改，如按规定可以改正时，应在原数字上画线后再在上方重写；

3）每站应当场计算，检查符合要求后，才能通知观测者搬站。

（3）扶尺

1）扶尺员应认真竖立水准尺，注意保持尺上圆气泡居中；

2）转点应选择土质坚实处，并将尺垫踩实；

3）水准仪搬站时，应注意保护好原前视点尺垫位置不受碰动。

2.6 其他水准仪简介

2.6.1 自动安平水准仪

自动安平水准仪是在望远镜内安装一个光学补偿器代替水准管。仪器经粗平后，由于补偿器的作用，无需精平即可通过中丝获得视线水平时的读数。使用这种水准仪时，只要使圆水准器气泡居中，即可瞄准水准尺读数。因此，既简化操作，同时还补偿了如温度、风力、振动等对测量成果一定程度的影响，从而提高了观测精度。国产自动安平水准仪的型号是在 DS 后加字母 Z，即为 DSZ_{05}、DSZ_1、DSZ_3 和 DSZ_{10}，其中 Z 代表"自动安平"汉语拼音的第一个字母。

（1）自动安平原理

如图 2-31（a）所示，当望远镜视准轴倾斜了一个小角 α 时，由水准尺的 a_0 点过物镜光心 O 所形成的水平光线，不再通过十字丝中心 B，而通过偏离 B 点的 A 点处。若在十字丝分划板前面，安装一个补偿器，使水平光线偏转 β 角，并恰好通过十字丝中心 B，则

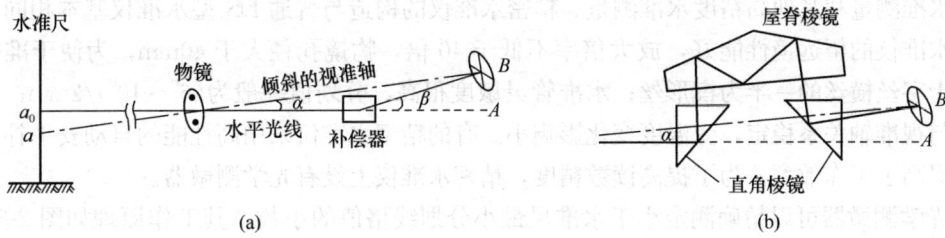

图 2-31 自动安平原理

在视准轴有微小倾斜时，十字丝中心 B 仍能读出视线水平时的读数，从而达到自动补偿目的。

图 2-31（b）是一般自动安平水准仪采用的补偿器，补偿器的构造是把屋脊棱镜固定在望远镜内，在屋脊棱镜的下方，用交叉的金属片吊挂两个直角棱镜，当望远镜倾斜时，直角棱镜在重力作用下与望远镜作相反的偏转，并借助阻尼器的作用很快地静止下来。当视准轴倾斜 α 时，实际上直角棱镜在重力作用下并不产生倾斜，水平光线进入补偿器后，沿实线所示方向行进，使水平视线恰好通过十字丝中心 A，达到补偿目的。

图 2-32 所示为苏州第一光学仪器厂生产的 DSZ_2 自动安平水准仪，补偿器工作范围为 $\pm 14'$，自动安平精度不大于 $\pm 0.3''$，自动安平时间小于 $2s$，精度指标是每 $1km$ 往返测高差中误差 $\pm 1.5mm$。可用于国家三、四等水准测量以及其他场合的水准测量。

（2）自动安平水准仪的使用

自动安平水准仪的使用非常简便。仪器经过认真粗平、照准后，即可进行读数。由于补偿器有一定的工作范围，才能

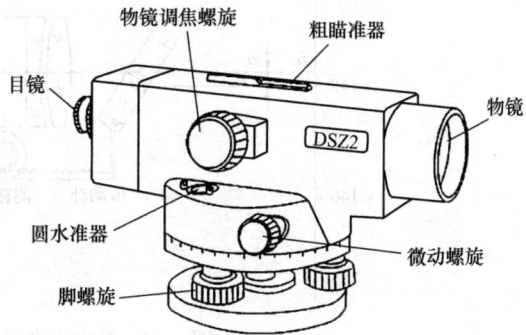

图 2-32 苏州第一光学仪器厂的 DSZ_2
自动安平水准仪

起到补偿作用。所以，使用自动安平水准仪时，要防止补偿器贴靠周围的部件，不处于自由悬挂状态。为了检验补偿器是否处于正常工作范围内，有的仪器设置有检验钮或在目镜视场内设置补偿器状态窗，在读数之前，可利用这些装置进行检查，如果补偿器未处于正常工作状态，必须重新整平仪器，再行观测。补偿器由于外力作用（如剧烈振动、碰撞等）和机械故障，会出现"卡死"失灵，甚至损坏，所以应务必注意。

自动安平水准仪在使用前也要进行检验及校正，方法与微倾式水准仪的检验与校正相同。同时，还要检验补偿器的性能，其方法是先在水准尺上读数，然后少许转动物镜或目镜下面的一个脚螺旋，人为地使视线倾斜，再次读数，若两次读数相等说明补偿器性能良好，否则需专业人员修理。

2.6.2 精密水准仪

（1）精密水准仪与水准尺

精密水准仪是一种能精密确定水平视线，精密照准与读数的水准仪，主要用于国家一、

二等水准测量和其他高精度水准测量。精密水准仪的构造与普通 DS₃ 型水准仪基本相同。但精密水准仪的望远镜性能好，放大倍率不低于 40 倍，物镜孔径大于 40mm，为便于准确读数，十字丝横丝的一半为楔形丝；水准管灵敏度很高，分划值一般为(6″~10″)/2mm；水准管轴与视准轴关系稳定，受温度变化影响小。有的精密水准仪采用高性能的自动安平补偿装置，提高了工作效率。为了提高读数精度，精密水准仪上设有光学测微器。

光学测微器可以精确测定小于水准尺最小分划线格值的小数。其工作原理如图 2-33 所示，它由平行玻璃板、传动杆、测微尺和测微轮等部件组成。平行玻璃板装置在望远镜物镜前，通过传动杆与测微尺相连。测微尺上有 100 个分格，它与水准尺上一整分格 10mm 或 5mm 相对应，所以测微器有两种，它们的测微尺格值分别为 0.1mm 和 0.05mm，可分别估读至 0.01mm 和 0.005mm。当平行玻璃板与水平视线正交时，视线将不受平行玻璃板的影响，而照准水准尺的 B 处，读数应为 148（cm）$+a$。为读得 a 值，需转动测微轮，使传动杆带动平行玻璃板相对于物镜作前俯后仰，这时水平视线就会向下或向上作平行移动。当视线下移对准水准尺上 148cm 分划线时，从测微尺上可读出 a 的数值。

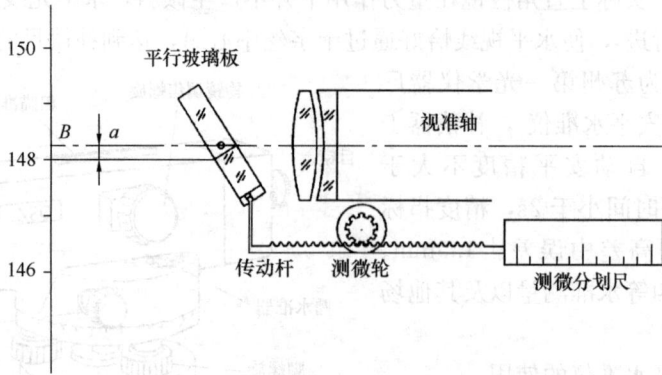

图 2-33　精密水准仪平板测微器原理

光学测微器可以制作成装置在望远镜筒内的内置式，也可制作成外套于望远镜的外挂式。

图 2-34 所示为国产 DS₁ 型精密水准仪，光学测微器最小读数为 0.05mm，可用于国家一、二等水准测量。图 2-35 所示为在苏州第一光学仪器厂的 DSZ₂ 自动安平水准仪基础上，加装 FS₁ 平板测微器而成的精密水准仪，光学测微器最小读数为 0.10mm，可用于国家二等水准测量，以及建、构筑物的沉降变形观测。

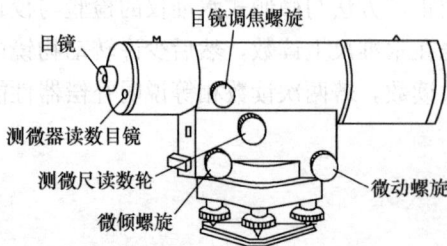

图 2-34　国产 DS₁ 型精密水准仪

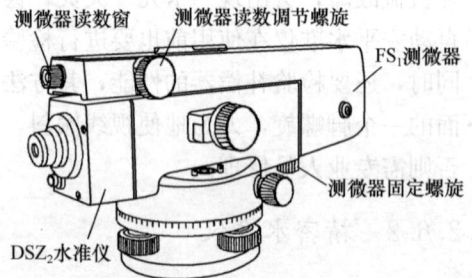

图 2-35　DSZ₂＋FS₁ 精密水准仪

精密水准尺在木质尺身的槽内引张一根铟瓦合金带，带上标有刻划，数字注记在木尺上，图 2-36（a）为国产 DS_1 型水准仪配套的水准尺，分划值为 5mm，该尺只有基本分划，左边一排分划为奇数值，右边一排分划为偶数值。右边的注记为米，左边的注记为分米。小三角形表示半分米处，长三角形表示分米的起始线，厘米分划的实际间隔为 5mm，尺面值为实际长度的两倍。所以，用此尺观测时，其高差需除以 2 才是实际高差。

图 2-36（b）为苏州第一光学仪器厂的 $DSZ_2 + FS_1$ 水准仪配套的水准尺，分划值为 1cm。该尺左侧为基本分划，尺底为 0；右侧为辅助分划，尺底为 3.0155m。两侧每隔 1cm 标注读数。

（2）精密水准仪的使用

精密水准仪的使用方法，包括安置仪器、粗平、瞄准水准尺、精平和读数。前四步与普通水准仪的操作方法相同，下面仅介绍精密水准仪的读数方法。视准轴精平后，十字丝横丝并不是正好对准水准尺上某一整分划线，此时，转动测微轮，使十字丝的楔形丝正好夹住一个整分划线，读出整分划值和对应的测微尺读数，两者相加即得所求读数。

图 2-37（a）为国产 DS_1 型水准仪读数，被夹住的分划线读数为 2.08m，目镜右下方的测微尺读数为 2.3mm，所以水准尺上的全读数为 2.0823m。而其实际读数是全读数除以 2，即 1.0412m。图 2-37（b）为苏州第一光学仪器厂的 $DSZ_2 + FS_1$ 水准仪读数，被夹住的基本分划线读数为 129cm，测微器读数窗中的读数为 0.514cm，全读数为 129.514cm，舍去最后一位数为 129.51cm（1.2951m）。

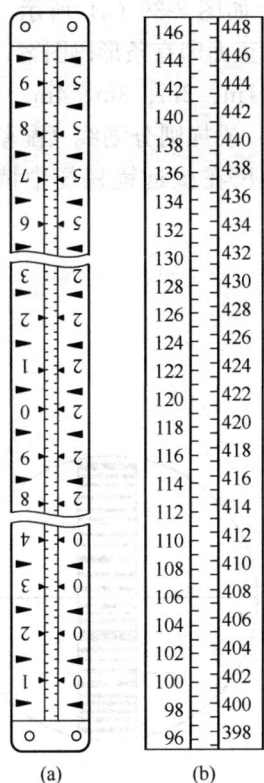

图 2-36　精密水准尺

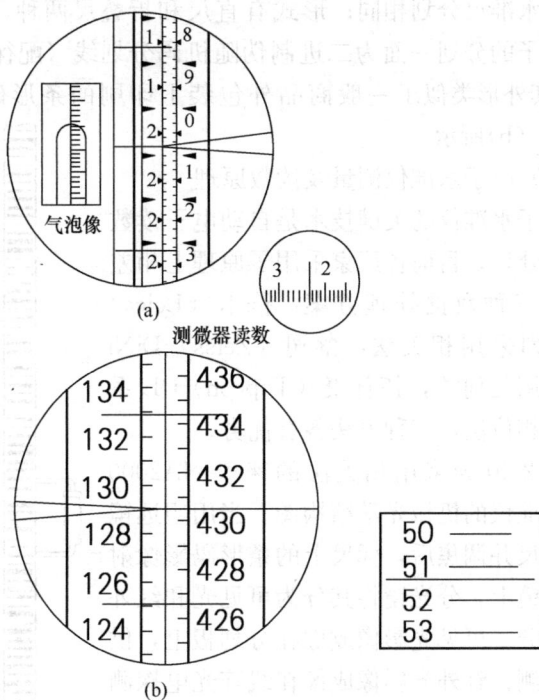

图 2-37　精密水准仪读数

2.6.3 电子水准仪

电子水准仪又称数字水准仪，它是以自动安平水准仪为基础，在望远镜光路中增加分光镜和光电探测器（CCD阵列）等部件，并采用条形码分划水准尺和图像处理电子系统而构成的光机电一体化测量仪器。如图2-38所示，它由基座、水准器、望远镜、操作面板和数据处理系统组成。与光学水准仪相比它有以下特点：①用自动电子读数代替人工读数，不存在读错、记错问题，没有人为读数误差；②精度高，多条码（等效为多分划）测量，削弱标尺分划误差，自动多次测量，削弱外界条件变化的影响；③速度快、效率高，实现自动记录、检核、处理和存储，可实现内外业一体化；④当采用普通水准标尺时，该仪器又可当做自动安平光学水准仪使用。

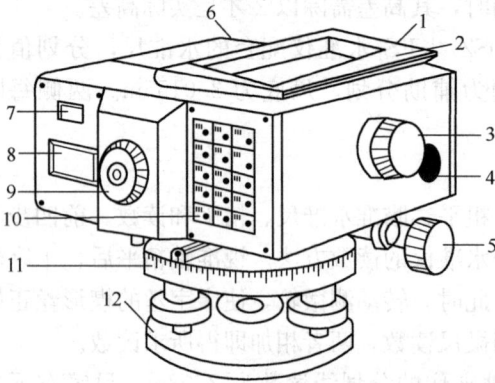

图2-38　电子数字水准仪

1—物镜；2—提环；3—物镜调焦螺旋；4—测量按钮；5—微动螺旋；6—RS接口；7—圆水准器观察窗；8—显示器；9—目镜；10—操作面板；11—带度盘的轴座；12—连接板

（1）条码水准尺

条码水准尺是与数字水准仪配套使用的专用水准尺，如图2-39（a）所示，一般为铟瓦带尺、玻璃钢或铝合金制成的单面或双面尺，双面尺的正面印有条形码图案，反面和普通水准尺分划相同；形式有直尺和折叠尺两种，规格有1m、2m、3m、4m、5m几种；尺子的分划一面为二进制伪随机码分划线（配徕卡仪器）或规则分划线（配蔡司仪器），其外形类似于一般商品外包装上印刷的条形码，条码尺在望远镜视场中情形如图2-39（b）所示。

（2）电子水准仪测量及读数原理

电子水准仪的关键技术是自动电子读数及数据处理，目前各厂家采用了原理上相差较大的三种数据处理方案：徕卡（Leica）NA系列采用相关法，蔡司（Zeiss）DiNi系列采用几何法，拓普康（Topcon）DL系列采用相位法，三种方法各有优劣。

图2-40为采用相关法的徕卡NA2000数字水准仪的机械光学结构图。当用望远镜照准标尺并调焦后，标尺上的条形码影像射到分光镜上，分光镜将其分为可见光和红外光两部分。可见光影像成像在分划板上，供目视观测；红外光影像成像在线阵光电探测器（CCD）上，探测器将接收到的光图像转换成电信号，并传送给信息处理机，与机内

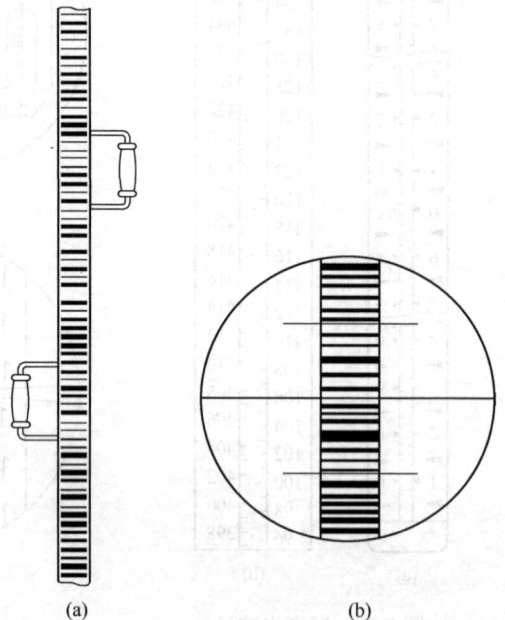

(a)　　　　　　(b)

图2-39　条码水准尺与望远镜视场示意图

44

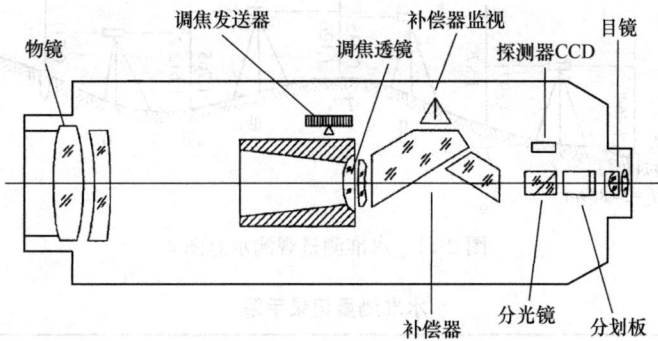

图 2-40　电子水准仪测量原理及结构图

事先存储好的标尺条形码本源信息进行相关比较，当两信号处于最佳相关位置时，即获得标尺上的水平视线读数和视距读数，最后将处理结果存储并送往屏幕显示。

（3）电子水准仪的使用

电子水准仪与光学水准仪在使用上既有相同之处，又有不同特色。安置、粗平、照准这三步和光学水准仪一样，由于数字水准仪都带有自动安平补偿器，所以不需要人为精平，照准标尺后直接测量，当按下测量键时，仪器就会把瞄准并调好焦相应的尺子上的条码图片用 CCD 获取一个影像，然后把它和仪器内存中同样的尺子条码图片进行比较和计算。这样尺子的中丝读数和视距就可以计算出来显示在屏幕上，并且保存在内存中了。

条码双面水准尺的反面是普通分划的水准尺，在需要时，电子水准仪也可像普通水准仪一样进行人工读数。

思 考 题 与 习 题

1. 高程测量按采用的仪器和方法不同分为哪几种，在精度上有何不同？

2. 何谓高差法，何谓视线高法，用视线高法求高程有何特点？

3. 设 A 点为后视点，B 点为前视点，A 点高程为 87.425m。当后视读数为 1.124m，前视读数为 1.428m 时，试分别用高差法和视线高法计算 B 点高程，并绘图说明。

4. 水准测量中为什么要求前、后视距相等？

5. 什么是水准点，什么是转点，转点在水准测量中起什么作用？

6. 水准测量时，在哪些立尺点可放置尺垫，哪些点上不能放置尺垫？

7. 水准仪由哪些主要部分构成，各起什么作用？

8. 何谓视准轴，何谓水准管轴，何谓水准管分划值？

9. 水准仪上的圆水准器和管水准器作用有何不同，调气泡居中时各使用什么螺旋？

10. 何谓视差，产生视差的原因是什么，怎样消除视差？

11. 试述使用水准仪时的操作步骤。

12. 水准测量的检核种类有哪些，其中测站检核一般采用哪些方法？

13. 将图 2-41 中的数据填入表 2-4 水准测量记录手簿中，计算各测站的高差和 B 点的高程，并进行相应的计算检核。

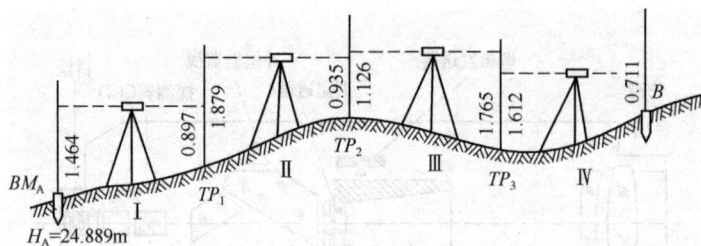

图 2-41　水准测量观测示意图

水准测量记录手簿　　　　　　　　　　　　　　　　　　表 2-4

测站	点号	水准尺读数		高差 (m)	高程 (m)	备注
		后视读数（a）	前视读数（b）			
I	BM_A					
	TP_1					
II						
	TP_2					
III						
	TP_3					
IV						
	B					
计算检核						

14. 在水准路线计算的高差闭合差调整时，受凑整误差的影响，当高差改正数之和与高差闭合差不符时，该如何处理？

15. 表 2-5 为图根附合水准路线观测成果，试进行闭合差检核和分配后，填表计算各待定点的高程。

附合水准路线测量成果计算表　　　　　　　　　　　　　表 2-5

测段	点号	测站数	实测高差 (m)	改正数 (m)	改正后高差 (m)	高程 (m)
BM_A-1	BM_A	7	+4.363			57.967
1-2	1	3	+2.413			
2-3	2	4	-3.121			
3-4	3	5	+1.263			
4-5	4	6	+2.716			
5-BM_B	5	8	-3.715			
	BM_B					61.819
Σ						
辅助计算						

16. 图 2-42 为图根闭合水准路线观测成果略图，已知水准点 BM_A 的高程为 36.528m，

1、2、3点为待定高程点，水准测量观测的各段高差及路线长度标注在图中，试参照表2-5列表计算各点高程（高程取至0.001m）。

17. 图2-43为一条图根支水准路线，已知数据及观测数据如图所示，往返测路线总长度为2.2km，试进行闭合差检核并计算1点的高程。

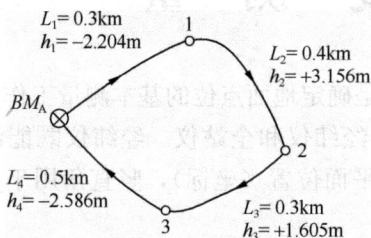

图2-42　闭合水准路线成果略图　　　　图2-43　支水准路线成果略图

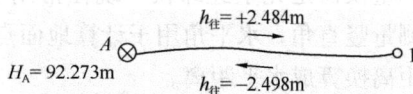

18. 水准仪有哪些轴线，轴线之间应满足哪些条件，如何进行检验和校正？

19. 在相距100m的A、B两点的中央安置水准仪，测得高差$h_{AB}=+0.306$m，仪器搬到A点近旁读得A尺读数$a_2=1.792$m，B尺读数$b_2=1.467$m。试问，该水准仪的管水准器轴是否平行于视准轴？若i角不为零，视准轴是向上还是向下倾斜，应如何校正i角？

20. 水准测量有哪些误差来源，应如何防止？

21. 精密水准仪、自动安平水准仪和数字水准仪的主要特点是什么？

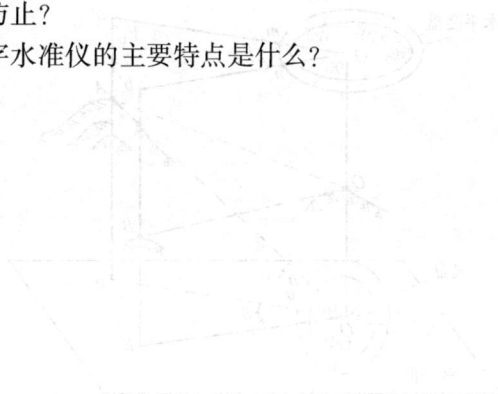

第3章 角度测量

角度测量包括水平角测量和竖直角测量，它是确定地面点位的基本测量工作之一。传统的角度测量仪器是光学经纬仪，现在常用电子经纬仪和全站仪。经纬仪既能测量水平角，又能测量竖直角，水平角用于计算地面点的平面位置（坐标），竖直角用于计算高差或将倾斜距离换算成水平距离。

3.1 角度测量原理

3.1.1 水平角测量原理

水平角是指将地面上一点到两个目标点的方向线垂直投影到水平面上所得的夹角，或者是过两条方向线的竖直面所夹二面角的平面角，通常用 β 表示。如图 3-1 所示，地面上有任意三个高度不同的点 A、O、B，过直线 OA、OB 的竖直面 V_1、V_2，在水平面上的交线分别为 oa、ob，所构成的夹角 $\angle aob$ 就是空间夹角 $\angle AOB$ 的水平投影，即水平角。

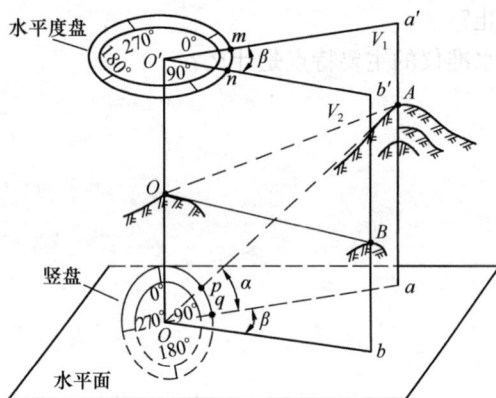

图 3-1 角度测量原理

为了测出水平角的大小，假设在 O 点（称为测站点）的铅垂线上，水平地安置一个有一定刻划和注记的圆形度盘（称为水平度盘，使水平度盘水平称为整平），并使水平度盘的中心 O' 位于 O 点的铅垂线上（称为对中）。如果用一个既能在竖直面内上下转动以瞄准不同高度的目标、又能沿水平方向旋转的望远镜，依次从 O 点瞄准目标 A 和 B，设通过 OA 和 OB 的两竖直面 V_1、V_2 在水平度盘上截得的读数分别为 m、n（称为方向观测值，简称方向值），由于水平度盘一般按顺时针递增刻划和注记，则所测得的水平角 β 为：

$$\beta = 右目标读数 \ n - 左目标读数 \ m \qquad (3-1)$$

由式（3-1）可知，水平角值为水平面内两视线方向在水平度盘上读数之差，其中左目标读数 m，可通过转动水平度盘将其设置为某一数值（如 $0°$）。其数值范围为 $0° \sim 360°$，且无负值。若 $n < m$，按式（3-1）计算结果为负，则应先将 n 加上 $360°$，再减去 m，从而避免 β 为负值。

48

3.1.2 竖直角测量原理

同一竖直面内倾斜视线与水平视线之间的夹角，称为竖直角，亦称为垂直角、倾斜角。如图 3-1 所示，Aa 垂直于水平面并交于 a 点，$\angle Aoa$ 就是倾斜视线 oA 的竖直角，常用 α 表示。注意：图中视线 OA 的竖直角并不等于 oA 的竖直角。通常将水平视线作为竖直角的起始边，若倾斜视线在水平视线之上，该竖直角称为仰角，取值为"$+$"；若倾斜视线在水平视线之下，该竖直角称为俯角，取值为"$-$"。竖直角的取值范围为 $0° \sim \pm 90°$。

如图 3-1，欲测定竖直角 $\angle Aoa$，若在过 oA 的铅垂面上，安置一个竖直的刻度圆盘（称为竖直度盘，简称竖盘），并使竖盘中心过 o 点，就可以在竖盘上分别读出倾斜线 oA 的读数 p、水平视线 oa 的读数 q，考虑到仰角为正，若竖盘按顺时针刻划和注记，则所测得的竖直角 α 为：

$$\alpha = 水平视线读数 \ q - 倾斜视线读数 \ p \tag{3-2}$$

反之，若竖盘按逆时针刻划和注记，则所测得的竖直角为：

$$\alpha = 倾斜视线读数 \ p - 水平视线读数 \ q \tag{3-3}$$

由此可见，竖直角值为竖直面内两视线方向在竖盘上读数之差，其中水平视线方向的读数 q，仪器已设计为常数（一般为 $90°$ 或 $270°$），由于任一竖直角都以水平视线方向为起始边，故将 q 称为始读数（即竖直角起始边的读数）。因此，在测量竖直角时，只需用望远镜瞄准目标点，读取倾斜视线的读数 p，即可利用该读数与已知的始读数 q 相减而计算出竖直角。

根据上述测角原理，用于测量角度的仪器，应装置一个能置于水平位置的水平度盘和一个能置于竖直位置的竖直度盘及相应的读数设备，且水平度盘的中心能安置在测站点的铅垂线上；为了能瞄准高低远近不同的目标，仪器上的望远镜不仅能在水平面内左右旋转，而且还能在竖直面内上下转动。经纬仪就是根据上述基本要求设计制造的测角仪器。

3.2 经纬仪的构造

经纬仪的种类很多，如光学经纬仪、电子经纬仪、激光经纬仪、陀螺经纬仪、摄影经纬仪等。光学经纬仪是传统测量工作中普遍采用的测角仪器。国产光学经纬仪按精度划分为 DJ_1、DJ_2、DJ_6 等不同等级，D、J 分别是大地测量、经纬仪两词汉语拼音的第一个字母；下标是精度指标，表示用该等级经纬仪进行水平角观测时，一测回方向值的中误差，以秒为单位，数值越大则精度越低。在普通测量中，常用的是 DJ_6 型和 DJ_2 型光学经纬仪（简称 J_6 型、J_2 型），其中 DJ_6 型经纬仪属普通经纬仪，DJ_2 型经纬仪属精密经纬仪。本节将以 DJ_6 型经纬仪为主介绍光学经纬仪的构造。

3.2.1 光学经纬仪的构造

各种光学经纬仪，由于生产厂家的不同，仪器的部件和结构不尽相同，但是其基本构造大致相同，主要由基座、水平度盘、照准部三大部分组成。图 3-2 所示为某光学仪器厂生产的 DJ_6 光学经纬仪，现以此为例将各部件名称和作用分述如下。

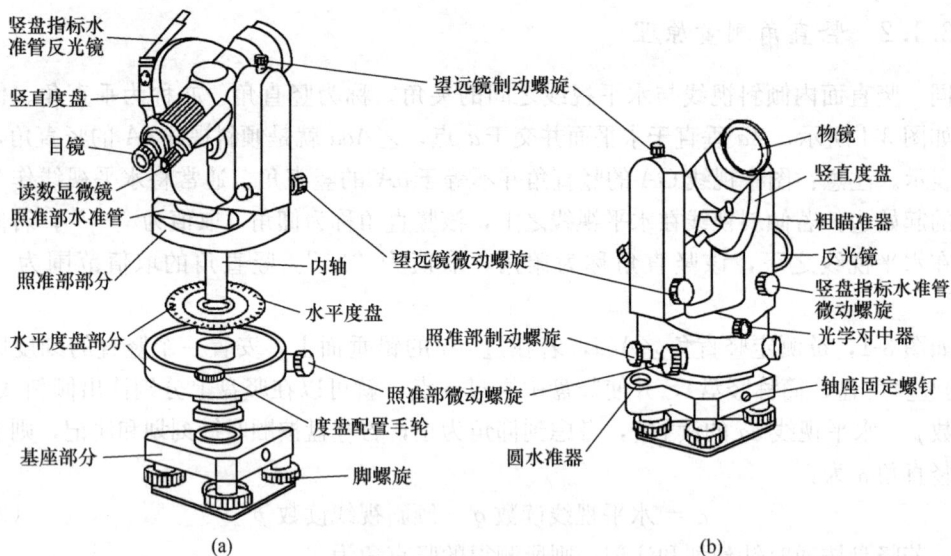

图 3-2 DJ₆光学经纬仪构造

（1）基座

基座用来支承仪器，并通过连接螺旋将基座与三脚架相连。基座上的轴座固定螺钉用来连接基座和照准部，脚螺旋用来整平仪器。连接螺旋下方备有挂垂球的挂钩，以便悬挂垂球，利用它使仪器中心与被测角的顶点位于同一铅垂线上，称为垂球对中。现代的经纬仪一般还可利用光学对中器来实现仪器对中，这种经纬仪的连接螺旋的中心是空的，以便仪器上光学对中器的视线能穿过连接螺旋看见地面点标志。

（2）水平度盘

水平度盘是用光学玻璃制成的圆盘，其上刻有0°～360°顺时针注记的分划线，用来测量水平角。水平度盘是固定在空心的外轴上，并套在筒状的轴座外面，绕竖轴旋转。而竖轴则插入基座的轴套内，用轴座固定螺钉与基座连接在一起。

水平角测量过程中，水平度盘与照准部分离，照准部旋转时，水平度盘保持不动，指针所指的读数随照准部的转动而变化，从而根据两个方向的不同读数计算所夹的水平角。如需瞄准第一个方向时变换水平度盘读数为某个指定的值（如为0°00′00″），可打开"度盘变换手轮"的护盖，转动手轮，把读数窗内水平度盘读数变换到需要的读数上。

（3）照准部

照准部是指水平度盘以上能绕竖轴转动的部分，主要包括望远镜、照准部水准管、圆水准器、光学光路系统、读数测微器以及用于竖直角观测的竖直度盘和竖盘指标水准管等。

望远镜构造与水准仪望远镜相同，它与横轴连在一起，当望远镜绕横轴旋转时，视线可扫出一个竖直面。望远镜制动螺旋（又称垂直制动螺旋）用来控制望远镜在竖直方向上的转动，望远镜微动螺旋（又称垂直微动螺旋）是当望远镜制动螺旋拧紧后，用此螺旋使望远镜在竖直方向上作微小转动，以便精确对准目标。照准部制动螺旋（又称水平制动螺旋）控制照准部在水平方向的转动。照准部微动螺旋（又称水平微动螺旋），当照准部制动螺旋拧紧后，可利用此螺旋使照准部在水平方向上作微小转动，以便精确对准目标。利用这两对制动与微动螺旋，可以方便准确地瞄准任何方向的目标。

有的 DJ₆型光学经纬仪的望远镜制动螺旋与微动螺旋是同轴套在一起的，方便了瞄准操作；一些较老的经纬仪的制动螺旋是采用扳手式的，使用时要注意制动的力度，以免损坏。

照准部水准管亦称管水准器，用来精确整平仪器。圆水准器则用来粗略整平仪器。

竖直度盘和水平度盘一样，是光学玻璃制成的带刻划和注记的圆盘，读数为 $0°\sim360°$，它固定在横轴的一端，随望远镜一起绕横轴转动，用来测量竖直角。竖盘指标水准管用来正确安置竖盘读数指标的位置。竖盘指标水准管微动螺旋用来调节竖盘指标水准管气泡居中。

照准部还有反光镜、内部光路系统和读数显微镜等光学部件，用来精确地读取水平度盘和竖直度盘的读数。有些经纬仪还带有测微轮、换像手轮等部件。

3.2.2　DJ₆型光学经纬仪的读数装置和读数方法

光学经纬仪的读数设备包括度盘、光路系统和测微器。目前生产的 DJ₆光学经纬仪多数采用分微尺测微器进行读数。这类仪器的度盘分划值为 $1°$，按顺时针方向注记每度的度数。在读数显微镜的读数窗上装有一块带分划的分微尺，度盘上 $1°$ 的分划线间隔经光路系统放大后成像于分微尺上。图 3-3 就是读数显微镜内所看到的度盘和分微尺的影像，上面注有"H"（或水平）的为水平度盘读数窗，注有"V"（或竖直）的为竖盘读数窗。分微尺的长度等于放大后度盘分划线间隔 $1°$ 的长度，分微尺分为 60 个小格，故每小格为 $1'$。分微尺每 10 小格注有数字，表示 $0'$，$10'$，$20'$，…，$60'$。其注记增加方向与度盘注记相反。这种读数装置直接读到 $1'$，估读到 $0.1'$ 即 $6''$，也就是说，秒数位为 6 的倍数。

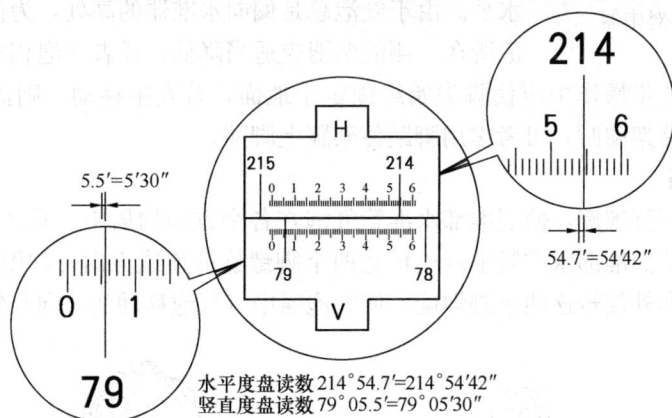

图 3-3　分微尺测微器读数窗

读数时，分微尺上的 0 分划线为指标线，它所指的度盘上的位置就是度盘读数的位置。例如，在水平度盘的读数窗中，$214°$ 分划线介于测微尺中间，所以度数应读 $214°$，分、秒数要由分微尺的 0 分划线至度盘上 $214°$ 分划线之间有多少小格来确定，图中为 54.7 格，故为 $54'42''$，水平度盘的读数应是 $214°54'42''$。同理，在竖盘的读数窗中，$79°$ 分划线介于分微尺中间，因此，读数应为 $79°05'30''$。

3.3 经纬仪的使用

3.3.1 经纬仪安置

经纬仪安置包括对中和整平。对中的目的是使仪器的水平度盘中心与测站点（标志中心）处于同一铅垂线上；整平的目的是使仪器的竖轴竖直，使水平度盘处于水平位置。老式经纬仪一般采用垂球进行对中，现在的经纬仪上都装有光学对中器。由于光学对中不受垂球摆动的影响，对中速度快，精度也高，因此一般采用光学对中器进行对中。下面，主要介绍光学对中器对中法安置经纬仪。

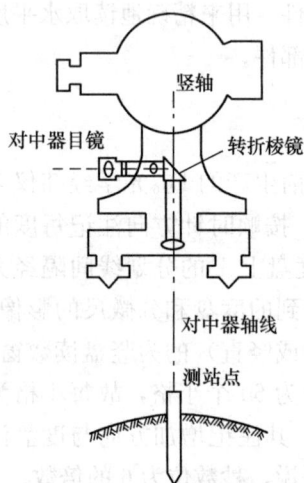

图 3-4 光学对中器

光学对中器构造如图 3-4 所示。打开三脚架，使架头大致水平并大致对中，安放经纬仪并拧紧中心螺旋。先转动光学对中器螺旋使对中器分划圈清晰，再伸缩光学对中器使地面点影像清晰，然后按下面步骤对中整平。

（1）粗略对中

用手提起三脚架的两个架腿，保持第三个架腿在地面不动，以该架腿的脚尖为支点，前后左右转动三脚架和经纬仪，同时观察光学对中器分划圈中心与地面标志点是否对上，当分划圈中心与地面标志接近时，保持该状态同时慢慢放下架腿，再踏稳三个架腿。

（2）粗略整平

通过伸缩架腿，使圆水准器气泡居中，此时经纬仪粗略水平。由于气泡总是偏向水准器的高处，为使气泡居中，气泡所在一侧的架腿应适当降低，或者气泡相对一侧的架腿应适当升高。注意这步操作中应使脚尖始终固定于地面，若发生移动，则需要重新粗略对中。为此，在伸缩架腿时，可考虑用脚踏住架腿上脚踏。

（3）精确整平

通过转动基座脚螺旋，使照准部水准管气泡在各个方向均居中。具体操作方法如下：先转动照准部，使照准部水准管平行于任意两个脚螺旋的连线方向，如图 3-5（a）所示，两手同时向内或向外旋转这两个脚螺旋，使气泡居中（气泡移动的方向与转动脚螺旋时左

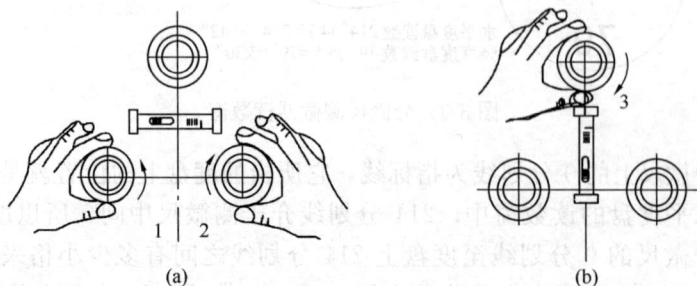

图 3-5 精确整平经纬仪

手大拇指运动方向相同）；再将照准部旋转 90°，旋转第三个脚螺旋使气泡居中，如图 3-5（b)所示。按这两个步骤反复进行整平，直至水准管在任何方向气泡均居中时为止。

（4）精确对中

松开基座与脚架之间的中心螺旋，在脚架头上平移仪器，使光学对中器分划圈中心精确对准地面标志点（偏离不超过 1mm），然后旋紧中心螺旋。

检查照准部水准管气泡是否仍然居中，如偏离量大于规定的值（一般水准管气泡偏离零点不超过一格），重复第（3）、第（4）步操作，直到二者都满足要求。

3.3.2　照准目标

角度测量时照准的目标一般是竖立在地面点上的测钎、标杆、觇牌等，如图 3-6 所示。观测水平角时，照准是指用十字丝的纵丝精确瞄准目标的中心。当目标成像较小时，为了便于观察和判断，一般用纵丝的双丝部分夹住目标，使目标在中间位置；当目标成像较大时，可用纵丝的单丝部分中分目标。为了避免因目标在地面点上不竖直引起的偏心误差，照准时尽量瞄准目标的底部，如图 3-7（a）所示。

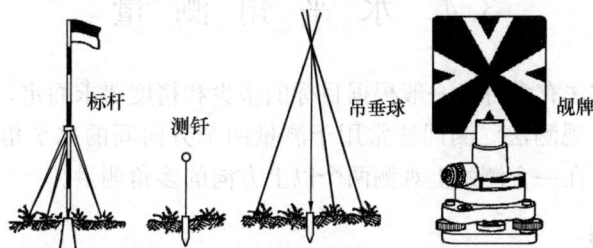

图 3-6　照准标志

观测竖直角时，照准是指用十字丝的横丝精确地瞄准目标，即用横丝的单丝部分精确地切准目标的顶部，或用横丝的双丝部分精确地夹住目标的顶部。为了减小十字丝横丝不水平引起的误差，照准时尽量用横丝的中部瞄准目标，如图 3-7（b）所示。

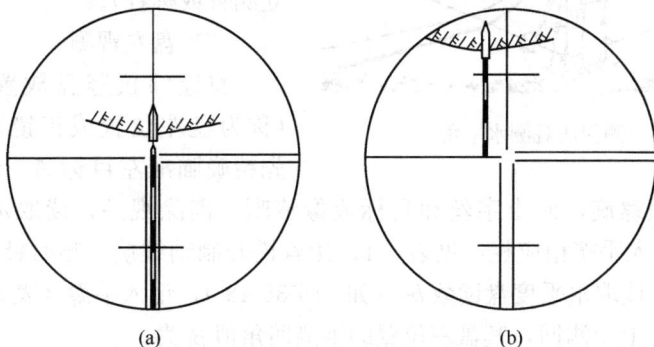

(a)　　　　　　　　　(b)

图 3-7　照准目标

(a) 水平角观测用竖丝瞄准；(b) 竖直角观测用横丝瞄准

照准的操作步骤如下：

（1）调节目镜调焦螺旋，使十字丝清晰。

（2）松开望远镜制动螺旋和照准部制动螺旋，利用望远镜上的照门和准星（或粗瞄准器）通过手动从望远镜外照准目标，使在望远镜内能够看到目标物像，然后旋紧上述两个制动螺旋。

（3）转动物镜调焦螺旋，使目标影像清晰，并注意消除视差。

（4）旋转望远镜和照准部微动螺旋，精确地照准目标。如是测水平角，用十字丝的纵丝精确照准目标的中心；如是测竖直角，用十字丝的横丝精确地瞄准目标的顶部。

3.3.3 读数

读数的操作步骤如下：

（1）打开反光镜，并调整其位置，使读数窗内进光明亮均匀。

（2）进行读数显微镜调焦，使读数窗分划清晰，并消除视差。

（3）按上节所述方法进行读数。如是观测竖直角，则要先调竖盘指标水准管气泡居中后再读数。

3.4 水平角测量

水平角的测量方法有多种，一般根据目标的多少和精度要求而定，常用的水平角测量方法有测回法和方向观测法。测回法常用于测量两个方向间的水平角，是测角的基本方法。方向观测法用于在一个测站上观测两个以上方向的多角测量。

3.4.1 测回法

如图 3-8 所示，欲测 OA、OB 两方向之间的水平角 $\angle AOB$，观测步骤如下：

（1）仪器安置

在 O 点上安置经纬仪，进行对中、整平。在 A、B 处设立观测标志（如竖立测钎或标杆）。

（2）盘左观测

将经纬仪竖盘放置在观测者左侧（称为盘左位置或正镜）。转动照准部，先精确瞄准左目标 A，制动仪器；调节

图 3-8 测回法观测水平角

目镜和望远镜调焦螺旋，使十字丝和目标成像清晰，消除视差；读取水平度盘读数 a_L（如 $0°18'24''$），记入手簿相应栏，见表 3-1；接着松开制动螺旋，顺时针旋转照准部，精确照准右目标 B，读取水平度盘读数 b_L（如 $116°36'48''$），记入手簿（表 3-1）相应栏。

以上观测称为上半测回，其盘左位置的半测回角值 β_L 为：

$$\beta_L = b_L - a_L (\beta_L = 116°18'24'') \tag{3-4}$$

（3）盘右观测

纵转望远镜，使竖盘位于观测者右侧（称为盘右位置或倒镜），按上述方法先照准目标 B 进行读数，读取水平度盘读数 b_R（如 $296°36'54''$）；再逆时针旋转照准部照准目标 A，读取水平度盘读数 a_R（如 $180°18'36''$），记入手簿（表 3-1）相应栏。

仪器型号：__DJ₆__　　观测日期：_____　　　观测者：_____

仪器编号：_____　　天　气：_____　　　记录者：_____

测站点	测回数	竖盘位置	目标	水平度盘读数 (° ′ ″)	半测回角值 (° ′ ″)	半测回较差 (″)	一测回角值 (° ′ ″)	备注
O	1	左	A	0 18 24	116 18 24	+6	116 18 21	
			B	116 36 48				
		右	A	180 18 36	116 18 18			
			B	296 36 54				

以上观测称为下半测回，其盘右位置的半测回角值 β_R 为：

$$\beta_R = b_R - a_R \quad (\beta_R = 116°18'18'') \tag{3-5}$$

上述的上、下半测回合起来称为一测回。

理论上 β_L 和 β_R 应相等，由于各种误差的存在，使其相差一个 $\Delta\beta$，$\Delta\beta = |\beta_左 - \beta_右|$，称为较差，当 $\Delta\beta$ 小于容许值 $\Delta\beta_容$ 时，观测结果合格，取盘左、盘右观测的两个半测回值的平均值作为一测回值 β，即：

$$\beta = \frac{1}{2}(\beta_L + \beta_R) \quad (\beta = 116°18'21'') \tag{3-6}$$

$\Delta\beta_容$ 称为容许较差，对于 DJ₆ 型仪器为 40″。当 $\Delta\beta$ 超过 $\Delta\beta_容$ 时，应重新观测。

由于水平度盘按顺时针注记，水平角计算时，总是以右目标的读数减去左目标的读数，若结果为负，则将右目标的读数加上 360° 再减去左目标的读数。

实际作业中，为了减弱度盘刻划误差的影响，提高测角的精度，往往对一个角度观测多个测回。各测回的起始读数应根据规定用度盘变换手轮加以变换，按测回数 n 将水平度盘位置依次变换 $180°/n$。如某角要求观测四个测回，第一测回起始方向（左目标）的水平度盘位置应配置在略大于 0°处；第二、三、四测回起始方向的水平度盘位置应分别配置在 45°、90°、135°处。

测回法采用盘左、盘右两个位置观测水平角取平均值，可以消除仪器误差（如视准轴误差、横轴误差等）对测角的影响，提高了测角精度，同时也可作为观测中有无错误的检核。

3.4.2 方向观测法

方向观测法又称全圆测回法。其观测步骤如下：

（1）建立测站

如图 3-9 所示，观测时，选取远近合适、目标清晰的方向作为起始方向（称为零方向，如 A），每半个测回都从选定的起始方向开始观测。将经纬仪安置于测站点 O，对中、整平。在 A、B、C、D 等观测目标处设置标志。

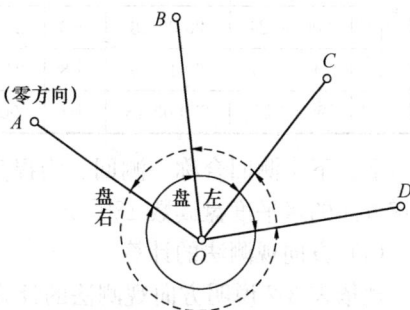

图 3-9　方向观测法观测水平角

（2）正镜观测（盘左观测）

置望远镜于盘左位置，顺时针旋转照准部使望远镜大致照准所选定的起始方向（又称零方向）A，拧紧照准部制动螺旋，用水平微动螺旋使望远镜十字丝的纵丝精确照准目标 A，将水平度盘读数配置在略大于 $0°00'00''$ 处，读取水平度盘读数 a_L（称为方向观测值，简称方向值）；松开照准部水平制动螺旋，顺时针旋转照准部依次瞄准 B、C、D 等目标，读取水平度盘读数 b_L、c_L、d_L 等；为了检查观测过程中度盘位置有无变动，继续顺时针旋转照准部，二次瞄准零方向 A（称为归零），读取水平度盘读数 a_L'（称为归零方向值）。观测的方向值依次记入手簿（表3-2）第4栏。两次瞄准 A 的读数差（称为归零差）不超过容许值，完成上半测回观测。

（3）倒镜观测（盘右观测）

纵转望远镜换为盘右位置，先瞄准零方向 A，读取水平度盘读数 a_R'；逆时针旋转照准部依次瞄准 D、C、B，读取水平度盘读数 d_R、c_R、b_R；同样最后再瞄准零方向 A，读取水平度盘读数 a_R。观测的方向值依次记入手簿（表3-2）第5栏，若归零差满足要求，完成下半测回观测。

方向观测法记录手簿   表 3-2

仪器型号： DJ$_6$ 观测日期：_____   观测者：_____

仪器编号：_____   天　气：_____   记录者：_____

测站点	测回序数	目标	水平度盘读数		2C (″)	平均读数 (° ′ ″)	归零后方向值 (° ′ ″)	各测回归零后平均方向值 (° ′ ″)	
			盘左 (° ′ ″)	盘右 (° ′ ″)					
1	2	3	4	5	6	7	8	9	10
O	1	A	00 02 12	180 02 00	+12	(0 02 10) 0 02 06	00 00 00	00 00 00	
		B	37 44 15	217 44 05	+10	37 44 10	37 42 00	37 42 04	
		C	110 29 04	290 28 52	+12	110 28 58	110 26 48	110 26 52	
		D	150 14 51	330 14 43	+8	150 14 47	150 12 37	150 12 33	
		A	00 02 18	180 02 08	+10	0 02 13			
	2	A	90 03 30	270 03 22	+8	(90 03 24) 90 03 26	00 00 00		
		B	127 45 34	307 45 28	+6	127 45 31	37 42 07		
		C	200 30 24	20 30 18	+6	200 30 21	110 26 57		
		D	240 15 57	60 15 49	+8	240 15 53	150 12 29		
		A	90 03 25	270 03 18	+7	90 03 22			

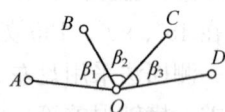

上、下半测回合称一测回。为提高精度需要观测 n 个测回时，各测回间仍然要变换瞄准零方向的水平度盘读数 $180°/n$。

（4）方向观测法的计算

现依表 3-2 说明方向观测法的计算步骤及其限差。

1）半测回归零差

半测回归零差等于两次瞄准零方向的读数差，如 a_L-a_L'。限差要求，一般 DJ_6 型仪器为 $\pm18''$，DJ_2 型仪器为 $\pm12''$。若超限，则应重新观测。本例第一测回上、下半测回归零差分别为 $-6''$ 和 $-8''$，均满足限差要求。

2）两倍视准轴误差 $2C$ 值

C 是视准轴不垂直横轴的差值，也称照准差。通常同一台仪器观测的各等高目标的 $2C$ 值应为常数，观测不同高度目标时各测回 $2C$ 值变化范围（同测回各方向的 $2C$ 最大值与最小值之差）也不能过大，因此 $2C$ 的大小可作为衡量观测质量的标准之一。

$$2C = 盘左读数 - (盘右读数 \pm 180°) \tag{3-7}$$

当盘右读数大于 $180°$ 时取"$-$"号，反之取"$+$"号。如第 1 测回 B 方向 $2C = 37°44'15'' - (217°44'05'' - 180°) = +10''$、第 2 测回 C 方向 $2C = 200°30'24'' - (20°30'18'' + 180°) = +6''$ 等，计算结果填入第 6 栏。由此可以计算各测回内各方向 $2C$ 值的变化范围，如第 1 测回 $2C$ 值的变化范围为 $(12'' - 8'') = 4''$，第 2 测回 $2C$ 值的变化范围为 $(8'' - 6'') = 2''$。对于 DJ_2 型经纬仪，$2C$ 值的变化范围不应超过 $\pm18''$，对于 DJ_6 型经纬仪没有限差规定。

3）各方向的平均读数

$$各方向平均读数 = \frac{1}{2}[盘左读数 + (盘右读数 \pm 180°)] \tag{3-8}$$

各方向的平均读数填入第 7 栏。由于零方向上有两个平均读数，故应再取平均值，填入第 7 栏上方小括号内，如第 1 测回括号内数值（$0°02'10''$）=（$0°02'06'' + 0°02'13''$）/2。

4）归零后的方向值

将各方向的平均读数减去括号内的起始方向平均值，填入第 8 栏。同一方向各测回归零后方向值间的较差，对于 DJ_6 型经纬仪不应大于 $24''$，DJ_2 型经纬仪不应大于 $9''$。表 3-2 两测回较差均满足限差要求。

5）各测回归零后方向值的平均值

将各测回归零后的方向值取平均值即得各方向归零后方向值的平均值。表 3-2 记录了两个测回的测角数据，故取两个测回归零后方向值的平均值作为各方向最后的成果，填入第 9 栏。

6）各目标间的水平角

水平角 = 后一方向归零后方向值的平均值 - 前一方向归零后方向值的平均值

为了查用角值方便，在表 3-2 的第 10 栏中绘出方向观测简图及点号，并注出两方向间的角度值（本例略）。

为避免错误及保证测角的精度，对各项操作都规定了限差。例如在《城市测量规范》CJJ/T 8 - 2011 中，规定的各项限差见表 3-3。

水平角方向观测法限差要求　　　　　　　　　　　　　　　　　　　表 3-3

仪器	半测回归零差（"）	一测回内 $2C$ 互差（"）	同一方向值各测回较差（"）
DJ_2	12	18	9
DJ_6	18		24

3.5 竖直角测量

3.5.1 竖直度盘的构造

DJ$_6$型光学经纬仪的竖直度盘结构如图 3-10 所示，主要部件包括竖直度盘（简称竖盘）、竖盘读数指标、竖盘指标水准管和竖盘指标水准管微动螺旋。

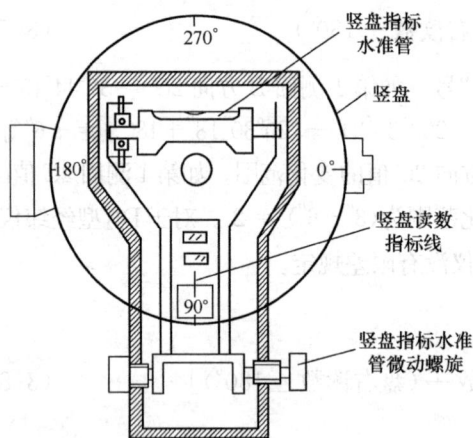

图 3-10 竖直度盘构造

竖盘固定在望远镜旋转轴的一端，随望远镜在竖直面内转动，而用来读取竖盘读数的指标，并不随望远镜转动，因此，当望远镜照准不同目标时可读出不同的竖盘读数。如在同一铅垂面内，望远镜照准倾斜方向和水平方向的读数之差，即为竖直角。竖盘是一个玻璃圆盘，按 0°～360°的分划全圆注记，注记方向一般为顺时针，但也有一些为逆时针注记。不论何种注记形式，竖盘装置应满足下述条件：当竖盘指标水准管气泡居中，且望远镜视线水平时，竖盘读数应为某一整度数，如 90°或 270°。

竖盘读数指标与竖盘指标水准管连接在一个微动架上，转动竖盘指标水准管微动螺旋，可使指标在竖直面内作微小移动。当竖盘指标水准管气泡居中时，竖盘读数指标就处于正确位置（竖直位置），恰好指向竖盘上 90°或 270°的位置。

实际上，经纬仪由于长期使用及运输的影响，会使望远镜视线水平、竖盘指标水准管气泡居中时，其指标并不恰好指在 90°或 270°整数处，而与正确位置偏离一个小角度 x，称为竖盘指标差，简称指标差，如图 3-14(a)、(c) 所示。

3.5.2 竖直角的计算公式

（1）不考虑指标差的竖直角计算公式

测量竖直角时，也要用盘左、盘右方法观测。计算竖直角时，要根据竖盘的注记形式（图 3-11）确定计算方法。

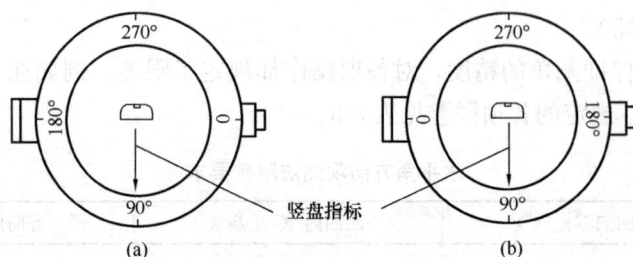

图 3-11 竖盘的注记形式
(a) 顺时针注记；(b) 逆时针注记

1）顺时针注记

如图 3-12(a)，竖盘顺时针注记、位于盘左位置，当望远镜视线由水平线上仰瞄准目标点时，竖盘读数由 90°（始读数）减小为 L；又如图 3-12(b) 盘右位置，当望远镜视线由水平线上仰瞄准同一目标点时，竖盘读数由 270°（始读数）增加为 R。考虑到仰角为正，顺时针注记竖盘的竖直角计算公式如下。

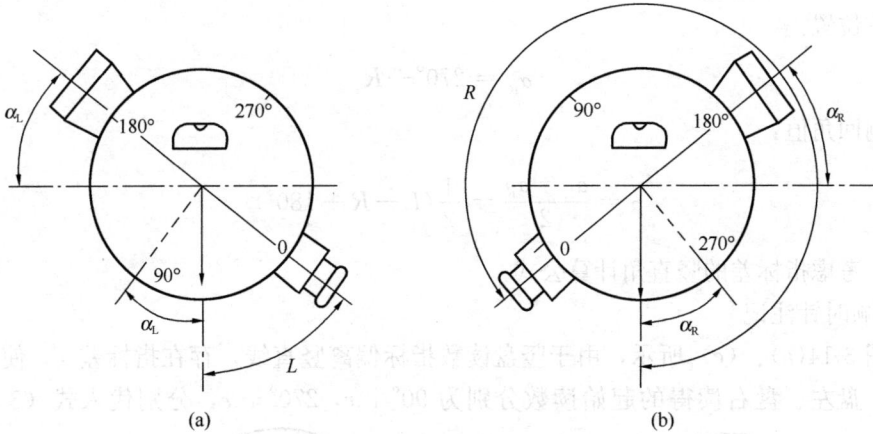

图 3-12　顺时针注记的竖盘读数与竖直角的计算
(a) 盘左位置；(b) 盘右位置

盘左位置：

$$\alpha_L = 90° - L \tag{3-9}$$

盘右位置：

$$\alpha_R = R - 270° \tag{3-10}$$

一测回角值：

$$\alpha = \frac{\alpha_L + \alpha_R}{2} = \frac{1}{2}(R - L - 180°) \tag{3-11}$$

2）逆时针注记

如图 3-13(a)，竖盘逆时针注记、位于盘左位置，当望远镜视线由水平线上仰瞄准目

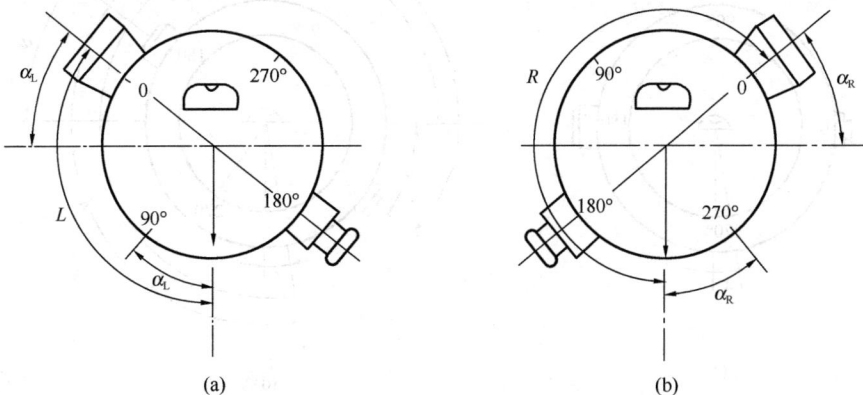

图 3-13　逆时针注记的竖盘读数与竖直角的计算
(a) 盘左位置；(b) 盘右位置

标点时，竖盘读数由 90°增大为 L；又如图 3-13(b) 盘右位置，当望远镜视线由水平线上仰瞄准同一目标点时，竖盘读数由 270°减小为 R。考虑到仰角为正，逆时针注记竖盘的竖直角计算公式如下。

盘左位置：

$$\alpha_L = L - 90° \tag{3-12}$$

盘右位置：

$$\alpha_R = 270° - R \tag{3-13}$$

一测回角值：

$$\alpha = \frac{\alpha_L + \alpha_R}{2} = \frac{1}{2}(L - R + 180°) \tag{3-14}$$

（2）考虑指标差的竖直角计算公式

1）顺时针注记

如图 3-14(a)、（c）所示，由于竖盘读数指标偏离竖直线，存在指标差 x，使得视线水平时，盘左、盘右读得的起始读数分别为 90°+x，270°+x，分别代入式（3-9）、式

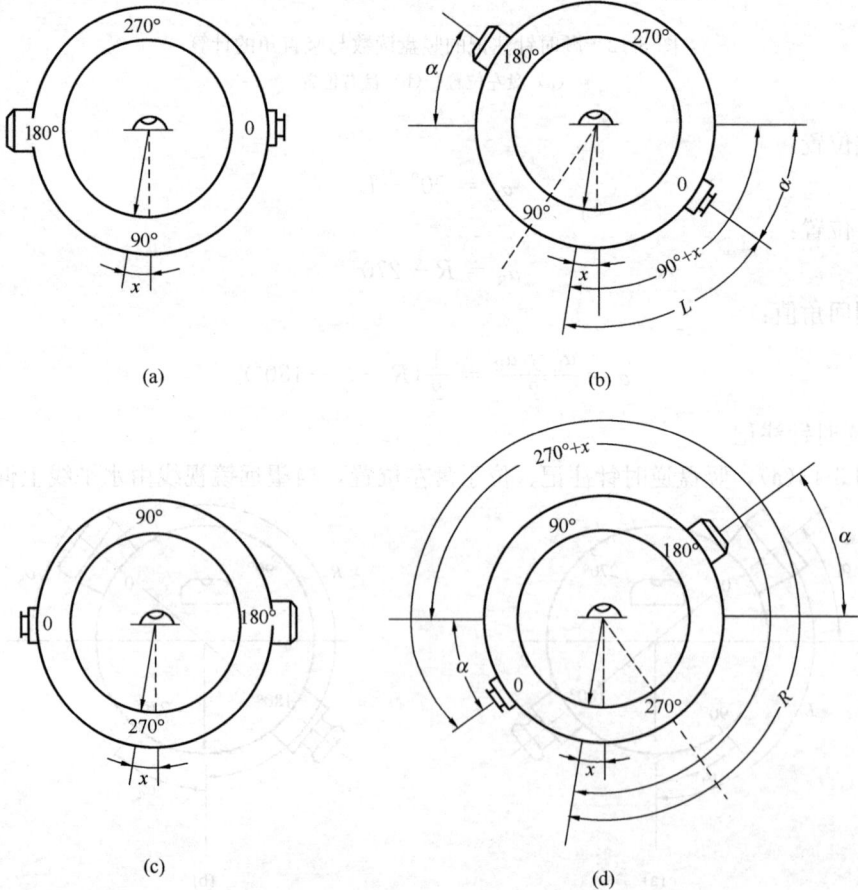

(a)

(b)

(c)

(d)

图 3-14 考虑指标差的竖直角计算
(a)、(b) 盘左位置；(c)、(d) 盘右位置

(3-10)，如图 3-14(b)、(d) 所示，则相应正确的竖直角如下。

盘左的竖直角：

$$\alpha = (90° + x) - L \text{ 即 } \alpha = \alpha_L + x \tag{3-15}$$

盘右的竖直角：

$$\alpha = R - (270° + x) \text{ 即 } \alpha = \alpha_R - x \tag{3-16}$$

将式（3-15）与式（3-16）联立求解，得：

$$\alpha = \frac{1}{2}(R - L - 180°) = \frac{1}{2}(\alpha_L + \alpha_R) \tag{3-17}$$

$$x = \frac{1}{2}(R + L - 360°) = \frac{1}{2}(\alpha_R - \alpha_L) \tag{3-18}$$

式（3-17）与无指标差时竖直角的计算公式（3-11）完全相同，说明通过盘左、盘右观测取平均值，可以消除指标差 x 的影响，获得正确的竖直角值 α。此外，通过盘左、盘右观测，还可以通过式（3-18）计算出指标差 x 的值。

2）逆时针注记

参考图 3-13、图 3-14，并采用与上述 1）类似的分析方法，不难得出竖盘逆时针注记的竖直角和指标差计算公式。具体如下：

$$\alpha = \alpha_L - x \tag{3-19}$$
$$\alpha = \alpha_R + x \tag{3-20}$$
$$\alpha = \frac{1}{2}(L - R + 180°) = \frac{1}{2}(\alpha_L + \alpha_R) \tag{3-21}$$
$$x = \frac{1}{2}(L + R - 360°) = \frac{1}{2}(\alpha_L - \alpha_R) \tag{3-22}$$

比较竖盘顺时针注记的式(3-9)～式(3-11)、式(3-15)～式(3-18)与竖盘逆时针注记的式(3-12)～式(3-14)、式(3-19)～式(3-22)，不难看出，二者是简单的反号关系。实际观测竖直角时，为了弄清竖盘注记形式并选择相应的计算公式，首先可使仪器处于盘左位置，并自水平线位置上仰望远镜，同时观察竖盘读数，据图 3-12、图 3-13，若读数减小，说明竖盘为顺时针注记；反之，竖盘为逆时针注记。

综上所述，各种情形下竖直角计算公式如表 3-4 所示。

各种情形下竖直角计算公式   表 3-4

竖盘的注记形式	计算公式 指标差影响		不考虑指标差影响	考虑指标差影响
顺时针注记		盘左	$\alpha_L = 90° - L$	$\alpha = \alpha_L + x$
		盘右	$\alpha_R = R - 270°$	$\alpha = \alpha_R - x$
		一测回	$\alpha = \frac{1}{2}(\alpha_L + \alpha_R)$	$\alpha = \frac{1}{2}(\alpha_L + \alpha_R)$ $x = \frac{1}{2}(\alpha_R - \alpha_L)$

竖盘的注记形式	指标差影响 计 算 公 式	不考虑 指标差影响	考虑 指标差影响
逆时针注记	盘左	$\alpha_L = L - 90°$	$\alpha = \alpha_L - x$
	盘右	$\alpha_R = 270° - R$	$\alpha = \alpha_R + x$
	一测回	$\alpha = \frac{1}{2}(\alpha_L + \alpha_R)$	$\alpha = \frac{1}{2}(\alpha_L + \alpha_R)$ $x = \frac{1}{2}(\alpha_L - \alpha_R)$

3.5.3 竖盘指标差的应用

竖盘指标差 x 本身有正负号，一般规定当竖盘读数指标偏移方向与竖盘注记方向一致时，x 取正号，反之 x 取负号。如图 3-14(a)、(c) 所示的竖盘注记与指标偏移方向一致，指标差 x 取正号。

对于同一台仪器在同一时间段内，竖盘指标差应是一个固定值。因此，指标差互差可以反映竖直角观测成果的质量。对于 DJ$_6$ 型经纬仪，规范规定，同一测站上不同目标的指标差互差不应超过 $25''$。

在精度要求不高或不便纵转望远镜时，可先测定指标差 x，再用半个测回测定竖直角，然后用式(3-15)、式(3-16)或式(3-19)、式(3-20)计算竖直角，可消除指标差的影响。

3.5.4 竖直角观测方法

竖直角观测前，应根据竖盘注记形式正确选择该仪器的竖直角计算公式，如本例仪器竖盘为顺时针注记。再按以下步骤观测。

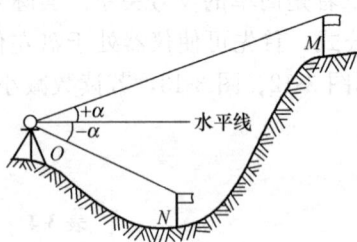

图 3-15 竖直角观测

(1) 安置仪器。如图 3-15 所示，在测站点 O 安置好经纬仪，并在目标点 M 竖立观测标志（如标杆）。

(2) 盘左观测。以盘左位置瞄准目标，使十字丝中丝精确地切准 M 点标杆的顶端，调节竖盘指标水准管微动螺旋，使竖盘指标水准管气泡居中，并读取竖盘读数 L，记入手簿（表 3-5）。

(3) 盘右观测。以盘右位置同上法瞄准原目标相同部位，调竖盘指标水准管气泡居中，并读取竖盘读数 R，记入手簿。

(4) 计算竖直角。根据式 (3-9)、式 (3-10)、式 (3-17) 计算 α_L、α_R 及平均值 α，计算结果填在表中。

(5) 指标差计算与检核。按式 (3-18) 计算指标差，计算结果填在表中。

至此，完成了目标 M 的一个测回的竖直角观测。目标 N 的观测与目标 M 的观测与计算相同，见表 3-5。M、N 两目标的指标差互差为 $18''$，小于规范规定的 $25''$，成果合格。

测站	观测目标	竖盘位置	竖盘读数 (° ′ ″)	半测回角值 (° ′ ″)	指标差 (″)	一测回角值 (° ′ ″)	备 注
O	M	左	76 45 12	+13 14 48	−6	+13 14 42	竖盘顺时针注记
		右	283 14 36	+13 14 36			
	N	左	122 03 36	−32 03 36	+12	−32 03 24	
		右	237 56 48	−32 03 12			

3.5.5 竖直度盘指标自动补偿装置

观测竖直角时，为使竖盘指标处于正确位置，每次读数都需将竖盘指标水准管调至居中，这很不方便。现在，只有少数光学经纬仪仍在使用这种竖盘读数装置，大部分光学经纬仪及所有的电子经纬仪和全站仪都采用了竖盘指标自动归零补偿器。

竖盘指标自动归零补偿器是在仪器竖盘读数光路中，安装一个补偿器来代替竖盘指标水准管，使仪器在一定的倾斜范围内能读得相应于指标水准管气泡居中时的读数。竖盘指标自动归零补偿器可以提高竖盘读数的效率。

DJ_6 型光学经纬仪竖盘自动归零补偿器是通过在成像光路中悬吊一块厚的平行玻璃，利用重力和空气阻尼器的共同作用，达到自动归零的目的。在将仪器支架上的自动归零补偿器旋钮打开，能够听到叮当响声时，表示补偿器处于正常工作状态。竖直角观测完毕，要将补偿器旋钮关上，防止其吊丝被振坏。

3.6 三 角 高 程 测 量

若两点间的高差难以用水准测量方法测得，例如山区地面坡度陡峭，以及跨越河流、湖泊等，用常规的水准测量方法速度慢、困难大，可以采用三角高程测量的方法。但必须用水准测量的方法在测区内引测一定数量的水准点，作为高程起算的依据。

3.6.1 三角高程测量原理

三角高程测量是根据两点间的水平距离或倾斜距离以及竖直角按照三角公式来求出两点间的高差。如图 3-16 所示，已知 A 点高程 H_A，欲求 B 点高程 H_B，在 A 点安置全站仪（传统方法用经纬仪），仪器高为 i，在 B 点安置反射棱镜（传统方法用觇标），其高度为 v，望远镜瞄准棱镜中心的竖直角为 α，则 AB 两点的高差 h_{AB} 为：

$$h_{AB} = D\tan\alpha + i - v$$
$$= S\sin\alpha + i - v \tag{3-23}$$

B 点的高程 H_B 为：

$$H_B = H_A + h_{AB} = H_A + D\tan\alpha + i - v$$
$$= H_A + S\sin\alpha + i - v \tag{3-24}$$

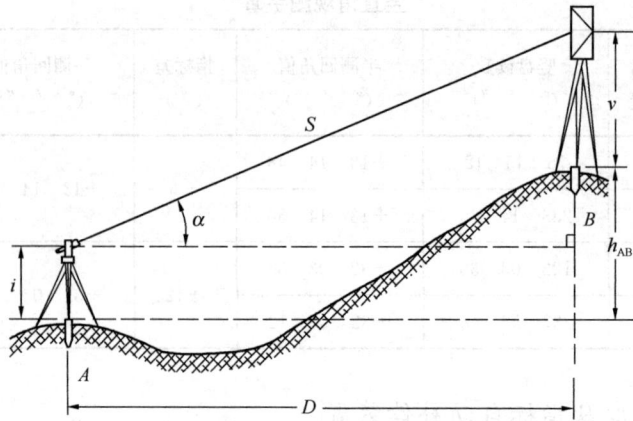

图 3-16　三角高程测量原理

式中　D——水平距离；

　　　S——倾斜距离；

　　　i——仪器上横轴标志至地面测站点的垂直高度；

　　　v——棱镜中心（即望远镜瞄准点）至地面测点的垂直高度。

3.6.2　地球曲率和大气折光对高差的影响

在式（3-23）高差计算公式中，是假定大地水准面、过 A 点的水平面、过 B 点的水平面三者互相平行，并且观测视线是直线，当地面两点间的距离小于 300m 时，

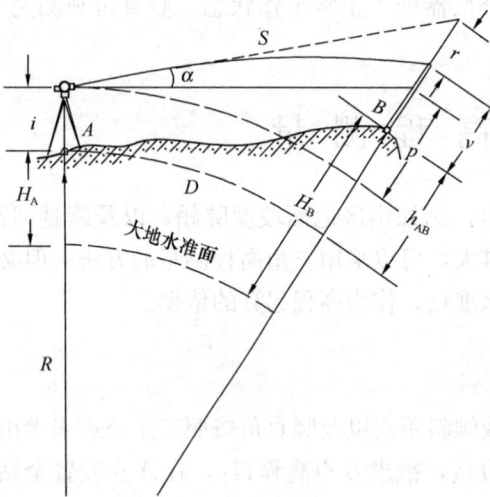

图 3-17　地球曲率及大气垂直折光对三角高程测量精度的影响

这种假定引起的误差可以忽略，相应的计算公式是适用的；当距离大于 300m 时，这种假定引起的误差不能简单忽略，即应顾及地球曲率的影响而加上曲率改正 p（p 实质上是大地水准面与相应的水平面之间在目标点处的差异），此项改正称为球差改正，如图 3-17 所示。同时，由于大气密度垂直梯度的存在，将使倾斜视线产生折射而成为一条凸向天空的曲线，此时还必须加上大气垂直折光差改正 r（r 实质上是观测视线与实际视线在目标点处的差异），此项改正称为气差改正。以上两项改正合称为球气差改正，简称两差改正，常用 f 表示，其值为：

$$f = p - r = \frac{D^2}{2R} - k\frac{D^2}{2R} = (1-k)\frac{D^2}{2R} \tag{3-25}$$

式中　R——地球曲率半径，取 6371km；

　　　k——大气垂直折光系数。

k 随地区、气候、季节、地面覆盖物和视线超出地面高度等条件的不同而变化，目前还不能精确测定它的数值，一般取 $k=0.14$ 计算两差改正 f，即：

$$f = p - r = 0.43 \frac{D^2}{R} \tag{3-26}$$

因此，计算高差的严密公式为：

$$h_{AB} = D\tan\alpha + i - v + f$$
$$= S\sin\alpha + i - v + f \tag{3-27}$$

三角高程测量一般应进行往返观测（对向观测），它可消除地球曲率和大气折光的影响。如在 A、B 两点于短时间内进行对向观测，即由 A 向 B 观测，称为往测；再由 B 向 A 观测，称为返测。此时可以认为往返测中大气垂直折光系数 k 值是相同的，故两差改正 f 也相等，将返测所得高差反号后，取往、返测高差的平均数，即可以抵消球气差的影响。因此，当采用对向观测或精度要求不高时，可以不用计算两差改正 f。

3.6.3 全站仪三角高程测量

全站仪三角高程测量现在被广泛地应用在工程测量中，它常用于高效快速测定碎部点的高程，也可用于代替四等和普通水准测量。其中，后者精度要求较高，其观测可按以下步骤进行：

（1）安置全站仪于测站上，安置反射棱镜于目标点上，分别量出仪器高 i 和棱镜高 v，量两次取平均值，读数至 mm；

（2）用盘左、盘右测量竖直角 α；

（3）用全站仪测量斜距 S 或平距 D；

（4）采用对向观测，重复前三步。

外业观测结束后，按式（3-23）计算高差，进而计算未知点高程。计算实例见表 3-6。

三角高程测量计算表		表 3-6
起算点	A	
测量点	B	
测量方向	往（A—B）	返（B—A）
倾斜距离 S（m）	581.114	580.973
竖直角 α（°′″）	10 24 30	−10 26 48
$S\sin\alpha$	104.985	−105.342
仪器高 i（m）	1.606	1.375
目标高 v（m）	1.344	1.295
高差 h（m）	105.247	−105.262
平均高差（m）	105.255	

3.7 经纬仪主要轴线及其检验与校正

3.7.1 经纬仪主要轴线及其应满足的几何条件

经纬仪上的几条主要轴线如图 3-18 所示，VV 为仪器旋转轴，也称竖轴或纵轴；LL 为照准部水准管轴；HH 为望远镜横轴，也叫望远镜旋转轴；CC 为望远镜视准轴。

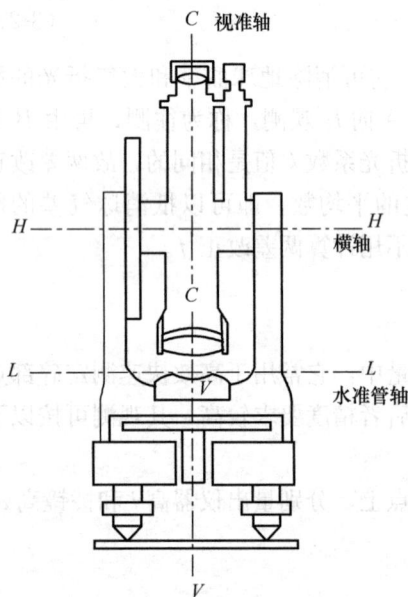

图 3-18 经纬仪的主要轴线

根据测角原理，为了能精确地测量出水平角，经纬仪应满足的要求是：仪器的水平度盘必须水平，竖轴必须能铅垂地安置在角度的顶点上，望远镜绕横轴旋转时，视准轴能扫出一个竖直面。此外，为了精确地测量竖直角，竖盘指标应处于正确位置。

一般情况下，仪器加工、装配时能保证水平度盘垂直于竖轴。因此，只要竖轴竖直，水平度盘也就处于水平位置。竖轴竖直是靠照准部水准管气泡居中来实现的，因此，照准部水准管轴应垂直于竖轴。此外，若视准轴能垂直于横轴，则视准轴绕横轴旋转将扫出一个平面，此时，若竖轴竖直，且横轴垂直于竖轴，则视准轴必定能扫出一个竖直面。另外，为了能在望远镜中检查目标是否竖直和测角时便于照准，还要求十字丝的竖丝应在垂直于横轴的平面内。

综上所述，经纬仪各轴线之间应满足下列几何条件：

（1）照准部水准管轴垂直于仪器竖轴（$LL \perp VV$）；

（2）十字丝的竖丝垂直于横轴；

（3）望远镜视准轴垂直于横轴（$CC \perp HH$）；

（4）横轴垂直于竖轴（$HH \perp VV$）；

（5）竖盘指标应处于正确位置；

（6）光学对中器视准轴与竖轴重合。

3.7.2 经纬仪检验与校正

上述经纬仪几何条件在仪器出厂时一般是能满足精度要求的，但由于长期使用或受碰撞、振动等影响，可能发生变动。因此，要经常对仪器进行检验与校正。

1. 水准管轴垂直于竖轴的检验与校正

照准部水准管轴不竖直于仪器竖轴时，其偏差值称为竖轴误差。这时尽管照准部水准管在两个相互垂直的方向时气泡均居中，但竖轴并不处于铅垂位置，水平度盘也不水平。

（1）检验

将仪器大致整平，转动照准部，使水准管平行于一对脚螺旋的连线，调节脚螺旋使水准管气泡居中，如图 3-19（a）所示。然后将照准部旋转 180°，若水准管气泡不居中，如图 3-19(b) 所示，则说明此条件不满足，应进行校正。

（2）校正

先用校正针拨动水准管校正螺钉，使气泡返回偏离值的一半，如图 3-19(c) 所示，此时水准管轴与竖轴垂直。再旋转脚螺旋使气泡居中，使竖轴处于竖直位置，如图 3-19(d) 所示，此时水准管轴水平并垂直于竖轴。

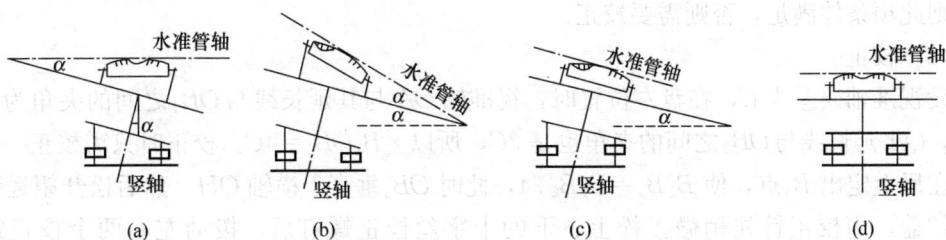

图 3-19 水准管轴垂直于竖轴的检验与校正

此项检验与校正应反复进行，直到照准部转动到任何位置，气泡偏离零点不超过半格为止。

2. 十字丝的竖丝垂直于横轴的检校

（1）检验

如图 3-20 所示，整平仪器后，用十字丝竖丝的任意一端，精确瞄准远处一清晰固定的目标点，然后固定照准部和望远镜，再慢慢转动望远镜微动螺旋，使望远镜上仰或下俯，若目标点始终在竖丝上移动，则说明此条件满足。否则，需进行校正。

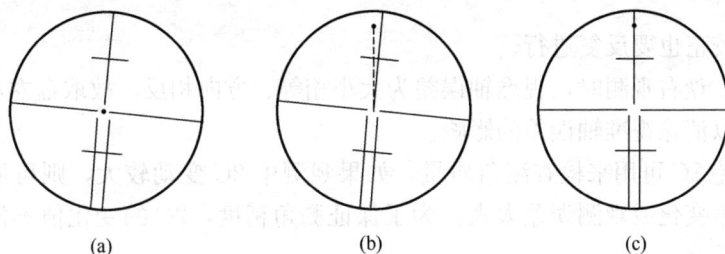

图 3-20 十字丝竖线垂直于横轴的检验与校正
(a) 十字丝交点照准一个点；(b) 点偏离竖丝，需要校正；(c) 校正后

（2）校正

旋下目镜分划板护盖，松开 4 个压环螺钉，慢慢转动十字丝分划板座，直到十字丝纵丝与目标点重合。然后再作检验，待条件满足后再拧紧压环螺钉，旋上护盖。

3. 望远镜视准轴垂直于横轴的检校

望远镜视准轴不垂直于横轴时，其偏差值称为视准轴误差，用 C 表示。它是由于十字丝分划板平面左右移动，使十字丝交点位置不正确而产生的。有视准轴误差的望远镜绕横轴旋转时，视准轴扫出的面不是一个竖直平面，而是一个圆锥面。因此，当望远镜瞄准同一竖直面内不同高度的点，它们的水平度盘读数各不相同，从而产生测量水平角的误差。当目标的竖直角相同时，盘左观测与盘右观测中，此项误差大小相等，符号相反。利用这个规律进行检验与校正。

（1）检验

如图 3-21 所示，在一平坦场地上，选择相距约 100m 的 A、B 两点，在 AB 的中点 O 安置经纬仪。在 A 点设置一观测目标，在 B 点横放一把有毫米分划的小尺，使其垂直于 OB，且与仪器大致同高。以盘左位置瞄准 A 点，固定照准部，倒转望远镜，在 B 点尺上读数为 B_1；再以盘右位置瞄准 A 点，倒转望远镜在 B 尺上读数为 B_2。若 B_1、B_2 两点重合，则此项条件满足，否则需要校正。

（2）校正

设视准轴误差为 C，在盘左位置时，视准轴 OA 与其延长线与 OB_1 之间的夹角为 $2C$。同理，OA 延长线与 OB_2 之间的夹角也是 $2C$，所以 $\angle B_1OB_2 = 4C$。校正时只需校正一个 C 角。在尺上定出 B_3 点，使 $B_2B_3 = B_1B_2/4$，此时 OB_3 垂直于横轴 OH。然后松开望远镜目镜端护盖，用校正针先稍微拨松上、下的十字丝校正螺钉后，拨动左右两个校正螺钉（图 3-22），一松一紧，左右移动十字丝分划板，使十字丝交点对准 B_3 点。

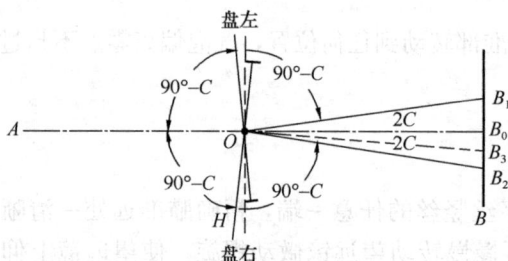

图 3-21　视准轴垂直于横轴的检验　　　图 3-22　视准轴垂直于横轴的校正

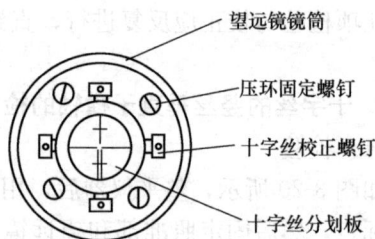

此项检验校正也要反复进行。

由于盘左、盘右观测时，视准轴误差为大小相等、方向相反，故取盘左和盘右观测值的平均值，可以消除视准轴误差的影响。

两倍照准差 $2C$ 可用来检查测角质量，如果观测中 $2C$ 变动较大，则可能是视准轴在观测过程中发生变化或观测误差太大。为了保证测角精度，$2C$ 的变化值不能超过一定限度，如表 3-3 所示。

4. 横轴垂直于竖轴的检验与校正

横轴不垂直于竖轴所产生的偏差角值，称为横轴误差。产生横轴误差的原因，是由于横轴两端在支架上不等高。由于有横轴误差，望远镜绕横轴旋转时，视准轴扫出的面将是一倾斜面，而不是竖直面。因此，在瞄准同一竖直面内高度不同的目标时，将会得到不同的水平度盘读数，从而影响测角精度。

（1）检验

如图 3-23 所示，在距一竖直墙面 20～30m 处，安置好经纬仪。以盘左位置瞄准墙上高处的 P 点（仰角宜大于 $30°$），固定照准部，然后将望远镜大致放平，根据十字丝交点在墙上定出 P_1 点。倒转望远镜成盘右位置，瞄准原目标 P 点后，再将望远镜放平，在 P_1 点同样高度上定出 P_2 点。如果 P_1 与 P_2 点重合，则仪器满足此几何条件，否则需要校正。

（2）校正

取 P_1、P_2 的中点 P_0，将十字丝交点对准 P_0 点，固定照准部，然后抬高望远镜至 P 点附近。此时十字丝交点偏离 P 点，而位于 P' 处。打开仪器没有竖盘一侧的盖板，拨动横轴一端的偏心轴承，使横轴的一端升高或降低，直至十字丝交点照准 P 点为止。最后把盖板合上。

对于现在质量较好的光学经纬仪，横轴是密封的，此项条件一般能够满足，使用时通常只作检验，若要校正，需由仪器检修人员进行。

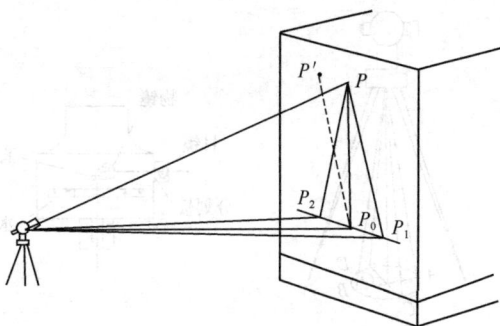

图 3-23　横轴垂直于竖轴的检校

由图 3-23 可知，当用盘左和盘右观测同一目标时，横轴倾斜误差大小相等，方向相反。因此，同样可以采用盘左和盘右观测取平均值的方法，消除它对观测结果的影响。

5. 竖盘指标差的检校

（1）检验

安置经纬仪，以盘左、盘右位置瞄准同一目标 P，分别调竖盘指标水准管气泡居中后，读取竖盘读数 L 和 R，然后按式（3-18）计算竖盘指标差 x（假定竖盘为顺时针注记）。若 $x>40''$，说明存在指标差；当 $x>60''$ 时，则应进行校正。

（2）校正

保持望远镜盘右位置瞄准目标 P 不变，计算盘右的正确读数 $R_0=R-x$，转动竖盘指标水准管微动螺旋使竖盘读数为 R_0，此时竖盘指标水准管气泡必定不居中。用校正针拨动竖盘指标水准管一端的校正螺钉，使气泡居中即可。

此项校正需反复进行，直至指标差 x 的绝对值小于 $30''$ 为止。

6. 光学对中器的检校

（1）检验

如图 3-24（a）所示，将经纬仪安置到三脚架上，在一张白纸上画一个十字交叉并放在仪器正下方的地面上，整平对中。旋转照准部，每转 90°，观察对中点的中心标志与十字交叉点的重合度，如果照准部旋转时，光学对中器的中心标志一直与十字交叉点重合，则不必校正，否则需进行校正。

（2）校正

根据经纬仪型号和构造的不同，光学对中器的校正有两种不同的方法，如图 3-24（b）所示，一种是校正分划板，另一种是校正直角棱镜。下面介绍校正分划板法的具体步骤。

如图 3-24（a）所示，在地面另固定好一张白纸，整平状态下在纸上标记出照准部每旋转 90°时对中器中心标志的四个落点，用直线连接对角点，两直线交点为 O。再如图 3-24（c）所示，将光学对中器目镜与调焦手轮之间的校正螺钉护盖取下，用校正针调整对中器的四个校正螺钉，使对中器的中心标志与 O 点重合。重复检验、检查和校正，直至符合要求。检验和校正需在 1.5m 和 0.8m 两个仪器高度上，同时达到上述要求为止，再将护盖安装回原位。

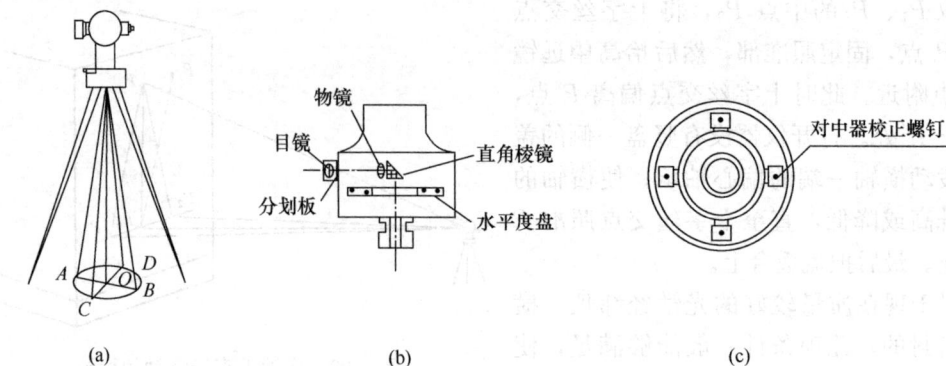

图 3-24 光学对中器的检校

3.8 角度测量的误差及注意事项

仪器误差、观测误差及外界影响都会对角度测量的精度产生影响，为了得到符合规定要求的角度测量成果，必须分析这些误差的影响，采取相应的措施，将其消除或控制在容许的范围以内。

3.8.1 仪器误差

仪器误差主要是指仪器校正后的残余误差（简称残差）及仪器零部件加工不够完善引起的误差。仪器误差的影响，一般都是系统性的，可以在工作中通过一定的方法予以消除和削弱。

（1）视准轴误差

由于视准轴误差对同一目标在盘左、盘右观测时的影响大小相等，符号相反，故可采用盘左、盘右取平均值的方法加以消除。

（2）横轴误差

横轴误差对观测的影响与视准轴误差相似，故也可用盘左、盘右取平均值的方法加以消除。

（3）竖轴误差

由于水准管轴不竖直于竖轴，以及观测时的水准管气泡未严格居中，从而导致竖轴不竖直，由此引起横轴倾斜及度盘不水平，给观测精度带来误差。这种误差不能用盘左、盘右的方法来消除，只能通过严格的检校仪器，观测时仔细整平，并始终保持照准部水准管气泡居中来削弱其误差影响。

（4）度盘偏心误差

由于度盘加工及安装不完善而使照准部旋转中心与水平度盘中心不重合而引起的误差称为度盘偏心误差，在盘左、盘右两位置对观测方向的影响，其实际大小基本相等，符号相反，因此，可用盘左、盘右取平均值的方法加以削弱。

（5）度盘刻划误差

由于在度盘上刻制的分划线不均匀而引起的观测误差，称为度盘刻划误差。此误差一

70

般很小，对它可通过均匀分配度盘位置来加以削弱。

（6）竖盘指标差

竖盘指标差对同一目标盘左、盘右观测的竖直角，影响大小相等，符号相反，可以采取盘左、盘右观测取平均值的方法加以消除。

3.8.2 观测误差

造成观测误差的原因有二：一是工作时不够细心；二是受人的感官及仪器性能的限制。主要的观测误差有对中误差、目标偏心差、整平误差、照准误差和读数误差。对于竖直角观测，则有竖盘指标水准管气泡的居中误差。

（1）对中误差

在测角时，仪器中心与测站点不在同一铅垂线上，造成的测角误差称为对中误差。如图 3-25 所示，O 为测站点，A、B 为目标点，O_1 为仪器中心（实际对中点）。e 为对中误差或偏心距；β 为欲测的角，β_1 为含有误差的实测角；δ_1、δ_2 为在 O 和 O_1 分别观测 A、B 目标时方向线的夹角，为对中误差产生的测角影响；θ 为偏心角；D_1、D_2 为测站至目标点 A、B 的距离。由图可知：

$$\beta = \beta_1 + (\delta_1 + \delta_2) \tag{3-28}$$

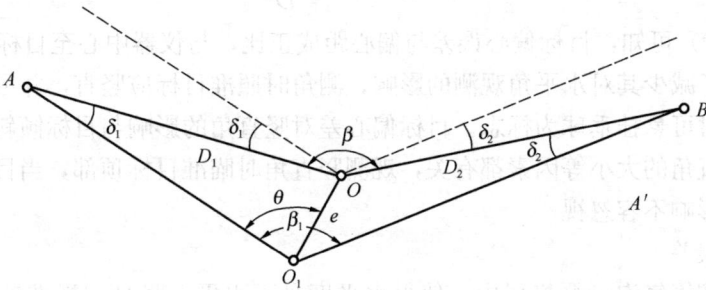

图 3-25 对中误差的影响

在 $\triangle AOO_1$ 和 $\triangle BOO_2$ 中分别引用正弦定理，并考虑 δ_1、δ_2 的弧度值很小及等价无穷小规律，则有：

$$\delta_1 = \frac{e\sin\theta}{D_1}\rho'' \qquad \delta_2 = \frac{e\sin(\beta_1 - \theta)}{D_1}\rho''$$

于是

$$\Delta\beta = \delta_1 + \delta_2 = \left[\frac{\sin\theta}{D_1} + \frac{\sin(\beta_1 - \theta)}{D_2}\right]e\rho'' \tag{3-29}$$

式（3-29）表明，当 β_1 和 θ 一定时，$\Delta\beta$ 与 e 成正比，e 越大，$\Delta\beta$ 越大；当 e 和 θ 一定时，$\Delta\beta$ 与 D_1、D_2 成反比，D_1、D_2 越小，$\Delta\beta$ 越大。例如，$e=3\text{mm}$，$\beta_1 = 180°$，$\theta = 90°$，当 $D_1 = D_2 = 200\text{m}$、100m、50m 时，$\Delta\beta$ 分别为 6.2″、12.4″、24.8″。因此，观测水平角时，对短边要特别注意对中。

（2）目标偏心差

测角时，通常在目标点竖立标杆、测钎等作为照准标志。由于照准标志倾斜，瞄准偏离了目标点位所引起的测角误差，称为目标偏心差。如图 3-26 所示，仪器安置于 O 点，仪器中心至目标中心的距离为 D，目标 A 偏斜至 A' 的水平距离为 d，设角度观测值为 β'，正确值为 β，则 β 与 β' 之差 $\Delta\beta$ 为目标偏心所带来的角度误差。因为 $\Delta\beta$ 很小，所对的边按弧长计算，则有：

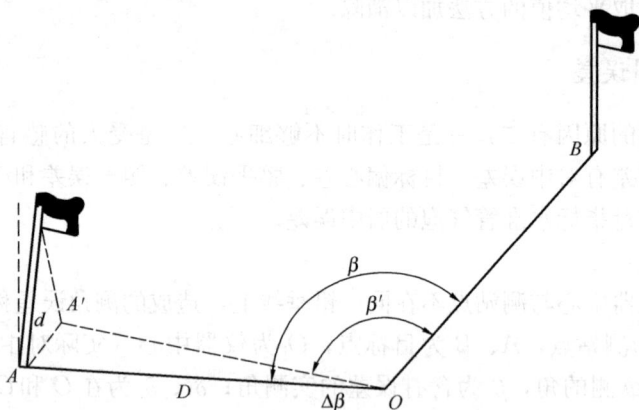

图 3-26　目标偏心差的影响

$$\Delta\beta = \beta - \beta' = \frac{d}{D}\rho'' \tag{3-30}$$

由式（3-30）可知，目标偏心误差与偏心距成正比，与仪器中心至目标中心的距离成反比，所以为了减少其对水平角观测的影响，测角时照准目标应竖直，并尽可能瞄准目标的底部，必要时可悬挂垂球为标志。目标偏心差对竖直角的影响与目标倾斜的角度、方向以及距离、竖直角的大小等因素都有关，观测竖直角时瞄准目标顶部，当目标倾斜的角度较大时，该项影响不容忽视。

（3）整平误差

照准部水准管气泡未严格居中，使得水平度盘不水平，竖盘和视准轴旋转面（视准面）倾斜导致的测角误差称为整平误差。该项影响与瞄准的目标高度有关，若目标与仪器等高，影响较小；目标与仪器不等高，其影响随高差增大而迅速增大。因此，测角时应特别注意使水准管气泡严格居中，在山区测量尤其如此。

（4）照准误差

通过望远镜瞄准目标时的实际视线与正确照准线间的夹角，称为照准误差。影响照准精度的因素很多，如望远镜的放大倍率 V、十字丝的粗细、目标的大小与形状和颜色、目标影像的亮度与清晰程度、人眼的分辨能力、大气透明度等。尽管观测者尽力去照准目标，但仍不可避免地存在不同程度的照准误差，而且此项误差不能消除。如仅考虑望远镜放大倍率 V，因人眼的分辨力一般来说为 $60''$，故可以认为照准误差对测角的影响为 $m_V = \pm 60''/V$。DJ₆ 型经纬仪一般 $V = 28''$，$m_V = 2.1''$。因此，测量时只能选择形状、大小、颜色、亮度等合适的目标，改进照准方式，仔细认真地去瞄准，将其影响降低到最低程度。

（5）读数误差

读数误差主要取决于仪器的读数设备，同时也与照明情况和观测者的经验有关。对于 DJ₆ 型光学经纬仪，用分微尺测微器读数，一般估读误差不超过分微尺最小分划的 1/10，即不超过±6″；对于 DJ$_2$ 型光学经纬仪一般不超过±1″。如果反光镜进光情况不佳，读数显微镜调焦不好，以及观测者的操作不熟练，则估读的误差可能会超过上述数值。因此，读数时必须仔细调节读数显微镜，使度盘与测微尺影像清晰，也要仔细调整反光镜，使影像亮度适中，然后再仔细读数。

3.8.3　外界条件的影响

外界条件对角度测量的影响是多方面的，也是很复杂的，如天气的变化、地面土质松紧的差异、地形的起伏以及周围建（构）筑物的状况等，都会影响测角的精度，概括起来主要有以下几个方面：

（1）大气折光的影响

当光线通过密度不均匀的空气介质时，会折射而形成一条曲线，并弯向密度大的一方。如图 3-27 所示，当安置在 A 点的经纬仪观测 B 点时，其理想的方向线应为 A、B 两点的直线方向，但由于大气折光的影响，望远镜实际所照准的方向是一条曲线在 A 点处的切线方向，即图中的 AC 方向，这个方向与弦线 B 之间有一个夹角 δ，这个值即为大气折光的影响。大气折光可以分解成水平和垂直两个分量，通常分别称为旁折光和垂直折光，

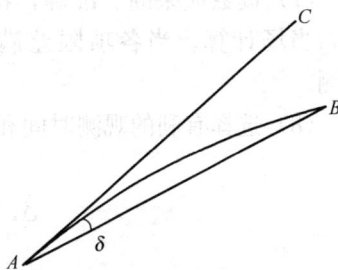

图 3-27　大气折光的影响

也分别对水平角和垂直角的观测产生影响。要减弱旁折光对水平角观测的影响，选择点位时应使其视线离开障碍物 1m 以外，同时选择较有利的观测时间。要减弱垂直折光对垂直角观测的影响，应使视线高于地面 1m 以上，同时选择较有利的观测时间，并尽可能避免长边。

（2）大气层密度和大气透明度对目标成像的影响

角度观测时，要求目标成像要稳定和清晰，否则将降低照准的精度。目标成像的稳定与否取决于视线通过大气层密度的变化情况，而大气层密度的变化程度又取决于太阳对地面的热辐射程度以及地形的特征，如果大气层密度均匀，目标成像就稳定，否则目标成像就会上下左右跳动，减弱其影响的方法是选择较好的观测时段。目标成像的清晰与否取决于大气的透明程度，而大气透明度又取决于空气中尘埃和水蒸气的多少以及太阳辐射的程度，减弱其影响的方法仍然是选择有利的观测时间。

（3）温度变化对视准轴的影响

观测时，如果仪器遭受太阳的直接照射，各轴线之间的正确关系可能发生变化，从而降低观测精度。一般要求在野外观测时，使用遮阳伞以免仪器受太阳的直接照射。

3.8.4　角度测量的注意事项

通过上述分析，为了保证测角的精度，观测时必须注意下列事项：

（1）观测前应先检验仪器，如不符合要求应进行校正。

（2）安置仪器要稳定，脚架应踩实，应仔细对中和整平。尤其对短边时应特别注意仪器对中，在地形起伏较大地区观测时，应严格整平。一测回内不得再对中、整平。

（3）目标应竖直，仔细对准地上标志中心，根据远近选择不同粗细的标杆，尽可能瞄

准标杆底部，最好直接瞄准地面上标志中心。

（4）严格遵守各项操作规定和限差要求。采用盘左、盘右位置观测取平均的观测方法。照准时应消除视差，一测回内观测避免碰动度盘。竖直角观测时，应先使竖盘指标水准管气泡居中后，才能读取竖盘读数。

（5）当对一水平角进行 n 个测回观测，各测回间应变换度盘起始位置，每测回观测度盘起始读数变动值为 $\frac{180°}{n}$（n 为测回数）。

（6）水平角观测时，应以十字丝交点附近的竖丝仔细瞄准目标底部；竖直角观测时，应以十字丝交点附近的中丝照准目标的顶部（或某一标志）。

（7）读数应果断、准确，特别注意估读数。观测结果应及时记录在正规的记录手簿上，当场计算。当各项限差满足规定要求后，方能搬站。如有超限或错误，应立即重测。

（8）选择有利的观测时间和避开不利的外界因素。

3.9 其他经纬仪简介

3.9.1 DJ$_2$ 型光学经纬仪

DJ$_2$ 型光学经纬仪属于精密光学经纬仪，用于较高精度的角度测量。图 3-28 所示为苏州光学仪器厂生产的 DJ$_2$ 型光学经纬仪外貌图，其外部各构件名称如图所注。国内已有多家仪器厂生产 DJ$_2$ 型光学经纬仪，国外如德国蔡司厂的 010、瑞士威特厂的 T$_2$ 等均属于 DJ$_2$ 型光学经纬仪。

1. DJ$_2$ 型光学经纬仪的特点

DJ$_2$ 型光学经纬仪之所以比 DJ$_6$ 型光学经纬仪观测精度高，是因为其照准部水准管的灵敏度较高、度盘格值较小以及读数设备较为精密，此外还有轴系及望远镜放大倍数等方面均与 DJ$_6$ 型经纬仪有所不同。特别在读数设备方面有两个特点：

（1）DJ$_2$ 型光学经纬仪采用对径符合读数法，相当于利用度盘上相差 180° 的两个指标读数求其平均值，故可消除偏心误差的影响，同时也提高了读数的精度。

（2）DJ$_2$ 型光学经纬仪在读数显微镜中只能看到水平度盘或竖直度盘中的一种影像，读数时，需通过换像手轮（图 3-28 中的 10）选择所需的度盘影像。

2. DJ$_2$ 型经纬仪的读数方法

（1）苏光 DJ$_2$A 型经纬仪读数

目前，国产的苏光 DJ$_2$A 型光学经纬仪采用了数字化读数。其读数显微镜视场如图 3-29 所示，其中右下方长方形窗为正、倒像度盘分划影像（图 3-29 中所表示正倒像度盘分划影像已重合对齐）。右上方长方形窗（有注记）为度盘分划的度数，中间凸出小框中的数字表示整 10′ 数值（如图 3-29a、b 中分别表示 00′ 和 30′），左侧长方形小窗（有分划）为测微器分划影像，每小格代表 1″，小窗左侧注记为分数，右侧注记为 10″ 的整倍数。小窗中一根长横线为指标线。

读数方法：转动测微轮，先使右下方长方形窗内上下分划线对齐，整度数由右上方长

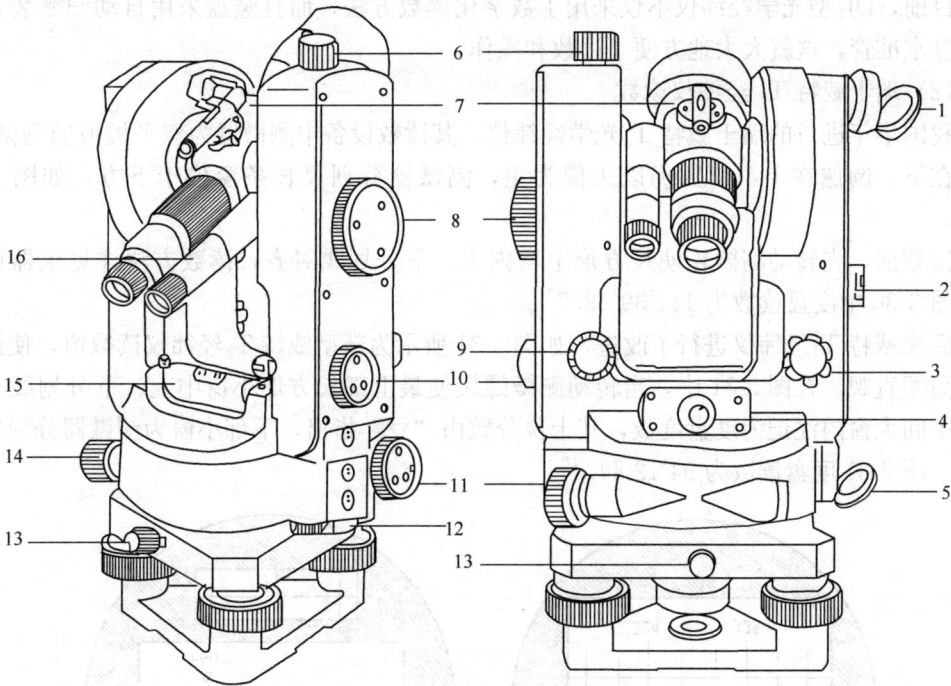

图 3-28　DJ₂ 型光学经纬仪

1—竖盘照明镜；2—竖盘水准管观察镜；3—竖盘水准管微动螺旋；4—光学对中器；
5—水平度盘照明镜；6—望远镜制动螺旋；7—粗瞄准镜；8—测微螺旋；9—望远镜
微动螺旋；10—换像手轮；11—照准部微动螺旋；12—水平度盘变换手轮；13—纵轴
套固定螺旋；14—照准部制动螺旋；15—照准部水准管；16—读数显微镜

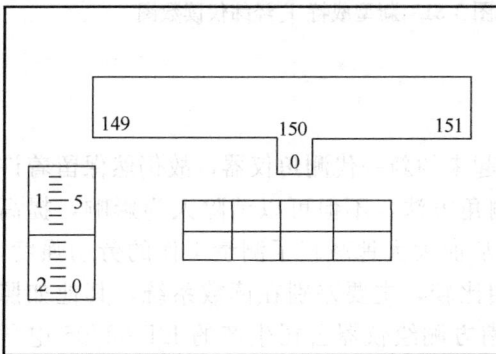

(a)

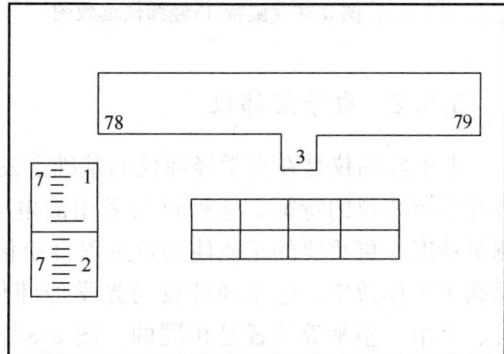

(b)

图 3-29　DJ₂ A 型光学经纬仪读数

（a）水平度盘读数；（b）竖直度盘读数

方形窗内中央或稍偏左侧的数字注记数读出，整 10′ 数由其中央凸出的小框内的数字读取；余下的个位分数和秒数由左侧长方形小窗内读取，然后相加得到整个读数值。

对照图 3-29，计算整个读数值。图 3-29（a）水平度盘读数为 $150°01'54.0''$，图 3-29（b）竖直度盘读数为 $78°37'16.0''$。

目前，DJ$_2$型光学经纬仪不仅采用了数字化读数方法，而且竖盘采用自动归零装置取代竖盘水准管，这就大大地方便了读数和操作。

（2）瑞士威特 T$_2$ 经纬仪读数

我国早年进口的瑞士威特 T$_2$ 光学经纬仪，其读数设备中测微器为双平板玻璃测微器，正像在下，倒像在上，读数仍以正像为主，测微器分划尺长条窗位于下方，如图 3-30 所示。

读数前，先转动测微轮使长方形上窗内上、下分划线对齐，读数方法详见仪器说明书。图 3-30 中度盘读数为 144°39′48.7″。

后来威特 T$_2$ 经纬仪进行了改进，如图 3-31 所示为新型威特 T$_2$ 经纬仪读数窗，使读数更为简便直观。在图 3-31 中，当转动测微螺旋使最上部长方形小窗中上、下分划线对齐后，中间大窗内注记为度盘度数，其十位分数由"▽"指出，下部小窗为测微器分划尺读数值。图 3-31 度盘读数为 94°12′44.4″。

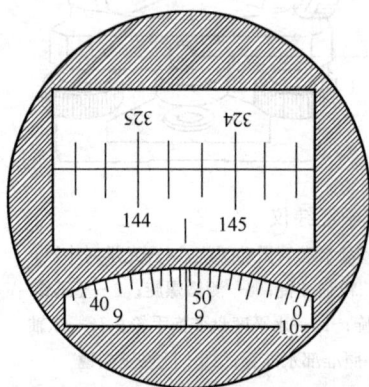

图 3-30 威特 T$_2$ 经纬仪读数图　　　　图 3-31 新型威特 T$_2$ 经纬仪读数图

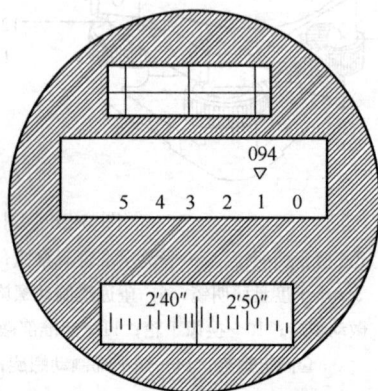

3.9.2 电子经纬仪

电子经纬仪是在光学经纬仪的基础上发展起来的新一代测角仪器，故仍然保留着许多光学经纬仪的特征。这种仪器采用的电子测角方法，不但可以消除人为影响，提高测量精度，更重要的是能使测角过程自动化，从而大大地减轻了测量工作的劳动强度，提高了工作效率。电子经纬仪与光学经纬仪相比较，主要差别在读数系统，其他如照准、对中、整平等装置是相同的。图 3-32 是南方测绘仪器公司生产的 ET-02/05 电子经纬仪。

1. 电子经纬仪的读数系统

电子经纬仪的读数系统是通过角-码变换器，将角位移量变为二进制码，再通过一定的电路，将其译成度、分、秒，而用数字形式显示出来。

目前常用的角-码变换方法有编码度盘、光栅度盘及动态测角系统等，有的也将编码度盘和光栅度盘结合使用。现以光栅度盘为例，说明角-码变换的原理。

光栅度盘又分透射式及反射式两种。透射式光栅是在玻璃圆盘上刻有相等间隔的透光与不透光的辐射条纹。反射式光栅则是在金属圆盘上刻有相等间隔的反光与不反光的条

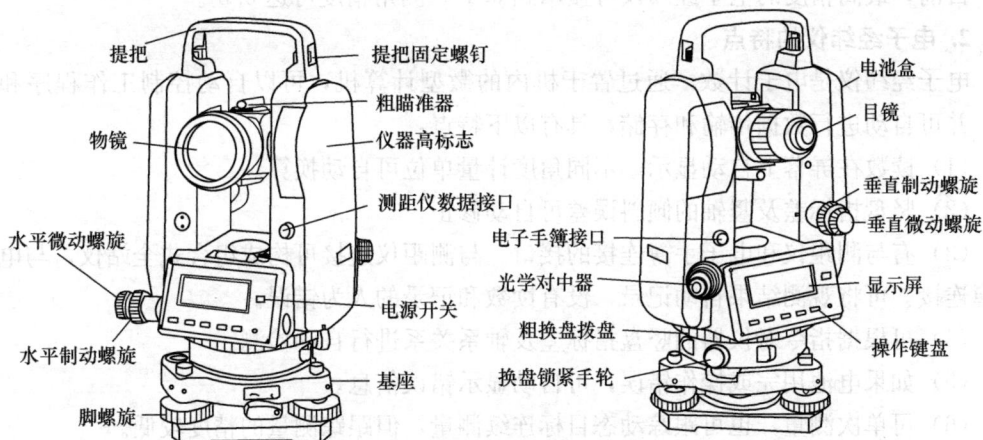

图 3-32　电子经纬仪的构造

纹。用得较多的是透射式光栅。

透射式光栅的工作原理如图 3-33（a）所示。它有互相重叠、间隔相等的两个光栅，一个是整个圆周等分的动光栅，可以和照准部一起转动，相当于光学经纬仪的度盘；另一个是只有圆弧上一段分划的固定光栅，它相当于指标，称为指示光栅。在指示光栅的下部装有光源，上部装有光电管。在测角时，动光栅和指示光栅产生相对移动。如图 3-33（b）所示，如果指示光栅的透光部分与动光栅的不透光部分重合，则光源发出的光不能通过，光电管接收不到光信号，因而电压为零；如果两者的透光部分重合，则透过的光最强，因而光电管所产生的电压最高。这样，在照准部转动的过程中，就产生连续的正弦信号，再经过电路对信号的整形，则变为矩形脉冲信号。如果一周刻有 21600 个分划，则一个脉冲信号即代表角度的 $1'$。这样，根据转动照准部时所得脉冲的计数，即可求得角值。

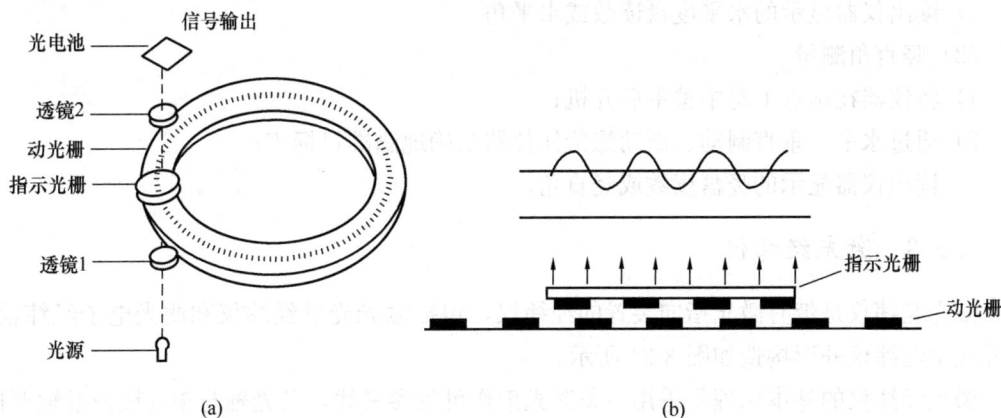

(a)　　　　　　　　　　(b)

图 3-33　透射式光栅的工作原理

为了求得不同转动方向的角值，还要通过一定的电子线路来决定是加脉冲还是减脉冲。只依靠脉冲计数，其精度是有限的，还要通过一定的方法进行加密，以求得更高的精度。目前，最高精度的电子经纬仪可显示到 $0.1''$，测角精度可达 $0.5''$。

2. 电子经纬仪的特点

电子经纬仪是电子计数，通过置于机内的微型计算机，可以自动控制工作程序和计算，并可自动进行数据传输和存储，具有以下特点：

(1) 读数在屏幕上自动显示，不同角度计量单位可自动换算。

(2) 竖盘指标差及竖轴的倾斜误差可自动修正。

(3) 有与测距仪和电子手簿连接的接口。与测距仪连接可构成组合式全站仪，与电子手簿连接，可将观测结果自动记录，没有读数和记录的人为错误。

(4) 可根据指令对仪器的竖盘指标差及轴系关系进行自动检测。

(5) 如果电池用完或操作错误，可自动显示错误信息。

(6) 可单次测量，也可跟踪动态目标连续测量，但跟踪测量的精度较低。

(7) 有的仪器可预置工作时间，到规定时间，则自动停机。

(8) 根据指令，可选择不同的最小角度单位。

(9) 可自动计算盘左、盘右的平均值及标准偏差。

(10) 有的仪器内置驱动电机及 CCD 系统，可自动搜寻目标。

根据仪器生产的时间及档次的高低，某种仪器可能具备上述的全部或部分特点。随着科学技术的发展，其功能还在不断扩展。

3. 电子经纬仪的使用

电子经纬仪使用的基本步骤如下：

(1) 水平角测量

1) 将仪器在测站点上对中整平后开机；

2) 通过水平、垂直制动、微动螺旋使仪器精确地瞄准第一个目标 A；

3) 按置零键设定水平方向值为 $0°00'00''$；

4) 通过水平、垂直制动、微动螺旋使仪器精确地瞄准第二个目标 B；

5) 读出仪器显示的水平度盘读数或水平角。

(2) 竖直角测量

1) 将仪器在站点上对中整平后开机；

2) 通过水平、垂直制动、微动螺旋使仪器精确地瞄准目标 P；

3) 读出仪器显示的竖盘读数或竖直角。

3.9.3 激光经纬仪

激光经纬仪是带有激光指向装置的经纬仪，包括激光光学经纬仪和激光电子经纬仪，激光光学经纬仪外形构造如图 3-34 所示。

激光经纬仪的基本原理是采用一条激光束作可见参考线，其光轴与望远镜视准轴严格重合，因而这一激光束所指的水平方向及倾斜方向通过经纬仪的水平度盘及竖直度盘读出。激光经纬仪除具有经纬仪的所有功能外，还提供一条可见的激光束，十分利于工程施工。激光经纬仪可向天顶方向垂直发射激光束，作激光垂准仪用。当望远镜照准轴精细调成水平后，又可作激光水准仪及激光扫平仪用。

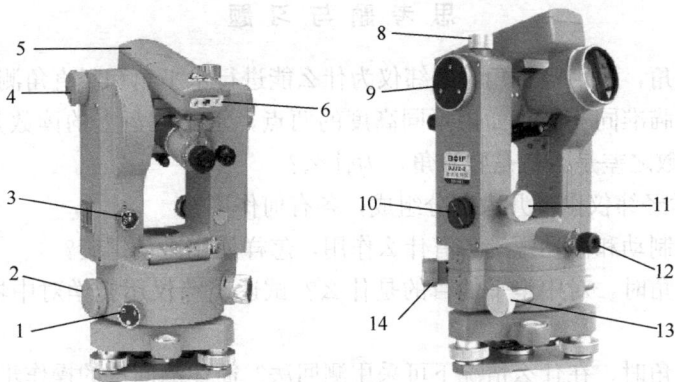

图 3-34　激光光学经纬仪的构造

1—水平制动螺旋；2—水平照明反光镜；3—补偿器锁紧轮；4—垂直照明反光镜；

5—电池盒盖；6—电源开关；7—滤色片组（图中未表示出）；8—垂直制动螺旋；

9—测微器螺旋；10—水平/垂直光路换向手轮；11—垂直微动螺旋；

12—光学对点器；13—水平微动螺旋；14—换盘手轮

3.9.4　陀螺经纬仪

陀螺经纬仪是陀螺仪和经纬仪相结合测定真方位角的仪器（真方位角参阅 4.4.2 节）。陀螺仪内悬挂有三向自由旋转的陀螺，利用陀螺的特性定出真北方向，再用经纬仪测出真北至直线的水平角，即可确定其真方位角。利用陀螺经纬仪定向，操作简单迅速，且不受时间制约，常用于公路、铁路、隧道测量。

陀螺经纬仪由经纬仪、陀螺仪和电源三大部分组成，如图 3-35 所示。其中陀螺仪（简称陀螺）主要由一个可作高速旋转的转子构成，转子旋转时所绕的中心轴称为陀螺轴。当转子高速旋转时，在重力作用和地球自转角速度影响下，陀螺轴产生进动、逐渐向测站的真子午线北方向靠拢，最终达到以测站的真北方向为对称中心，作角简谐运动，这样就可以确定测站的真北方向。

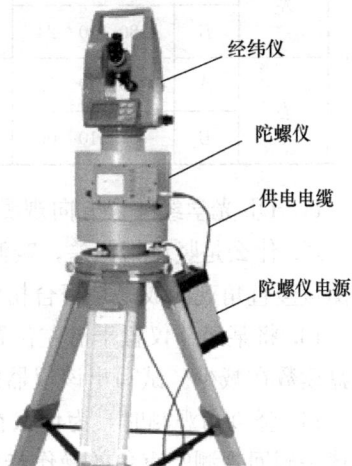

图 3-35　陀螺经纬仪

地球自转带给陀螺轴的进动力矩，与陀螺所处空间的地理位置有关，赤道处最大，南、北两极为零。在纬度不小于 $75°$ 的高纬度地区，陀螺仪不能定向。我国属中纬度地区，最北端黑龙江省漠河纬度为北纬 $53°27'$ 左右，因此我国任意地点都可使用陀螺仪确定点的真子午线方向。使用陀螺经纬仪定向时，先将陀螺经纬仪安置在待测直线的一端，仪器处于盘左位置，并大致对准北方向，首先进行粗略定向（一般采用两逆转点法和四分之一周期法），然后精密定向（一般采用跟踪逆转点法和中天法）。

思 考 题 与 习 题

1. 何谓水平角，何谓竖直角，经纬仪为什么能进行水平角和竖直角测量？

2. 用经纬仪瞄准同一竖直面内不同高度的两点，水平度盘上的读数是否相同，在竖直度盘上的两读数之差是否就是竖直角，为什么？

3. DJ$_6$型光学经纬仪由哪几大部分组成，各有何作用？

4. 经纬仪的制动和微动螺旋各有什么作用，怎样使用微动螺旋？

5. 观测水平角时，对中整平的目的是什么？试述经纬仪用光学对中器法对中整平的步骤与方法。

6. 观测水平角时，在什么情况下可采用测回法？简述测回法的操作步骤。

7. 用光学经纬仪观测水平角时，如何能使起始方向的水平度盘读数为 $0°00'00''$？

8. 计算水平角时为什么要用右方目标读数减左方目标读数，如果不够减出现负值应如何计算？

9. 观测某个水平角，若要测四个测回，各测回起始方向读数应是多少？

10. 表 3-7 为 DJ$_6$ 光学经纬仪按测回法观测水平角的记录，试在表中完成各项计算并判定该观测结果是否合格。

测回法观测水平角手簿 表 3-7

测站点	竖盘位置	目标	水平度盘读数 (° ′ ″)	半测回角值 (° ′ ″)	半测回较差 (″)	一测回角值 (° ′ ″)	备 注
O	左	A	0 10 06				
		B	180 10 24				A───────⊙───────B
	右	A	180 10 12				O
		B	0 10 00				

11. DJ$_6$ 光学经纬仪方向观测法观测水平角的数据列于表 3-8 中，试进行各项计算。

12. 什么是竖盘指标差，观测竖直角时如何消除竖盘指标差的影响，怎样用竖盘指标差衡量竖直角观测成果是否合格？

13. 将某经纬仪置于盘左位置，当视线水平时，竖盘读数为 $90°$；当望远镜逐渐上仰，竖盘读数在减少。试写出该仪器的竖直角计算公式。

14. 竖直角观测时，为什么在读取竖盘读数前一定要使竖盘指标水准管的气泡居中？简述一测回观测竖直角的操作步骤。

方向观测法观测水平角记录簿 表 3-8

测站	测回序数	目标	水平度盘读数		2C (″)	平均读数 (° ′ ″)	归零后方向值 (° ′ ″)	各测回归零后方向值的平均值 (° ′ ″)
			盘左 (° ′ ″)	盘右 (° ′ ″)				
1	2	3	4	5	6	7	8	9

80

测站	测回序数	目标	水平度盘读数		2C (″)	平均读数 (° ′ ″)	归零后方向值 (° ′ ″)	各测回归零后方向值的平均值 (° ′ ″)
			盘左 (° ′ ″)	盘右 (° ′ ″)				
O	1	A	0 01 30	180 01 54				
		B	43 25 16	223 25 36				
		C	95 34 54	275 35 22				
		D	150 00 36	330 01 05				
		A	0 01 36	180 02 00				
		归零差						
	2	A	90 00 36	270 01 05				
		B	133 24 12	313 24 40				
		C	185 33 54	5 34 16				
		D	239 59 38	60 00 02				
		A	90 00 28	270 01 00				
		归零差						

15. 用 DJ₆ 光学经纬仪观测 A、B 两目标的竖直角各一测回，观测结果列入表 3-9 中，试在表中完成各项计算并判定成果是否合格。

竖直角观测手簿　　　　　　　　　　　　　　　　　　表 3-9

测站	目标	盘位	竖盘读数 (° ′ ″)	半测回角值 (° ′ ″)	指标差 (″)	一测回角值 (° ′ ″)	备 注
O	A	左	78 25 24				
		右	281 34 54				
	B	左	98 45 36				
		右	261 14 48				

16. 用 DJ₆ 型光学经纬仪观测某一目标的竖直角，盘左时竖直度盘读数为 $71°45'24''$，该仪器竖盘（盘左）注记形式如 15 题表 3-9 备注所示，测得竖盘指标差 $x=+24''$，试求该目标正确的竖直角 α 为多少？

17. 三角高程测量适用什么条件，三角高程为什么要进行对向观测？

18. 如图 3-16 所示，已知 A 点的高程 28.610m，现用三角高程测量方法进行对向观测，数据见表 3-10，计算 B 点的高程。

19. 经纬仪有哪些主要轴线，它们之间应满足什么条件，为什么必须满足这些条件？

20. 检验视准轴是否垂直于横轴时，为什么目标要与仪器大致同高？而在检验横轴是否垂直于竖轴时，为什么目标要选得高一些？

三角高程测量数据 表 3-10

测站	目标	倾斜距离 S（m）	竖直角 α （° ′ ″）	仪器高 i （m）	目标高 v （m）
A	B	213.635	+3 32 12	1.526	1.614
B	A	213.644	−3 28 49	1.483	1.579

21. 野外检验经纬仪时，选择了一平坦场地，于 O 点安置仪器，在距 O 点 100 m 处与视线近似等高的 A 点作目标点，用盘左、盘右瞄准 A 点，水平度盘读数分别为 $a_L = 180°30'20''$，$a_R = 0°32'10''$。那么，该仪器视准轴是否垂直横轴？若不垂直，其照准差为多少，如何进行二者不垂直的校正？

22. 角度观测有哪些误差影响，如何消除或减弱这些误差的影响？

23. 观测水平角时，为什么要用盘左、盘右观测，盘左、盘右观测是否能消除因竖轴倾斜引起的水平角测量误差，如何减弱竖轴误差对测角的影响？

24. 在什么情况下，对中误差和目标偏心差对测角的影响大？

25. DJ$_6$型光学经纬仪和 DJ$_2$型光学经纬仪有何区别？

26. 电子经纬仪与光学经纬仪相比较，最主要的区别是什么？

27. 电子测角有哪几种度盘形式？试述光栅度盘测角原理。

28. 激光经纬仪、陀螺经纬仪各有何用途？

第4章 距离测量与直线定向

距离测量是测量的基本工作之一。所谓距离，通常是指地面两点的连线铅垂投影到水平面上的长度，也称水平距离，简称平距。地面上高程不同的两点的连线长度称为倾斜距离，简称斜距。如图 4-1 所示，$A'B'$ 的长度就代表了地面点 A、B 之间的水平距离，AB 的长度则是倾斜距离。测量时要注意把斜距换算为平距。如果不加特别说明，"距离"即指水平距离。距离测量的常用方法有：钢尺量距、视距测量和电磁波测距等。此外，还有先进的 GPS 测距方法。可根据不同的测距精度要求和作业条件（仪器、地形等）选用测距方法。

直线定向是指确定地面两点铅垂投影到水平面上的连线的方向，如图 4-1 中 $A'B'$ 的方向。一般用方位角表示直线的方向，直线

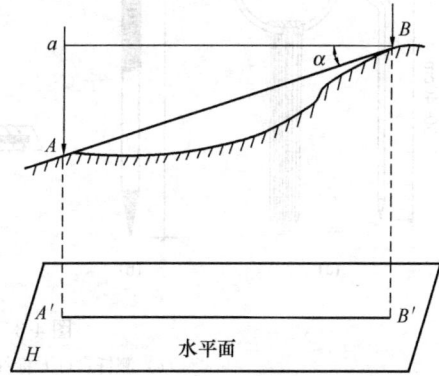

图 4-1　两点间的水平距离

定向用于确定两点间的相对位置。本章先介绍距离测量的三种常用方法，然后介绍直线定向。

4.1　钢　尺　量　距

4.1.1　量距工具

钢尺又叫钢卷尺，长度有 20m、30m、50m 等，其基本分划有厘米和毫米两种，厘米分划的钢尺在起始的 10 cm 内刻有毫米分划。由于尺上零点位置的不同，有端点尺和刻线尺之分，如图 4-2 所示。

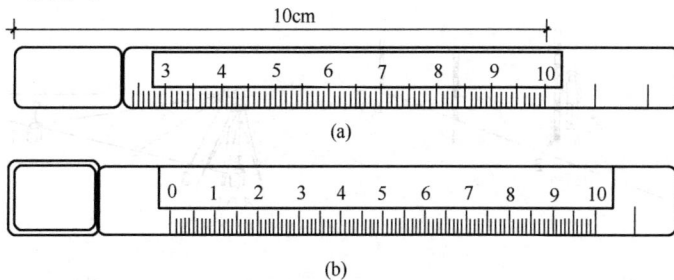

图 4-2　刻线尺与端点尺

（a）端点尺；（b）刻线尺

83

钢尺量距的辅助工具有测钎、标杆、弹簧秤、温度计等，如图 4-3 所示。

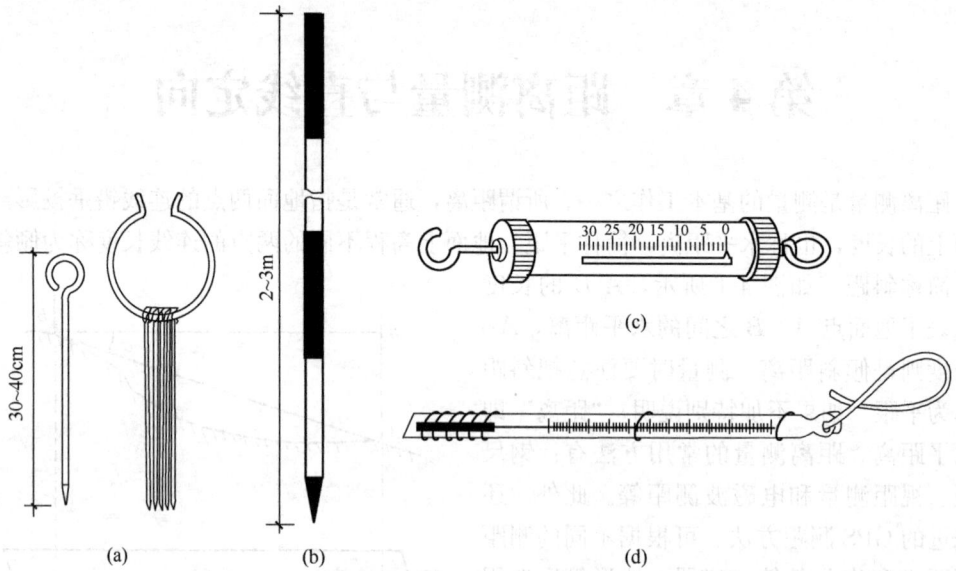

图 4-3　测量辅助工具

(a) 测钎；(b) 标杆；(c) 弹簧秤；(d) 温度计

4.1.2　直线定线

当地面两点之间的距离大于钢尺的一个尺段时，就需要在直线方向上标定若干分段点，以便于用钢尺分段丈量。直线定线的目的是使这些分段点在待量直线端点的连线上，其方法有以下两种。

（1）目视定线

如图 4-4(a) 所示，A、B 为地面上待测距离的两个端点，欲在 A、B 直线上定出 1、2 等点。先在 A、B 两点各竖立一标杆，甲站在 A 点标杆后约 1m 处，自 A 点标杆的一侧目测瞄准 B 点标杆，同时指挥乙左右移动标杆，直至 2 点标杆位于 AB 直线上。同法可定出直线上的其他点。两点间定线一般应由远到近，即先定 1 点再定 2 点。

（2）经纬仪定线

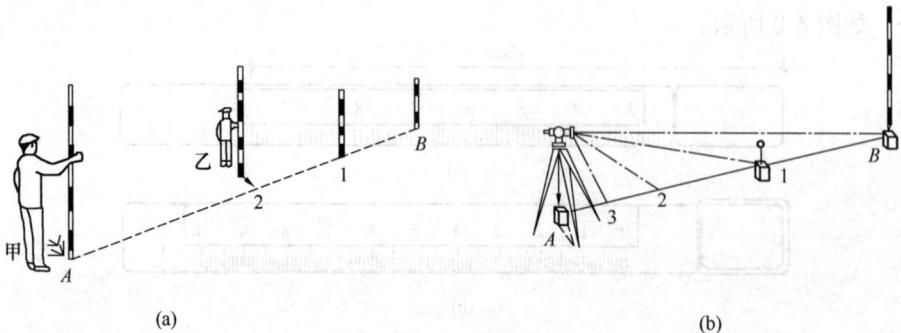

图 4-4　直线定线

如图 4-4(b) 所示，设 A、B 两点互相通视，将经纬仪安置在 A 点，用望远镜纵丝瞄准 B 点后，制动照准部，将望远镜上下转动，指挥在两点间某一点上的助手左右移动标杆，直至标杆像被纵丝平分。为了减小照准误差，精密定线时也可以用直径更细的测钎或垂球线代替标杆。

4.1.3 一般方法量距

（1）平坦地面的丈量方法

在钢尺一般量距中，目估定线与尺段丈量可以同时进行，如图 4-5 所示。

图 4-5　距离丈量

丈量步骤如下：

1) 后尺手手持一测钎并持尺的零点端位于 A 点，前尺手携带一束测钎，同时手持尺的末端沿 AB 方向前进，到一整尺段处停下。

2) 由后尺手指挥，使钢尺位于 AB 方向线上，两人拉直、拉平钢尺，前尺手发出"预备"信号，后尺手将尺零点对准 A 点标志后，发出丈量信号"好"。此时，前尺手把测钎对准尺子终点刻划垂直插入地面作为标记，确定分段点。

3) 然后，后尺手持测钎与前尺手一起抬尺前进，当后尺手到达插测钎处时停住，再重复上述操作，量完第二尺段，后尺手收回地上的测钎，依次丈量第三直至第 n 个整尺段，到最后不足一整尺段时，后尺手以尺的零点对准测钎，前尺手同时用钢尺对准 B 点并读数 q，则 AB 两点之间的水平距离为：$D = nl + q$，式中 n 为整尺段数，l 为钢尺的整尺长度，q 为不足一整尺段的余长。

上述由 $A \rightarrow B$ 的丈量工作称为往测，其结果称为 $D_{往}$。

4) 为防止错误和提高测量精度，需要往、返各丈量一次。同法，由 $B \rightarrow A$ 进行返测，得到 $D_{返}$。

5) 计算往、返测平均值。

6) 计算往、返丈量的相对误差，如果相对误差满足精度要求，则将往、返测平均值作为最后的丈量结果。

将往、返丈量所得距离的差数除以该距离的平均值，称为丈量的相对误差。相对误差是衡量丈量结果精度的指标，常用一个分子为 1 的分数表示，即：

$$K = \frac{|D_{往} - D_{返}|}{D_{平均}} = \frac{1}{D_{平均} / |D_{往} - D_{返}|} \tag{4-1}$$

例如，AB 的往测距离为 213.41m，返测距离为 213.35m，则平均值为 213.38m，计

算相对误差为：$K = \dfrac{|213.41-213.35|}{213.38} = \dfrac{1}{3556}$。相对误差的分母越大，说明量距的精度越高。

在平坦地区，钢尺量距的相对误差一般不应大于 1/3000。在量距较困难的地区，也不应大于 1/1000。

（2）倾斜地面的丈量方法

1）平量法。在倾斜地面丈量距离，当尺段两端的高差不大但地面坡度变化不均匀时，一般都将钢尺拉平丈量。如图 4-6 所示，丈量由 A 向 B 进行，后尺手立于 A 点，指挥前尺手将尺拉在 AB 方向线上，后尺手将尺的零点对准 A 点，前尺手将尺子抬高并目估使尺子水平，然后用垂球将尺的某一刻划投于地面上，插以测钎。重复上述操作，逐段丈量至终点 B。用此法进行丈量，从山坡上部向下坡方向丈量比较容易，因此，丈量时两次均由高到低进行。

2）斜量法。当倾斜地面的坡度比较均匀时，可以在斜坡丈量出 AB 的斜距 L，测出地面倾角 α，或 A、B 两点高差 h，如图 4-7 所示，然后可按下式计算出 AB 的水平距离 D。

$$D = L\cos\alpha = \sqrt{L^2 - h^2} \tag{4-2}$$

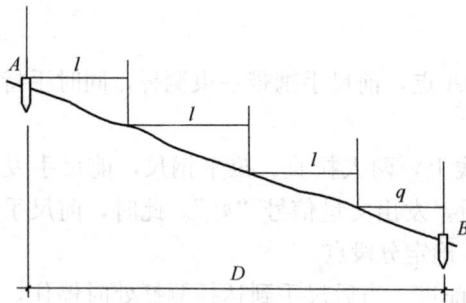

图 4-6　平量法

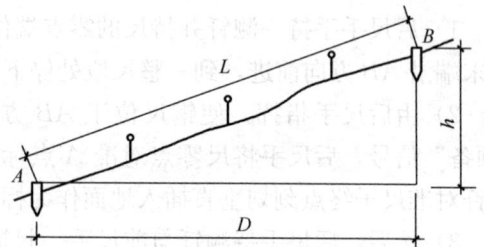

图 4-7　斜量法

4.1.4　精密方法量距

用一般方法量距时，其相对误差只能达到 1/5000～1/1000；当要求量距的相对误差较小时，如 1/40000～1/10000，就应使用精密方法量距。精密方法量距的主要工具为钢尺、弹簧秤、温度计、尺夹等。其中钢尺应经过检验，并得到其检定的尺长方程式。丈量时，需用弹簧秤对钢尺施加检定时的标准拉力；量距结果要经过尺长改正、温度改正和倾斜改正才能得到实际距离。由于钢尺精密量距方法的工作量较大，随着电磁波测距的逐渐普及，现在测量人员已经很少使用钢尺精密方法丈量距离了。

4.1.5　钢尺量距的误差来源及削减措施

（1）尺长误差。如果钢尺的名义长度和实际长度不符，则产生尺长误差。尺长误差具有累积性，量的距离越长，误差就越大。因此，量距前必须对钢尺进行检定，以求得尺长改正值。

（2）温度误差。钢尺受温度变化的影响，将产生线性胀缩，所以量距时，应测定钢尺的温度，进行温度改正。

（3）定线误差。量距时若尺子偏离了直线方向，所量的距离不是直线而是一条折线，因此总的丈量结果将会偏大，这种误差叫做定线误差。为了减小这种误差的影响，对于精度要求较高的量距要用经纬仪来定线。

（4）丈量误差。一般量距时，零刻度线没有对准地面标志，或者测钎没有对准尺子末端的刻度线；精密量距时，前、后司尺员对点不准确、没有同时读数或读数不准确，都会引起丈量误差。这种误差属于偶然误差，无法消除，只有通过丈量时严格操作来减弱它。

（5）拉力误差。丈量时钢尺所受拉力应与检定时所受拉力相同，否则将会产生拉力误差，因此量距要用弹簧秤控制拉力。

（6）钢尺的倾斜和垂曲误差。量距时，尺子没有拉平（水平法量距）或尺子中间下垂而成曲线时，将使量得的长度增大。因此，水平法量距时，必须注意使尺子水平，若钢尺悬空丈量，中间应有人托一下尺子，以减小钢尺垂曲的影响；对于精密量距，必要时可加入垂曲改正（可参阅其他教科书）。

4.2 视 距 测 量

视距测量是利用望远镜内的视距装置配合视距尺，根据几何光学和三角测量原理，同时测定距离和高差的方法。最简单的视距装置是在测量仪器（如经纬仪、水准仪）的望远镜十字丝分划板上刻制上、下对称的两条短线，称为视距丝，如图 2-4(b) 所示。视距测量中的视距尺可用普通水准尺，也可用专用视距尺。

视距测量具有操作方便、速度快、不受地面高低起伏限制等优点，但测距精度较低，一般相对误差为 $1/300 \sim 1/200$。虽然精度较低，但能满足测定碎部点位置的精度要求，因此可应用于碎部测量中。

4.2.1 视距测量的原理

（1）视线水平时距离与高差的公式

如图 4-8 所示，视距测量的视线处于水平位置时，A、B 两点间的水平距离 D 与高差 h 分别为：

$$D = Kl \qquad\qquad (4-3)$$

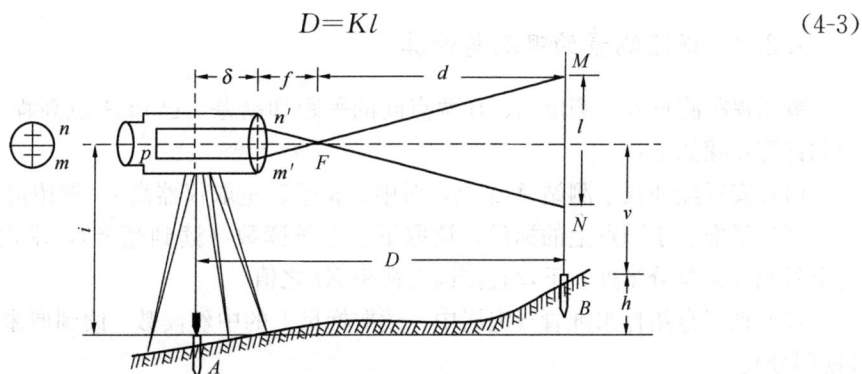

图 4-8 视线水平时的视距测量

$$h = i - v \tag{4-4}$$

式中　K——视距乘常数，通常为 100；

　　　l——望远镜上、下丝在标尺上读数的差值，$l = m - n$，称视距间隔或尺间隔；

　　　i——仪器高（地面点至经纬仪横轴或水准仪视准轴的高度）；

　　　v——十字丝中丝在尺上读数。

水准仪视线水平根据水准管气泡居中来确定。经纬仪视线水平，根据在竖盘指标水准管气泡居中时，用竖盘读数为 90°或 270°来确定。

（2）视线倾斜时计算水平距离和高差的公式

如图 4-9 所示，视距测量的视线处于任意倾斜位置时，A、B 两点间的水平距离 D 与高差 h 分别为：

$$D = Kl \cos^2 \alpha \tag{4-5}$$

$$h = D \tan \alpha + i - v$$

$$= \frac{1}{2} Kl \sin 2\alpha + i - v \tag{4-6}$$

式中　α——视线倾斜角（竖直角）；

　　　其他符号意义同前所述。

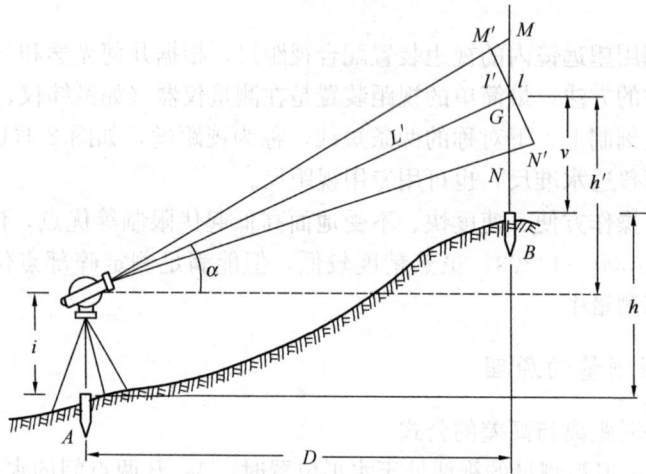

图 4-9　视线倾斜时的视距测量

4.2.2　视距测量的观测与计算

欲用视距测量方法测定 A、B 两点间的平距和高差，已知 A 点高程求 B 点高程。观测和计算步骤如下：

（1）安置经纬仪于测站 A 点上，对中、整平、量取仪器高 i，置望远镜于盘左位置。

（2）瞄准立于测点上的标尺，读取下、上丝读数（读到毫米），求出视距间隔 l，或将上丝瞄准某整分米处、下丝直接读出视距 Kl 之值。

（3）调竖盘指标水准管气泡居中，读取标尺上的中丝读数（读到厘米）和竖盘读数 L（读到分）。

（4）计算。

1) 尺间隔 $l=$ 下丝读数－上丝读数；

2) 视距 $Kl=100l$；

3) 竖直角 $\alpha=90°-L$；

4) 水平距离 $D=Kl\cos^2\alpha$；

5) 高差 $h=D\tan\alpha+i-v$；

6) 测点高程 $H_B=H_A+h$。

【例 4-1】在 A 点安置经纬仪，B 点竖立标尺，A 点的高程为 $H_A=312.67$m，量得仪器高 $i=1.46$m，测得 B 点的上、下丝读数分别为 2.317m 和 2.643m，中丝读数 $v=$ 2.48m，竖盘读数 $L=87°42'$（不特别说明，竖盘为顺时针注记），求 A、B 两点间的水平距离和高差。

【解】根据上述计算方法，具体计算过程如下：

尺间隔 $l=2.643-2.317=0.326$m

视距 $Kl=100\times0.326=32.6$m

竖直角 $\alpha=90°-87°42'=2°18'$

水平距离 $D=32.6\times\cos^2 2°18'=32.5$m

高差 $h=32.5\times\tan 2°18'+1.46-2.48=0.29$m

测点高程 $H_B=312.67+0.29=312.96$m

当在一个测站上观测多个点的距离和高程时，可列表记录读数和计算结果。

4.3　电 磁 波 测 距

电磁波测距（Electronic Distance Measurement，简称为 EDM）是使用电磁波（光波或微波）作为载波传输测距信号，以测量两点间距离的一种方法。以电磁波为载波传输测距信号的测距仪器统称为电磁波测距仪。

电磁波测距按精度可分为Ⅰ级（$m_D\leqslant5$mm）、Ⅱ级（5mm$<m_D\leqslant10$mm）和Ⅲ级（$m_D>10$mm），m_D 为 1km 的测距中误差。按测程可分为短程（<3km）、中程（$3\sim15$km）和远程（>15km）。按采用的载波不同，可分为利用微波作载波的微波测距仪、利用光波作载波的光电测距仪。光电测距仪所使用的光源一般有激光和红外光。光电测距技术发展很快，测距仪自动化程度不断提高，并且仪器重量轻，使用方便，特别适用于小面积的控制测量、地形测量、地基测量及工程测量等测量工作。

下面简要介绍光电测距的原理及测距精度等内容。

4.3.1　光电测距的基本原理

光电测距是通过测量光波在待测距离上往返一次所经历的时间，来确定两点之间的距离。如图 4-10 所示，在 A 点安置测距仪，在 B 点安置反射棱镜，测距仪发射的调制光波到达反射棱镜后又返回到测距仪。设光速 c 为已知，如果调制光波在待测距离 D 上的往返传播时间为 t，则距离 D 为：

$$D=\frac{1}{2}c\cdot t \tag{4-7}$$

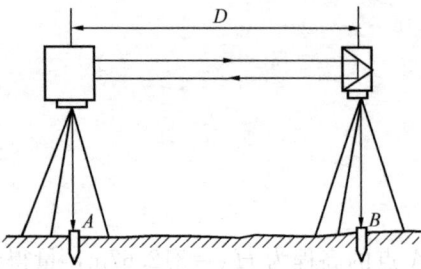

图 4-10 光电测距原理

式中：$c = c_0/n$，其中 c_0 为真空中的光速，其值为 299792458m/s；n 为大气折射率，它与光波波长 λ、测线上的气温 T、气压 P 和湿度 e 有关。因此，测距时还需测定气象元素，对距离进行气象改正。

由式（4-7）可知，测定距离的精度主要取决于时间 t 的测定精度，即 $dD = \frac{1}{2}c dt$。当要求测距误差 dD 小于 1cm 时，时间测定精度 dt 要求准确到 6.7×10^{-11} s，这是难以做到的。因此，时间的测定一般采用间接的方式来实现。间接测定时间的方法有两种。

（1）脉冲法测距

由测距仪发出的光脉冲经反射棱镜反射后，又回到测距仪而被接收系统接收，测出这一光脉冲往返所需时间间隔 t 相应的钟脉冲的个数，进而求得距离 D。由于脉冲计数器的频率所限，所以测距精度只能达到 0.5～1m。故此法常用在激光雷达等远程测距上。

（2）相位法测距

相位法测距是通过测量连续的调制光波在待测距离上往返传播所产生的相位变化来间接测定传播时间，从而求得被测距离。红外光电测距仪就是典型的相位式测距仪。

红外光电测距仪的红外光源是由砷化镓（GaAs）发光二极管产生的。如果在发光二极管上注入一恒定电流，它发出的红外光光强则恒定不变。若在其上注入频率为 f 的高变电流（高变电压），则发出的光强随着注入的高变电流呈正弦变化，如图 4-11 所示，这种光称为调制光。

测距仪在 A 点发射的调制光在待测距离上传播，被 B 点的反射棱镜反射后又回到 A 点而被接收机接收，然后由相位计将发射信号与接收信号进行相位比较，得到调制光在待测距离上往返传播所引起的相位移 φ，其相应的往返传播时间为 t。如果将调制波的往程和返程展开，则有如图 4-12 所示的波形。

设调制光的频率为 f（每秒振荡次数），其周期 $T = \frac{1}{f}$［每振荡一次的时间（s）］，则调制光的波长为：

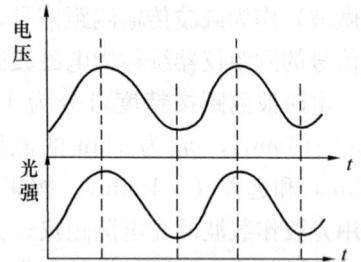

图 4-11 光的调制

$$\lambda = c \cdot T = \frac{c}{f} \tag{4-8}$$

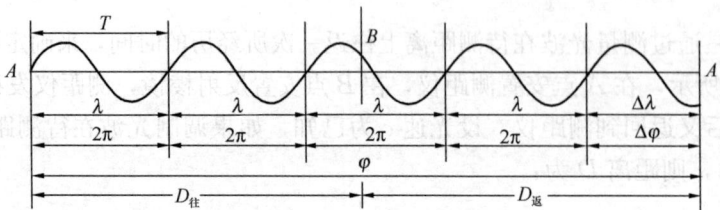

图 4-12 相位法测距原理

从图 4-12 中可看出，在调制光往返的时间 t 内，其相位变化了 N 个整周（2π）及不足一周的余数 $\Delta\varphi$，而对应 $\Delta\varphi$ 的时间为 Δt，距离为 $\Delta\lambda$，则：

$$t = NT + \Delta t \qquad (4-9)$$

由于变化一周的相位差为 2π，则不足一周的相位差 $\Delta\varphi$ 与时间 Δt 的对应关系为：

$$\Delta t = \frac{\Delta\varphi}{2\pi} \cdot T \qquad (4-10)$$

于是得到相位法测距的基本公式：

$$
\begin{aligned}
D &= \frac{1}{2}c \cdot t = \frac{1}{2}c \cdot \left(NT + \frac{\Delta\varphi}{2\pi}T\right) \\
&= \frac{1}{2}c \cdot T\left(N + \frac{\Delta\varphi}{2\pi}\right) \qquad (4-11) \\
&= \frac{\lambda}{2}(N + \Delta N)
\end{aligned}
$$

式中 $\Delta N = \dfrac{\Delta\varphi}{2\pi}$ ——不足一整周的小数。

在相位测距基本公式式（4-11）中，常将 $\dfrac{\lambda}{2}$ 看作一把"光尺"的尺长，测距仪就是用这把"光尺"去丈量距离。N 为整尺段数，ΔN 为不足一整尺段的余数。两点间的距离 D 就等于整尺段总长 $\dfrac{\lambda}{2}N$ 和余尺段长度 $\dfrac{\lambda}{2}\Delta N$ 之和。

测距仪的测相装置（相位计）只能测出不足整周（2π）的尾数 $\Delta\varphi$，而不能测定整周数 N，因此使式（4-11）产生多值解，只有当所测距离小于光尺长度时，才能有确定的数值。例如，"光尺"为 10m，只能测出小于 10m 的距离；"光尺"为 1000m，则可测出小于 1000m 的距离。又由于仪器测相装置的测相精度一般为 1/1000，故测尺越长测距误差越大。为了解决扩大测程与提高精度的矛盾，目前的测距仪一般采用两个调制频率，即用两把"光尺"进行测距。用长测尺（称为粗尺）测定距离的大数，以满足测程的需要；用短测尺（称为精尺）测定距离的尾数，以保证测距的精度。将两者结果衔接组合起来，就是最后的距离值，并自动显示出来。例如：

粗测尺结果　　0540

精测尺结果　　　　2.653

_____

显示距离值　　542.653m

上式中粗尺长度为 10000m，精尺长度为 10m，所测结果的末位数为估数。

若想进一步扩大测距仪器的测程，可以多设几个测尺。

4.3.2　测距仪的使用

（1）测距仪的一般测量步骤

各种型号的光电测距仪由于其结构不同，操作也各不相同，使用时应严格按照仪器使用手册来操作。

1）将测距仪和反射棱镜分别安置在测线的两端，均要对中、整平。

2）接通电源，开机，检查主机工作状态，确认正常。

3）测定气温气压等数据。按相应键，对各项改正数进行预置。

4）照准反射棱镜，按相应的测距键进行测距。

5）内业数据整理及误差校核。

（2）光电测距的注意事项

1）气象条件对光电测距影响较大，微风的阴天是观测的良好时机。

2）测线应尽量离开地面障碍物 1.3m 以上，避免通过发热体和较宽水面的上空。

3）测线应避开强电磁场干扰的地方，如测线不宜接近变压器、高压线等。

4）镜站的后面不应有反光镜和其他强光源等背景的干扰。

5）要严防阳光及其他强光直射接收物镜，避免光线经镜头聚焦进入机内，将部分元件烧坏，阳光下作业应撑伞保护仪器。

4.3.3 光电测距的精度

（1）光电测距误差

光电测距误差来自三个方面：首先是仪器误差，主要是测距仪的调制频率误差和仪器的测相误差；其次是人为误差，这方面主要是仪器对中、反射棱镜对中时产生的误差；第三为外界条件的影响，主要是气象参数即大气温度和气压的影响。

（2）光电测距的精度

光电测距的误差包括两部分，一部分与所测距离的长短无关，称为固定误差，另一部分与距离的长度 D 成正比，称为比例误差。因此，光电测距的测距中误差 m_D（又称为测距仪的标称精度）为：

$$m_D = \pm(a + b \cdot D) \tag{4-12}$$

式中 a——仪器的固定误差（mm）；

b——仪器的比例误差系数（mm/km）；

D——测距边长度（km）。

例如，某短程红外测距仪标称精度为 $\pm(5 + 3D)$，对照式（4-12），即 $a = 5$mm，$b = 3$mm/km。若某段距离 $D = 500$m，则该距离的标称精度 $m_D = \pm(5 + 3 \times 0.5) = \pm6.5$mm。通常以 $D = 1$km 时测距中误差，作为电磁波测距的精度分级指标。

4.3.4 手持激光测距仪

目前，测距仪已很少单独生产和使用，而是将其与电子经纬仪组合成一体化的全站仪。应用较多的是手持激光测距仪（图 4-13），主要用在房产测量与建筑施工中。

手持激光测距仪利用激光进行测量，只要按一个键就可以快速简单地测量长度、面积、体积，并以数字形式显示。手持激光测距仪可以自动调焦，为了保证精度，在测距时手不能抖动，以免产生不必要的误差。手持激光测距仪一般可以测定 10～800m 的距离，好的反射目标可以测

图 4-13 手持激光测距仪

得更远。

手持激光测距仪测量面积时要求两个测距方向相互垂直，屏幕显示出测出的面积，在房屋的面积测量中非常方便。在体积测量中，分别照准三个相互垂直的方向，屏幕上显示测出的三个距离及这三个距离相乘的体积。

4.4　直　线　定　向

确定地面两点在平面上的相对位置，除了测定两点之间的距离外，还应确定两点所连直线的方向。一条直线的方向，是根据某一标准方向来确定的。确定直线与标准方向之间的水平夹角，称为直线定向。

4.4.1　标准方向

（1）真北方向

包含地球北、南极的平面与地球表面的交线称为真子午线。过地面点的真子午线切线方向，指向北方的一端，称为该点的真北方向，如图 4-14(a) 所示。真北方向用天文观测方法或陀螺经纬仪测定。

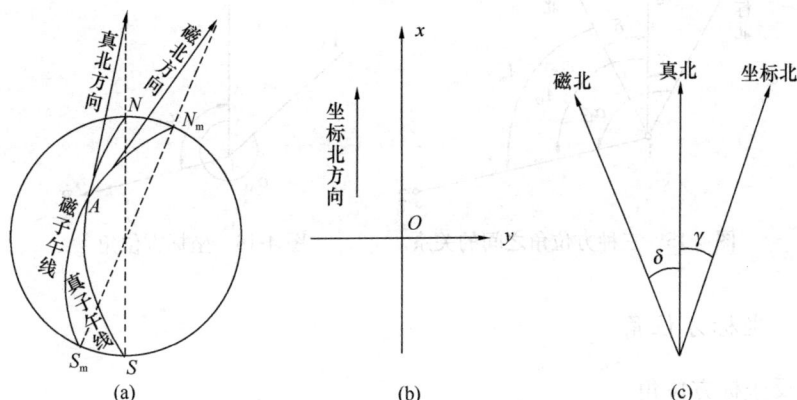

图 4-14　三北方向及其关系

（2）磁北方向

包含地球磁北、南极的平面与地球表面的交线称为磁子午线。过地面点的磁子午线切线方向，指向北方的一端，称为该点的磁北方向，如图 4-14(a) 所示。磁北方向用指南针或罗盘仪测定。

（3）坐标北方向

平面直角坐标系中，通过某点且平行于坐标纵轴（x 轴）的方向，指向北方的一端，称为坐标北方向，如图 4-14(b) 所示。高斯平面直角坐标系中的坐标纵轴，是高斯投影带的中央子午线的平行线；独立平面直角坐标系中的坐标纵轴，可以由假定获得。

上述三种北方向合称为三北方向，其关系如图 4-14(c) 所示。过一点的磁北方向与真北方向之间的夹角称为磁偏角，用 δ 表示；过一点的坐标北方向与真北方向之间的夹角称为子午线收敛角，用 γ 表示。磁北方向或坐标北方向偏在真北方向东侧时，δ 或 γ 为正；

偏在真北方向西侧时，δ 或 γ 为负。

4.4.2 方位角

测量工作中，主要用方位角表示直线的方向。由直线一端的标准方向顺时针旋转至该直线的水平夹角，称为该直线的方位角，其取值范围是 $0°\sim360°$。我国位于地球的北半球，选用真北、磁北和坐标北方向作为直线的标准方向，其对应的方位角分别被称为真方位角（A）、磁方位角（A_m）和坐标方位角（α），如图 4-15 所示。

如图 4-15，同一直线的三种方位角之间的关系为：

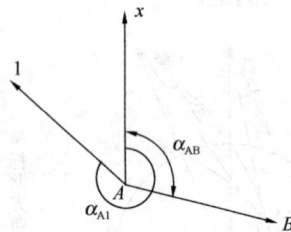

$$A=A_m+\delta \tag{4-13}$$

$$A=\alpha+\gamma \tag{4-14}$$

$$\alpha=A_m+\delta-\gamma \tag{4-15}$$

测量中最常用的是坐标方位角，直线是有向线段，表示具体的方位角必须带有下标，如用 α_{AB} 表示，其中 A 表示直线的起点，B 表示直线的终点。如图 4-16 所示，直线 A 至 B 的方位角为 $125°$，表示为 $\alpha_{AB}=125°$；A 点至 1 点直线的方位角为 $320°38'20''$，表示为 $\alpha_{A1}=320°38'20''$。

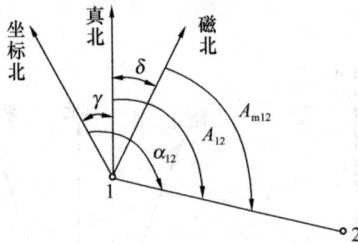

图 4-15　三种方位角之间的关系　　　图 4-16　坐标方位角

4.4.3 坐标方位角

（1）正反坐标方位角

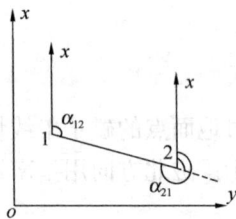

图 4-17　正反坐标方位角

由图 4-17 可以看出，任意一条直线存在两个坐标方位角，它们之间相差 $180°$，即：

$$\alpha_{21}=\alpha_{12}\pm180° \tag{4-16}$$

此式中，当 $\alpha_{12}<180°$，取"+"号；当 $\alpha_{12}\geqslant180°$，取"-"号。如果把 α_{12} 称为正方位角，则 α_{21} 便称为其反方位角，反之亦然。

例如，若 $\alpha_{12}=125°$，则其反方位角为：

$$\alpha_{21}=125°+180°=305°$$

再若 $\alpha_{AB}=320°38'20''$，则其反方位角为：

$$\alpha_{BA}=320°38'20''-180°=140°38'20''$$

有时为了计算方便，也可将式（4-16）中的"±"号改为只取"+"号，即：

$$\alpha_{21}=\alpha_{12}+180° \tag{4-17}$$

若此式计算出的反方位角 α_{21} 大于 $360°$（或小于 $0°$），则将此值减去 $360°$（或加上

360°）作为 α_{21} 的最后结果，否则保持不变。

（2）同始点直线坐标方位角

如图 4-18 所示，若已知直线 AB 的坐标方位角，又观测了它与直线 $A1$、$A2$ 所夹的水平角分别为 β_1、β_2，由于方位角按顺时针方向增大，由图可知：

$$\alpha_{A1} = \alpha_{AB} - \beta_1 \qquad (4\text{-}18)$$

$$\alpha_{A2} = \alpha_{AB} + \beta_2 \qquad (4\text{-}19)$$

反之，若已知 α_{AB}、α_{A1}、α_{A2}，则直线 AB 与直线 $A1$、$A2$ 的夹角分别为：

$$\beta_1 = \alpha_{AB} - \alpha_{A1} \qquad (4\text{-}20)$$

$$\beta_2 = \alpha_{A2} - \alpha_{AB} \qquad (4\text{-}21)$$

式（4-20）、式（4-21）表明，由于方位角按顺时针方向增加，利用方位角计算夹角时，

图 4-18　同起点直线坐标方位角

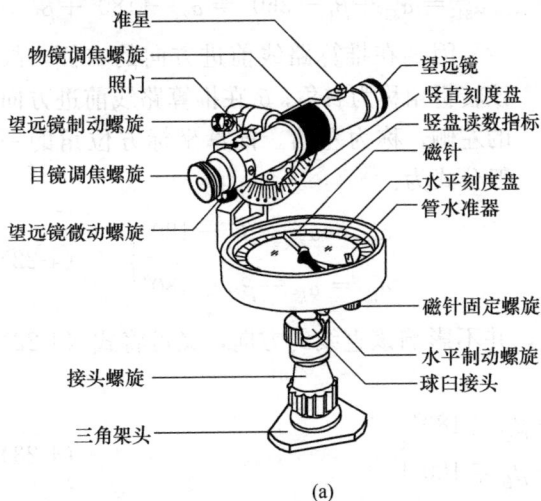

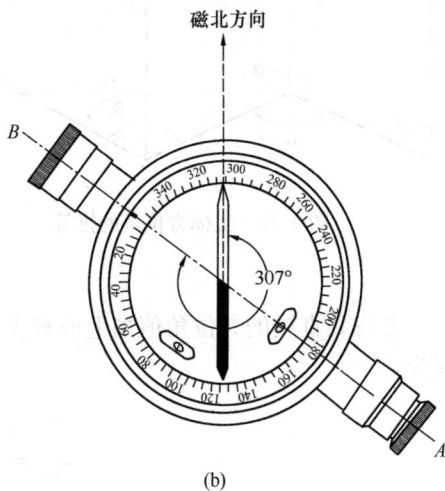

总是以右边的方位角减去左边的方位角，若结果为负，则将右边的方位角先加上 360° 再减去左边的方位角。该计算规则与利用不同方向的方向值计算水平角的规则一致。

【例 4-2】如图 4-18 所示，若已知直线 AB、$A1$、$A2$ 的坐标方位角 $\alpha_{AB} = 116°18'42''$、$\alpha_{A1} = 69°12'06''$、$\alpha_{A2} = 264°42'06''$，求 AB 与 $A1$、$A2$ 的夹角 β_1、β_2。

【解】

$$\beta_1 = \alpha_{右} - \alpha_{左} = \alpha_{AB} - \alpha_{A1} = 116°18'42'' - 69°12'06'' = 47°06'36''$$

$$\beta_2 = \alpha_{右} - \alpha_{左} = \alpha_{A2} - \alpha_{AB} = 264°42'06'' - 116°18'42'' = 148°23'24''$$

4.4.4　用罗盘仪测定磁方位角

罗盘仪的构造如图 4-19（a）所示，罗盘仪的刻度盘如图 4-19（b）所示。欲测定直线 AB 的磁方位角，如图 4-20 所示，将罗盘仪安置在直线起点 A 上，挂上垂球对中，松开

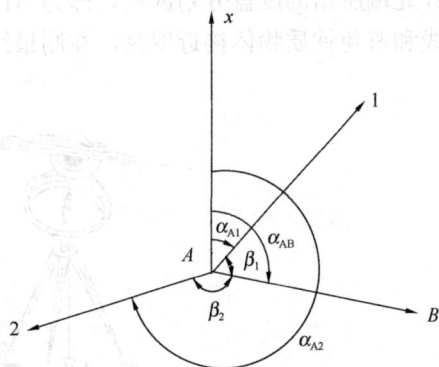

（a）　　　　　　　　　　　　　　（b）

图 4-19　罗盘仪

（a）罗盘仪的构造；（b）罗盘仪的刻度盘

接头螺旋，用手前、后、左、右转动刻度盘，使水准器气泡居中，拧紧接头螺旋；松开磁针固定螺旋，让它自由转动，然后转动罗盘，用望远镜照准 B 点标志，待磁针静止后，磁针北端所指的度盘分划读数，即为 AB 边的磁方位角值。使用罗盘时，应注意避开高压电线和避免铁质物体接近罗盘，在测量结束后，要旋紧固定螺旋将磁针固定。

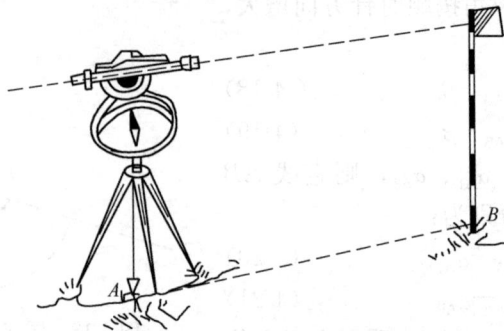

图 4-20　罗盘仪测定直线磁方位角

4.5　坐标方位角的推算和坐标正、反算

4.5.1　坐标方位角的推算

实际工作中并不需要测定每条直线的坐标方位角，而是通过与已知坐标方位角的直线连测后推算出各直线的坐标方位角。如图 4-21 所示，已知直线 12 的坐标方位角 α_{12}，观测了水平角 β_2 和 β_3，要求推算出直线 23 和直线 34 的坐标方位角。

由图 4-21 并顾及正、反坐标方位角的关系，可以得出：

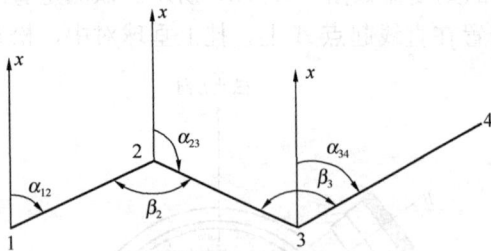

图 4-21　坐标方位角的推算

$$\alpha_{23} = \alpha_{21} - \beta_2 = \alpha_{12} + 180° - \beta_2$$
$$\alpha_{34} = \alpha_{32} + \beta_3 - 360° = \alpha_{23} - 180° + \beta_3$$

因 β_2 在推算路线前进方向的右侧，故该转折角称为右角；β_3 在推算路线前进方向的左侧，称为左角。推算坐标方位角的一般公式为：

$$\left. \begin{array}{l} \alpha_{前} = \alpha_{后} + \beta_{左} - 180° \\ \alpha_{前} = \alpha_{后} - \beta_{右} + 180° \end{array} \right\} \tag{4-22}$$

考虑到直线的方位角值加上或减去 $360°$，并不影响该直线的方向，又可将式（4-22）写为：

$$\left. \begin{array}{l} \alpha_{前} = \alpha_{后} + \beta_{左} \pm 180° \\ \alpha_{前} = \alpha_{后} - \beta_{右} \mp 180° \end{array} \right\} \tag{4-23}$$

计算中，如果 $\alpha_{前} > 360°$，应自动减去 $360°$；如果 $\alpha_{前} < 0°$，则自动加上 $360°$。

【**例 4-3**】如图 4-22 所示，直线 AB 的坐标方位角为 $\alpha_{AB} = 36°18'42''$，转折角 $\beta_A =$

$47°06'36''$，$\beta_1 = 228°23'24''$，$\beta_2 = 217°56'$
$54''$，求其他各边的坐标方位角。

【解】根据式（4-19）得：

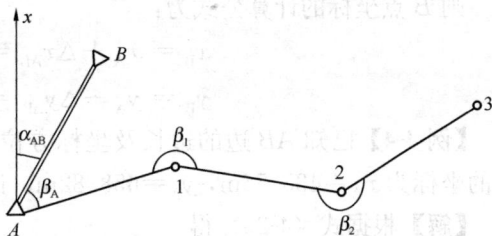
图 4-22　坐标方位角推算略图

$$\begin{aligned} \alpha_{A1} &= \alpha_{AB} + \beta_A \\ &= 36°18'42'' + 47°06'36'' \\ &= 83°25'18'' \end{aligned}$$

根据式（4-22）得：

$$\begin{aligned} \alpha_{12} &= \alpha_{A1} + \beta_1 - 180° \\ &= 83°25'18'' + 228°23'24'' - 180° \\ &= 131°48'42'' \end{aligned}$$

$$\begin{aligned} \alpha_{23} &= \alpha_{12} - \beta_2 + 180° \\ &= 131°48'42'' - 217°56'54'' + 180° \\ &= 93°51'48'' \end{aligned}$$

4.5.2　坐标正、反算

（1）坐标正算

根据直线起点的坐标、直线长度及其坐标方位角计算直线终点的坐标，称为坐标正算。如图 4-23 所示，已知直线 AB 起点 A 的坐标为（x_A，y_A），AB 边的边长及坐标方位角分别为 D_{AB} 和 α_{AB}，需计算直线终点 B 的坐标。

直线两端点 A、B 的坐标值之差，称为坐标增量，它分为纵坐标增量和横坐标增量，分别用 Δx_{AB} 和 Δy_{AB} 表示。类似于高差和方位角，表示坐标增量必须带有下标，如 Δx_{AB}、

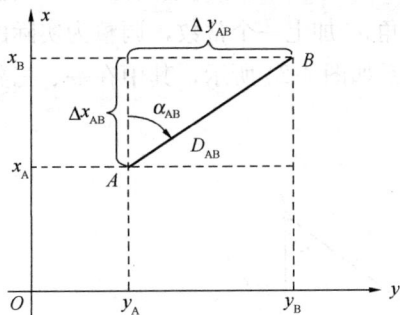
图 4-23　坐标增量计算

Δy_{AB}，其中 A 表示直线的起点，B 表示直线的终点，如图 4-23 所示，即：

$$\left. \begin{aligned} \Delta x_{AB} &= x_B - x_A \\ \Delta y_{AB} &= y_B - y_A \end{aligned} \right\} \tag{4-24}$$

显然，$\Delta x_{AB} = -\Delta x_{BA}$，$\Delta y_{AB} = -\Delta y_{BA}$。

由图 4-23 可得出坐标增量的计算公式为：

$$\left. \begin{aligned} \Delta x_{AB} &= x_B - x_A = D_{AB}\cos\alpha_{AB} \\ \Delta y_{AB} &= y_B - y_A = D_{AB}\sin\alpha_{AB} \end{aligned} \right\} \tag{4-25}$$

根据式（4-25）计算坐标增量时，sin 和 cos 函数值随着 α 角所在象限而有正负之分，因此算得的坐标增量同样具有正、负号。坐标增量正、负号与方位角所在象限的关系如表 4-1 所示。

坐标增量正、负号的规律　　　　　　　　　　表 4-1

象限	坐标方位角 α	Δx	Δy
I	0°～90°	+	+
II	90°～180°	－	+
III	180°～270°	－	－
IV	270°～360°	+	－

则 B 点坐标的计算公式为：

$$\left.\begin{array}{l} x_B = x_A + \Delta x_{AB} = x_A + D_{AB}\cos\alpha_{AB} \\ y_B = y_A + \Delta y_{AB} = y_A + D_{AB}\sin\alpha_{AB} \end{array}\right\} \qquad (4\text{-}26)$$

【例 4-4】 已知 AB 边的边长及坐标方位角为 $D_{AB}=135.62\text{m}$，$\alpha_{AB}=80°36'54''$，若 A 点的坐标为 $x_A=435.56\text{m}$，$y_A=658.82\text{m}$，试计算终点 B 的坐标。

【解】 根据式（4-26）得

$$x_B = x_A + D_{AB}\cos\alpha_{AB} = 435.56 + 135.62 \times \cos80°36'54'' = 457.68\text{m}$$

$$y_B = y_A + D_{AB}\sin\alpha_{AB} = 658.82 + 135.62 \times \sin80°36'54'' = 792.62\text{m}$$

（2）坐标反算

根据直线起点和终点的坐标，计算直线的边长和坐标方位角，称为坐标反算。如图 4-23 所示，已知直线 AB 两端点的坐标分别为（x_A，y_A）和（x_B，y_B），则直线边长 D_{AB} 和坐标方位角 α_{AB} 的计算公式为：

$$D_{AB} = \sqrt{\Delta x_{AB}^2 + \Delta y_{AB}^2} \qquad (4\text{-}27)$$

$$\alpha_{AB}^* = \arctan\frac{\Delta y_{AB}}{\Delta x_{AB}}(\text{辅助角})$$

$$\alpha_{AB} = \begin{cases} \alpha_{AB}^* & \Delta x_{AB}>0 \quad \Delta y_{AB}>0 \\ \alpha_{AB}^*+180° & \Delta x_{AB}<0 \\ \alpha_{AB}^*+360° & \Delta x_{AB}>0 \quad \Delta y_{AB}<0 \end{cases} \qquad (4\text{-}28)$$

需要注意，坐标方位角范围为 $0°\sim360°$，而 arctan 函数值范围为 $-90°\sim+90°$，两者不一致。故按式（4-28）计算坐标方位角时要按两个步骤，首先计算出辅助角 α^*，其值唯一，再根据坐标增量 Δx 和 Δy 的正、负号，将辅助角 α^* 加上一个常数，调整为实际的坐标方位角。不同象限的方位角与相应辅助角 α^* 的关系如图 4-24 所示，其中在一、三象限 α^* 为正，在二、四象限 α^* 为负。

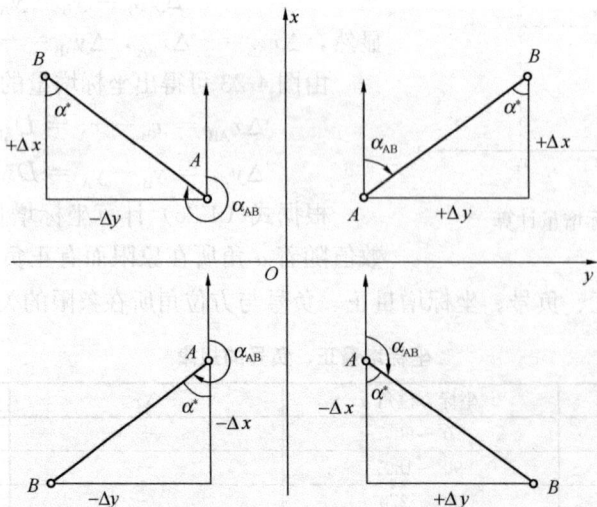

图 4-24　不同象限的方位角与相应辅助角 α^* 的关系示意图

【例 4-5】已知 A、B 两点的坐标分别为 $x_A = 342.99\text{m}$，$y_A = 814.29\text{m}$，$x_B = 304.50\text{m}$，$y_B = 525.72\text{m}$，试计算 AB 的边长及坐标方位角。

【解】计算 A、B 两点的坐标增量：

$$\Delta x_{AB} = x_B - x_A = 304.50 - 342.99 = -38.49\text{m}$$

$$\Delta y_{AB} = y_B - y_A = 525.72 - 814.29 = -288.57\text{m}$$

根据式（4-27）和式（4-28）得：

$$D_{AB} = \sqrt{\Delta x_{AB}^2 + \Delta y_{AB}^2} = \sqrt{(-38.49)^2 + (-288.57)^2} = 291.13\text{m}$$

$$\alpha_{AB}^* = \arctan \frac{\Delta y_{AB}}{\Delta x_{AB}} = \arctan \frac{-288.57}{-38.49} = 82°24'09''$$

因为 $\Delta x_{AB} < 0$，故：

$$\alpha_{AB} = \alpha_{AB}^* + 180° = 82°24'09'' + 180° = 262°24'09''$$

思 考 题 与 习 题

1. 什么是水平距离，距离测量的方法主要有哪几种，各有何优缺点？

2. 钢尺量距时为什么要进行直线定线，如何进行直线定线？

3. 简述利用钢尺在平坦地面上量距的步骤。

4. 用钢尺丈量倾斜地面的距离有哪些方法，各适用于什么情况？

5. 用钢尺丈量了 AB、CD 两段距离，AB 的往测值为 206.32m，返测值为 206.17m；CD 的往测值为 102.83m，返测值为 102.74m。问这两段距离丈量的精度是否相同，为什么？

6. 用钢尺往返丈量了一段距离，其平均值为 164.262m，要求量距的相对误差达到 1/5000，问往返丈量距离的较差不能超过多少？

7. 哪些因素会对钢尺量距的结果产生影响，如何进行削减？

8. 什么是视距测量，观测时应读取哪些读数？

9. 试完成表 4-2 中的视距测量计算。其中测站高程 $H_0 = 42.30\text{m}$，仪器高 $i = 1.45\text{m}$，竖直度盘指标差 $x = +2'$，竖直角的计算公式为 $\alpha_L = 90° - L + x$。

视距测量计算 表 4-2

目标	上丝读数（m）	下丝读数（m）	中丝读数（m）	竖直度盘读数	水平距离（m）	高差（m）	高程（m）
1	0.960	2.003	1.48	83°50′			
2	1.250	2.343	1.79	105°44′			
3	0.600	2.201	1.40	85°37′			

10. 试述光电测距仪采用的相位法测距原理。

11. 相位式光电测距仪为什么需要"精尺"和"粗尺"？

12. 已知测距精度表达式 $m_D = \pm(5\text{mm} + 5 \times 10^{-6} D)$，问：$D = 2.5\text{km}$ 时，m_D 是多少？

13. 什么是直线定向，直线定向中常用的标准方向有哪些？

14. 何谓真子午线、磁子午线、坐标北方向线，它们之间的关系如何？试绘图说明。

15. 已知 A 点的磁偏角为西偏 $24'$，子午线收敛角为 $3'$，若直线 AP 的磁方位角为 $88°45'$，试求直线 AP 的真方位角和坐标方位角，并绘图说明。

16. 什么是坐标方位角，正反坐标方位角关系如何？试绘图说明。

17. 如图 4-25 所示，试用 A、B、C、D 的连线边的坐标方位角（注明下标符号），来表示水平角 1、2、3、4。

18. 如图 4-26 所示，$\alpha_{AO}=115°$、$\alpha_{BO}=148°$、$\alpha_{OC}=31°$、$\alpha_{OD}=81°$，求 β_1、β_2、β_3。

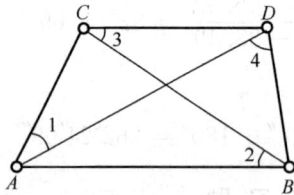 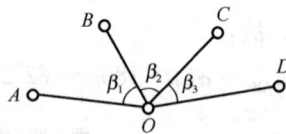

图 4-25 习题 17　　　　　图 4-26 习题 18

19. 推算坐标方位角时，如何确定左、右角？

20. 如图 4-27 所示，已知 $\alpha_{BA}=311°24'36''$，$\beta_1=170°42'42''$，$\beta_2=168°31'18''$，求 α_{B1}、α_{12} 各为多少？

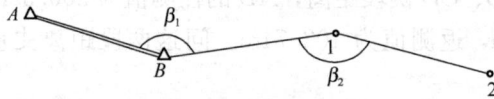

图 4-27 习题 20

21. 图 4-28 中，已知 $\alpha_{12}=65°$，β_2 及 β_3 的角值均注于图上，试求 2-3 边的正坐标方位角及 3-4 边的反坐标方位角。

22. 如图 4-29 所示，$\alpha_{AB}=81°$，$\beta_1=93°$，$\beta_2=76°$，$\beta_3=79°$，求 α_{B1}，α_{B2}，α_{B3}。

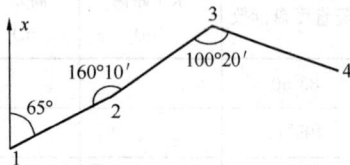 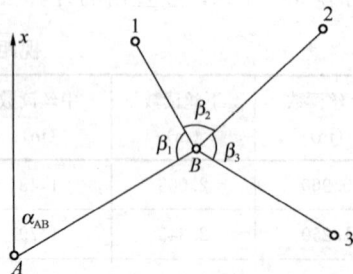

图 4-28 习题 21　　　　　图 4-29 习题 22

23. 什么是坐标正算，什么是坐标反算，坐标反算时如何计算坐标方位角？

24. 已知 A 点的坐标为 $x_A=2630.450\text{m}$，$y_A=1728.498\text{m}$，$\alpha_{AB}=61°48'00''$，$\alpha_{AC}=199°47'00''$，$D_{AB}=129.427\text{m}$，$D_{AC}=201.376\text{m}$，试求 B、C 点的坐标。

25. 已知 1、2、3、4、5 五个控制点的坐标如表 4-3 所示，求距离 D_{12}、D_{13}、D_{14}、D_{15}，方位角 α_{12}、α_{13}、α_{14}、α_{15}（计算取位至秒）。

坐标反算数据   表 4-3

点名	1	2	3	4	5
x（m）	1357.134	1168.140	1518.482	1017.936	1483.332
y（m）	3218.373	3402.672	3319.274	3158.375	3093.562

第5章　测量误差的基本知识

5.1　测量误差概述

5.1.1　测量误差的概念

在测量工作实践中我们发现，不论测量仪器多么精密，观测者多么仔细认真，对同一个量进行重复观测，每次的观测结果总是不完全一致或与预期目标（真值）不一致。例如，对同一距离重复丈量若干次，量得的长度通常互有差异；对某一平面三角形的三个内角进行观测，三个内角观测值之和常常不等于180°，也存在差异。这些现象说明，观测结果中不可避免地存在着测量误差。

任何测量对象都有一个真正代表其大小客观存在的值，称为真值，通过仪器、工具对测量对象进行观测所得的值，称为观测值。用 l 代表观测值，X 代表真值，则有：

$$\Delta = l - X \tag{5-1}$$

式中，Δ 就是测量误差，通常称为真误差，简称误差。

5.1.2　测量误差的来源

测量误差产生的原因是多种多样的，归纳起来可分为以下三个方面。

（1）观测者

由于观测者的视觉、听觉等感官的鉴别能力有一定的限度，在仪器安置、照准、读数等方面会产生误差。与此同时，观测者的技术水平、工作态度也对观测结果的质量有直接影响。例如，在水准测量中，水准尺的毫米估读误差、瞄准误差就属于观测者人为误差。

（2）测量仪器

进行测量工作，离不开各种测量仪器。仪器本身在设计、制造、安装、校正等方面也有不完善，每种测绘仪器都有一定的精度限制，都会不可避免地产生误差。例如，经纬仪的视准轴误差、横轴误差、竖盘指标差、水平度盘的偏心误差等。

（3）外界条件

测量工作都是在一定外界环境条件下进行的，各种自然因素如地形、温度、风力、大气折光等，都会给观测结果带来种种影响。例如，水准测量的大气折光就属于这种由外界条件影响产生的误差。

观测者、测量仪器和观测时的外界条件是引起观测误差的主要因素，通常称为观测条件。观测结果的精度取决于观测时所处的条件。观测条件相同的各次观测称为等精度观测。观测条件不同的各次观测称为非等精度观测。任何观测都不可避免地要产生误差。为了获得观测值的正确结果，就必须对误差进行分析研究，以便采取适当的措施来消除或削弱误差对观测精度的影响。

5.1.3　测量误差的分类

观测误差按其性质，可分为系统误差和偶然误差。

（1）系统误差

在相同的观测条件下，对某量进行多次观测，如果观测误差的大小和符号呈现某种规律性的变化，或保持常数，这类误差称为系统误差。例如，用名义长为 30m，而实长为 29.995m 的钢尺量距时，每量一尺段就有 +0.005m 的系统误差。又如，经纬仪的竖盘指标差对竖直角测量的影响也属系统误差。系统误差具有累积性，对测量结果影响甚大，必须设法消除或削弱。消除方法有两种：一是对观测值进行系统误差的改正，如对钢尺量距加尺长改正；二是在观测方法和观测程序上采取必要的措施，如用盘左盘右的观测程序来消除竖盘指标差对竖直角测量的影响。

（2）偶然误差

在相同的观测条件下，对某量进行多次观测，若单个误差的出现没有一定的规律性，其数值的大小和符号都不固定，表现出偶然性，这种误差称为偶然误差，又称为随机误差。例如，量距中估读毫米数的误差、望远镜的照准误差等均属偶然误差。偶然误差是不可预见和难以控制的，它无法被消除而只能被削弱。

除了上述两种误差以外，在测量工作中，由于观测者的粗心大意，有时会发生读错、记错、算错等错误，如在度盘读数时将 6 读成 9、记录者将 1 误听成 7 等，这些差错统称为粗差。粗差的数值往往偏大，使观测结果显著偏离真值。因此，一旦发现含有粗差的观测值，应将其从观测成果中剔除出去。

当观测值中剔除了粗差，排除了系统误差的影响，或者与偶然误差相比系统误差处于次要地位后，占主导地位的偶然误差就成了我们研究的主要对象。

5.1.4　偶然误差的特性

从单个偶然误差来看，其出现的符号和大小没有一定的规律，但对大量偶然误差进行统计分析后就可发现规律，并且误差个数越多，规律越明显。这种规律性可根据概率原理，用统计学的方法来分析研究。

例如，在相同的观测条件下，对 358 个三角形的内角进行了观测，由于观测值含有偶然误差，致使每个三角形的内角和不等于 180°。设三角形内角和的真值为 X，观测值为 l，其观测值与真值之差为真误差 Δ，表示为：

$$\Delta = l_i - X \quad (i = 1, 2, \cdots, 358) \tag{5-2}$$

由式（5-2）计算出 358 个三角形内角和的真误差，并取误差区间为 $0.2''$，以误差的大小和正负号分别统计出它们在各误差区间内的个数 V 和频率 V/n，结果列于表 5-1。

偶然误差的区间分布　　　　　　　　　　　　　　　表 5-1

误差区间 Δ	正误差		负误差		合　计	
	个数 V	频率 V/n	个数 V	频率 V/n	个数 V	频率 V/n
0.0~0.2	45	0.126	46	0.128	91	0.254

误差区间 Δ	正误差		负误差		合 计	
	个数 V	频率 V/n	个数 V	频率 V/n	个数 V	频率 V/n
0.2~0.4	40	0.112	41	0.115	81	0.226
0.4~0.6	33	0.092	33	0.092	66	0.184
0.6~0.8	23	0.064	21	0.059	44	0.123
0.8~1.0	17	0.047	16	0.045	33	0.092
1.0~1.2	13	0.036	13	0.036	26	0.073
1.2~1.4	6	0.017	5	0.014	11	0.031
1.4~1.6	4	0.011	2	0.006	6	0.017
1.6 以上	0	0	0	0	0	0
Σ	181	0.505	177	0.495	358	1.00

从表 5-1 可以看出，最大误差不超过 $1.6''$，小误差比大误差出现的频率高，绝对值相等的正、负误差出现的个数近于相等。

通过大量类似试验结果统计证明，偶然误差具有如下特性：

(1) 在一定的观测条件下，偶然误差的绝对值不会超过一定的限度。

(2) 绝对值小的误差比绝对值大的误差出现的可能性大。

(3) 绝对值相等的正误差与负误差出现的机会相等。

(4) 当观测次数无限增多时，偶然误差的算术平均值趋近于零。即：

$$\lim_{n \to \infty} \frac{[\Delta]}{n} = 0 \qquad (5\text{-}3)$$

式中　Δ——真误差，$[\Delta] = \Delta_1 + \Delta_2 + \cdots + \Delta_n$；

　　　n——观测次数。

上述第四个特性说明，偶然误差具有抵偿性，它是由第三个特性导出的。

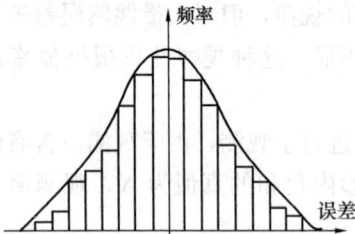

图 5-1　误差分布直方图

如果将表 5-1 中所列数据用图 5-1 表示，可以更直观地看出偶然误差的分布情况。图中横坐标表示误差的大小，纵坐标表示各区间误差出现的频率除以区间的间隔值。可以想象，当误差个数足够多时，如果将误差的区间间隔无限缩小，则图 5-1 中各长方形顶边所形成的折线将变成一条光滑的曲线，称为误差分布曲线。在概率论中，把这种误差分布称为正态分布。

掌握了偶然误差的特性，就能根据含有偶然误差的观测值求出未知量的最可靠值，并衡量其精度；同时，也可应用误差理论来研究最合理的测量工作方案和观测方法。

5.2　衡量精度的标准

精度就是观测成果的精确程度，是指对某一个量的多次等精度观测中，其误差分布的密集或离散程度。如果各观测值分布很集中，说明观测值的精度高；反之，如果各观测值分布很分散，说明观测值的精度低。在测量工作中通常采用中误差、容许误差和相对误差作为衡量精度的标准。

5.2.1 中误差

设在相同的观测条件下，对真值为 X 的某量进行了 n 次观测，其观测值为 l_1、l_2，…，l_n，由式（5-2）得出相应的真误差为 Δ_1、Δ_2，…，Δ_n，为了防止正负误差互相抵消的可能和避免明显地反映个别较大误差的影响，取各真误差平方和的平均值的平方根，作为该组各观测值的中误差（或称为均方误差），以 m 表示，即

$$m = \pm \sqrt{\frac{[\Delta\Delta]}{n}} \tag{5-4}$$

式中，$[\Delta\Delta] = \Delta_1^2 + \Delta_2^2 + \cdots + \Delta_n^2$。

按式（5-4）计算出中误差数值之后，应在数值前加上"$\pm$"，因为误差有正负。习惯上，常将标志一个量精确程度的中误差附写于此量之后，如 $83°26'34'' \pm 3''$，$458.483\text{m} \pm 0.005\text{m}$，$\pm$后面的数字表示其前边数值的中误差。

需要指出，中误差不同于各个观测值的真误差，它是对一组真误差的综合反映。它是衡量一组观测值精度的指标，它的大小反映出一组观测值的离散程度。中误差越小，观测值的精度就高；反之，中误差越大，表明观测的精度就低。

【**例 5-1**】设有 A、B 两个小组，对一个三角形的内角和各自同精度地进行了十次观测，分别求出其真误差 Δ 为：

A 组　$-3''$、$+6''$、$+1''$、$+5'$、$-3''$、$+8''$、$-8''$、$-6''$、$+9''$、$-7''$

B 组　$-10''$、$+6''$、$+14''$、$+21''$、$-7''$、$-2''$、$+15''$、$-22''$、$0''$、$-19''$

试求 A、B 两组观测值的中误差。

【**解**】按式（5-4）得：

$$m_A = \pm \sqrt{\frac{(-3)^2 + (+6)^2 + (+1)^2 + (+5)^2 + (-3)^2 + (+8)^2 + (-8)^2 + (-6)^2 + (+9)^2 + (-7)^2}{10}}$$
$$= \pm 6.1''$$

$$m_B = \pm \sqrt{\frac{(-10)^2 + (+6)^2 + (+14)^2 + (+21)^2 + (-7)^2 + (-2)^2 + (+15)^2 + (-22)^2 + (0)^2 + (-19)^2}{10}}$$
$$= \pm 13.8''$$

比较 m_A 和 m_B 可知，A 组的观测值的精度高于 B 组。

在观测次数 n 有限的情况下，中误差计算公式首先能直接反映出观测成果中是否存在着大误差，如上面 B 组就受到几个较大误差的影响，中误差越大，误差分布越离散，说明观测值的精度较低。中误差越小，误差分布就越密集，说明观测值的精度较高，如上面 A 组误差的分布要比 B 组密集得多。另外，对于某一个量的一组同精度观测值中的每一个观测值，其中误差都是相等的，但真误差互不相同。如上例中，A 组的 10 个三角形内角和观测值的中误差都是 $\pm 6.0''$，但真误差彼此并不相等。

5.2.2 容许误差

由偶然误差的第一特性可知，在一定的观测条件下，偶然误差的绝对值不会超过一定

的限值，这个限值就是容许误差或称极限误差。根据误差理论和大量的实践证明，在一系列的同精度观测误差中，真误差绝对值大于 2 倍中误差绝对值的概率约为 5％，大于 3 倍中误差绝对值的概率约为 0.3％。这两种情况均属于小概率事件，根据概率原理，小概率事件在小样本中是不会发生的。实际测量观测次数一般较少，可认为真误差绝对值大于中误差绝对值 2 倍或 3 倍的情况实际上不可能出现。因此，在测量工作中，通常取 3 倍或 2 倍中误差绝对值作为偶然误差的容许值，称为容许误差，即：

$$\Delta_{容} = 3 \mid m \mid \tag{5-5}$$

或：

$$\Delta_{容} = 2 \mid m \mid \tag{5-6}$$

当精度要求较高时，按式（5-6）取 2 倍中误差绝对值作为容许误差。

根据容许误差的定义，正常误差应小于容许误差。当某观测值的误差超过了容许误差时，则认为该观测值不正常，即认为其中含有错误，应舍弃不用并重测。如用 DJ_6 经纬仪测回法观测水平角，要求上、下半测回角互差不超过 $40''$，若超过需重测，这里 $40''$ 就是容许误差。

5.2.3 相对误差

由数值和单位组成的误差形式称为绝对误差，如 $m = \pm 2.5 \text{mm}$，$\Delta = -6''$ 等。在某些情况下，单用绝对误差还不能准确地反映出观测值的精度。例如，分别丈量了 100m 和 200m 两段距离，中误差均为 $\pm 0.02 \text{m}$。虽然两者的中误差相同，但就单位长度而言，两者精度并不相同，后者显然优于前者。为了客观反映实际精度，常采用相对误差。

观测值中误差 m 的绝对值与相应观测值 D 的比值称为相对中误差。它是一个无名数，常用分子为 1 的分数表示，即：

$$K = \frac{\mid m \mid}{D} = \frac{1}{\dfrac{D}{\mid m \mid}} \tag{5-7}$$

相对中误差越小，即分母越大，观测值的精度越高；反之，观测值的精度越低。在上例中：

$$K_1 = \frac{\mid m_1 \mid}{D_1} = \frac{0.02}{100} = \frac{1}{5000}$$

$$K_2 = \frac{\mid m_2 \mid}{D_2} = \frac{0.02}{200} = \frac{1}{10000}$$

显然，后者的精度高于前者。

对于真误差或容许误差，有时也用相对误差来表示。例如，距离测量中的往返测的较差与往返测距离平均值之比就是相对真误差（式 4-1）。

相对误差是只有数值而没有单位的误差形式。根据实际需要，真误差、中误差、容许误差既可以采用绝对误差形式，又可以采用相对误差形式。距离观测值的精度一般用相对误差衡量，而角度观测值的精度一律用绝对误差衡量，因为测角误差与所测角度的大小无关。

5.3 误 差 传 播 定 律

在测量工作中，有些未知量不可能直接测量，或者不便于直接测定，而是利用直接测定的观测值按一定的公式计算出来。如高差 $h=a-b$，就是直接观测值 a、b 的函数。当 a、b 存在误差时，h 也受其影响而产生误差，这就是所谓的误差传播。表达观测值中误差与观测值函数中误差之间的关系式，测量上称为误差传播定律。

5.3.1 误差传播公式

设 Z 为独立变量 x_1，x_2，$\cdots$，x_n 的函数，即：

$$Z = f(x_1, x_2, \cdots, x_n)$$

其中 Z 为不可直接观测的量，真误差为 Δ_z，中误差为 m_z；各独立变量 x_i（$i=1$，2，$\cdots$，n）为可直接观测的量，相应的观测值为 l_i，真误差为 Δ_i，中误差为 m_i。

当各观测值带有真误差 Δ_i 时，函数也随之带有真误差 Δ_z。

$$Z + \Delta_z = f(x_1 + \Delta_1, x_2 + \Delta_2, \cdots, x_n + \Delta_n)$$

按泰勒级数展开，取近似值：

$$Z + \Delta_z = f(x_1, x_2, \cdots, x_n) + \left(\frac{\partial f}{\partial x_1} \Delta_1 + \frac{\partial f}{\partial x_2} \Delta_2 + \cdots + \frac{\partial f}{\partial x_n} \Delta_n \right)$$

即：

$$\Delta_z = \frac{\partial f}{\partial x_1} \Delta_1 + \frac{\partial f}{\partial x_2} \Delta_2 + \cdots + \frac{\partial f}{\partial x_n} \Delta_n$$

若对各独立变量都测定了 K 次，则其平方和的关系式为：

$$\sum_{j=1}^{K} \Delta_{Zj}^2 = \left(\frac{\partial f}{\partial x_1} \right)^2 \sum_{j=1}^{K} \Delta_{1j}^2 + \left(\frac{\partial f}{\partial x_2} \right)^2 \sum_{j=1}^{K} \Delta_{2j}^2 + \cdots + \left(\frac{\partial f}{\partial x_n} \right)^2 \sum_{j=1}^{K} \Delta_{nj}^2 +$$

$$2 \left(\frac{\partial f}{\partial x_1} \right) \left(\frac{\partial f}{\partial x_2} \right) \sum_{j=1}^{K} \Delta_{1j} \Delta_{2j} + 2 \left(\frac{\partial f}{\partial x_1} \right) \left(\frac{\partial f}{\partial x_3} \right) \sum_{j=1}^{K} \Delta_{1j} \Delta_{3j} + \cdots$$

由偶然误差的特性可知，当观测次数 $K \to \infty$ 时，上式中各偶然误差 Δ 的交叉相乘项总和均趋向于零，又：

$$\frac{\sum_{j=1}^{K} \Delta_{Zj}^2}{K} = m_Z^2, \quad \frac{\sum_{j=1}^{K} \Delta_{ij}^2}{K} = m_i^2$$

则

$$m_Z^2 = \left(\frac{\partial f}{\partial x_1} \right)^2 m_1^2 + \left(\frac{\partial f}{\partial x_2} \right)^2 m_2^2 + \cdots + \left(\frac{\partial f}{\partial x_n} \right)^2 m_n^2$$

或

$$m_Z = \pm \sqrt{\left(\frac{\partial f}{\partial x_1} \right)^2 m_1^2 + \left(\frac{\partial f}{\partial x_2} \right)^2 m_2^2 + \cdots + \left(\frac{\partial f}{\partial x_n} \right)^2 m_n^2} \tag{5-8}$$

式（5-8）即为观测值中误差与其函数中误差的一般关系式，称为中误差传播公式。据此不难导出下列简单函数的中误差传播公式，见表5-2。

函数名称	函数式	中误差传播公式
倍数函数	$Z = Ax$	$m_Z = \pm Am$
和差函数	$Z = x_1 \pm x_2$	$m_z = \pm \sqrt{m_1^2 + m_2^2}$
	$Z = x_1 \pm x_2 \pm \cdots \pm x_n$	$m_z = \pm \sqrt{m_1^2 + m_2^2 + \cdots + m_n^2}$
线性函数	$Z = A_1 x_1 \pm A_2 x_2 \pm \cdots \pm A_n x_n$	$m_z = \pm \sqrt{A_1^2 m_1^2 + A_2^2 m_2^2 + \cdots + A_n^2 m_n^2}$

误差传播定律在测量上应用十分广泛，利用这个公式不仅可以求得观测值函数的中误差，而且还可以用来研究容许误差的确定以及分析观测可能达到的精度。

5.3.2 应用误差传播公式求观测值函数的中误差

（1）基本计算步骤

1）根据题意，列出具体的函数关系式：$Z = f(x_1 x_2, \cdots, x_n)$；

2）求出函数对各自变量的偏导系数：$\dfrac{\partial Z}{\partial x_1}, \dfrac{\partial Z}{\partial x_2}, \cdots, \dfrac{\partial Z}{\partial x_n}$；

3）确认或求出各个自变量的中误差：$m_1, m_2, \cdots, m_n$；

4）代入式（5-8），计算函数值的中误差。

（2）应用举例

【例 5-2】在 1：500 地形图上量得某两点间的距离 $d = 48.5$mm，其中误差 $m_d = \pm 0.2$mm，求该两点间的实地水平距离 D 的值及其中误差 m_D。

【解】根据题意，列出函数关系式：

$$D = 500d = 500 \times 0.0485 = 24.25\text{m}$$

代入式（5-8）得：

$$m_D = \pm 500 m_d = \pm 500 \times 0.0002 = \pm 0.10\text{m}$$

最后结果写为：

$$D = 24.25\text{m} \pm 0.10\text{m}$$

【例 5-3】设对某一个三角形观测了其中 α、β 两个角，测角中误差分别为 $m_\alpha = \pm 3.5''$，$m_\beta = \pm 6.2''$，试求 γ 角的中误差 m_γ。

【解】

$$\gamma = 180° - \alpha - \beta$$

$$m_\gamma = \pm \sqrt{m_\alpha^2 + m_\beta^2} = \pm \sqrt{(3.5)^2 + (6.2)^2} = \pm 7.1''$$

【例 5-4】有一长方形，独立地观测得其边长 $a = 20.000\text{m} \pm 0.004\text{m}$，$b = 15.000\text{m} \pm 0.003\text{m}$，求其面积 S 及 m_S。

【解】① 根据题意，列出函数关系式：

$$S = a \times b = 20.000 \times 15.000 = 300.000\text{m}^2$$

② 求出函数对各自变量的偏导系数：

$$\frac{\partial S}{\partial a} = b, \quad \frac{\partial S}{\partial b} = a$$

③ 代入式（5-8）得：

$$m_S^2 = \left(\frac{\partial S}{\partial a}\right)^2 m_a^2 + \left(\frac{\partial S}{\partial b}\right)^2 m_b^2$$

$$m_S = \pm \sqrt{b^2 m_a^2 + a^2 m_b^2}$$

$$= \pm \sqrt{15^2 \times 0.004^2 + 20^2 \times 0.003^2}$$

$$= \pm 0.085 \text{m}^2$$

最后结果写为 $S = 300.000\text{m}^2 \pm 0.085\text{m}^2$

【例 5-5】对于函数 $\Delta_y = D\sin\alpha$，观测值 $D = 225.85\text{m} \pm 0.06\text{m}$，$\alpha = 157°00'30'' \pm 20''$。求 Δ_y 的中误差 m_{Δ_y}。

【解】求出函数对各自变量的偏导系数：

$$\frac{\partial \Delta_y}{\partial D} = \sin\alpha, \frac{\partial \Delta_y}{\partial \alpha} = D\cos\alpha$$

代入式（5-8）得：

$$m_{\Delta_y} = \pm \sqrt{\left(\frac{\partial \Delta_y}{\partial D}\right)^2 m_D^2 + \left(\frac{\partial \Delta_y}{\partial \alpha}\right)^2 m_\alpha^2}$$

$$= \pm \sqrt{\sin^2\alpha \, m_D^2 + (D\cos\alpha)^2 \left(\frac{m_\alpha}{\rho}\right)^2}$$

$$= \pm \sqrt{0.391^2 \times 6^2 + 22585^2 \times 0.920^2 \times \left(\frac{20}{206265}\right)^2}$$

$$= \pm 3.1 \text{cm}$$

5.3.3　误差传播定律在测量上的应用

（1）距离丈量的精度分析

设用长度为 l 的钢尺量距离，如果丈量了 n 个尺段，则全长 $D = nl$。若丈量一尺段中误差为 m，根据误差传播定律，则全长 D 的中误差为：

$$m_D = \pm m \sqrt{n} = \pm m \sqrt{\frac{D}{l}} \tag{5-9}$$

式（5-9）中，m 和 l 在一定的观测条件下，采用一定的钢尺和操作方法，则它们是常数。令 $\mu = \frac{m}{\sqrt{l}}$，则：

$$m_D = \pm \mu \sqrt{D} \tag{5-10}$$

式（5-10）中，当 $D = 1$ 时，$m_D = \pm\mu$，即 μ 为单位长度的丈量中误差。显然，所丈量距离的中误差与距离 D 的平方根成正比例，距离愈长，中误差愈大。

（2）水准测量的精度分析

设在 A、B 两点间进行了 n 站高差测量，则 n 站总高差 $h = h_1 + h_2 + \cdots + h_n$，若每站高差的中误差均为 $m_{站}$，则 n 站总高差的中误差应为：

$$m_h^2 = m_{站}^2 + m_{站}^2 + \cdots + m_{站}^2 = n \cdot m_{站}^2$$

或

$$m_h = m_{站} \sqrt{n} \tag{5-11}$$

即水准测量高差的中误差与测站数的平方根成正比。

设每个测站的距离 s 大致相等，全长 L（km）$= ns$。将 $n = L/s$ 代入式（5-11）得：

$$m_{\text{h}} = m_{\text{站}} \sqrt{\frac{1}{s}} \sqrt{L} \tag{5-12}$$

式中，$1/s$ 为每千米的测站数；$m_{\text{站}} \sqrt{\dfrac{1}{s}}$ 为每千米水准测量的中误差，以 μ 表示，则：

$$m_{\text{h}} = \mu \sqrt{L} \tag{5-13}$$

即水准测量高差的中误差与距离的平方根成正比。

已知四等水准测量每千米往返高差平均值中误差 $\mu = \pm 5\text{mm}$，则单程为：

$$m_{\text{h}} = \pm 5 \sqrt{L} \sqrt{2}$$

往返高差较差的中误差为：

$$m_{\Delta h} = m_{\text{h}} \sqrt{2} = \pm 10 \sqrt{L} \tag{5-14}$$

取 2 倍中误差作为极限误差，则较差的容许值为：

$$f_{\text{h容}} = 2m_{\Delta h} = \pm 20 \sqrt{L} \tag{5-15}$$

工程测量技术规范规定，四等水准测量往返较差，附合或闭合线路闭合差不应大于 $\pm 20 \sqrt{L}\text{mm}$。

（3）水平角测量的精度分析

用 DJ$_6$ 光学经纬仪测角，按原设计的标准，野外一测回方向的中误差 $m_{\text{方}} = \pm 6''$，则一测回值（两方向值之差）的中误差应为：

$$m_{\beta} = m_{\text{方}} \sqrt{2} = \pm 8.5''$$

顾及仪器使用期间轴系的磨损以及某些不利因素的影响，取 $m_{\beta} = \pm 10''$。若以 2 倍中误差为容许误差，则一测回值的容许误差为：

$$m_{\beta容} = 2m_{\beta} = \pm 20''$$

由于一测回角值为盘左盘右两个半测回角值的平均值，故半测回角值的中误差为：

$$m_{\text{半}} = m_{\beta} \sqrt{2} = \pm 8.5'' \times \sqrt{2}$$

两个半测回较差的中误差为：

$$m_{\Delta} = m_{\text{半}} \sqrt{2} = \pm 17''$$

顾及其他影响取 $m_{\Delta} = \pm 20''$，以 2 倍中误差为容许值，则：

$$m_{\Delta容} = 2m_{\Delta} = \pm 40''$$

因此，用 DJ$_6$ 经纬仪测回法观测水平角，规定上、下半测回角互差不能超过 $40''$，若超过需重测。

5.4 算术平均值及其中误差

5.4.1 算术平均值的性质

设在相同的观测条件下对某量进行了 n 次等精度观测，观测值为 l_1，l_2，$\cdots$，l_n，其真值为 X，相应的真误差 Δ_1，Δ_2，$\cdots$，Δ_n。由式（5-2）可写出观测值的真误差公式为：

$$\Delta_i = l_i - X \ (i = 1，2，\cdots，n)$$

将上式两端分别相加后，得：

$$[\Delta] = [l] - nX$$

故：

$$X = \frac{[l]}{n} - \frac{[\Delta]}{n}$$

上式右边第一项称为观测值的算术平均值，用 x 表示，即：

$$x = \frac{[l]}{n} = \frac{l_1 + l_2 + \cdots + l_n}{n} \tag{5-16}$$

则：

$$X = x - \frac{[\Delta]}{n}$$

上式右边第二项是真误差的算术平均值。由偶然误差的第四个特性可知，当观测次数 n 无限增多时，$\frac{[\Delta]}{n} \to 0$，则 $x \to X$，即算术平均值就是观测量的真值。

在实际测量中，观测次数总是有限的。根据有限个观测值求出的算术平均值 x 与其真值 X 仅差一微小量 $\frac{[\Delta]}{n}$，故可以认为算术平均值是观测量的最可靠值，通常也称为最或是值。

5.4.2 利用改正数计算中误差

由于观测值的真值 X 一般无法知道，故真误差 Δ 也无法求得，所以不能直接应用式 (5-4) 求观测值的中误差，而是利用观测值的最或是值 x 与各观测值 l_i 的差 v_i 来计算中误差，v_i 称为改正数，即：

$$v_i = x - l_i (i = 1, 2, \cdots, n) \tag{5-17}$$

实际工作中可利用改正数计算观测值的中误差，该计算公式称为白塞尔公式。即：

$$m = \pm \sqrt{\frac{v_1^2 + v_2^2 + \cdots + v_n^2}{n-1}} = \pm \sqrt{\frac{[vv]}{n-1}} \tag{5-18}$$

利用上式计算中误差时，可根据 $[v] = v_1 + v_2 + \cdots + v_n = 0$、$[vv] = v_1^2 + v_2^2 + \cdots + v_n^2 = -(l_1v_1 + l_2v_2 + \cdots + l_nv_n) = -[lv]$ 检核计算过程的正确性。

5.4.3 算术平均值的中误差

在求出观测值的中误差 m 后，可应用误差传播定律求观测值算术平均值的中误差 M，现推导如下：

$$x = \frac{l_1 + l_2 + \cdots + l_n}{n} = \frac{l_1}{n} + \frac{l_2}{n} + \cdots + \frac{l_n}{n}$$

应用表 (5-2) 线性函数的误差传播定律，有：

$$M^2 = \left(\frac{1}{n}\right)^2 m^2 + \left(\frac{1}{n}\right)^2 m^2 + \cdots \left(\frac{1}{n}\right)^2 m^2 = \frac{1}{n}m^2$$

$$M = \frac{m}{\sqrt{n}} \tag{5-19}$$

代入式 (5-18)，得：

$$M = \pm \sqrt{\frac{[vv]}{n(n-1)}} \qquad (5\text{-}20)$$

由式（5-19）可知，增加观测次数能削弱偶然误差对算术平均值的影响，提高其精度。但因观测次数与算术平均值中误差并不是线性比例关系，所以，当观测次数达到一定数量后，即使再增加观测次数，精度却提高得很少。因此，除适当增加观测次数外，还应选用适当的观测仪器和观测方法，选择良好的外界条件，才能有效地提高精度。

【例 5-6】某一段距离共丈量了 6 次，结果如表 5-3 所示，试求该段距离的算术平均值、观测中误差、算术平均值的中误差及其相对误差。

【解】计算见表 5-3。

算术平均值中误差算例　　　　　　　　　　　　表 5-3

观测次序	观测值 (m)	改正数 v (mm)	vv	计　算
1	68.643	−15	225	
2	68.590	+38	1444	$x = \dfrac{[l]}{n} = 68.628\text{m}$
3	68.610	+18	324	
4	68.624	+4	16	$m = \pm\sqrt{\dfrac{[vv]}{n-1}} = \pm\sqrt{\dfrac{3046}{6-1}} = \pm 24.7\text{mm}$
5	68.654	−26	676	$M = \dfrac{m}{\sqrt{n}} = \dfrac{\pm 24.7}{\sqrt{6}} = \pm 10.1\text{mm}$
6	68.647	−19	361	
平均值	68.628	$[v]=0$	$[vv]=3046$	$K = \dfrac{|M|}{x} = \dfrac{0.0101}{68.628} = \dfrac{1}{6795}$

5.5 加权平均值及其中误差

5.5.1 权的定义

在对某量进行非等精度观测时，各观测值的中误差不相同，因此它们具有不同的可靠性，此时不能按算术平均值式（5-16）和中误差式（5-18）及式（5-19）来计算观测值的最或是值并评定其精度。如何解决这一问题呢？

可以这样来考虑，在一系列的观测值中，因各观测值的精度不同，我们在利用观测值取平均数时，就给予各观测值不同的可信度，即让精度高的观测值在计算中占的"比重"大些，精度低的观测值占的"比重"小些。这个"比重"反映了对不同精度观测值的信任程度，"比重"可以用数值表示，此数值在测量计算中被称为观测值的权。显然，中误差越小，精度越高，观测结果越可靠，因而应具有较大的权，故可以用中误差来定义权，权可按下式计算。

$$P_i = \frac{\mu^2}{m_i^2} \quad (i = 1, 2, \cdots, n) \qquad (5\text{-}21)$$

式中　P_i——观测值的权；

　　μ——任意常数；

　　m_i——各观测值对应的中误差。

在用上式求一组观测值的权 P_i 时，必须采用同一 μ 值。

当取 $P=1$ 时，μ 就等于 m，通常称权值为 1 的权为单位权；权值为 1 的观测值为单位权观测值；单位权观测值的中误差 μ 为单位权中误差。

当已知一组非等精度观测值的中误差时，可以先设定 μ 值，然后按式（5-21）计算各观测值的权。

【例 5-7】已知三个水平角观测值的中误差分别为 $m_1=\pm 3''$、$m_2=\pm 4''$、$m_3=\pm 5''$，试求各观测值的权。

【解】根据权的定义，各观测值的权为 $P_1=\mu^2/m_1^2$、$P_2=\mu^2/m_2^2$、$P_3=\mu^2/m_3^2$，μ 为任意常数。

若设 $\mu=\pm 3''$，则 $P_1=1$、$P_2=9/16$、$P_3=9/25$；

若设 $\mu=\pm 1''$，则 $P_1'=1/9$、$P_2'=1/16$、$P_3'=1/25$。

上例中，$P_1 : P_2 : P_3 = P_1' : P_2' : P_3' = 1 : 0.56 : 0.36$，可见，$\mu$ 值取的不同，权值也不同，但不影响各权值之间的比例关系。当 $\mu=\pm 3''$ 时，P_1 就是该非等精度观测的单位权，$m_1=\pm 3''$ 就是单位权中误差。

中误差用来反映观测值的绝对精度，而权用来比较各观测值相互之间的精度高低。因此，权的意义在于它们之间所存在的比例关系，而不在于它本身数值的大小。

5.5.2　加权平均值

对某量进行了 n 次非等精度观测，观测值分别为 l_1，l_2，…，l_n，相应的权分别为 P_1，P_2，…，P_n，则加权平均值 x 就是非等精度观测值的最或是值，计算公式为：

$$x_{\mathrm{P}}=\frac{P_1 l_1+P_2 l_2+\cdots+P_n l_n}{P_1+P_2+\cdots+P_n}=\frac{[Pl]}{[P]} \tag{5-22}$$

显然，当各观测值为等精度时，其权为 $P_1=P_2=\cdots=P_n$，上式就与求算术平均值的式（5-16）一致。

5.5.3　加权平均值的中误差

根据误差传播定律，由式（5-22）可导出加权平均值的中误差为：

$$M_{\mathrm{P}}^2=\frac{1}{[P]^2}(P_1^2 m_1^2+P_2^2 m_2^2+\cdots+P_n^2 m_n^2) \tag{5-23}$$

由式（5-21），有 $P_i m_i^2=\mu^2$，代入式（5-23）得：

$$M_{\mathrm{P}}^2=\frac{\mu^2}{[P]^2}(P_1+P_2+\cdots+P_n)=\frac{\mu^2}{[P]}$$

$$M_{\mathrm{P}}=\pm\frac{\mu}{\sqrt{[P]}} \tag{5-24}$$

实际计算时，上式中的单位权中误差 μ 一般用观测值的改正数来计算，其公式为：

$$\mu=\pm\sqrt{\frac{[Pvv]}{n-1}} \tag{5-25}$$

将式（5-25）代入式（5-24），得：

$$M_P = \pm \sqrt{\frac{[Pvv]}{(n-1)[P]}} \tag{5-26}$$

式（5-26）为用观测值改正数计算非等精度观测值的最或是值中误差的公式。

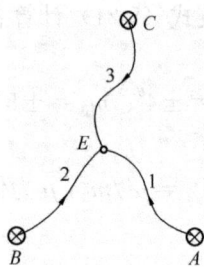

【例5-8】 如图5-2所示，从已知水准点 A、B、C 经三条水准路线测得 E 点的观测高程 H_i，并已知各条水准路线的长度 S_i，试求 E 点的最或是高程及高程中误差。

【解】 因水准路线的长度与测量精度成反比，故计算中采用定权公式为 $P_i = 1/S_i$。在计算出各观测高程的权基础上，先利用式（5-22）计算加权平均值 x_P，再用式（5-17）计算各观测值的改正数 v_i，然后利用式（5-25）、（式5-26）计算单位权中误差 μ、E 点加权平均值的中误差 M_E。计算过程见表5-4。

图5-2 水准路线

非等精度观测计算

表5-4

路线	E 点高程 (m)	路线长 (km)	$P = \dfrac{1}{S}$	v (mm)	Pvv	精度评定
1	48.759	4.5	0.22	10	22.00	
2	48.784	3.2	0.31	−15	69.75	$\mu = \pm\sqrt{\dfrac{122}{2}} = \pm 7.81\text{mm}$
3	48.758	4.0	0.25	11	30.25	$M_E = \pm\dfrac{7.81}{\sqrt{0.78}} = \pm 8.84\text{mm}$
	$x_P = 48.769$		0.78		122.00	

最后结果可写成 $H_E = 48.769\text{m} \pm 0.009\text{m}$。

思 考 题 与 习 题

1. 何谓测量误差，测量误差的来源有哪几个方面？

2. 何谓等精度观测值，何谓非等精度观测值？

3. 什么是系统误差，如何消除、削弱系统误差？

4. 什么是偶然误差，它具有哪些特性，能否消除偶然误差？

5. 对下列各项误差，分析判定其性质。

（1）钢尺量距中，由下列因素引起的误差：尺长不准、定线不准、温度变化、拉力不匀、读数误差。

（2）水准测量中，由下列因素引起的误差：视差、水准尺倾斜、前后视距不相等、估读、仪器下沉、尺垫下沉、视准轴不平行于水准管轴。

（3）角度测量中：对中误差、目标偏心、照准误差、读数误差、水准管轴不垂直于竖轴、视准轴不垂直于横轴、度盘刻划、度盘偏心。

6. 怎样区分测量工作中的误差和错误，其理论依据是什么？

7. 何谓中误差，何谓容许误差，何谓相对误差，它们分别在什么情况下使用？

8. 已知 $D_1 = 200.00\text{m} \pm 20\text{mm}$，$D_2 = 500.00\text{m} \pm 20\text{mm}$，试说明：它们的真误差是否相等，它们的中误差是否相等，它们的精度是否相等？

9. 已知 $\alpha = 60°25'42'' \pm 6''$，$\beta = 150°30'00'' \pm 6''$，它们的精度是否相等，为什么？

10. 何谓误差传播定律？写出误差传播公式一般形式。

11. 测量△ABC的内角，测得∠A＝30°00′42″±3″，∠B＝60°10′00″±4″，试计算∠C及其中误差 m_C。

12. 在水准测量中，若从已知点到待定点一共测 10 个测站，设每一个测站的观测值中误差为±5mm，试求所测高差的中误差。

13. 已知三角形各内角的测量中误差为±12″，容许误差为中误差的 2 倍，求该三角形闭合差的容许误差。

14. 某圆形建筑物直径 $D＝26.80$m，$m_D＝±0.05$m，求建筑物周长及其中误差。

15. 测得一正方形的边长 $a＝72.28$m±0.02m，试求正方形的面积及其中误差。

16. 某三角高程测量，按 $h＝D\tan\alpha$ 计算高差，已知 $\alpha＝4°30′24″$，$m_\alpha＝±15″$，$D＝136.78$m，$m_D＝±0.02$m，求高差的中误差 m_h。

17. 如图 5-3 所示，在△ABC中，测得边长 $a＝23.276$m±0.008m，$\angle A＝43°23′48″±8″$，$\angle B＝65°37′24″±10″$，试计算边长 c 及其中误差。

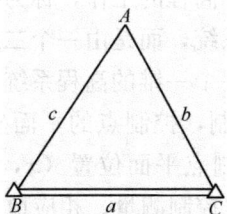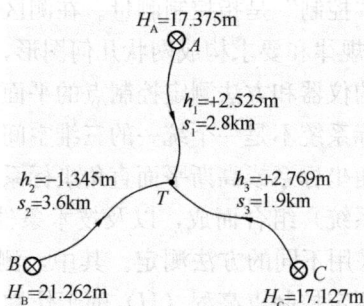

图 5-3 习题 17　　　　图 5-4 习题 23

18. 为什么在观测次数很大的情况下，观测量的算术平均值可代替真值？

19. 用 DJ_6 型经纬仪观测某个水平角 4 测回，其观测值为：68°32′18″，68°31′54″，68°31′42″，68°32′06″，试求观测一测回的中误差、算术平均值及其中误差。

20. 在相同的观测条件下，对某段距离丈量了 6 次，各次丈量的长度分别为：246.535m，246.548m，246.520m，246.529m，246.550m，246.537m，试参照表 5-3 填表计算：

（1）距离的算术平均值；

（2）观测值的中误差；

（3）算术平均值的中误差；

（4）算术平均值的相对中误差。

21. 试述权的含义，为什么非等精度观测值需用权来衡量？

22. 用同一台经纬仪分三次观测同一角度，其结果为 $\beta_1＝30°24′36″$（6 测回），$\beta_2＝30°24′34″$（4 测回），$\beta_3＝30°24′38″$（8 测回），若设角度一测回中误差 $m＝±9″$，定权时取 $\mu＝3″$，试求该角度三次观测值的权、加权平均值及加权平均值的中误差。

23. 如图 5-4 所示，为了求得图中 P 点的高程，从 A、B、C 三个水准点向 P 点进行了同等级的水准测量，各条水准路线的观测高差及长度如图，试计算 P 点高程的加权平均值及其中误差、单位权中误差。

第6章 小地区控制测量

6.1 控 制 测 量 概 述

6.1.1 控制测量的概念

在绪论中已经指出，测量工作必须遵循"从整体到局部，先控制后碎部"的原则。这里的"整体"和"控制"是指控制测量。在测区范围内选择若干有控制意义的点（称为控制点），按一定的规律和要求构成网状几何图形，称为控制网。

用较高精度的仪器和方法测定控制点的平面位置和高程的工作，称为控制测量。由于测量上实用的坐标系统不是一个统一的三维空间坐标系统，而是由一个二维的平面坐标系统（独立平面直角坐标系或高斯平面直角坐标系）和一个一维的高程系统（以大地水准面为基准面的一维系统）组合而成，以及技术条件的限制，控制点的平面坐标 (x, y) 和高程 (H) 分别采用不同的方法测定。其中，测定控制点平面位置 (x, y) 的工作称为平面控制测量，测定控制点高程 (H) 的工作称为高程控制测量。相应地，控制网分为平面控制网和高程控制网。

控制测量的作用是建立测区统一的控制基准，限制测量误差的传播和积累，保证必要的测量精度，使分区的测图能拼接成整体，整体设计的工程建筑物能分区施工放样。控制测量贯穿在工程建设的各阶段：在工程勘测的测图阶段，需要进行控制测量；在工程施工阶段，要进行施工控制测量；在工程竣工后的营运阶段，为建筑物变形观测而需要进行专用控制测量。

控制测量的主要工作内容是：① 依据控制点的用途和作用在测区内布设控制网；② 进行外业测量；③ 内业计算出待定点的平面坐标和高程，并对测量成果进行精度评定。

6.1.2 平面控制测量

平面控制测量的主要方法有三角测量、导线测量和 GPS 测量。将已知点和待定点通过三角形的形式进行连接，并观测所有三角形内角的测量方法称为三角测量，所构成的网型称为三角网，如图 6-1 所示。用三角测量方法测定的控制点，称为三角点，在图上常用符号"△"表示。将已知点和待定点通过直线进行连接，并观测所有直线边长以及相邻边所构成的夹角的测量方法称为导线测量，如图 6-4 所示。

（1）国家平面控制网

在全国范围内建立的控制网，称为国家控制网。它包括国家平面控制网和国家高程控制网，是全国各种比例尺测图和工程建设的基本控制，也为研究地球的形状和大小，了解地壳水平形变和垂直形变的大小及趋势，为地震预测提供形变信息服务，同时为空间科学、军事等提供定位资料。国家控制网是用精密测量仪器与方法并依据国家相关测量规范，按一、二、三、四 4 个等级，由高级到低级逐级加密点位建立的。

国家平面控制网布设于 20 世纪五六十年代，由于测绘仪器、技术方法的限制，主要采用三角测量的形式，在西部困难地区采用导线测量法。如图 6-1 所示，国家三角网的布设方案是，首先在全国范围内建立一等三角锁作为国家平面控制网的骨干；其次用二等三角网布设于一等三角锁环内，作为国家平面控制网的全面基础；最后用三、四等三角网和插点逐级加密。

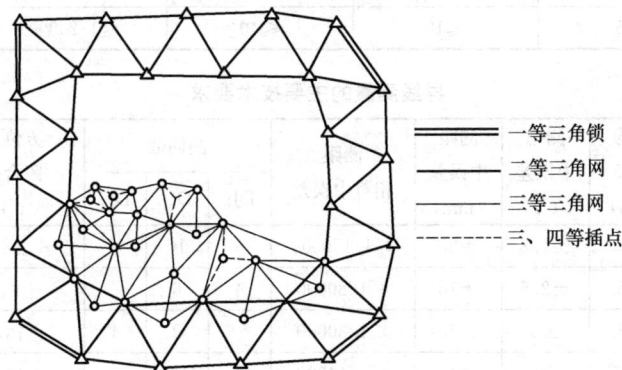

图 6-1　国家平面三角网

（2）城市平面控制网和工程控制网

在城市地区，为测绘大比例尺地形图、进行市政工程和建筑工程放样，在国家控制网的控制下而建立的控制网，称为城市控制网。城市控制网是国家控制网在城市区域的延伸或加密，不同的城市有各自的城市控制网，具有区域性，它们具有共同的基础即国家控制网。与国家控制网类似，城市控制网包括城市平面控制网和城市高程控制网。建立城市平面控制网可采用 GPS 测量、三角测量、各种形式边角组合测量（测边网、边角网等）和导线测量等方法。城市平面控制网按城市范围大小依次布设为若干等级，其中三角网分为二、三、四等和一、二级，导线网分为三、四等和一、二、三级。

在工矿地区，为满足工程建设的规划、设计及施工需要而建立的测量控制网称为工程控制网。其性质及建立方法类似于城市控制网。

依照《工程测量规范》GB 50026—2007，平面控制网的主要技术要求如表 6-1～表 6-4 所示。

三角形网测量的主要技术要求　表 6-1

等级	平均边长（km）	测角中误差（″）	测边相对中误差	最弱边边长相对中误差	测回数			三角形最大闭合差（″）
					1″级仪器	2″级仪器	6″级仪器	
二等	9	±1	≤1/250000	≤1/120000	12	—	—	±3.5
三等	4.5	±1.8	≤1/150000	≤1/70000	6	9	—	±7
四等	2	±2.5	≤1/100000	≤1/40000	4	6	—	±9
一级	1	±5	≤1/40000	≤1/20000	—	2	4	±15
二级	0.5	±10	≤1/20000	≤1/10000	—	1	2	±30

注：当测区测图的最大比例尺为 1∶1000 时，一、二级网的平均边长可适当放长，但不应大于表中规定长度的 2 倍。

117

卫星定位测量控制网的主要技术要求　　表 6-2

等级	平均边长（km）	固定误差 A（mm）	比例误差系数 B（mm/km）	约束点间的边长相对中误差	约束平差后最弱边相对中误差
二等	9	≤10	≤2	≤1/250000	≤1/120000
三等	4.5	≤10	≤5	≤1/150000	≤1/70000
四等	2	≤10	≤10	≤1/100000	≤1/40000
一级	1	≤10	≤20	≤1/40000	≤1/20000
二级	0.5	≤10	≤40	≤1/20000	≤1/10000

导线测量的主要技术要求　　表 6-3

等级	导线长度（km）	平均边长（km）	测角中误差（″）	测距中误差（mm）	测距相对中误差	测回数 DJ₁	测回数 DJ₂	测回数 DJ₆	方位角闭合差（″）	相对闭合差
二等	14	3	±1.8	±20	≤1/150000	6	10	—	$\pm 3.6\sqrt{n}$	≤1/55000
三等	9	1.5	±2.5	±18	≤1/80000	4	6	—	$\pm 5\sqrt{n}$	≤1/35000
一级	4	0.5	±5	±15	≤1/30000	—	2	4	$\pm 10\sqrt{n}$	≤1/15000
二级	2.4	0.25	±8	±15	≤1/14000	—	1	3	$\pm 16\sqrt{n}$	≤1/10000
三级	1.2	0.1	±12	±15	≤1/7000	—	1	2	$\pm 24\sqrt{n}$	≤1/5000

注：1. 表中 n 为测站数。

　　2. 当测区测图的最大比例尺为 1∶1000 时，一、二、三级导线的平均边长及总长可适当放长，但最大长度不应大于表中规定的 2 倍。

图根导线测量的主要技术要求　　表 6-4

导线长度（m）	相对闭合差	测角中误差（″）一般	测角中误差（″）首级控制	方位角闭合差（″）一般	方位角闭合差（″）首级控制
≤$\alpha \times M$	≤$1/(2000 \times \alpha)$	±30	±20	$\pm 60\sqrt{n}$	$\pm 40\sqrt{n}$

注：1. α 为比例系数，取值宜为 1；当采用 1∶500、1∶1000 比例尺测图时，其值可在 1～2 之间选用。

　　2. M 为测图比例尺的分母；但对于工矿区现状图测量，不论测图比例尺大小，M 均应取值为 500。

　　3. 隐蔽或施测困难地区导线相对闭合差可放宽，但不应大于 $1/(1000 \times \alpha)$。

（3）小地区平面控制网

在小区域（一般面积不大于 25km²）范围内建立的控制网，称为小地区控制网。小地区测量的特点，就是在这个范围内，不考虑地球曲率的影响，将水准面视为水平面，直接在水平面上建立直角坐标系并计算坐标，不需要将测量成果归算到高斯平面上。建立小地区控制网时，应尽量与国家或城市已建立的高级控制网联测，将高级控制点的坐标和高程，作为小地区控制网的起算和校核数据。如果周围没有国家或城市控制点，或附近有这种控制点而不便联测时，可以建立独立控制网。此时，控制网的起算坐标和高程可自行假定，坐标方位角可用测区中央的磁方位角代替。此外，为工程建设而建立的专用控制网，或个别工程出于某种特殊需要，在建立控制网时，也可以采用独立控制网。

小地区控制网，应根据测区面积的大小按精度要求分级建立，分级的多少视测区大小及测图比例尺的大小而定。多数情况下，分两级布设，即首级控制网和图根控制网。在全测区范围内建立的精度最高的控制网，称为首级控制网；直接为测图而建立的控制网，称为图根控制网，它是在首级控制网基础上对控制点的进一步加密。面积在 0.5km² 以下的测区，仅布设图根控制网。

小地区控制测量也分为平面控制测量与高程控制测量。小地区首级平面控制按测区的大小，可用一、二级小三角；一、二级导线。图根平面控制常采用图根三角测量、图根导线测量、全站仪极坐标法或交会定点等方法。图根导线测量的主要技术要求见表 6-4。此外，图根平面控制测量和高程控制测量可同时进行，也可分别施测。

在 20 世纪 90 年代以前，平面控制测量方法还主要以三角测量为主，导线测量为辅。20 世纪 90 年代以后，随着卫星定位技术和全站仪的普及，控制测量方法更多是采用 GPS 测量和导线测量，三角测量则较少使用。目前，以 GPS 为代表的卫星定位技术已成为建立各等级平面控制网的主要方法，应用 GPS 卫星定位技术建立的控制网称为 GPS 控制网，适用于工程测量领域的 GPS 控制网主要技术指标见表 6-2。从 20 世纪 90 年代以来，我国布设了覆盖全国的 A 级 GPS 网点 33 个，B 级 GPS 网点 818 个，其中 A 级相当于一等三角点、B 级相当于二等三角点，为我国卫星定位测量和地球科学研究等领域提供了高精度的定位基准。

6.1.3 高程控制测量

高程控制测量的主要方法为水准测量。

（1）国家高程控制网

国家高程控制网是在全国领土范围内，由一系列按国家统一规范测定高程的水准点构成的网，称为国家水准网。水准点上设有固定标志，以便长期保存和利用，为国家各项建设和科学研究提供高程基准。

国家水准网按逐级控制、分级布设的原则分为一、二、三、四等，如图 6-2 所示。其中，一、二等水准测量为精密水准测量，一等水准网是国家高程控制的骨干，沿地质构造稳定和坡度平缓的交通线布满全国；二等水准网一般沿铁路、公路和河流布设于一等水准环内，是国家高程控制网的全面基础；三、四等水准网为国家高程控制网的进一步加密，直接为地形图测绘和工程建设提供高程依据。全国各地地面点的高程，不论是高山、平原还是江河湖面，都是根据国家水准网统一传算的。

（2）城市高程控制网

城市高程控制网在国家水准网的基础上布设，主要采用水准测量。城市水准测量的等级分为二、三、四等，城市首级高程控制网可布设成二等或三等水准网，用三等或四等水准网进一步加密控制，在四等以下可布设直接为测绘大比例尺地形图用的图根水准网。

工程控制网的高程控制建立方法，类似于城市高程控制网。

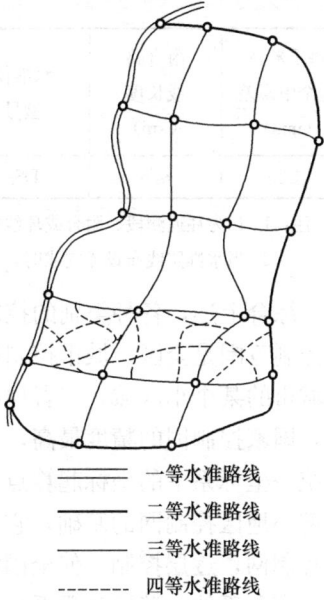

———— 一等水准路线

———— 二等水准路线

———— 三等水准路线

-------- 四等水准路线

图 6-2 国家水准网

依照《工程测量规范》GB 50026—2007，水准测量主要技术要求如表 6-5 和表 6-6 所示。

(3) 小地区高程控制网

小地区高程控制网，也应根据测区面积大小和工程要求采用分级的方法建立，即分为首级控制和图根控制。一般以国家或城市等级水准点为基础，在测区内建立三、四等水准路线或水准网作为首级控制，再以此为基础，测定图根点的高程。图根水准测量主要技术要求见表 6-6。

随着测绘技术的不断进步，上述各类高程控制测量，除了常用的水准测量，还可采用三角高程测量和 GPS 水准测量。在丘陵或山区，高程控制可采用三角高程测量，光电测距三角高程测量现已用于（代替）四、五等水准测量。在平原地区，可采用 GPS 水准进行四等水准测量。

水准测量的主要技术要求 表 6-5

等级	每千米高差全中误差(mm)	路线长度(km)	水准仪型号	水准尺	观测次数		往返较差、附合或环线闭合差	
					与已知点联测	附合或环线	平地(mm)	山地(mm)
二等	±2	—	DS$_1$	钢瓦	往返各一次	往返各一次	±4$\sqrt{L}$	—
三等	±6	≤50	DS$_1$	钢瓦	往返各一次	往一次	±12$\sqrt{L}$	±4$\sqrt{n}$
			DS$_3$	双面		往返各一次		
四等	±10	≤16	DS$_3$	双面	往返各一次	往一次	±20$\sqrt{L}$	±6$\sqrt{n}$
五等	±15	—	DS$_3$	单面	往返各一次	往一次	±30$\sqrt{L}$	

注：1. 结点之间或结点与高级点之间，其路线的长度，不应大于表中规定的 0.7 倍。

2. L 为往返测段、附合或环线的水准路线长度（km）；n 为测站数。

3. 数字水准仪测量的技术要求和同等级的光学水准仪相同。

图根水准测量的主要技术要求 表 6-6

每千米高差全中误差(mm)	附合路线长度(km)	水准仪型号	视线长度(m)	观测次数		往返较差、附合或环线闭合差（mm）	
				附合或闭合路线	支水准路线	平地	山地
±20	≤5	DS$_3$	≤100	往一次	往返各一次	±40$\sqrt{L}$	±12$\sqrt{n}$

注：1. L 为往返测段、附合或环线的水准路线的长度（km）；n 为测站数。

2. 当水准路线布设成支线时，其路线长度不应大于 2.5km。

综合上述，各种类别的控制测量及其常用方法如表 6-7 所示。在该表中，国家控制网的控制范围是全国，城市控制网的控制范围是一座城市，小地区控制网的控制范围是国家或城市的某个小区域，三者层次分明，相互衔接，构成一个完整的控制网体系。在该体系中，国家控制网的精度最高，它是全国所有城市控制网的基础，为全国所有城市控制网提供统一坐标系下的坐标起算点及统一高程系下的高程起算点。城市控制网又是该城市各个局部小地区控制网的基础，它为小地区测量提供统一的坐标起算点和高程起算点。通过三层控制网，逐层控制，使全国测量工作在同一平面坐标系统（国家高斯平面坐标系统）和同一高程系统（黄海高程系）的基础上统一起来，从而使全国各地测绘的地形图能够拼接在一起，为各地测绘成果实现共享奠定了基础。

测定分量 \ 常用方法 \ 控制范围	国家控制测量	城市控制测量或工程控制测量	小地区控制测量	
			首级控制测量	图根控制测量
平面控制测量	一~四等三角；精密导线；A、B 级 GPS 测量	二、三、四等，一、二级三角；三、四等，一、二、三级导线；GPS 测量	一、二级小三角；一、二级导线	图根三角；图根导线；交会定点
高程控制测量	一~四等水准	二~五等水准	三、四等水准	图根水准；三角高程；GPS 水准

6.2 导 线 测 量

6.2.1 导线测量的基本概念

由测区内相邻控制点连成的连续折线称为导线，这些控制点称为导线点，相邻两直线之间的水平角称为转折角。导线测量就是依次测定各条导线边的边长和各转折角，再根据起始数据推算各边的坐标方位角，进而求得各导线点的坐标。因此，导线测量包括外业观测和内业计算两部分工作。根据测角量边方式的不同，导线分为光电测距导线、钢尺量距导线，其中后者目前已较少采用。

由于导线测量只要求相邻点之间互相通视，因此，导线布设非常灵活，特别适宜于在城市厂矿等建筑区、森林地区及带状地区布测。根据测区的不同情况和需要，可将数条单一导线组成导线网，如图 6-3 所示。而单一导线常布设成以下三种形式：

(1) 附合导线

如图 6-4 所示，导线从一已知控制点 B 出发，最后附合到另一已知控制点 C，并在两端各连测一连接角 β_B 和 β_C。

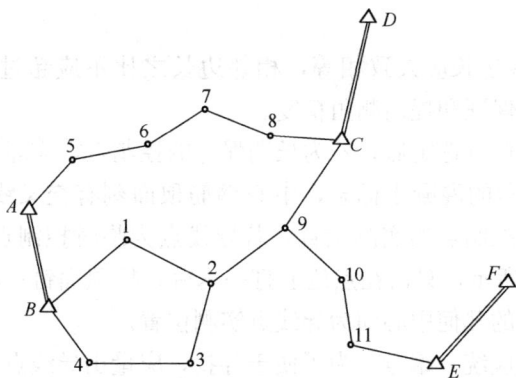

图 6-3 导线网

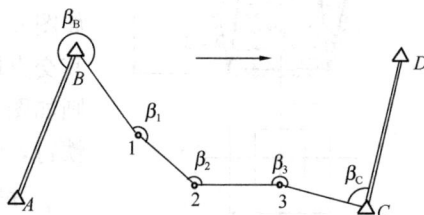

图 6-4 附合导线

(2) 闭合导线

如图 6-5 所示，导线从一已知控制点 B 出发，最后仍回到 B 点。闭合导线只需测一

个连接角 β_B。

（3）支导线

如图 6-6 所示，导线从一已知控制点 B 出发，既不附合到另一控制点，也不自行闭合。由于支导线没有检核条件，不易发现错误，故测量规范规定，支导线一般不得超过 3 条边。

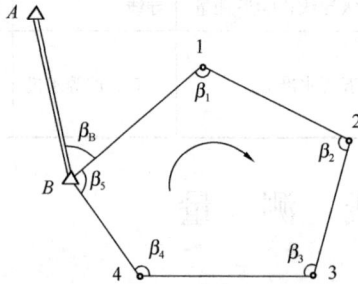

图 6-5　闭合导线　　　　　　图 6-6　支导线

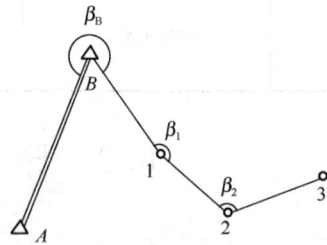

6.2.2　导线测量的外业工作

导线测量的外业工作包括踏勘选点、测角、测边、连测。

（1）踏勘选点

在踏勘选点之前，应收集测区已有地形图、高级平面控制点和水准点等成果资料，在图上规划拟订出导线的布设方案，然后到实地踏勘、核对、修改，确定点位。选点时应注意下列几点：

1）相邻导线点间应通视良好，地势平坦，便于测角量边。

2）导线点应选在土质坚实处，便于保存标志和安置仪器。

3）视野开阔，便于扩展加密控制点和施测碎部。

4）导线点应有足够的密度，且分布均匀，便于控制整个测区。

5）导线边长应大致相等，相邻边长之比不应超过 3 倍，以便能保证和提高测角精度。

导线点位置选定后，若为长期保存的控制点，应埋设如图 6-7 所示的混凝土标志，中心钢筋顶面刻有交叉线，其交点即为控制点的实测位置。若导线点为临时控制点，则如图 6-8 所示，只需在点位上打一木桩，桩顶面钉一小铁钉，铁钉的几何中心即为导线点实测位置。

导线点应统一编号。为了便于寻找，应量出导线点与附近明显地物的距离，绘出草图，注明尺寸，该图称为"点之记"，如图 6-9 所示。

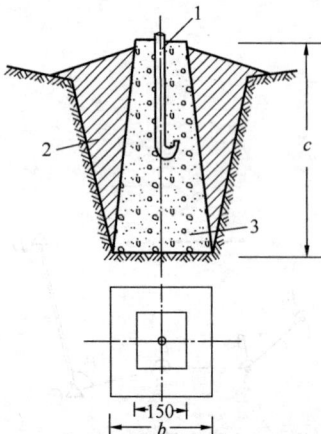

图 6-7　永久导线点的埋设

1—钢筋；2—回填土；3—混凝土

b、c—视埋设深度而定

（2）测角

在导线前进方向左侧的转折角称为左角，右侧的转折

122

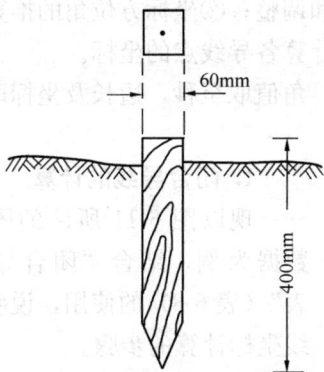

图 6-8 临时导线点的埋设

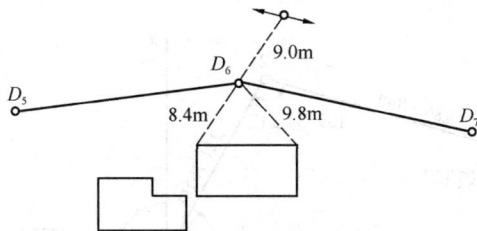

图 6-9 导线点之记

角称为右角。闭合导线应测内角（左角或右角），附合导线和支导线一般测左角。

不同等级导线的角度测量技术要求不同。对于图根导线，一般用 DJ$_6$ 型光学经纬仪观测一个测回。若盘左、盘右测得角值的较差不超过 $40''$，则取其平均值作为一测回成果。

测角时，为了便于瞄准，可用测钎、觇牌作为照准标志，也可在标志点上用仪器的脚架吊一垂球线作为照准标志，如图 3-6 所示。

（3）测边

导线边长常用全站仪测定，其水平距离可在显示屏上直接读出。图根导线也可以用检定的钢尺丈量，一般用往返丈量的方法，其相对误差不应大于 1/3000，并归算为水平距离。测角和测边可同时进行，也可分别施测。

（4）连测

当测区内有高级平面控制点时，导线应与高级控制点连测，从而获得起始边方位角和起始点坐标。附合导线与两个已知点连接，应测两个连接角 β_B、β_C，如图 6-4 所示；闭合导线和支导线只需测一个连接角 β_B，如图 6-5 和图 6-6 所示。若导线与高级控制点不直接相连，如图 6-10 所示，必

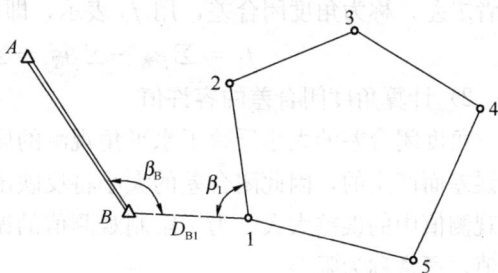

图 6-10 导线连测

须观测连接角 β_B、β_1、连接边 D_{B1}，作为传递坐标方位角和传递坐标之用。连接角、连接边的测量要求与导线转折角、边长一致。

如果附近无高级控制点，则应用罗盘仪施测导线起始边的磁方位角，并假定起始点的坐标作为起算数据，形成独立控制网。

在外业观测时，应参照第 3、4 章角度和距离测量的记录格式，做好导线测量的外业记录，并要妥善保存。

6.2.3 导线测量的内业计算

导线计算的目的是要计算出各导线点的坐标，并检验导线测量的精度是否符合规范要求。内业计算之前，首先要检查外业手簿，以确保计算用原始资料的正确无误，然后绘制导线略图，标注实测边长、转折角、连接角和起始坐标，以便于导线坐标计算。导线计算

一般可分为以下五个基本步骤：①角度闭合差的计算和调整；②坐标方位角的推算；③坐标增量的计算；④坐标增量闭合差的计算和调整；⑤计算各导线点的坐标。

内业计算中数字的取位，对于四等以下各级导线，角值取至秒，边长及坐标取至毫米（mm）。

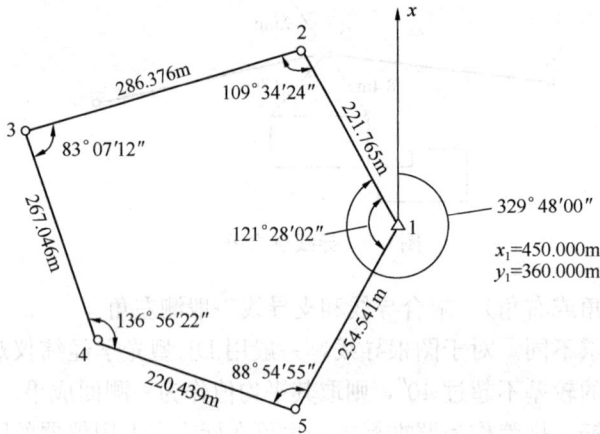

图 6-11　闭合导线观测成果略图

1. 闭合导线的计算

现以图 6-11 所注的图根导线数据为例，结合"闭合导线计算表"（表 6-8）的使用，说明闭合导线坐标计算的步骤。

（1）填闭合导线坐标计算表

将校核过的已知数据和观测数据填入导线计算表（表 6-8）中相应栏内。

（2）角度闭合差的计算和调整

1）计算角度闭合差

如图 6-11 所示，n 边形闭合导线内角和的理论值为：

$$\sum \beta_{理} = (n-2) \times 180° \tag{6-1}$$

式中　n——导线边数或转折角数。

由于观测水平角不可避免地含有误差，致使实测的内角之和 $\sum \beta_{测}$ 不等于理论值 $\sum \beta_{理}$，两者之差，称为角度闭合差，用 f_β 表示，即：

$$f_\beta = \sum \beta_{测} - \sum \beta_{理} = \sum \beta_{测} - (n-2) \times 180° \tag{6-2}$$

2）计算角度闭合差的容许值

角度闭合差的大小反映了水平角观测的质量。导线计算中的闭合差是由于观测值中存在误差而产生的，因此闭合差的大小将反映出观测值的误差大小。如果闭合差过大，则表明观测值中的误差太大。为了限制观测值的误差值，在导线计算中常对闭合差给以一个容许值，通常称为限差。

根据表 6-4，本例图根导线角度闭合差容许值的计算公式为：

$$f_{\beta容} = \pm 60'' \sqrt{n} \tag{6-3}$$

如果 $|f_\beta| > |f_{\beta容}|$，说明所测水平角不符合要求，应对水平角重新检查或重测。

如果 $|f_\beta| \leqslant |f_{\beta容}|$，说明所测水平角符合要求，可对所测水平角进行调整。

3）计算水平角改正数

如角度闭合差不超过角度闭合差的容许值，则将角度闭合差反符号平均分配到各观测水平角中，也就是每个水平角加上相同的改正数 v_β。v_β 的计算公式为：

$$v_\beta = -\frac{f_\beta}{n} \tag{6-4}$$

本例中 $v_\beta = -\dfrac{f_\beta}{n} = -\dfrac{+55''}{5} = -11''$。若 f_β 不能被 n 整除时，应四舍五入凑整至 f_β 的末位单位即秒（"）。

124

计算检核：水平角改正数之和应与角度闭合差大小相等、符号相反。即：

$$\sum v_\beta = -f_\beta \tag{6-5}$$

由于凑整误差的影响，上式往往不成立，则在首次改正的基础上，再按以下原则进行二次改正：依次对较短边的角多改正一个单位（f_β 的末位单位），或依次对较长边的角少改正一个单位。最终使式（6-5）成立。

4）计算改正后的水平角

改正后的水平角 β_i 等于所测水平角加上水平角改正数，即：

$$\beta'_i = \beta_i + v_\beta \tag{6-6}$$

计算检核：改正后的闭合导线内角之和应等于其理论值。即：

$$\sum \beta'_i = \sum \beta_{\text{理}} \tag{6-7}$$

对闭合导线而言，改正后的内角之和应等于 $(n-2) \times 180°$，本例为 $540°$。

本例中 f_β、$f_{\beta容}$ 的计算见表 6-8 辅助计算栏，水平角的改正数和改正后的水平角见表 6-8 第 3、4 栏。

（3）推算各边的坐标方位角

根据起始边的已知坐标方位角及改正后的水平角，按式（4-22）依次推算各导线边的坐标方位角。

本例观测左角，按式（4-22）推算出导线各边的坐标方位角，填入表 6-8 的第 5 栏内。

计算检核：最后算得起始边 12 的坐标方位角，应与已知值相等。即：

$$\alpha_{\text{始（计算）}} = \alpha_{\text{始（已知）}} \tag{6-8}$$

（4）坐标增量的计算

根据已推算出的导线各边的坐标方位角和相应边的边长，按坐标正算公式即式（4-25）计算各边的坐标增量。本例中，导线边 1~2 的坐标增量为：

$$\Delta x_{12} = 221.765 \times \cos 329°48'00'' = 191.666\text{m}$$

$$\Delta y_{12} = 221.765 \times \sin 329°48'00'' = -111.552\text{m}$$

同法计算出其他各边的坐标增量值，填入表 6-8 的第 7、8 两栏的相应格内。

（5）坐标增量闭合差的计算和调整

1）计算坐标增量闭合差

如图 6-12（a）所示，闭合导线纵、横坐标增量代数和的理论值应为零，即：

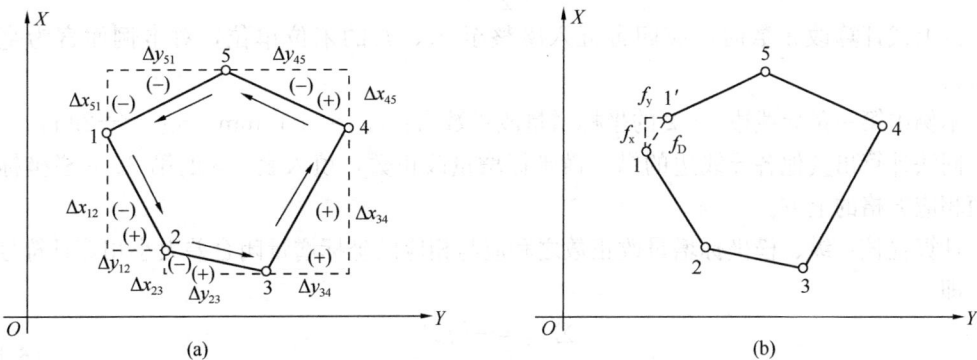

图 6-12　闭合导线坐标增量闭合差

$$\begin{rcases} \sum \Delta x_{\text{理}} = 0 \\ \sum \Delta y_{\text{理}} = 0 \end{rcases} \tag{6-9}$$

实际上由于导线边长测量误差和角度闭合差调整后的残余误差，使得实际计算所得的 $\sum \Delta x_{\text{测}}$、$\sum \Delta y_{\text{测}}$ 不等于理论值 $\sum \Delta x_{\text{理}}$、$\sum \Delta y_{\text{理}}$，两者之差，分别称为纵坐标增量闭合差 f_x 和横坐标增量闭合差 f_y，即：

$$\begin{rcases} f_x = \sum \Delta x_{\text{测}} - \sum \Delta x_{\text{理}} = \sum \Delta x_{\text{测}} \\ f_y = \sum \Delta y_{\text{测}} - \sum \Delta y_{\text{理}} = \sum \Delta y_{\text{测}} \end{rcases} \tag{6-10}$$

2）计算导线全长闭合差 f_D 和导线全长相对闭合差 K

从图 6-12（b）可以看出，由于坐标增量闭合差 f_x、f_y 的存在，使导线不能闭合，豁口 1-1′ 之长度 f_D 称为导线全长闭合差，并用下式计算：

$$f_D = \sqrt{f_x^2 + f_y^2} \tag{6-11}$$

仅从 f_D 值的大小还不能说明导线测量的精度，衡量导线测量的精度还应该考虑到导线的总长。将 f_D 与导线全长 $\sum D$ 相比，以分子为 1 的分数表示，称为导线全长相对闭合差 K，即：

$$K = \frac{f_D}{\sum D_i} = \frac{1}{\dfrac{\sum D_i}{f_D}} \tag{6-12}$$

以导线全长相对闭合差 K 来衡量导线测量的精度，K 的分母越大，精度越高。根据表 6-4，本例图根导线全长相对闭合差的容许值 $K_{\text{容}}$ 取 1/4000。

如果 $K > K_{\text{容}}$，说明成果不合格，此时应对导线的内业计算和外业工作进行检查，必要时需重测边长。

如果 $K \leqslant K_{\text{容}}$，说明测量成果符合精度要求，可以进行坐标增量闭合差的调整。

本例中 f_x、f_y、f_D、K 的计算及 $K_{\text{容}}$ 见表 6-8 辅助计算栏。

3）调整坐标增量闭合差

调整的原则是将 f_x、f_y 反号，并按与边长成正比的原则，分配到各边对应的纵、横坐标增量中去。以 v_{xi}、v_{yi} 分别表示第 i 边的纵、横坐标增量改正数，即：

$$\begin{rcases} v_{xi} = -\dfrac{f_x}{\sum D} \times D_i \\ v_{yi} = -\dfrac{f_y}{\sum D} \times D_i \end{rcases} \tag{6-13}$$

按上式计算改正数时，应四舍五入凑整至 f_x、f_y 的末位单位，对本例而言为毫米（mm）。

本例中第一条导线边 1～2 的坐标增量改正数为：$v_{x12} = +14\text{mm}$，$v_{y12} = -29\text{mm}$。

同法计算出其他各导线边的纵、横坐标增量改正数，填入表 6-8 的第 7、8 栏坐标增量值相应方格的上方。

计算检核：纵、横坐标增量改正数之和应与相应的坐标增量闭合差大小相等且符号相反。即：

$$\begin{rcases} \sum v_{xi} = -f_x \\ \sum v_{yi} = -f_y \end{rcases} \tag{6-14}$$

由于凑整误差的影响，上式往往不成立，则在首次改正的基础上，再按以下原则进行二次改正：依次对较长边的坐标增量多改正一个 f_x、f_y 的末位单位，或依次对较短边的坐标增量少改正一个 f_x、f_y 的末位单位，如本例对最短边 4～5 的纵坐标增量少改正 1mm，直至式（6-14）成立。回顾前述，坐标增量闭合差的二次改正原则与高差闭合差的二次改正相同、与角度闭合差的二次改正相反。

4）计算改正后的坐标增量

各边坐标增量计算值加上相应的改正数，即得各边改正后的坐标增量 $\Delta x'_i$、$\Delta y'_i$，即：

$$\left.\begin{array}{l} \Delta x'_i = \Delta x_i + v_{xi} \\ \Delta y'_i = \Delta y_i + v_{yi} \end{array}\right\} \tag{6-15}$$

本例中第一条导线边 1～2 改正后的坐标增量为：

$$\Delta x'_{12} = 191.666 + 0.014 = 191.680\text{m}$$

$$\Delta y'_{12} = -111.552 + (-0.029) = -111.581\text{m}$$

同法计算出其他各导线边改正后坐标增量，填入表 6-8 的第 9、10 栏内。

计算检核：改正后纵、横坐标增量的代数和应等于其理论值。即：

$$\left.\begin{array}{l} \sum \Delta x'_{测} = \sum \Delta x_{理} \\ \sum \Delta y'_{测} = \sum \Delta y_{理} \end{array}\right\} \tag{6-16}$$

对闭合导线而言，改正后纵、横坐标增量的代数和应为零，即：

$$\left.\begin{array}{l} \sum \Delta x'_{测} = 0 \\ \sum \Delta y'_{测} = 0 \end{array}\right\} \tag{6-17}$$

（6）计算各导线点的坐标

根据起始点 1 的已知坐标和改正后各导线边的坐标增量，依次推算出各导线点的坐标，填入表 6-8 中的第 11、12 栏内，即：

$$\left.\begin{array}{l} x_i = x_{i-1} + \Delta x'_{i-1} \\ y_i = y_{i-1} + \Delta y'_{i-1} \end{array}\right\} \tag{6-18}$$

计算检核：最后算得起始点 1 的坐标应与已知值相等。即：

$$(x, y)_{始(计算)} = (x, y)_{始(已知)} \tag{6-19}$$

至此，计算工作全部结束。

在上述计算过程中，每一步都有检核，检核通过才能进行下一步计算，这种步步有检核是测量工作应遵循的基本原则之一。

2. 附合导线的计算

附合导线的坐标计算与闭合导线的坐标计算步骤和方法基本相同，只是计算角度闭合差与计算坐标增量闭合差的公式稍有差别。现以图 6-13 附合导线为例，说明其计算过程。

（1）角度闭合差的计算与调整

1）角度闭合差的计算

附合导线的角度闭合差为从一已知边方位角出发，使用观测角推算另一条已知边的方位角，推算方位角和已知方位角之差。如图 6-13 所示，根据起始边 AB 的坐标方位角 α_{AB} 及观测的各左角，按式（4-23）依次推算各边至 CD 边的坐标方位角 α_{CD}，即：

$$\alpha_{B1} = \alpha_{AB} + 180° + \beta_B$$

$$\alpha_{12} = \alpha_{B1} + 180° + \beta_1$$

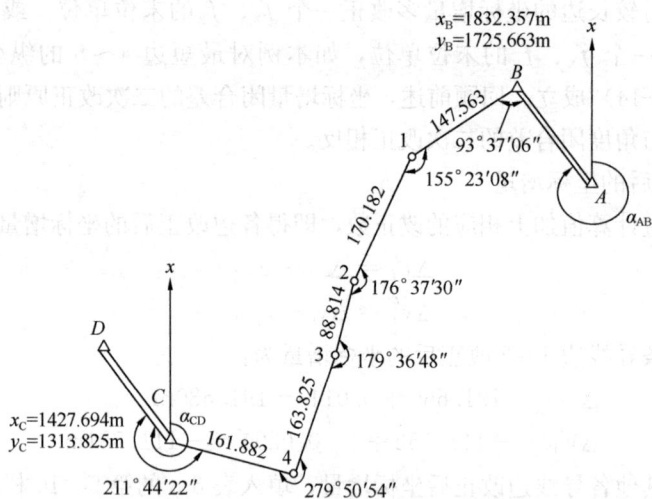

图 6-13 附合导线观测成果略图

$$\alpha_{23} = \alpha_{12} + 180° + \beta_2$$
$$\alpha_{34} = \alpha_{23} + 180° + \beta_3$$
$$\alpha_{4C} = \alpha_{34} + 180° + \beta_4$$
$$\alpha'_{CD} = \alpha_{4C} + 180° + \beta_C$$

将上式相加，得：

$$\alpha'_{CD} = \alpha_{AB} + 6 \times 180° + \Sigma\beta_{测}$$

写成一般公式为：

$$\alpha'_{终} = \alpha_{始} + n \times 180° + \Sigma\beta_{测左} \tag{6-20}$$

式中　n——附合导线转折角的个数（包括连接角）。

若观测右角，则按下式计算 $\alpha'_{终}$：

$$\alpha'_{终} = \alpha_{始} + n \times 180° - \Sigma\beta_{测右} \tag{6-21}$$

终边的坐标方位角 $\alpha_{终}$ 是已知的，由于角度观测中不可避免地存在误差，使得 $\alpha'_{终}$ 不等于 $\alpha_{终}$，其差值即为角度闭合差 f_{β}，即：

$$f_{\beta} = \alpha'_{终} - \alpha_{终} \tag{6-22}$$

角度闭合差的容许值与闭合导线相同。

2）调整角度闭合差

当角度闭合差 f_{β} 在容许的范围内，若观测的是左角，则将角度闭合差按与 f_{β} 相反的符号平均分配到各左角上；若观测的是右角，将角度闭合差按与 f_{β} 相同的符号平均分配到各右角上。

（2）坐标方位角的推算

根据起始边的已知坐标方位角及改正后的水平角，按式（4-22）推算其他各导线边的坐标方位角。最后算得终边的坐标方位角，应与已知值相等，以此检核。

（3）坐标增量的计算

根据导线各边的方位角和边长，计算各坐标增量，计算方法和闭合导线相同。

（4）坐标增量闭合差的计算与分配

因为附合导线的起点与终点不一致，所以理论上的纵横坐标增量之和不等于零，而是等于两端已知点的纵横坐标之差，即：

$$\left.\begin{array}{l} \sum \Delta x_{\text{理}} = x_{\text{终}} - x_{\text{始}} \\ \sum \Delta y_{\text{理}} = y_{\text{终}} - y_{\text{始}} \end{array}\right\}$$
(6-23)

由于测角和量边都存在误差，计算得到的纵横坐标增量的总和 $\sum \Delta x_{\text{测}}$、$\sum \Delta y_{\text{测}}$ 与其理论值不一致，二者之差即坐标增量闭合差 f_x、f_y，即：

$$\left.\begin{array}{l} f_x = \sum \Delta x_{\text{测}} - \sum \Delta x_{\text{理}} = \sum \Delta x_{\text{测}} - (x_{\text{终}} - x_{\text{始}}) \\ f_y = \sum \Delta y_{\text{测}} - \sum \Delta y_{\text{理}} = \sum \Delta y_{\text{测}} - (y_{\text{终}} - y_{\text{始}}) \end{array}\right\}$$
(6-24)

附合导线的全长闭合差、全长相对闭合差的计算及检核，以及坐标增量闭合差的调整，与闭合导线相同。

（5）坐标的计算

坐标增量闭合差分配以后，根据导线一端的高级控制点的坐标，以及改正后的坐标增量，按照导线坐标计算的方法，逐点计算各导线点的坐标。最后算出的另一端的高级控制点的坐标，应与其已知值相同，以此作为检核。

整个附合导线的计算过程参见表 6-9（本例为图根导线）。

3. 支导线的计算

支导线中没有多余观测值，因此也没有闭合差产生，导线转折角和计算的坐标增量均不需要进行改正。

支导线的计算步骤如下：

（1）根据观测的转折角推算各边坐标方位角；

（2）根据各边坐标方位角和边长计算坐标增量；

（3）根据各边的坐标增量推算各点的坐标。

以上各步骤的计算方法同闭合导线。

6.2.4 无定向导线

（1）无定向导线布设

单一导线可布设为闭合导线、附合导线和支导线等形式。在首级控制网许可的条件下，尽可能布设单一的附合导线或闭合导线，如果上一级控制点被破坏，难以满足要求，且很难找出两个互为通视的控制点时，可考虑布设无定向导线，如图 6-14 所示，A、B 为已知控制点（互不通视），坐标为 x_A、y_A；x_B、y_B。无定向导线的外业实施过程与一般导线相同，如图 6-14，用全站仪施测图示转折角 β_1，β_2，…，边长 D_1，D_2，……

（2）无定向导线坐标计算

假设图 6-14 中 $A1$ 导线边的坐标方位角 $\alpha_{A1} = 90°$（也可按实际情况选取），根据支导线计算坐标方法，可逐一求取各导线点（包括已知点 B）的一套假设坐标 x_1'、y_1'，x_2'、y_2'，…，x_i'、y_i' 及 x_B'、y_B'，并可算得：

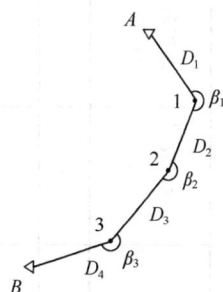

图 6-14　无定向导线

闭合导线计算表

表 6-8

点号	观测角(左角) (° ′ ″)	改正数 (″)	改正角 (° ′ ″)	坐标方位角 α (° ′ ″)	距离 D (m)	增量计算值 Δx (m)	增量计算值 Δy (m)	改正后增量 Δx′ (m)	改正后增量 Δy′ (m)	坐标值 x (m)	坐标值 y (m)
1	2	3	4=2+3	5	6	7	8	9	10	11	12
1										450.000	360.000
				329 48 00	221.765	+14 / +191.666	−29 / −111.552	+191.680	−111.581		
2	109 34 24	−11	109 34 13							641.680	248.419
				259 22 13	286.376	+18 / −52.825	−38 / −281.462	−52.807	−281.500		
3	83 07 12	−11	83 07 01							588.873	−33.081
				162 29 14	267.046	+17 / −254.668	−35 / +80.359	−254.651	+80.324		
4	136 56 22	−11	136 56 11							334.222	47.243
				119 25 25	220.439	+13 / −108.293	−29 / +192.005	−108.280	+191.976		
5	88 54 55	−11	88 54 44							225.942	239.219
				28 20 09	254.541	+16 / +224.042	−34 / +120.815	+224.058	+120.781		
1	121 28 02	−11	121 27 51							450.000	360.000
				329 48 00							
2											
总和	540 00 55	−55	540 00 00		1250.167	−0.078	+0.165	0.000	0.000		

辅助
计算

$\Sigma\beta_测 = 540°00'55''$

$-\Sigma\beta_理 = 540°00'00''$

―――――――――――――

$f_\beta = +55''$

$f_{\beta容} = \pm 60''\sqrt{5} = \pm 134''$

$f_x = \Sigma\Delta x_测 = -0.078\text{m}, \quad f_y = \Sigma\Delta y_测 = +0.165\text{m}$

导线全长闭合差 $f_D = \sqrt{f_x^2 + f_y^2} = 0.183\text{m}$

导线全长相对闭合差 $K = \dfrac{0.183}{1250.167} = \dfrac{1}{6832}$

容许相对闭合差 $K_容 = \dfrac{1}{4000}$

表 6-9

附合导线计算表

点号	观测角(左角)(° ′ ″)	改正数(″)	改正角(° ′ ″) 4=2+3	坐标方位角 α(° ′ ″)	距离 D(m)	增量计算值 Δx(m)	增量计算值 Δy(m)	改正后增量 Δx′(m)	改正后增量 Δy′(m)	坐标值 x(m)	坐标值 y(m)
1	2	3	4=2+3	5	6	7	8	9	10	11	12
A											
B	93 37 06	+8	93 37 14	315 32 39	147.563	+15 −96.489	+9 −111.645	−96.474	−111.636	1832.357	1725.663
1	155 23 08	+8	155 23 16	229 09 53	170.182	+17 −154.794	+11 −70.715	−154.777	−70.704	1735.883	1614.027
2	176 37 30	+8	176 37 38	204 33 09	88.814	+8 −82.815	+6 −32.088	−82.807	−32.082	1581.106	1543.323
3	179 36 48	+8	179 36 56	201 10 47	163.825	+16 −153.153	+10 −58.163	−153.137	−58.153	1498.299	1511.241
4	279 50 54	+8	279 51 02	200 47 43	161.882	+16 +82.516	+10 −139.273	+82.532	−139.263	1345.162	1453.088
C	211 44 22	+8	211 44 30	300 38 45						1427.694	1313.825
D				332 23 15							
总和	1096 49 48	+48	1096 50 36		732.266	−404.735	−411.884	−404.663	−411.838		

辅助计算

$\alpha_{AB} = 315°32'39''$

$+\Sigma\beta_测 = 1096°49'48''$

$= 1412°22'27''$

$-6\times180° = 1080°$

$\alpha'_{CD} = 332°22'27''$

$\alpha_{CD} = 332°23'15''$

$-\alpha'_{CD} = 332°22'27''$

$f_\beta = -48''$

$f_{\beta容} = \pm60''\sqrt{6} = \pm147''$

$\Sigma\Delta x_测 = -404.735$

$-)x_C - x_B = -404.663$

$f_x = -0.072\text{m}$

$\Sigma\Delta y_测 = -411.884$

$-)y_C - y_B = -411.838$

$f_y = -0.046\text{m}$

导线全长闭合差 $f_D = \sqrt{f_x^2 + f_y^2} = 0.085\text{m}$

导线全长相对闭合差 $K = \dfrac{0.085}{732.266} = \dfrac{1}{8615}$

容许相对闭合差 $K_容 = \dfrac{1}{4000}$

$$\left.\begin{array}{l}\alpha_{AB} = \arctan\dfrac{y_B - y_A}{x_B - x_A} + C, D_{AB} = \sqrt{(x_B - x_A)^2 + (y_B - y_A)^2} \\[4mm] \alpha'_{AB} = \arctan\dfrac{y'_B - y_A}{x'_B - x_A} + C, D'_{AB} = \sqrt{(x'_B - x_A)^2 + (y'_B - y_A)^2}\end{array}\right\} \quad (6\text{-}25)$$

式中，C 为常数，视 α_{AB}、α'_{AB} 所在的象限，分别取 $0°$、$180°$、$360°$ 三者之一，具体可参阅式（4-28）。

由此可计算两个已知控制点 A、B 在真坐标系中的坐标方位角 α_{AB} 和闭合边 D_{AB} 相对于假设坐标系中假设坐标方位角 α'_{AB} 和闭合边 D'_{AB} 的旋转角 α 及长度比 M 分别为：

$$\left.\begin{array}{l}\alpha = \alpha_{AB} - \alpha'_{AB} \\[3mm] M = \dfrac{D_{AB}}{D'_{AB}}\end{array}\right\} \quad (6\text{-}26)$$

经推导与整理，可直接计算各导线点在真坐标系中的坐标值为：

$$\left.\begin{array}{l}x_i = x_A + M \cdot \cos\alpha(x'_i - x_A) - M \cdot \sin\alpha(y'_i - y_A) \\[3mm] y_i = y_A + M \cdot \cos\alpha(y'_i - y_A) + M \cdot \sin\alpha(x'_i - x_A)\end{array}\right\} \quad (6\text{-}27)$$

6.2.5 导线错误的检查方法

由于客观因素的限制，测量不但存在着不可避免的误差，而且在观测成果中也有可能存在错误。如果在导线内业的计算过程中发现角度闭合差或导线全长闭合差超过容许限度，则应先检查外业原始观测记录、内业计算及已知数据抄录是否存在错误，如果都没有问题，则说明外业测量过程中存在错误，此时应到现场返工重测。为避免重复劳动，在去现场前如能判断出可能发生的错误之处，则可以避免全部返工，从而提高工作效率。

（1）角度错误的查找方法

若为闭合导线，可按边长和转折角，用一定的比例尺绘出导线略图，如图 6-15（a）所示，若过闭合差 AA' 中点作垂线，则通过或接近通过该垂线的导线点（如图中 C 点）发生错误的可能性较大。

若为附合导线，如图 6-15（b）所示，先将两端四个已知点展绘在图上，然后分别自两端按边长和角度绘出两条导线，则在两条导线相交处或最接近处发生错误的可能性较大。

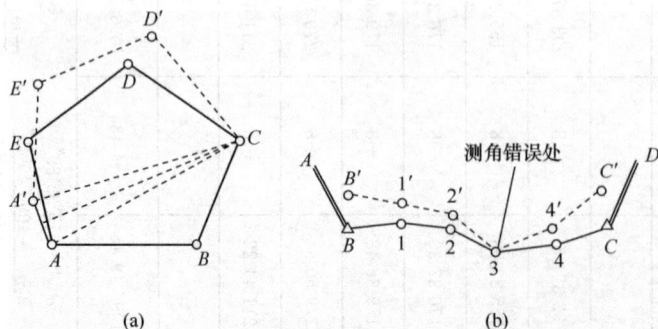

图 6-15 角度错误检查方法

（2）距离错误的查找方法

如果角度闭合差已经合格，而导线全长相对闭合差超过容许限度，此时可利用纵、横向闭合差计算闭合差的方位角，即：

$$\alpha_{\mathrm{f}} = \arctan\frac{f_{\mathrm{y}}}{f_{\mathrm{x}}} + C \tag{6-28}$$

式中，C 的含义同式（6-25）。

比较各边坐标方位角，哪条边方位角与之接近，则说明该边距离测量错误的可能性较大，如图 6-16 中的 2-3 边。此法同样适合于闭合导线。

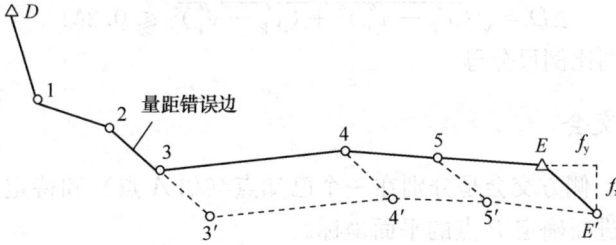

图 6-16　距离测量错误查找方法

以上方法仅适用于导线中只有一处角度测量或距离测量错误时使用，若有多处错误，情况会变得更复杂，使用以上方法很难找到错误所在。实际工作中一条导线同时出现多处错误的可能性较小，所以利用以上方法基本可以找到测量错误所在之处。

6.3　交　会　测　量

当控制点不能满足工程需要时，可用交会法加密控制点，这种定点工作称为交会测量。交会测量分测角交会定点、距离交会定点和边角交会定点三种形式。在测角交会中又分三种形式，即前方交会、侧方交会和后方交会。

前方交会是在两个已知控制点上，分别对待定点观测水平角以计算待定点的坐标；侧方交会与前方交会相似，它是在一个已知控制点和一个待定点上观测水平角以计算待定点的坐标；后方交会是在待定点上对三个已知控制点观测三个方向间的水平角以计算待定点的坐标。

6.3.1　前方交会

如图 6-17 所示，在已知点 A、B 上设站测定待定点 P 与控制点的夹角 α、β，即可得到 AP 边的方位角 $\alpha_{\mathrm{AP}} = \alpha_{\mathrm{AB}} - \alpha$，$BP$ 边的方位角 $\alpha_{\mathrm{BP}} = \alpha_{\mathrm{BA}} + \beta$，$P$ 点的坐标可由两已知直线 AP 和 BP 交会求得，由直线 AP 和 BP 的点斜式方程得联立方程组：

$$\begin{cases} x_{\mathrm{P}} - x_{\mathrm{A}} = (y_{\mathrm{P}} - y_{\mathrm{A}})\cot\alpha_{\mathrm{AP}} \\ x_{\mathrm{P}} - x_{\mathrm{B}} = (y_{\mathrm{P}} - y_{\mathrm{B}})\cot\alpha_{\mathrm{BP}} \end{cases}$$

解方程组，得：

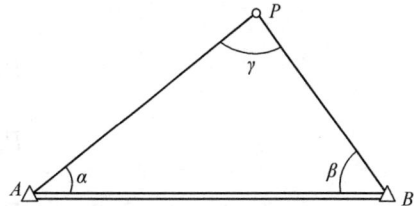

图 6-17　前方交会

$$y_P = \frac{y_A \cot\alpha_{AP} - y_B \cot\alpha_{BP} - x_A + x_B}{\cot\alpha_{AP} - \cot\alpha_{BP}} \tag{6-29}$$

$$x_P = x_A + (y_P - y_A)\cot\alpha_{AP} \tag{6-30}$$

前方交会中，由未知点至相邻两起始点方向间的夹角称为交会角。交会角过大或过小，都会影响 P 点位置测定精度，要求交会角一般应大于 30°并小于 150°。一般测量中，都布设三个已知点进行交会，这时可分两组计算 P 点坐标，设两组计算 P 点坐标分别为 (x'_P, y'_P)，(x''_P, y''_P)。当两组计算 P 点的坐标较差 ΔD（mm）在容许限差内，则取它们的平均值作为 P 点的最后坐标。即：

$$\Delta D = \sqrt{(x'_P - x''_P)^2 + (y'_P - y''_P)^2} \leqslant 0.2M \tag{6-31}$$

式中，M 为测图比例尺分母。

6.3.2 侧方交会

如图 6-18 所示，侧方交会是分别在一个已知点（如 A 点）和待定点 P 上安置仪器，观测水平角 α、γ，进而确定 P 点的平面坐标。

先计算出 $\beta = 180° - \alpha - \gamma$，然后即可按前方交会的计算方法求出 P 点的平面坐标并进行检核。当遇到不便安置仪器的已知点时，可用侧方交会代替前方交会。计算时，必须注意 $\triangle ABP$ 是以逆时针方向编号的，否则公式中的加减号将有改变。

6.3.3 后方交会

测角后方交会计算坐标的方法很多，下面介绍一种适合于编程计算的方法。

如图 6-19 所示，设 A、B、C 为三个已知点构成的三角形的三个内角，其值根据三条已知边的方位角计算；α、β、γ 为未知点 P 上的三个角，用方向观测法测得，其对边分别为 BC、CA、AB，且 $\alpha + \beta + \gamma = 360°$。设：

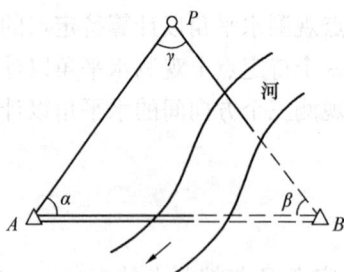

图 6-18 侧方交会   图 6-19 后方交会

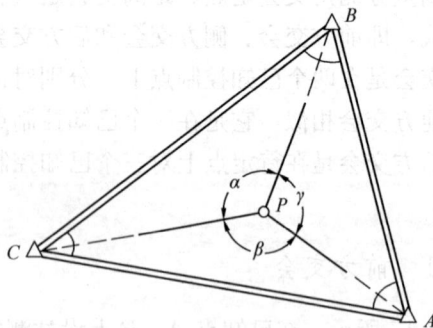

$$P_A = \frac{1}{\cot A - \cot\alpha}$$

$$P_B = \frac{1}{\cot B - \cot\beta} \tag{6-32}$$

$$P_C = \frac{1}{\cot C - \cot\gamma}$$

则待定点 P 的坐标计算公式为：

$$x_P = \frac{P_A x_A + P_B x_B + P_C x_C}{P_A + P_B + P_C}$$

$$y_P = \frac{P_A y_A + P_B y_B + P_C y_C}{P_A + P_B + P_C} \tag{6-33}$$

如果将 P_A、P_B、P_C 看作是三个已知点 A、B、C 的权，则待定点 P 的坐标就是 3 个已知点坐标的加权平均值。

P 点坐标解算出来后，可通过坐标反算求得 P 点至三个已知点 A、B、C 的坐标方位角 α_{PA}、α_{PB}^{*}、α_{PC}，然后用下列等式作检核计算：

$$\alpha = \alpha_{PB} - \alpha_{PC}$$

$$\beta = \alpha_{PC} - \alpha_{PA} \tag{6-34}$$

$$\gamma = \alpha_{PA} - \alpha_{PB}$$

在用后方交会进行定点时，还应注意危险圆问题。由不在一条直线上的三个已知点所确定的圆称为危险圆。如图 6-20 所示，待定点 P 点位于 A、B、C 三个已知点所确定的圆上，根据圆的性质，无论 P 点在圆周上何处，α 和 β 的值都是由这个圆而确定的固定值，即 P 点是一个不定解，这就是后方交会中的危险圆。在后方交会选点时，一定要使 P 点远离危险圆。

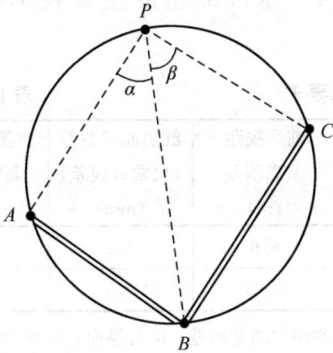

图 6-20　后方交会危险圆　　　　图 6-21　测边交会

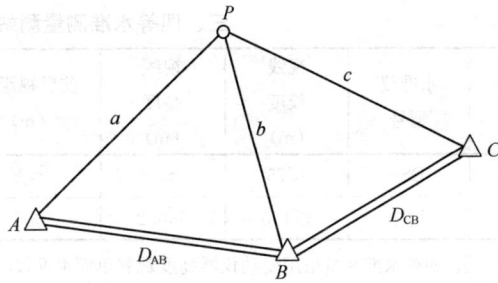

6.3.4　测边交会

除测角交会法外，还可测边交会定点，通常采用三边交会法，如图 6-21 所示。A、B、C 为已知点，a、b、c 为测定的边长。

由已知点坐标反算方位角和边长：α_{AB}、α_{CB} 和 D_{AB}、D_{CB}。在三角形 ABP 中，

$$\cos A = \frac{D_{AB}^2 + a^2 - b^2}{2 \cdot D_{AB} \cdot a}$$

则：

$$\left. \begin{array}{l} \alpha_{AP} = \alpha_{AB} - A \\ x'_P = x_A + a \cdot \cos\alpha_{AP} \\ y'_P = y_A + a \cdot \sin\alpha_{AP} \end{array} \right\} \tag{6-35}$$

同理，在三角形 CBP 中：

$$\cos C = \frac{D_{CB}^2 + c^2 - b^2}{2 \cdot D_{CB} \cdot c}$$

$$\alpha_{CP} = \alpha_{CB} + C$$

$$\left. \begin{array}{l} x''_{P} = x_{C} + c \cdot \cos\alpha_{CP} \\ y''_{P} = y_{C} + c \cdot \sin\alpha_{CP} \end{array} \right\} \tag{6-36}$$

按式（6-35）和式（6-36）计算的两组坐标，其误差在容许限差内，则取它们的平均值作为 P 点的最后坐标。

6.4　三、四等水准测量

三、四等水准测量，除用于国家高程控制网的加密外，还常用作小地区的首级高程控制。三、四等水准网应从附近的国家一、二等水准点引测高程。

6.4.1　三、四等水准测量的技术要求

三、四等水准测量应使用不低于 DS₃ 型的水准仪，标尺通常使用双面尺。两根标尺黑面的底数均为 0，红面的底数一根为 4.687mm，一根为 4.787mm。

依照《工程测量规范》GB 50026—2007，三、四等水准测量的主要技术要求见表 6-5；在观测中，对每一测站的技术要求见表 6-10。

三、四等水准测量测站技术要求　　　　　　　　　　表 6-10

等级	水准仪型号	视线长度(m)	视线高度(m)	前后视距差(m)	前后视距差累积差(m)	红黑面读数差(尺常数误差)(mm)	红黑面所测高差之差(mm)
三等	DS₃	≤75	≥0.3	≤3	≤6	≤2	≤3
四等	DS₃	≤100	≥0.2	≤5	≤10	≤3	≤5

注：1. 三、四等水准测量采用变动仪器高度观测单面水准尺时，所测两次高差较差，应与黑面、红面所测高差之差的要求相同。

2. 数字水准仪观测，不受基、辅分划或黑、红面读数较差指标的限制，但测站两次观测的高差较差，应满足表中相应等级基、辅分划或黑、红面所测高差较差的限值。

三、四等水准测量的观测应在通视良好、成像清晰稳定的情况下进行，此时，观测视线的长度可以放长 20%。

6.4.2　三、四等水准测量的观测和记录

下面介绍用 DS₃ 型水准仪和双面水准尺进行三、四等水准测量的程序，其观测记录手簿见表 6-11，表中及下文所示的①，②，…，⑱表示读数、记录和计算的顺序。

（1）一个测站上的观测顺序

1）照准后视尺黑面，读下、上丝读数①、②；精平，读中丝读数③。

2）照准前视尺黑面，精平，读中丝读数⑥；读下、上丝读数④、⑤。

3）照准前视尺红面，精平，读中丝读数⑦。

4）照准后视尺红面，精平，读中丝读数⑧。

这样的观测顺序简称为"后前前后"（或黑黑红红），它可以较好地抵消仪器下沉误差的影响。若为四等水准测量，其观测顺序可为"后后前前"。

三、四等水准测量中的往测和返测之测站数均应安排为偶数，这样可以抵消水准标尺零点差的影响。

（2）测站计算与检核

1）视距计算

后视距离 ⑨＝［①－②］×100

前视距离 ⑩＝［④－⑤］×100

前、后视距差 ⑪＝⑨－⑩

前、后视距累积差本站 ⑫＝前站⑫＋本站⑪

前、后视距差和前、后视距累积差应满足相应等级的技术要求(表6-10)。

2）黑、红面读数差

前尺 ⑬＝⑥＋K_1－⑦

后尺 ⑭＝③＋K_2－⑧

K_1、K_2分别为前尺、后尺的红黑面常数差。K_1＝4.687mm，K_2＝4.787mm。

黑、红面读数差应满足相应等级的技术要求（三等不得超过±2mm，四等不得超过±3mm）。

3）高差计算

黑面高差 ⑮＝③－⑥

红面高差 ⑯＝⑧－⑦

黑、红面高差之差 ⑰＝⑭－⑬＝⑮－⑯±0.100

上式中的0.100为两根水准尺红面的起始注记之差，即尺常数之差，单位为米。

三、四等水准测量观测手簿　　　　　　　　　　　　表6-11

测自__BM1__至__BM6__日期__2015.10.8__开始8时__30__分结束9时__28__分

天气__阴__成像__清晰__观测__孙××__记录__张××__检查__李××__

测站编号	后尺	下丝 上丝	前尺	下丝 上丝	方向及尺号	水准尺中丝读数		K＋黑－红 (mm)	平均高差 (m)	备注
						黑面	红面			
	①		④		后	③	⑧	⑭	⑱	
	②		⑤		前	⑥	⑦	⑬		
	⑨		⑩		后－前	⑮	⑯	⑰		
	⑪		⑫							
1	2.217		2.056		后1	2.009	6.698	－2	＋0.1855	
	1.799		1.623		前2	1.824	6.612	－1		
	41.8		43.3		后－前	＋0.185	＋0.086	－1		
	－1.5		－1.5							

137

测站编号	后尺	下丝 上丝	前尺	下丝 上丝	方向及尺号	水准尺中丝读数		$K+$黑$-$红 (mm)	平均高差 (m)	备注
	后视距离		前视距离			黑面	红面			
	前后视距差		累积差							
2	1.506		1.900		后 2	1.233	6.021	-1	-0.3975	
	0.960		1.364		前 1	1.632	6.317	$+2$		
	54.6		53.6		后$-$前	-0.399	-0.296	-3		
	$+1.0$		-0.5							
3	0.965		1.641		后 1	0.832	5.519	0	-0.6745	
	0.700		1.374		前 2	1.507	6.293	$+1$		
	26.5		26.7		后$-$前	-0.675	-0.774	-1		
	-0.2		-0.7							
4	1.271		1.239		后 2	1.084	5.871	0	$+0.0325$	
	0.897		0.963		前 1	1.051	5.739	-1		
	37.4		37.6		后$-$前	$+0.033$	$+0.132$	$+1$		
	-0.2		-0.9							
5	1.752		1.428		后 1	1.654	6.341	0	$+0.3145$	
	1.556		1.239		前 2	1.339	6.127	-1		
	19.6		18.9		后$-$前	$+0.315$	$+0.214$	$+1$		
	$+0.7$		-0.2							
检核计算	$\sum ⑨-\sum ⑩=179.9-180.1=-0.2$ 末站⑫$=-0.2$				$\sum ⑮=-0.541$ $\sum ⑯=-0.638$ $[\sum ⑮+\sum ⑯\pm 0.100]\div 2=-0.5395$				$\sum ⑱=-0.5395$	

黑、红面高差之差，三等不得超过 3 mm，四等不得超过 5mm。如果⑰符合要求，则计算高差中数。

$$高差中数 ⑱=\frac{1}{2}[⑮+⑯\pm 0.100]$$

观测时，若发现本测站某项限差超限，应立即重测本测站。只有各项限差均检查无误后，方可搬站。

（3）每页计算的总校核

在每测站校核的基础上，应进行每页计算的校核。

$\sum ⑮=\sum ③-\sum ⑥$

$\sum ⑯=\sum ⑧-\sum ⑦$

$\sum ⑨-\sum ⑩=$ 本页末站⑫$-$前页末站⑫

$\sum ⑱=\frac{1}{2}[\sum ⑮+\sum ⑯]$,测站数为偶数

$$\Sigma\textcircled{18} = \frac{1}{2}[\Sigma\textcircled{15} + \Sigma\textcircled{16} \pm 0.100],\text{测站数为奇数}$$

（4）水准路线测量成果的计算、检核

三、四等附合或闭合水准路线高差闭合差的计算、调整方法与 2.3 节介绍的普通水准测量相同。其高差闭合差的限差见表 6-5。

6.5 全 站 仪 测 量

全站仪（Total Station）是由电子测角、光电测距、微型机及其软件组合而成的智能型光电测量仪器。因其一次安置仪器就可完成该测站上全部测量工作，所以称之为"全站仪"。全站仪的基本功能是测量水平角、竖直角和斜距，借助于机内固化的软件，可以组成多种测量功能，如可以计算并显示平距、高差以及镜站点的三维坐标，进行偏心测量、悬高测量、对边测量、面积计算等，全站仪几乎可以用在所有的测量领域。

6.5.1 全站仪的构造

全站仪种类和型号众多，原理、构造和功能基本相似。图 6-22 为拓普康公司（Topcon）生产的 ES-602G 整体型全站仪，其主要仪器部件及对应的名称如图所示。

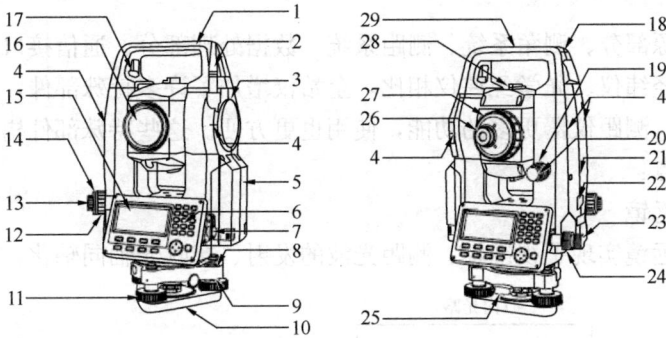

图 6-22　ES-602G 全站仪

1—提柄；2—蓝牙天线；3—外置接口护盖（USB 口）；4—仪器高标志；
5—电池护盖；6—操作面板；7—串口/通信和电源综合接口；8—圆水准器；
9—圆水准器校正螺钉；10—基座底板；11—脚螺旋；12—光学对中调焦螺旋；
13—光学对中目镜；14—光学对中分划板护盖；15—显示屏；16—物镜（含激光指向功能）；17—提柄固定螺钉；18—管式罗盘插口；19—垂直制动螺旋；
20—垂直微动螺旋；21—扬声器；22—触发键；23—水平微动螺旋；24—水平制动螺旋；
25—基座制动螺旋；26—目镜调焦螺旋；27—调焦螺旋；28—粗瞄准器；29—仪器中心标志

全站仪测量时，还需要与其配套使用的觇牌和反射棱镜，如图 6-23 所示。

全站仪的精度等级由两部分确定，即测角精度和测距精度。其测角精度指标与经纬仪一致，用一测回方向值的测角中误差表示，以秒（″）为单位；测距精度指标与光电测距仪一致，用测距中误差 $\pm(a+b\cdot D)$ 表示，其中 a 为仪器的固定误差（mm）、b 为仪器的比例误差系数（mm/km）、D 为测距边长度（km）。例如 ES-602G 全站仪的测角精度为 $2''$，测距精度为 $2+2\text{ppm}D$（ppm 是 mm/km 的比值，即百万分之一）。

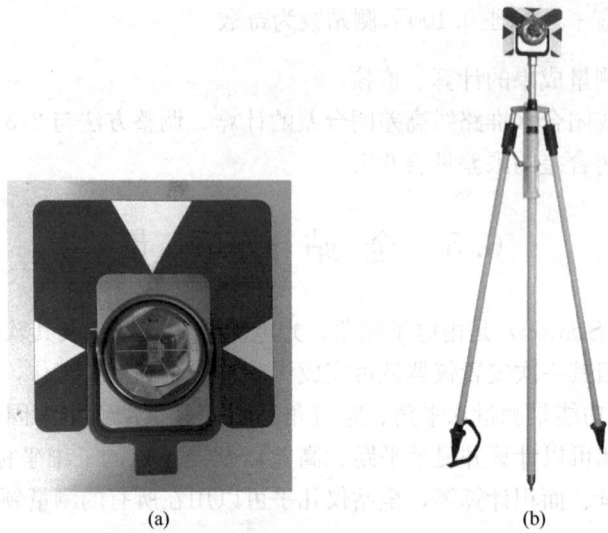

图 6-23　反射棱镜

（a）觇牌和棱镜；（b）强制对中三脚架、觇牌和棱镜

6.5.2　全站仪的特点

全站仪由电源部分、测角系统、测距系统、数据处理部分、通信接口、显示屏及键盘等组成。同电子经纬仪、光学经纬仪相比，全站仪增加了许多特殊部件，因而使得全站仪具有比其他测角、测距仪器更多的功能，使用也更方便。这些特殊部件构成了全站仪在结构方面的以下特点：

（1）同轴望远镜

全站仪的望远镜实现了视准轴、测距光波的发射、接收光轴同轴化，如图 6-24 所示。

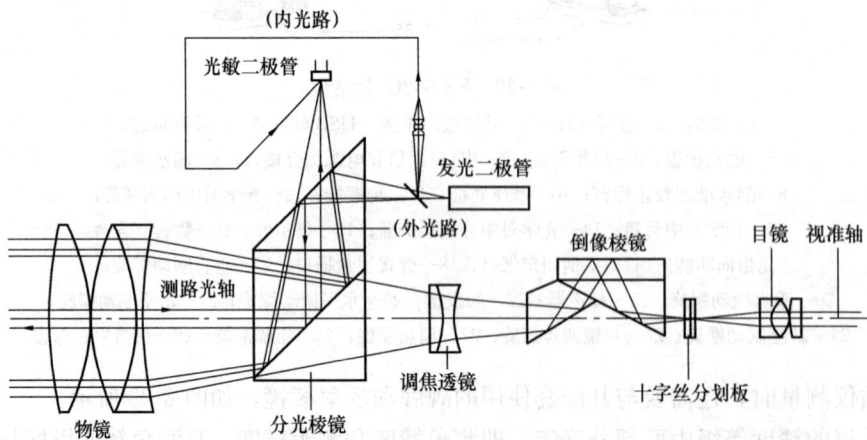

图 6-24　全站仪望远镜光路图

同轴化的基本原理是：在望远物镜与调焦透镜间设置分光棱镜系统，通过该系统实现望远镜的多功能，即既可瞄准目标，使之成像于十字丝分划板，进行角度测量，同时其测

距部分的外光路系统又能使测距部分的光敏二极管发射的调制红外光在经物镜射向反光棱镜后，经同一路径反射回来，再经分光棱镜作用使回光被光电二极管接收；为测距需要在仪器内部另设一内光路系统，通过分光棱镜系统中的光导纤维将由光敏二极管发射的调制红外光传送给光电二极管接收，进而由内、外光路调制光的相位差间接计算光的传播时间，计算实测距离。

同轴性使得望远镜一次瞄准即可实现同时测定水平角、垂直角和斜距等全部基本测量要素的测定功能，加之全站仪强大、便捷的数据处理功能，使全站仪使用极其方便。

（2）竖轴倾斜自动补偿

测量作业时若全站仪竖轴倾斜，会引起角度观测的误差，盘左、盘右观测值取中数不能使之抵消。而全站仪特有的双轴（或单轴）倾斜自动补偿系统，可对竖轴的倾斜进行监测，并在度盘读数中对因竖轴倾斜造成的测角误差自动加以改正（某些全站仪竖轴最大倾斜可容许至±6′）。也可通过将由竖轴倾斜引起的角度误差，由微处理器自动按竖轴倾斜改正计算式计算，并加入度盘读数中加以改正，使度盘显示读数为正确值，即所谓竖轴倾斜自动补偿。

（3）双面键盘与显示屏

键盘是全站仪在测量时输入操作指令或数据的硬件，全站型仪器的键盘和显示屏现在均为双面式，便于正、倒镜作业时操作。

（4）测量数据自动存储

全站仪存储器的作用是将实时采集的测量数据存储起来，再根据需要传送到其他设备，如计算机等，供进一步的处理或利用，全站仪的存储器有内存储器和存储卡两种。

全站仪内存储器相当于计算机的内存（RAM），存储卡是一种外存储媒体，又称 PC卡，作用相当于计算机的移动硬盘或 U 盘。

（5）数据和信息传输采用通信接口

全站仪可以通过 RS-232C 通信接口和通信电缆将内存中存储的数据输入计算机，或将计算机中的数据和信息经通信电缆传输给全站仪，实现双向信息传输。

6.5.3　全站仪的分类

全站仪按其测角系统采用的测角原理可分为 3 类：编码盘测角系统、光栅盘测角系统及动态（光栅盘）测角系统。

全站仪按其外观结构可分为积木型和整体型两大类。

积木型（Modular）又称组合型。早期的全站仪，大都是积木型结构，即电子速测仪、电子经纬仪、电子记录器各是一个整体，可以分离使用，也可以通过电缆或接口把它们组合起来，形成完整的全站仪。

整体型（Integral）的全站仪。现代的全站仪大都是把测距、测角和记录单元在光学、机械等方面设计成一个不可分割的整体，其中测距仪的发射轴、接收轴和望远镜的视准轴为同轴结构。

全站仪按测量功能可分成经典型、机动型、无合作目标型及智能型全站仪四大类。

经典型全站仪（Classical Total Station）也称为常规全站仪，它具备全站仪电子测角、电子测距和数据自动记录等基本功能，有的还可以运行厂家或用户自主开发的机载测量程序。其典型代表为徕卡公司（Leica）的 TC 系列全站仪。

机动型全站仪（Motorized Total Station）是在经典全站仪的基础上安装轴系步进电机，可自动驱动全站仪照准部和望远镜的旋转。在计算机的在线控制下，机动型系列全站仪可按计算机给定的方向值自动照准目标，并可实现自动正、倒镜测量。徕卡 TCM 系列全站仪就是典型的机动型全站仪。

无合作目标型全站仪（Reflectorless Total Station）是指在无反射棱镜的条件下，可对一般的目标直接测距的全站仪。因此，对不便安置反射棱镜的目标进行测量，无合作目标型全站仪具有明显优势。如徕卡 TCR 系列全站仪，无合作目标距离测程可达 1000 m，可广泛用于地籍测量、房产测量和施工测量等。

智能型全站仪（Robotic Total Station）是在机动型全站仪的基础上，仪器安装自动目标识别与照准的新功能，因此在自动化的进程中，全站仪进一步克服了需要人工照准目标的重大缺陷，实现了全站仪的智能化。在相关软件的控制下，智能型全站仪在无人干预的条件下可自动完成多个目标的识别、照准与测量，因此，智能型全站仪又称为"测量机器人"，典型的代表有徕卡 TCA 型全站仪等，如图 6-25 所示。

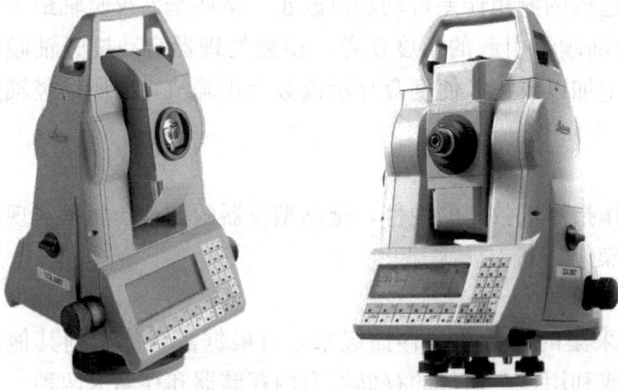

图 6-25　徕卡 TCA2003 测量机器人

全站仪按照测角精度分为 0.5″, 1″, 2″, 3″, 5″等几个等级。常见全站仪型号有日本拓普康（Topcon）GTS 系列、美国天宝（Trimble）、瑞士徕卡（Leica）TPS、德国蔡司（Zeiss）系列，我国的南方测绘、苏州第一光学仪器厂、北京博飞系列等。

6.5.4　全站仪的使用

（1）基本使用

全站仪的基本操作与经纬仪相似，所不同的是全站仪能够在一个测站上同时完成测角和测距工作。由于全站仪一般都有自动记录测量数据的功能，因此外业测量的数据一般不用表格记录。但是有时为了查阅和认识全站仪的测量过程，也可以用表格记录数据。不同品牌和型号全站仪的使用方法不尽相同，但其基本步骤相差不大，主要包括：

1）安置仪器

将全站仪安置于测站，反射棱镜安置于目标点，并对中和整平。

2）参数设置

输入棱镜常数、观测环境的气象元素，选择测角、测距单位和测距模式等。

3）测站设置

输入仪器高、棱镜高、测站点的坐标。

4）后视定向

输入后视点的坐标或后视方向的方位角，照准后视点。

5）测量

根据测量目的运用相应功能进行测量。

（2）高级测量功能

全站仪具有基本的测角和测距功能之外，通过内置的应用程序，还具有三维坐标测量、对边测量、悬高测量、后方交会测量、放样测量和偏心测量等功能，下面对这些功能作简单的介绍。

1）三维坐标测量

如图 6-26 所示，将全站仪安置在测站点，棱镜安置在目标点，输入测站点的三维坐标、后视方位角、仪器高和目标高后，然后瞄准目标点处的棱镜进行观测，仪器即可显示出目标点的三维坐标。

2）对边测量

如图 6-27 所示，对边测量功能用于仪器在自由设站的情况下，直接测定多个目标点相对于某一参考点（起始点）之间或者任意两目标点之间的倾斜距离、水平距离、高差、坡度等。

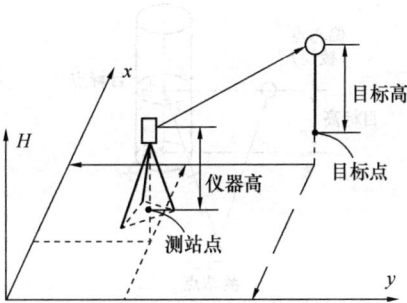

图 6-26　三维坐标测量

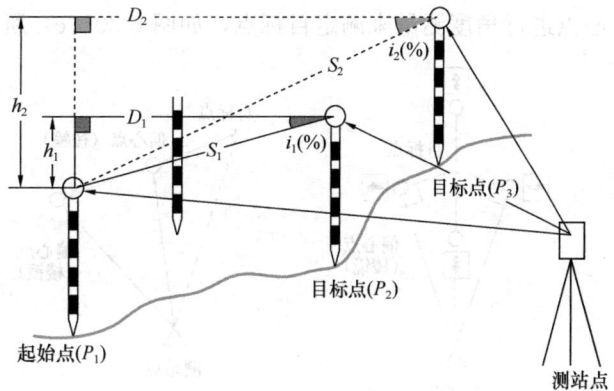

图 6-27　对边测量

3）悬高测量

悬高测量功能用于观测无法在测点上设置棱镜的物体的高度，如高压输电线、桥梁等。如图 6-28 所示，悬高测量物体高度的计算公式为：

$$H_t = h_1 + h_2$$

$$h_2 = S\sin\theta_{z1}\cot\theta_{z2} - S\cos\theta_{z1}$$

式中　θ_{z1}、θ_{z2}——视线与铅垂线的夹角，称为天顶距。

4）后方交会测量

如图 6-29，后方交会测量用于通过对多个已知坐标点的观测确定出测站点的坐标，有两种测量模式：①坐标后方交会测量，通过对多个已知坐标数据点的观测，计算出测站点的坐标；②高程后方交会测量，通过对多个已知点的观测确定出测站点的高程。

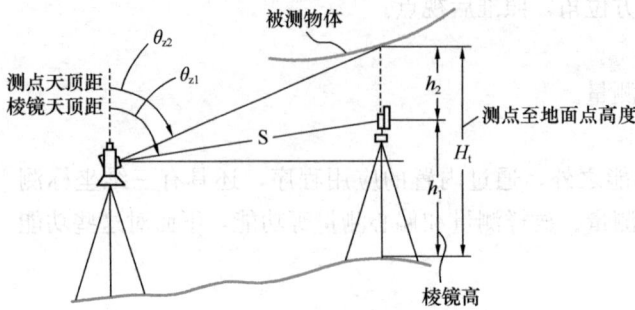

图 6-28　悬高测量

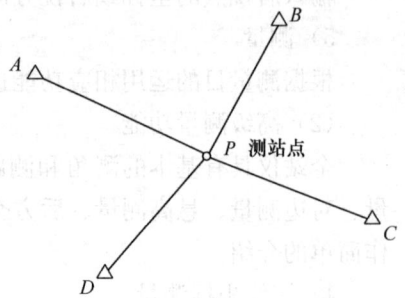

图 6-29　后方交会测量

5）偏心测量

当目标点由于无法设置棱镜或不通视等原因不能直接对其进行测量时，可将棱镜设置在距目标点不远处通视的偏心点上，通过对偏心点的角度和距离测量求得至目标点的角度和距离值。偏心测量方法有三种：①单距离偏心测量，通过测量偏心点至目标点间的水平距离来测定目标点，如图 6-30（a）所示；②双距离偏心测量，通过观测目标点到两个偏心点的距离来测定目标点，如图 6-30（b）所示；③角度偏心测量，通过照准目标点和偏心点进行角度测量来测定目标点，如图 6-30（c）所示。

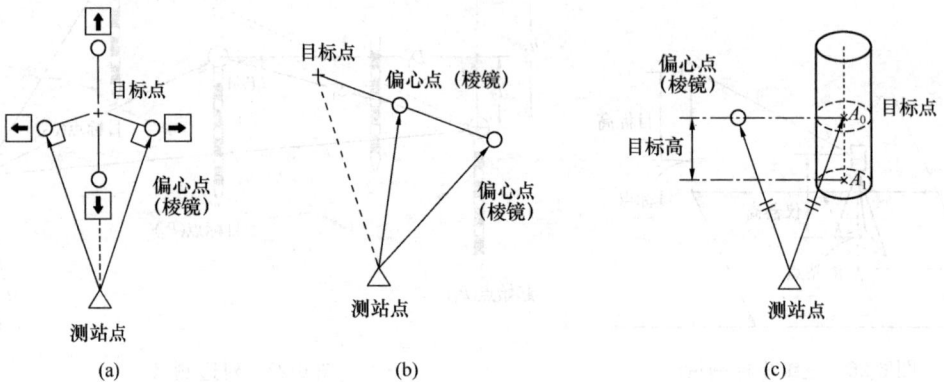

图 6-30　偏心测量
（a）单距离偏心测量；（b）双距离偏心测量；（c）角度偏心测量

6）放样测量

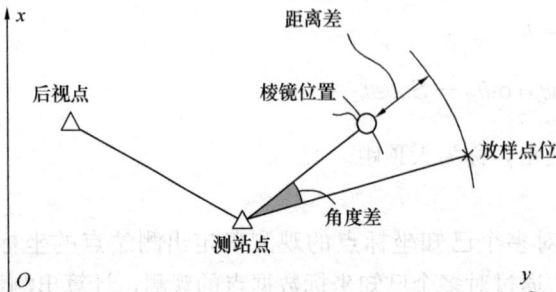

图 6-31　坐标放样

放样功能用于在实地上测设出所需的点位。放样过程中，通过测量目标点的水平角、距离或坐标，仪器可显示预先输入仪器的放样值与实测值之差值，如图 6-31 所示。放样值可在多种测量模式下输入，包括坐标、水平距离、倾斜距离、高差和悬高测量模式。在倾斜距离、水平距离、高差和坐标模式下，可读取已知的坐标作为放样坐标数据。所需的水平距离、倾斜距离和高差放样值可根据读取的坐标放样值、测站坐标、仪器高和目标高等计算得到。

6.5.5 全站仪使用的注意事项

（1）使用前仔细阅读说明书

各种全站仪使用方法大同小异，不同型号或相同型号不同批次的仪器在使用上有一些细微的差别。

（2）检查电池

如电量不足，要立即充满，并注意仪器的及时充电。

（3）注意周围环境

避免温度骤变时作业。开箱后，应待箱内温度与环境温度适应后，再使用仪器。观测之前，要测量周围环境的气温、气压，并将这些参数输入到仪器中，仪器则会依据这些参数对所测距离进行自动修正。有些仪器是对气象参数自动感应的，所以在使用前要将自动感应装置处于开启状态。

（4）反射棱镜配套

测距时，没有免棱镜测距功能的全站仪要与棱镜配套，因不同的棱镜有不同的棱镜常数，如果不配套，会使所测距离产生错误。在同一方向上只能有一组棱镜。棱镜后不能有发光或反光的物体，如实在不能避开，可用黑布遮挡。

（5）强光和雨天作业

应避免强光和雨天作业。如不能避免，强阳光下观测要撑伞遮阳，望远镜不能直接对准太阳，否则会烧坏仪器中的电子元件。雨天和强阳光下作业应装滤光镜，防止阳光直接照射或雨水淋湿损坏仪器。

（6）信号接收装置

全站仪观测时仪器周围不能有强的电磁场，所以要远离高压线、变电站等，同时避开变压器等强电场源，以免受电磁场干扰；在测距时观测人员要关闭手机、对讲机等。

（7）迁站和移动

迁站时不能和三脚架一起搬动仪器，要将仪器拆下装箱搬运；长途搬运时，仪器要装箱，箱子下部和周围要用软东西衬垫，防止强振动对仪器造成损害；运输过程中注意仪器的防潮、防振、防高温。

（8）观测结束及时关机

（9）全站仪的养护

1）每次作业后，应用毛刷扫去仪器表面的灰尘，用软布轻擦。镜头不能用手擦，可先用毛刷扫去浮土，再用镜头纸擦净。

2）无论仪器出现任何异常情况，切不可拆卸仪器，应与厂家或维修部门联系。仪器应存放在清洁、干燥、通风、安全的房间内，并有专人保管。

3）仪器不用时，应充电后存放；长期不用，应将电池卸下，分开存放；长期不用的仪器至少每1～2个月充电一次，充电时间应按说明书实施或查看指示灯，长时间的充电会影响电池的使用寿命。

思 考 题 与 习 题

1. 控制测量的作用是什么，平面控制和高程控制为何分开建立，各自有哪些常用的建立方法？

2. 国家控制网、城市控制网、小地区控制网各起什么作用，三者之间有何关系？

3. 在全国范围、城市地区如何进行平面控制网与高程控制网的布设？

4. 在小地区如何进行平面控制网与高程控制网的布设，图根控制测量起什么作用，它有哪些方法？

5. 单一导线的布设有哪几种形式，各适用于什么情况？

6. 选择导线点应注意哪些问题，导线测量的外业工作包括哪些内容？

7. 何谓连接角、连接边，它们有什么作用？当测区图根点不与高级控制点连测时，应如何建立测区控制网？

8. 在导线计算中，角度闭合差的调整原则是什么，坐标增量闭合差的调整原则是什么？

9. 在导线计算的角度闭合差调整时，受凑整误差的影响，当水平角改正数之和与角度闭合差不符时，该如何处理？

10. 在导线测量内业计算时，怎样衡量导线测量的精度？

11. 附合导线与闭合导线内业计算中有哪些相似，又有哪些不同？

12. 支导线如图 6-32 所示，已知 B 点坐标为（3853.638m，2262.135m），D_{B1} = 158.225m，D_{12}=79.852m，α_{AB}=253°32′50″，β_1=158°15′46″，β_2=205°28′35″，求 1、2 点的坐标。

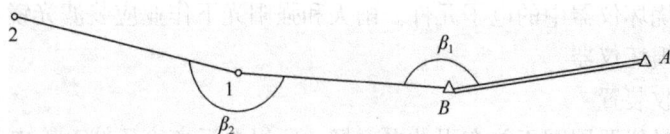

图 6-32　习题 12

13. 已知图根闭合导线的起始数据及各内角的观测值如图 6-33 所示，试参照表 6-8 填

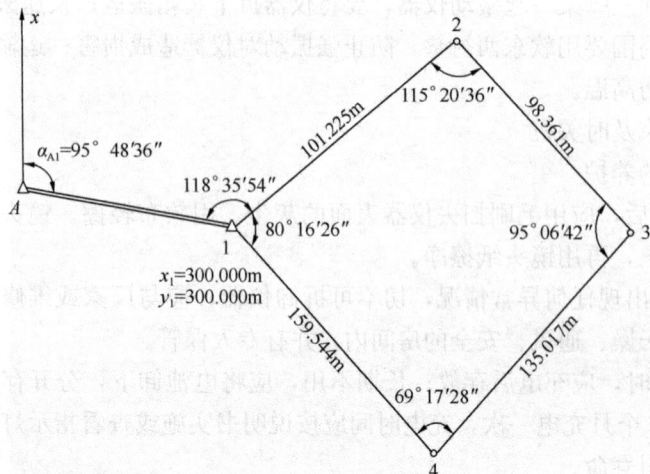

图 6-33　习题 13

146

表计算导线点 2、3、4 点坐标（角度取至秒，坐标取至 0.001m）。

14. 某图根附合导线如图 6-34 所示，已知数据和观测数据列于表 6-12 中，试填表计算导线点 1、2 的坐标（角度取至秒，坐标取至 0.001m，坐标增量改正数填在相应坐标增量值的上方）。

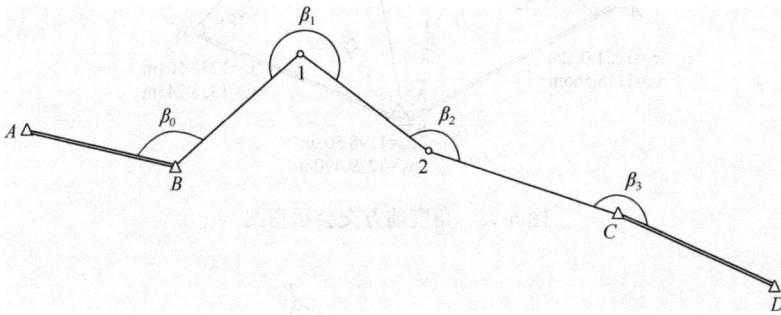

图 6-34 习题 14

15. 交会定点有哪几种方法，各适用于什么情况，角度后方交会时应注意什么问题？

16. 什么是交会角，交会角的大小对交会精度有何影响？

17. 角度前方交会观测的数据如图 6-35 所示，求 P 点坐标（取位至"mm"）。

18. 测边交会观测的数据如图 6-36 所示，求 P 点坐标（取位至"mm"）。

附合导线计算表 表 6-12

点号	转折角 (° ′ ″)	改正数 (″)	改正后角度 (° ′ ″)	坐标方位角 (° ′ ″)	距离 (m)	坐标增量		改正后坐标增量		坐 标 值	
						Δx(m)	Δy(m)	$\Delta x'$ (m)	$\Delta y'$ (m)	x (m)	y (m)
1	2	3	4＝2＋3	5	6	7	8	9	10	11	12
A				100 15 30							
B	138 25 56				176.758					2367.892	1875.363
1	280 24 01				216.365						
2	151 29 08				152.794						
C	196 14 46			146 49 45						2158.141	2219.704
D											
Σ											
辅助计算											

147

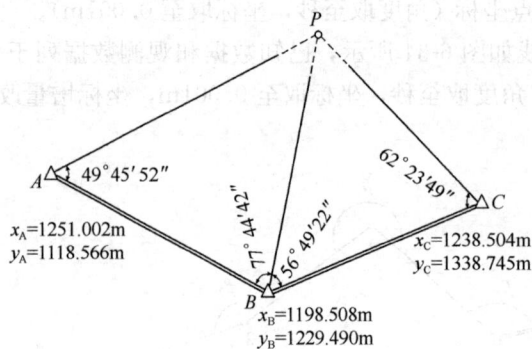

图 6-35　角度前方交会示意图

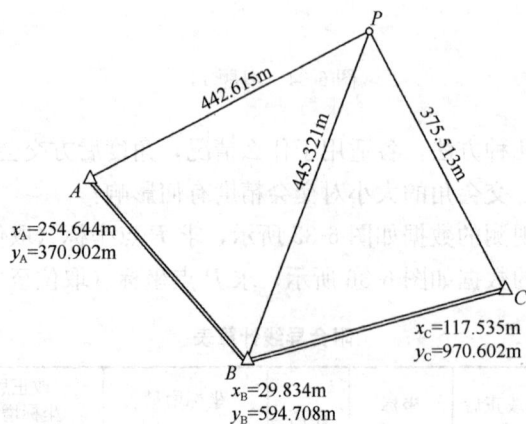

图 6-36　测边交会示意图

19. 计算图 6-37 所示测角后方交会点 M 的坐标。已知 $x_A = 221.211m$，$y_A = 175.763m$；$x_B = 210.821m$，$y_B = 318.753m$；$x_C = 301.132m$，$y_C = 244.758m$。AB、BC、CA 对应的夹角分别为：$137°03'54''$；$113°06'11''$；$109°49'55''$。

20. 四等水准测量在一个测站上的观测程序是什么，有哪些限差要求？

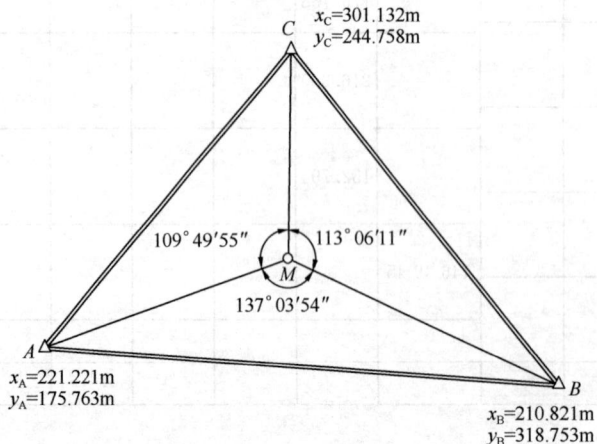

图 6-37　习题 19

21. 参照表 6-11，整理表 6-13 中的四等水准测量观测数据，并计算出 *BM2* 的高程。

22. 全站仪名称的含义是什么，它有哪些主要功能？

23. 全站仪主要组成部分有哪些，全站仪在结构上有什么特点？

24. 全站仪的精度如何确定，全站仪有哪些高级测量功能？

25. 全站仪使用中应注意哪些事项？

四等水准测量记录整理（$K_1 = 4687$mm，$K_2 = 4787$mm）　　表 6-13

测站编号	点号	后尺 下丝/上丝 后视距离 前后视距差	前尺 下丝/上丝 前视距离 累积差	方向及尺号	水准尺中丝读数 黑面	水准尺中丝读数 红面	K+黑-红 (mm)	平均高差 (m)	高程 (m)
1	$BM_1 - TP_1$	1.979 1.457 	0.738 0.214 	后1 前2 后-前	1.718 0.476	6.405 5.265			$H_{BM_1} = $ 21.404
2	$TP_1 - TP_2$	2.739 2.183 	0.965 0.401 	后2 前1 后-前	2.461 0.683	7.247 5.370			
3	$TP_2 - TP_3$	1.918 1.290 	1.870 1.226 	后1 前2 后-前	1.604 1.548	6.291 6.336			
4	$TP_3 - BM_2$	1.088 0.396 	2.388 1.708 	后2 前1 后-前	0.742 2.048	5.528 6.736			$H_{BM_2} = $
检核计算									

第7章 现代测绘技术简介

7.1 全球卫星定位导航技术

7.1.1 定位与导航的概念

从测绘的角度出发，定位就是测量和表达某一地表特征、事件或目标发生在什么空间位置的理论和技术。当今，人类的活动已经从地球表面拓展到近地空间和太空，进入了电子信息时代和太空探索时代。定位的目标小到原子、分子，中为地球上各种自然和人工物体、事件乃至地球本身，大至星球、星系。因此，广义地讲，定位就是测量和表达信息、事件或目标发生在什么时间、什么相关的空间位置的理论方法与技术。由于微观世界的测量涉及量子理论和技术，需要特殊方法和手段，因此我们这里的定位含义，仍然是讨论中观和宏观世界里有关信息、事件和目标的发生时间和空间位置的确定。至于导航，是指对运动目标，通常是指运载工具如飞船、飞机、船舶、汽车、运载武器等的实时、动态定位，即三维位置、速度和包括航向偏转、纵向摇摆、横向摇摆三个角度的姿态的确定。

7.1.2 GNSS 概述

GNSS 是全球导航卫星系统（Global Navigation Satellite System）的简称，它泛指所有的卫星定位导航系统，该类系统都是利用在空间飞行的卫星不断向地面广播发送某种频率并加载了某些特殊定位信息的无线电信号来实现定位与导航。GNSS 一般包含三个部分：第一部分是空间运行的卫星星座，多个卫星组成的星座系统向地面发送某种时间信号、测距信号和卫星瞬时的坐标位置信号。第二部分是地面控制部分，它通过接收上述信号来精确测定卫星的轨道坐标、时钟差异，发现其运转是否正常，并向卫星注入新的卫星轨道坐标，进行必要的卫星轨道纠正等。第三部分是用户部分，它通过用户的卫星信号接收机接收卫星广播发送的多种信号并进行处理计算，确定用户的最终位置。用户接收机通常固连在地面某一确定目标上或固连在运载工具上，从而达到定位与导航的目的。

目前，正在运行的 GNSS 有两个：美国的 GPS（Global Positioning System）和俄罗斯的 GLONASS（GLObalnaya NAvigatsionnaya Sputnikovaya Sistema）。正处于发展建设阶段的有欧盟的 GALILEO 系统和中国的北斗卫星导航系统（BeiDou Navigation Satellite System，BDS）。

7.1.3 GPS

美国的 GPS 研制计划自 1973 年起步，1978 年首次发射卫星，1994 年完成 24 颗中等高度圆轨道（Medium Earth Orbit，MEO）卫星组网，历时 16 年，耗资 120 亿美元。迄今为止已经发展了三代卫星。整个系统由空间部分、控制部分和用户部分组成。

1. 空间部分

（1）GPS 卫星星座。设计为 21 颗卫星加 3 颗轨道备用卫星，实际已有 28～30 颗在轨运行卫星，如图 7-1 所示。其星座参数为：

卫星高度 20200km；

卫星轨道周期 11 小时 58 分；

卫星轨道面 6 个，每个轨道至少 4 颗卫星；

轨道的倾角 55°，为轨道面与地球赤道面的夹角。

（2）GPS 卫星可见性。地球上或近地空间任何时间至少可见 4 颗，一般可见 6～8 颗卫星。

（3）GPS 卫星信号。

载波频率：L 波段多频 L_1 为 1575.42 MHz，L_2 为 1227.60MHz，L_5 为 1176.45MHz；

卫星识别：码分多址（Code Division Multiple Access，CDMA），即根据调制码来区分卫星；

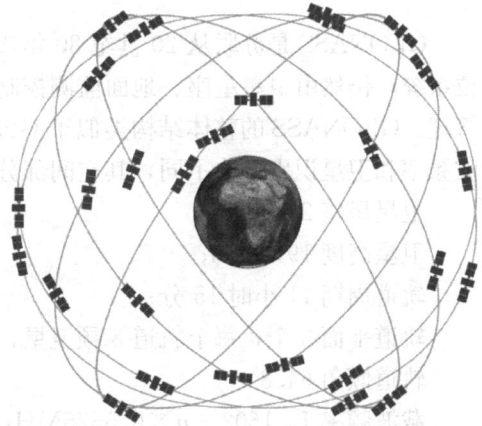

图 7-1　GPS 卫星星座

测距码：C/A、L_1C、L_2C、I_5、Q_5 码伪距（民用），P_1、P_2 码伪距（军用）；

导航数据：卫星轨道坐标、卫星钟差方程式参数、电离层延迟修正，以上数据称为广播星历。它相当于向用户提供了定位的已知参考点（卫星）的起算坐标和系统参考时间以及相关的信号传播误差修正。

2. 控制部分

控制部分由"监控站""主控站"和"注入站"组成，各部分对应的功能如下。

图 7-2　GPS 接收机

监控站：接收卫星下行信号数据并送至主控站，监控卫星导航运行和服务状态。

主控站：卫星轨道估计，卫星控制，定位系统的运行管理。

注入站：卫星轨道纠正信息，卫星钟差纠正信息，控制命令的上行注入卫星。

3. 用户部分

GPS 接收机由接收天线和信号处理运算显示两大部件组成，如图 7-2 所示。按照定位导航功能不同，可将接收机分为两大类。

（1）大地测量型接收机。一般用于高精度静态定位和动态定位。

（2）导航型动态接收机。一般用于实时动态定位。

按照同时能接收的载波频率也可将接收机分为两类：

（1）双频/多频接收机。一般用于静态大地测量和高精度动态测量。其中，能同时接收 P_1 和 P_2 码伪距值的接收机俗称双频双码接收机。

（2）单频接收机。一般用于低精度测量和普通导航。

7.1.4 GLONASS

GLONASS 是苏联从 20 世纪 80 年代初开始建设的与美国 GPS 系统相类似的卫星定位系统，仍然由卫星星座、地面监测控制站和用户设备三部分组成，现在由俄罗斯空间局管理。GLONASS 的整体结构类似于 GPS 系统，其主要不同之处在于星座设计、信号载波频率和卫星识别方法不同，其空间部分的主要参数是：

卫星星座 24 颗；

卫星高度 19100km；

轨道周期 11 小时 15 分；

轨道平面 3 个，每个轨道 8 颗卫星；

轨道倾角 64.8°；

载波频率 L_1 1602＋n×0.5625MHz，n 为卫星频道编号（$-7 \leqslant n \leqslant +6$），$L_2$ 1246＋n×0.4375MHz。

卫星识别方法：频分多址（Frequency Division Multiple Access，FDMA），即根据载波频率来区分不同卫星。值得一提的是，新一代的 GLONASS-K、GLONASS-M 和 GLONASS-KM 系列的卫星也开始使用类似于 GPS 的 CDMA 信号。

GLONASS 的卫星导航定位信号类似于 GPS 系统，测距信号也分为民用码和军用码。同时，广播星历的参数与 GPS 也很类似，这里就不再赘述。

7.1.5 GALILEO 系统

GALILEO 系统是欧盟自主的、独立的全球卫星定位导航系统，可提供高精度、高可靠性的定位服务，同时实现完全非军方控制和管理。

完全建成后，GALILEO 系统将由 30 颗卫星组成，其中 24 颗工作星，6 颗备份星。卫星分布在 3 个中地球轨道（MEO）上，轨道高度为 23222km，轨道倾角 56°。每个轨道上部署 8 颗工作星和 2 颗备份星，当某颗工作星失效后，备份星将迅速进入工作位置替代其工作，如图 7-3 所示。

GALILEO 系统计划于 2020 年完成，耗资约 40 亿欧元。欧盟的一些专家称，该系统可与美国的 GPS 和俄罗斯的 GLONASS 兼容，但比后两者更安全、更准确，有助于欧洲太空业的发展。

GALILEO 系统按不同用户层次分为免费服务和有偿服务两种级别。免费服务包括：提供 L_1 频率基本公共服务，与现有的 GPS 民用基本公共服务信号相似，定位精度可达 1m。有偿

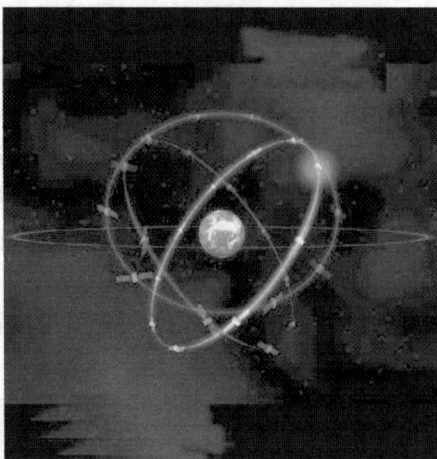

图 7-3　GALILEO 系统卫星星座

服务包括：提供附加的 L_2 或 L_3 信号，可为民航等用户提供高可靠性、完好性和高精度（1cm）的信号服务。系统定义了三种类型的业务：

（1）开放接入业务。向所有民用用户开放的免费业务。

（2）一类控制接入业务。为商业应用提供的并实施控制接入的有偿服务。

（3）二类控制接入业务。为安全和军事应用提供的并实施控制接入的有偿服务。

7.1.6　BDS

北斗卫星导航系统（BeiDou Navigation Satellite System，BDS）是中国着眼于国家安全和经济社会发展需要，自主建设、独立运行的卫星导航系统，是为全球用户提供全天候、全天时、高精度的定位、导航和授时服务的国家重要空间基础设施。

20 世纪后期，中国开始探索适合国情的卫星导航系统发展道路，逐步形成了三步走发展战略：2000 年年底，建成北斗一号系统，向中国提供服务；2012 年年底，建成北斗二号系统，向亚太地区提供服务；计划在 2020 年前后，建成北斗全球系统，向全球提供服务。目前，我国正在实施北斗三号系统建设。根据系统建设总体规划，计划 2018 年，面向"一带一路"沿线及周边国家提供基本服务；2020 年前后，完成 35 颗卫星发射组网，为全球用户提供服务，如图 7-4 所示。

图 7-4　北斗导航卫星组网效果图

北斗二号基本空间星座由 5 颗 GEO 卫星、5 颗 IGSO 卫星和 4 颗 MEO 卫星组成，并视情部署在轨备份卫星。GEO 卫星轨道高度 35786km，分别定点于东经 58.75°、80°、110.5°、140° 和 160°；IGSO 卫星轨道高度 35786km，轨道倾角 55°；MEO 卫星轨道高度 21528km，轨道倾角 55°。

北斗三号基本空间星座由 3 颗 GEO 卫星、3 颗 IGSO 卫星和 24 颗 MEO 卫星组成，并视情部署在轨备份卫星。GEO 卫星轨道高度 35786km，分别定点于东经 80°、110.5° 和 140°；IGSO 卫星轨道高度 35786km，轨道倾角 55°；MEO 卫星轨道高度 21528km，轨道倾角 55°。

北斗系统空间星座将从北斗二号逐步过渡到北斗三号，在全球范围内提供公开服务。目前，正在运行的北斗二号系统发播 B1I 和 B2I 公开服务信号，免费向亚太地区提供公开服务。服务区为南北纬 55°、东经 55°～180° 区域，定位精度优于 10m，测速精度优于 0.2m/s，授时精度优于 50ns。

7.1.7　GNSS 卫星定位的基本原理

1. 绝对定位

绝对定位也叫单点定位，即利用 GNSS 卫星和用户接收机之间的距离观测值直接确定用户接收机天线在协议地球坐标系中相对于坐标系原点——地球质心的绝对位置。绝对定位又分为静态绝对定位和动态绝对定位。

（1）*基本定位原理方程

已知数据信号：如图 7-5 所示，卫星坐标三维向量 r^j，通过广播星历计算出的向量形

式为 $r^j = (x^j, y^j, z^j)$。

观测数据信号：卫星至测站距离 ρ^j，其向量形式为 $e_i^j \cdot \rho_i^j$，e_i^j 是 ρ 方向单位向量（方向余弦）。

待求量：R_i，测站在地球上的三维位置向量为 $R_i = (x_i, y_i, z_i)$；向量方程为：

$$R_i = r^j - e_i^j \cdot \rho_i^j \tag{7-1}$$

R_i 中有三个未知数，但 ρ_i^j 只有一个观测量，不能解出三个未知数，从原理上说至少应有三个不同卫星的 ρ_i^j 才能解算出上述方程的三个未知数。

如图 7-6 所示，已知：r^1, r^2, r^3；

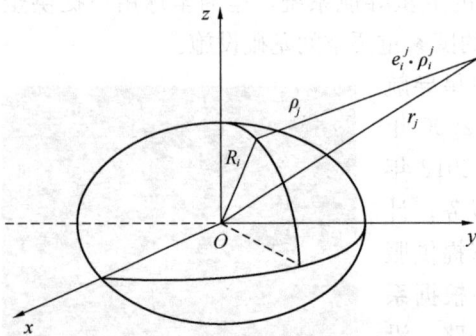

图 7-5　GNSS 定位的几何关系　　　　图 7-6　GNSS 三维定位示意图

观测：$\rho_i^1, \rho_i^2, \rho_i^3$；

求：$R_i = (x_i, y_i, z_i)$。

有方程式 $\| r^j - R_i \| = \rho_i^j$，$j = 1, 2, 3$。其中，$\| \cdot \|$ 表示求向量的模，即长度，亦即：

$$\sqrt{(x_i - x^j)^2 + (y_i - y^j)^2 + (z_i - z^j)^2} = \rho_i^j, \; j = 1, 2, 3 \tag{7-2}$$

从上面的分析看出，从原理上说，只要知道三个卫星至测站的距离，就可实现三维坐标的定位。

（2）伪距观测值 ρ_i^j 的特性

在实际观测过程中，我们不能直接观测到卫地几何距离，而是观测到包含了卫星和接收机时钟误差、对流层延迟、电离层延迟等其他误差的伪距离 $\widetilde{\rho}_i^j$，称为伪距观测值，它实际上由下式表达出来：

$$\widetilde{\rho}_i^j = \sqrt{(x_i - x^j)^2 + (y_i - y^j)^2 + (z_i - z^j)^2} + c \cdot \Delta t_u + \Delta d, j = 1, 2, 3, 4 \tag{7-3}$$

上式中，Δt_u 表示接收机钟差，为待求参数；Δd 表示空气中的电离层、对流层介质而产生的距离误差，可以通过信号传播的电离层与对流层的理论预先确定。

因此，式（7-3）中共有 x_i，y_i，z_i 和 Δt_u 四个未知数，观测四颗卫星的伪距可以唯一确定上述四个未知参数。图 7-7 所示为 GNSS 定位的几何原理。

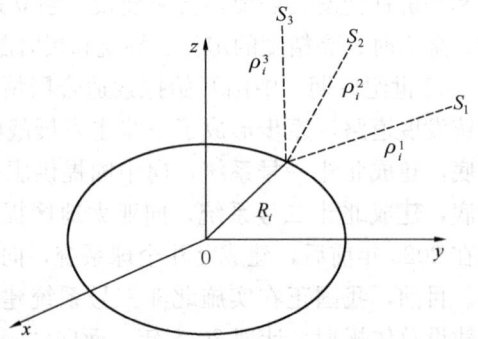

以上定位原理说明，通过 GNSS 可以同时实现三维定位与接收机时间的定时。以 GPS 为例，一般来说，利用 C/A 码进行实时绝对定位，各坐标分量精度在 5~10m，三维综合精度在 15~30m；利用军用 P 码进行实时绝对定位，各坐标分量精度在 1~3m，三维综合精度在 3~6m；利用相位观测值进行绝对定位技术比较复杂，目前其实时或准实时

各坐标分量的精度在 $0.1\sim0.3m$，事后 24 小时连续定位三维精度可达 $2\sim3cm$。

2. 相对定位

绝对定位的精度一般较低，对于 GNSS 卫星定位来说，主要是由于卫星轨道、卫星钟差、接收机钟差、电离层延迟、对流层延迟等误差的影响不易用物理或数学的方法加以消除的原因。但是，相对定位是确定 P_j 点相对 P_i 点的三维位置关系，利用 GNSS 定位技术，只要 P_j 离 P_i 点不太远，例如小于 30km，那么观测伪距 ρ_j^S，ρ_i^S 大约通过相近的大气层，其电离层和对流层延迟误差几

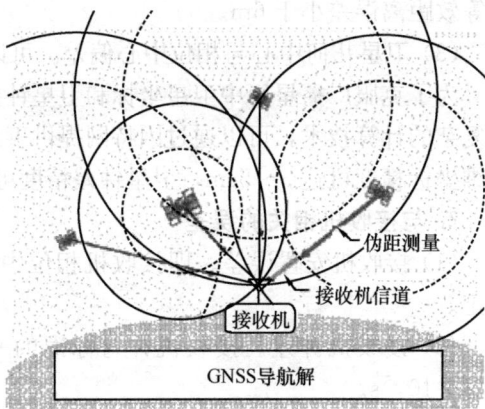

图 7-7　GNSS 定位几何原理

乎相同，利用 ρ_j^S 和 ρ_i^S 组成新的观测量，又称差分观测量。如图 7-8 所示，可以组成下列差分观测量：

$$\Delta\rho_{ij}^{S_k} = \rho_j^{S_k} - \rho_i^{S_k}，\quad (k=1,2,3,4) \tag{7-4}$$

它不仅可以大大削弱电离层、对流层的影响，还可以大大削弱卫星 S_k 的轨道误差影响，几乎完全消除 S_k 的卫星钟差的影响。在差分观测量的基础上还可组成二次差分观测量：

$$\Delta\rho_{ij}^{S_k S_q} = \Delta\rho_{ij}^{S_q} - \Delta\rho_{ij}^{S_k}，(k=1,2,3,4) \tag{7-5}$$

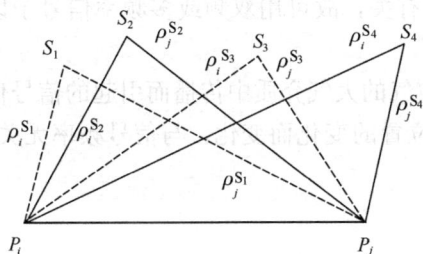

图 7-8　GNSS 相对定位原理

这种二次差分观测量又称为双差观测量，可大大削弱卫星轨道误差、电离层、对流层延迟误差的影响，几乎可以完全消除卫星钟差和接收机钟差的影响。用它们进行相对定位，精度就可以大大提高。

以 GPS 为例，基于 C/A 码伪距测量的相对定位精度可以达到 $0.5\sim5m$，相对定位的两点之间距离可以为 $5m\sim200km$。对于载波相位测量，可以达到厘米（RTK 或者网络 RTK 测量）乃至毫米（静态基线测量）的精度，相对定位的两点之间距离可以从几米一直到几千千米。

如果用平均误差量与两点间的长度相比的相对精度来衡量，GPS 相位相对定位方法的相对定位精度一般可达 10^{-6}（1 ppm），最高可接近 10^{-9}（1 ppb）。

7.1.8　GNSS 卫星定位的主要误差源

GNSS 卫星定位的主要误差按其来源可以分为以下三类：

1. 与卫星相关的误差

（1）轨道误差。目前实时广播星历的轨道三维综合误差可达 $10\sim20m$。

（2）卫星钟差。简单地说，卫星钟差就是 GNSS 卫星钟的钟面时间同标准 GNSS 时间之差。对于 GPS，由广播星历的钟差方程计算出来的卫星钟误差一般可达 $10\sim20ns$，引

起等效距离误差小于 6m。

（3）卫星几何中心与相位中心偏差。可以事先确定或通过一定方法解算出来。

为了克服广播星历中卫星坐标和卫星钟差精度不高的缺点，人们通过精确的卫星测量和复杂的计算技术，可以通过因特网提供事后或近实时的精密星历。精密星历中卫星轨道三维坐标精度可达 $3\sim5cm$，卫星钟差精度可达 $1\sim2ns$。

2. 与接收机相关的误差

（1）接收机安置误差。即接收机相位中心与待测物体目标中心的偏差，一般可事先确定。

（2）接收机钟差。接收机钟与标准的 GNSS 系统时间之差。对于 GPS，一般可达 $10^{-6}\sim10^{-5}s$。

（3）接收机信道误差。信号经过处理信道时引起的延时和附加的噪声误差。

（4）多路径误差。接收机周围环境产生信号的反射，构成同一信号的多个路径入射天线相位中心，可以用抑径板等方法减弱其影响。

（5）观测量误差。对于 GPS 而言，C/A 码伪距偶然误差约为 $1\sim3m$，P 码伪距偶然误差约为 $0.1\sim0.3m$；相位观测值的等效距离误差约为 $1\sim2mm$。

3. 与大气传输有关的误差

（1）电离层误差。$50\sim1000km$ 的高空大气被太阳高能粒子轰击后电离，即产生大量自由电子，使 GNSS 无线电信号产生传播延迟，一般白天强，夜晚弱，可导致载波天顶方向最大 $50m$ 左右的延迟量。误差与信号载波频率有关，故可用双频或多频率信号予以显著减弱。

（2）对流层误差。无线电信号在含水汽和干燥空气的大气介质中传播而引起的信号传播延时，其影响随卫星高度角、时间、季节和地理位置的变化而变化，与信号频率无关，不能用双频载波予以消除，但可用模型削弱。

7.1.9 GNSS 的应用

GNSS 能够以不同的定位定时精度提供服务，从亚毫米、毫米到厘米、分米、亚米及米和十几米的定位精度，都有可供选择的定位方法。在定时方面，可从亚纳秒、纳秒到微秒级的精度实现时间测量和不同目标间时间同步。在定位的时间响应方面，可以从 $0.05s$、$1s$ 到十几秒、几分、几个小时或几天来实现不同的实时性要求和精确性要求。从相对定位距离方面看，可从几米一直到几千千米之间实现连续的静态和动态定位要求。从工作环境上看，除了怕被森林、高楼遮挡信号造成可见卫星少于 4 颗和强电离层爆发造成 GNSS 测距信号完全失真外，可以说是全球、全连续和全天候的。这些优良的特性，使得它在"科学研究""工程技术""军事技术""社交娱乐"和"精细农业"等领域有着广泛的应用。结合本书的编写背景，这里重点介绍 GNSS 在工程技术，特别是测量方面的应用。

1. 全球和国家大地控制网的建设

大地测量的重要任务之一就是建立和维持一个地面参考基准，为各种不同的测绘工作提供坐标参考基准。简单地讲，要定量地描述地球表面物体的位置，就必须建立坐标系。过去的坐标系是由二维的水平坐标系和垂直坐标系组合而成，是非地心的、区域性的、静态的参考系统。同时，由于测量技术和数据处理手段的制约，这种坐标系难以满足现代高精度长距离定位、精密测绘、地震监测预报和地球动力学研究等方面的需要。GNSS，特别是 GPS 的出现，使建立和维持一个基于地心的长期稳定和具有较高密度的、动态的全球性或区域性坐标参考框架成为可能。我国已建立了国家高精度 GPS A 级网、B 级网，军事部门布测的全国高精度 GPS 网，中国地壳形变监测网，区域性的地壳形变监测网和高精度 GPS 测量控制网等。

2. 在工程施工测量、精密监测中的应用

GNSS 的应用是测量技术的一项革命性变革。它具有高精度、观测时间短、测站间不需要通视和全天候作业等优点。它使三维坐标测定变得简单。GNSS 已广泛应用到工程测量的各个领域，从一般的控制测量（如城市控制网、测图控制网）到精密工程测量，都显示了极大的优势。GNSS 测量定位技术还用于桥梁工程、隧道与管道工程、海峡贯通与连接工程、精密设备安装工程等。

此外，GNSS 测量技术具有高精度的三维定位能力，它是监测各种工程形变极为有效的手段。工程形变的种类很多，主要有：大坝的变形，陆地建筑物的变形和沉陷，海上建筑物的沉陷，资源开采区的地面沉降等。GNSS 精密定位技术与经典测量方法相比，不仅可以满足大坝变形监测工作的精度要求（$10^{-6} \sim 10^{-7}$），而且更有助于实现监测工作的自动化。例如，为了监测大坝的形变，可在远离坝体的适当位置，选择若干基准站，并在形变区选择若干监测点。在基准站与监测点上，分别

图 7-9　大坝外观变形 GNSS 自动化监测系统

安置 GNSS 接收机，进行连续的自动观测，并采用适当的数据传输技术，实时地将监测数据自动地传送到数据处理中心进行处理、分析和显示。如图 7-9 所示。

3. 在交通、监控、智能交通中的应用

随着社会的发展进步，实现对道路交通运输（车队管理、路边援助与维修等）、水运（港口、雾天海上救援等）、铁路运输（列车管理）等车辆的动态跟踪和监控非常重要。将 GNSS 接收机安装在车上，能实时获得被监控车辆的动态地理位置及状态等信息，并通过无线通信网将这些信息传送到监控中心，监控中心的显示屏上可实时显示出目标的准确位置、速度、运动方向、车辆状态等用户感兴趣的参数，并能进行监控和查询，方便调度管理，提高运营效率，确保车辆的安全，从而达到监控的目的。移动目标如果发生意外，如遭劫、车坏、迷路等，可以向信息中心发出求救信息。处理中心由于知道移动目标的精确位置，可以迅速给予救助。特别适合公安、银行、公交、保安、部队、机场等单位对所属车辆的监控和调度管理，也可以应用于对船舶、火车等的监控。对于出租车公司，GNSS 可用于出租汽车的定位，根据用户的需求调度距离最近的车辆去接送乘客。越来越多的私人车辆上也装有卫星导航设备，驾车者可根据当时的交通状况选择最佳行车路线，获悉到达选择的目的地所需的时间，在发生交通事故或出现故障时系统自动向应急服务机构发送车辆位置的信息，从而可获得紧急救援。目前，道路交通运输是定位应用最多的用户。

4. 在测绘工程中的应用

全球卫星导航定位系统的出现使整个测绘科学技术的发展产生了深刻的变革。GNSS已经广泛应用于测绘的方方面面。其主要表现在：建立不同等级的测量控制网；获取地球表面的三维数字信息并用于生产各种地图；为航空摄影测量提供位置和姿态数据；测绘水下（海底、湖底、江河底）地形图等。此外，还广泛有效地应用于城市规划测量、厂矿工程测量、交通规划与施工测量、石油地质勘探测量以及地质灾害监测等领域，产生了良好的社会和经济效益。

5. 海陆空运动载体（船、车、飞机）导航

海陆空运动载体（船、车、飞机）导航是卫星导航定位系统应用最广的领域。如图7-10 所示。利用 GNSS 对大海上的船只连续、高精度实时定位导航，有助于船舶沿航线精确航行，节省时间和燃料，避免船只碰撞。出租车、租车服务、物流配送等行业利用 GNSS 技术对车辆进行跟踪、调度管理，合理分布车辆，以最快的速度响应用户的乘车请求，降低能源消耗，节省运行成本。GNSS 在车辆导航方面发挥了重要的作用，在城市中建立数字化交通电台，实时发播城市交通信息，车载设备通过 GNSS 进行精确定位，结合电子地图以及实时的交通状况，自动匹配最优路径，并实行车辆的自主导航。根据 GNSS 的精度和动态适应能力，它将可直接用于飞机的航路导航，也是目前中、远航线上最好的导航系统。基于 GNSS 或差分 GNSS 的组合系统将会取代或部分取代现有的仪表着陆系统和微波着陆系统，并使飞机的进场/着陆变得更为灵活，机载和地面设备更为简单、廉价。

图 7-10　运动载体导航

7.2　摄　影　测　量

7.2.1　什么是摄影测量

摄影测量是一门通过摄影，对所获得的影像进行测量（特别是测绘国家基本比例尺地形图）的学科。它的基本原理来自测量的交会方法。测量的前方交会原理（图 7-11）是：在空间物体前面的两个已知位置（称为测站，为方便起见，假定这两个点位于同一个水平面上）放置两台经纬仪，利用望远镜分别在测站 1、2 照准同一个点（A），这样就可以根据两个测站的已知坐标（X_1，Y_1，Z_1）、（X_2，Y_2，Z_2）与在两个测站所测得的水平角、垂直角（α_1，β_1）、（α_2，β_2），求得点 A 的坐标（X，Y，Z）。

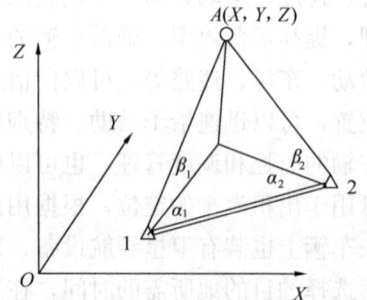

摄影测量是在物体前的两个已知位置（称为摄站）

图 7-11　前方交会测定目标点

摄取两张影像（图 7-12a）：左影像（图 7-12b）与右影像（图 7-12c），然后在室内利用摄影测量仪器量测左、右影像上的同名点（空间同一个点在左、右影像上的像点称为同名点）a_1、a_2 的影像坐标（x_1，y_1）、（x_2，y_2），交会得到空间点 A 的空间坐标（X，Y，Z）。

图 7-12 摄影测量示意图
(a) 摄影；(b) 左影像；(c) 右影像

摄影测量的前方交会原理如图 7-13 所示，S_1、S_2 为左、右摄站，p_1、p_2 为摄取的左、右影像，a_1、a_2 为左、右影像上的同名点。通过像点（如 a_1）也能获得摄影光线 $S_1 a_1$ 的水平角 α、垂直角 β。因此，它与经纬仪一样，利用两张影像进行前方交会，如直线 $S_1 a_1$ 与 $S_2 a_2$ 交会于一个空间点 A，获得其空间坐标（X，Y，Z）。

由于左、右影像是同一个空间物体的投影，利用影像上任意一对同名点都能交会得到一个对应空间点。因此，摄影测量不仅仅可以测量一个空间的点，而且能利用影像重建空间的三维物体的模型。一般而言，测量是逐 "点" 的测量，而摄影测量是 "面"（影像）的测量。

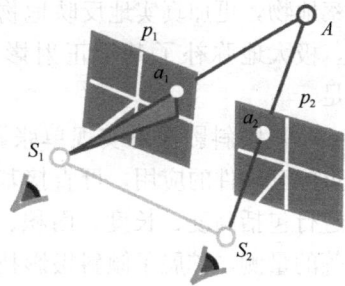

图 7-13 摄影测量的交会

7.2.2 摄影测量的分类

根据对地面获取影像位置的不同，摄影测量可以分为航空摄影测量、航天摄影测量与地面（或近景）摄影测量。摄影测量最主要的摄影对象是地球表面，用来测绘国家各种基本比例尺的地形图，为各种地理信息系统与土地信息系统提供基础数据。

1. 航空摄影测量

航空摄影测量是将摄影机安装在飞机上，对地面摄影，这是摄影测量最常用的方法。图 7-14 表示了航空摄影的原理。摄影时，飞机沿预先设定的航线进行摄影，相邻影像之间必须保持一定的重叠度——称为航向重叠，一般应大于 60%。互相重叠部分构成一个立体像对。完成一条航线的摄影后，飞机进入另一条航线进行摄影，相邻航线影像之间也必须有一定的重叠度——称为旁向重叠，一般应大于 20%。

航空摄影测量测绘的地形图比例尺一般为 1：5 万、1：1 万、1：5000、1：2000、1：1000，1：500 等。其中，1：5 万、1：1 万为国家、省级基本图，1：1 万也常用于大型工程（如水利、水电、铁路、公路）的初步勘测设计；1：2000、1：1000、1：500 主要

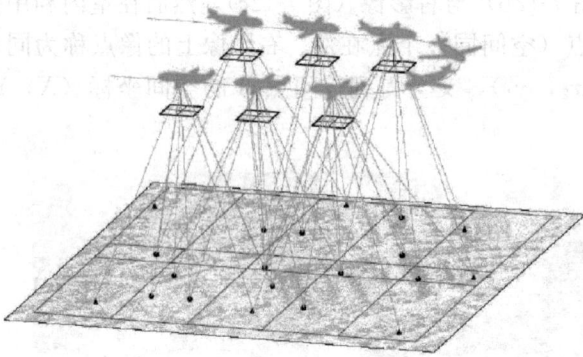

图 7-14　航空摄影的原理图

应用于城镇的规划、土地和房产管理；1∶5000、1∶2000一般为大型工程设计用图。

航空摄影测量所用的是一种专门设计的大幅面的摄影机，称为航空摄影机，影像幅面一般为230mm×230mm。传统的航空摄影机多数是基于胶片的光学摄影机，但是随着数码技术与数字摄影测量的发展，大幅面的数码航空摄影机将逐步替代传统的光学航空摄影机。

传统的航空摄影要求相机从垂直角度对目标进行拍摄，即获得所谓的"正射影像"。倾斜摄影技术是国际测绘领域近些年发展起来的一项高新技术，它通过在同一飞行平台上搭载多台传感器，同时从一个垂直、四个倾斜等五个不同的角度采集影像，将用户引入了符合人眼视觉的真实直观世界，突破了正射影像只能从垂直角度拍摄这一限制，如图7-15所示。

倾斜摄影技术特点：

（1）反映地物周边真实情况。相对于正射影像，倾斜影像能让用户从多个角度观察地物，更加真实地反映地物地实际情况，极大地弥补了基于正射影像应用的不足。

（2）倾斜影像可实现单张影像量测。通过配套软件的应用，可直接基于成果影像进行包括高度、长度、面积、角度、坡度等的量测，扩展了倾斜摄影技术在行业中的应用。

（3）建筑物侧面纹理可采集。针对各种三维数字城市应用，利用航空摄影大规

图 7-15　倾斜摄影

模成图的特点，加上从倾斜影像批量提取及贴纹理的方式，能够有效地降低城市三维建模成本。

（4）数据量小易于网络发布。相较于三维GIS技术应用庞大的三维数据，应用倾斜摄影技术获取影像的数据量要小得多，其影像的数据格式可采用成熟的技术快速进行网络发布，实现共享应用。

倾斜摄影技术不仅能够真实地反映地物情况，高精度地获取物方纹理信息，还可通过先进的定位、融合、建模等技术，生成真实的三维城市模型。该技术在欧美等发达国家已经广泛应用于应急指挥、国土安全、城市管理、房产税收等行业。

2. 航天摄影测量

航天摄影测量是随着航天、卫星、遥感技术的发展而发展起来的摄影测量技术，它将摄影机（一般称为传感器）安装在卫星上，对地面进行摄影。特别是近年来高分辨率卫星影像的成功应用，使它已经成为国家基本地图绘制的重要组成部分，如图 7-16 所示。

在卫星上搭载的多数是由 CCD 组成的线阵摄影机，目前常用的卫星影像及其相应的测图与地图更新比例尺如表 7-1 所示。

常用卫星影像及其相应的测图与地图更新比例尺　　　　　　　　　　　表 7-1

卫星名	地面分辨率	测图比例尺	地图更新比例尺
Landsat 7 ETM	15m/30m	1∶10 万～1∶25 万	1∶5 万～1∶10 万
SPOT 1-4	10m/20m	1∶10 万	1∶5 万
SPOT 5	2.5～5m/10m	1∶5 万	1∶2.5 万
Ikonos Ⅱ	1m/4m	1∶1 万	1∶5000
Quickbird	0.6m/2.4m	1∶5000～1∶1 万	1∶5000

3. 地面（近景）摄影测量

地面摄影测量是将摄影机安置在地面上进行测量。地面摄影测量既可以利用测量专用的摄影机（称为量测摄影机）进行（图 7-17 所示的就是专门用于地面摄影的量测摄影机），也可以利用一般的摄影机（称为非量测摄影机）进行。

图 7-16　航天摄影　　　　　　　　图 7-17　地面摄影机

地面摄影测量可以用来测绘地形图，也可以用于工程测量。图 7-18 为土方开挖摄影的一个立体像对，图 7-19 为由此测量所得的数字表面模型。

图 7-18　土方开挖的立体像对　　　　　　　图 7-19　数字表面模型

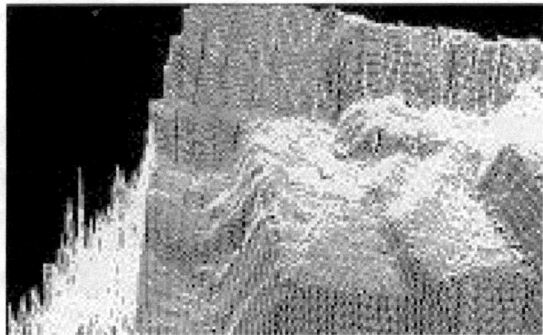

7.2.3 摄影测量的发展

若从 1839 年尼普斯和达意尔发明摄影术算起，摄影测量学（Photogrammetry）已有 160 多年的历史。1851～1859 年法国陆军上校劳赛达特提出的交会摄影测量，被称为摄影测量学的真正起点。

从空中拍摄地面的照片，最早是 1858 年纳达在气球上进行的。1903 年莱特兄弟发明了飞机，使航空摄影测量成为可能。第一次世界大战期间，第一台航空摄影机问世。由于航空摄影比地面摄影具有明显的优越性（如视场开阔、能快速获得大面积地区的像片等），航空摄影测量成为 20 世纪以来大面积测绘地形图最有效的快速方法。从 20 世纪 30 年代到 70 年代，主要测量仪器工厂所研制和生产的各种类型模拟测图仪都是针对航空地形摄影测量的。

随着电子计算机的问世，便出现了始于 20 世纪 50 年代末的解析空中三角测量（精确测定点位空间三维坐标的摄影测量方法）和解析测图仪与数控正射投影仪（利用数字投影方法进行量测、制图和制作正射像片）。1957 年，海拉瓦博士提出了利用电子计算机进行解析测图的思想，限于当时计算机的发展水平，解析测图仪经历了近二十年的研制和试用阶段，直到 70 年代中期，随着电子计算机技术的发展，解析测图仪才进入了商用阶段。解析测图仪的价格逐步与一级精度模拟测图仪相近，使它在全世界获得广泛的应用。

进入 20 世纪 80 年代，随着计算机进一步发展，摄影测量的全数字化——数字摄影测量系统开始研究与发展。90 年代数字摄影测量系统（主要是工作站）进入实用化阶段，90 年代末数字摄影测量系统开始全面替代传统的摄影测量仪器，摄影测量生产真正步入了全数字化时代。

值得指出的是，早在 1978 年底，原武汉测绘科技大学名誉校长、中科院资深院士王之卓先生就提出了"全数字自动化测图系统"的研究方案，开始了数字摄影测量系统的研究，比国际上提出类似方案还要早 3～4 年。目前，由我国研制的数字摄影测量系统 VirtuoZo（武汉大学遥感信息工程学院）与 JX-4A（中国测绘科学研究院）已在我国摄影测量中大规模用于生产，并在国际上得到了应用。

因此，摄影测量的发展经历了模拟、解析和数字摄影测量三个阶段。三个发展阶段可以用图 7-20 中三种典型的摄影测量仪器表示。图 7-20（a）所示模拟测图仪是完全基于精密的光学机械、结构非常复杂的摄影测量仪器；图 7-20（b）所示解析测图仪则是基于精密的光学机械与计算机的摄影测量仪器；图 7-20（c）所示数字摄影测量工作站是完全没有光学机械、全部计算机化的摄影测量系统。

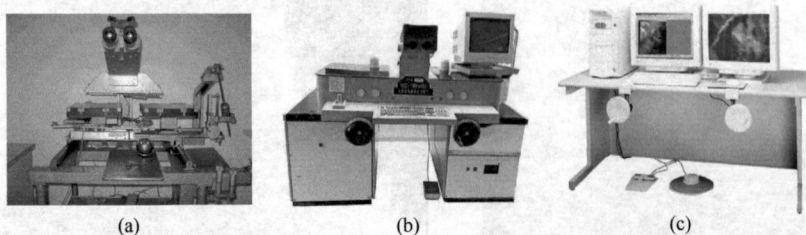

(a)　　　　　　　　　　(b)　　　　　　　　　(c)

图 7-20　摄影测量三个发展阶段的三种典型仪器
(a) 模拟测图仪；(b) 解析测图仪；(c) 数字测图仪

7.3 遥感科学与技术

7.3.1 遥感的概念

20世纪地球科学进步的一个突出标志是人类开始脱离地球，从太空观测地球，并将得到的数据和信息在计算机网络中以地理信息系统形式存储、管理、分发、流通和应用。通过航空航天遥感（包括可见光、红外、微波和合成孔径雷达）、声呐、地磁、重力、地震、深海机器人、卫星定位、激光测距和干涉测量等探测手段，获得了有关地球的大量地形图、专题图、影像图和其他相关数据，加深了对地球形状及其物理化学性质的了解及对固体地球、大气、海洋环流的动力学机理的认识。利用对地观测新技术，不仅开展了气象预报、资源勘探、环境监测、农作物估产、土地利用分类等工作，还对沙尘暴、旱涝、火山、地震、泥石流等自然灾害的预测、预报和防治展开了科学研究，有力地促进了世界各国的经济发展，提高了人们的生活质量，为地球科学的研究和人类社会的可持续发展作出了它的贡献。

什么是遥感呢？20世纪60年代随着航天技术的迅速发展，美国地理学家首先提出了"遥感"（Remote Sensing）这个名词，它泛指通过非接触传感器遥测物体的几何与物理特性的技术。如图7-21所示。

按照这个定义，前面讲到的摄影测量就是遥感的前身。

遥感，顾名思义就是遥远感知事物的意思，也就是不直接接触目标物体，在距离地物几千米到几百千米甚至上千千米的飞机、飞船、卫星上，使用光学或电子光学仪器（称为传感器）接收地面物体反射或发射的电磁波信号，并以图像胶片或数据磁带记录下来，传送到地面，经过信息处理、判读分析和野外实地验证，最终服务于资源勘探、动态监测和有关部门的规划决策。通常把这一接收、传输、处理、

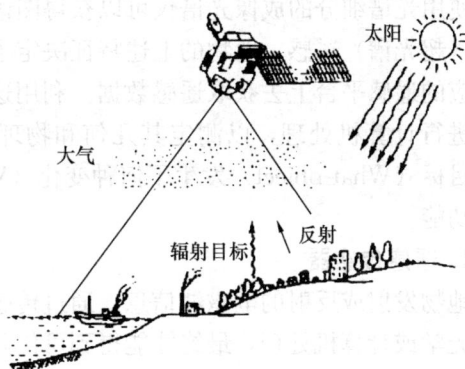

图 7-21 遥感的概念

分析判读和应用遥感数据的全过程称为遥感技术。遥感之所以能够根据收集到的电磁波数据来判读地面目标物和有关现象，是因为一切物体，由于其种类、特征和环境条件的不同，具有完全不同的电磁波的反射或发射辐射特征。因此，遥感技术主要建立在物体反射或发射电磁波的原理基础之上。

遥感技术的分类方法很多。按电磁波波段的工作区域，可分为可见光遥感、红外遥感、微波遥感和多波段遥感等。按被探测的目标对象领域不同，可分为农业遥感、林业遥感、地质遥感、测绘遥感、气象遥感、海洋遥感和水文遥感等。按传感器的运载工具不同，可分为航空遥感和航天遥感两大系统。航空遥感以飞机、气球作为传感器的运载工具，航天遥感以卫星、飞船或火箭作为传感器的运载工具。目前，一般采用的遥感技术分

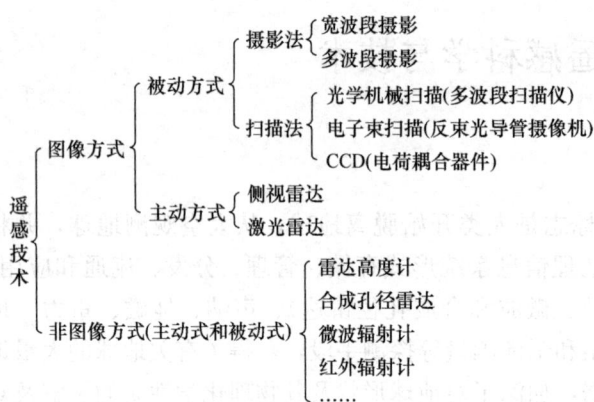

图 7-22 遥感技术分类法

类法是：首先按传感器记录方式的不同，把遥感技术分为图像方式和非图像方式两大类；然后，根据传感器工作方式的不同，把图像方式和非图像方式再分为被动方式和主动方式两种。被动方式是指传感器本身不发射信号，而是直接接收目标物辐射和反射的太阳散射；主动方式是指传感器本身发射信号，然后再接收从目标物反射回来的电磁波信号。遥感技术分类如图 7-22 所示。

7.3.2 遥感信息获取

任何一个地物都有三大属性，即空间属性、辐射属性和光谱属性。任何地物都具有空间明确的位置、大小和几何形状，这是其空间属性；对任一单波段成像而言，任何地物都有其辐射特征，反映为影像的灰度值；而任何地物对不同波段有不同的光谱反射强度，从而构成其光谱特征。

使用光谱细分的成像光谱仪可以获得图谱合一的记录，这种方法称为成像光谱仪或高光谱（超光谱）遥感。地物的上述特征决定了人们可以利用相应的遥感传感器，将它们放在相应的遥感平台上去获取遥感数据。利用这些数据实现对地观测，对地物的影像和光谱记录进行计算机处理，以测定其几何和物理属性，回答何时（When）、何地（Where）、何种目标（What object）发生了何种变化（What change），这里的四个 W 就是遥感的任务和功能。

1. 遥感传感器

地物发射或反射的电磁波信息，通过传感器收集、量化并记录在胶片或磁带上，然后进行光学或计算机处理，最终才能得到可供几何定位和图像解译的遥感图像。

遥感信息获取的关键是传感器。由于电磁波随着波长的变化其性质有很大的差异，地物对不同波段电磁波的发射和反射特性也不大相同，因而接收电磁辐射的传感器的种类极为丰富。依据不同的分类标准，传感器有多种分类方法。按工作的波段可分为可见光传感器、红外传感器和微波传感器。按工作方式可分为主动式传感器和被动式传感器。被动式传感器接收目标自身的热辐射或反射太阳辐射，如各种相机、扫描仪、辐射计等；主动式传感器能向目标发射强大电磁波，然后接收目标反射回波，主要指各种形式的雷达，其工作波段集中在微波区。按记录方式可分为成像方式和非成像方式两大类。非成像的传感器记录的是一些地物的物理参数；在成像系统中，按成像原理可分为摄影成像、扫描成像两大类。

2. 遥感平台

遥感中搭载传感器的工具统称为遥感平台。遥感平台包括人造卫星、航天航空飞机乃至气球、地面测量车等。遥感平台中，高度最高的是气象卫星 GMS 风云 2 号等所代表的地球同步静止轨道卫星，它位于赤道上空 36000km 的高度上。其次是高度为 400～1000km 的地球观测卫星，如 Landsat、SPOT、CBERS 1 以及 Ikonos Ⅱ、"快鸟"等高分辨率卫星，它们大多使用能在同一个地方同时观测的极地或近极地太阳同步轨道。其他按高度排列主要有航天飞机、探空仪、超高度喷气飞机、中低高度飞机、无线电遥探飞机乃至地面测量车等。

激光雷达/激光探测与测量（Light Detection and Ranging，LiDAR），是近年来出现的一种全新的遥感技术，它利用激光测距的原理，通过记录被测物体表面大量的密集的点的三维坐标、反射率和纹理等信息，可快速复建出被测目标的三维模型及线、面、体等各种图件数据。该技术在地形测绘、环境检测、三维城市建模等诸多领域具有广阔的发展前景和应用需求，有可能为测绘行业带来一场新的技术革命。

LiDAR 大致分为机载和地面两大类，其中机载激光雷达是一种安装在飞机上的机载激光探测和测距系统，可以量测地面物体的三维坐标，是一种主动式对地观测系统。机载 LiDAR 系统集成激光

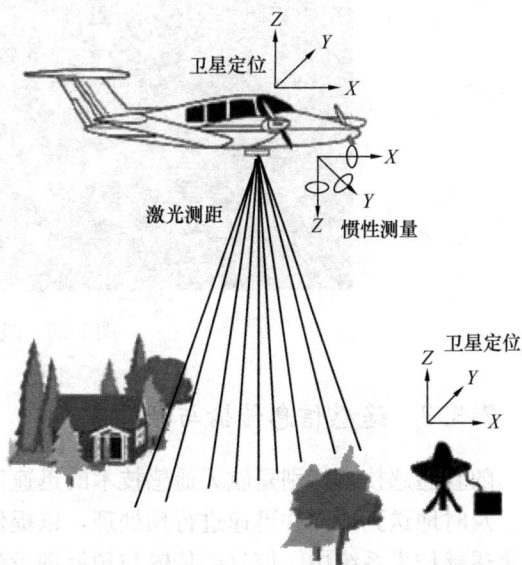

图 7-23　机载 LiDAR

测距技术（Laser Scanner）、计算机技术、惯性测量单元（Inertial Navigation System，INS）和卫星定位技术（Global Navigation Satellite System，GNSS）于一体，在三维空间信息的实时获取方面产生了重大突破，为获取高时空分辨率地球空间信息提供了一种全新的技术手段，如图 7-23 所示。

地面 LiDAR 也称为三维激光扫描仪，它可以密集地大量获取目标对象的数据点，因此相对于传统的单点测量，三维激光扫描技术也被称为从单点测量进化到面测量的革命性技术突破，如图 7-24 所示。

LiDAR 扫描成果以点的形式记录，也称为"点云"，每一个点包含有三维坐标，有的

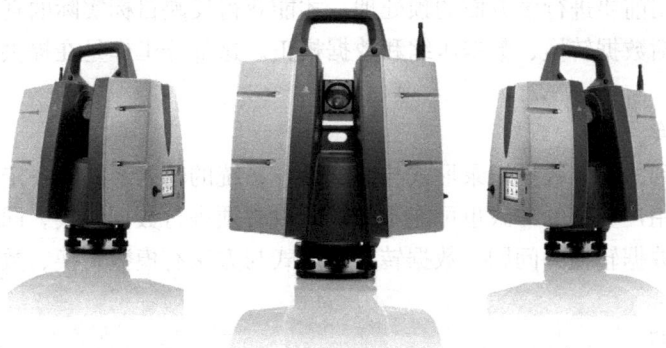

图 7-24　地面 LiDAR（徕卡 P40 三维激光扫描仪）

还包含颜色信息（RGB）或反射强度信息（Intensity）。颜色信息通常是通过相机获取彩色影像，然后将对应位置的像素的颜色信息（RGB）赋予点云中对应的点。强度信息的获取是激光扫描仪接收装置采集到的回波强度，此强度信息与目标的表面材质、粗糙度、入射角方向以及仪器的发射能量、激光波长有关，如图 7-25 所示。

图 7-25　激光点云

7.3.3　遥感信息传输与预处理

随着遥感技术特别是航天遥感技术的迅速发展，如何使传感器收集的大量遥感信息正确、及时地送到地面并迅速进行预处理，以提供给用户使用，是一个非常重要的问题。在整个遥感技术系统中，信息的传输与预处理设备的耗资是很大的。

1. 遥感信息的传输

传感器收集到的被测目标的电磁波，经不同形式直接记录在感光胶片或磁带（高密度数据磁带 HDDT 或计算机兼容磁带 CCT），或者通过无线电发送到地面被记录下来。遥感信息的传输有模拟信号传输、数字信号传输两种方式。模拟信号是一种连续变化的电源与电压表示的模拟信号，经过放大和调制后用无线电传输，这种方式称为模拟信号传输。数字信号传输是指将模拟信号转换为数字形式进行传输。

由于遥感信息的数据量相当大，要在卫星过境的短时间内将获得的信息数据全部传输到地面是有困难的，因此，在信息传输时要进行数据压缩。

2. 遥感信息的预处理

从航空或航天飞行器的传感器上收到的遥感信息因受传感器性能、飞行条件、环境因素等影响，在使用前要进行多方面的预处理，才能获得反映目标实际的真实信息。遥感信息预处理主要包括数据转换、数据压缩和数据校正。这部分工作是在提供给用户使用前进行的。

（1）数据转换

由于所接收到的遥感数据记录形式与数据处理系统的输入形式不一定相同，而处理系统的输出形式与用户要求的形式也可能不同，所以必须进行数据转换。同时，在数据处理过程中也都存在数据转换的问题。数据转换的形式与方法有模数转换、数模转换、格式转换等。

（2）数据压缩

传送到遥感图像数据处理机构的数据量是十分庞大的。目前虽然用电子计算机进行数据预处理，但数据处理量和处理速度仍然跟不上数据收集量。所以，在图像预处理过程中，还要进行数据压缩，其目的是为了去除无用的或多余的数据，并以特征值和参数的形式保存有用的数据。

（3）数据校正

由于环境条件的变化、仪器自身的精度和飞行姿态等因素的影响，因而会导致一系列的数据误差。为了保证获得信息的可靠性，必须对这些有误差的数据进行校正。校正的内容主要有辐射校正和几何校正。

将经过上述预处理的遥感数据回放成模拟像片或记录在计算机兼容磁带上，才可以提供给用户使用。

7.3.4 遥感图像数据处理

遥感影像数据的处理分为几何处理、灰度处理、特征提取、目标识别和影像解译。

几何处理依照不同传感器的成像原理有所不同，对于无立体重叠的影像主要是几何纠正和形成地学编码。对于有立体重叠的卫星影像，还要解求地面目标的三维坐标和建立数字高程模型（DEM）。几何处理分为星地直接解和地星反求解。星地直接解是依据卫星轨道参数和传感器姿态参数空对地直接求解。地星反求解是依据地面若干控制点的三维坐标反求变换参数，有各种近似和严格解法。利用求出的变换参数和相应的成像方程，便可求出影像上目标点的地面坐标。

影像的灰度处理包括图像复原和图像增强、影像重采样、灰度均衡、图像滤波。图像增强包括反差增强、边缘增强、滤波增强和彩色增强。不同传感器、不同分辨率、不同时期的数据，可以通过数据融合的方法获得更高质量、更多信息量的影像。

特征提取是从原始影像上通过各种数学工具和算子提取用户有用的特征，如结构特征、边缘特征、纹理特征、阴影特征等。

目标识别则是从影像数据中人工或自动半自动地提取所要识别的目标，包括人工地物和自然地物目标。

影像解译是对所获得的遥感图像用人工或计算机方法对图像进行判读，对目标进行分类。图像解译可以用各种基于影像灰度的统计方法，也可以用基于影像特征的分类方法，还可以从影像理解出发，借助各种知识进行推理。这些方法也可以相互组合形成各种智能化的方法。

7.3.5 遥感技术的应用

遥感技术的应用涉及各行各业、方方面面。这里简要列举其在国民经济建设中的主要应用。

1. 在国家基础测绘和建立空间数据基础设施中的应用

各种分辨率的遥感图像是建立数字地球空间数据框架的主要来源，可以形成反映地表景观的各种比例尺影像数据库（DOM）；可以用立体重叠影像生成数字高程模型数据库（DEM）；还可以从影像上提取地物目标的矢量图形信息（DLG）。其次，由于遥感卫星能长年地、周期地和快速地获取影像数据，这为空间数据库和地图更新提供了最好的手段。

2. 在铁路、公路设计中的应用

航空航天遥感技术，可以为铁路、公路的选线和设计提供各种几何和物理信息，包括断面图、地形图、地质解译、水文要素等信息，已在我国主要新建的铁路线和高速公路线的设计和施工中得到广泛应用。特别在西部开发中，由于该地区人烟稀少，地质条件复杂，遥感手段更有其优势。

3. 在农业和林业中的应用

遥感技术在农业中的应用主要包括：利用遥感技术进行土地资源调查与监测、农作物生产与监测、作物长势状况分析和生长环境监测。

森林是重要的生物资源，具有分布广、生长期长的特点。由于人为和自然原因，森林资源会经常发生变化。利用遥感手段可以快速地进行森林资源调查和动态监测，可以及时地进行森林虫害的监测，定量地评估由于空气污染、酸雨及病虫害等因素引起的林业危害。遥感的高分辨率图像还可以参与和指导森林经营和运作。另外，气象卫星遥感是发现和监测森林火灾最快速和最廉价的手段，可以掌握起火点、火灾通过区域、灭火过程、灾情评估和过火区林木恢复情况。

4. 在煤炭工业中的应用

煤炭是中国的主要能源之一，占全国能源消耗总量的 70％以上。煤炭工业的发展部署对国民经济的发展具有直接的影响。热红外遥感是煤炭工业的最佳应用手段。利用各种摄影或扫描手段获取的热红外遥感图像，可用于识别煤层、探测煤系地层。

遥感技术在煤炭工业中的主要应用还包括：煤田区域地质调查，煤田储存预测，煤田地质填图，煤炭自燃，发火区圈定、界线划分、灭火作业及效果评估，煤矿治水，调查井下采空后的地面沉陷，煤炭地面地质灾害调查，煤矿环境污染及矿区土复耕等。

5. 在油气资源勘探中的应用

油气资源勘探与其他领域一样，由于遥感技术的迅速渗透而充满生机。油气资源遥感勘探以其快速、经济、有效等特点而引人瞩目，受到国内外油气勘探部门的高度重视。20世纪 80 年代以来，美国、苏联、日本、澳大利亚、加拿大等国都进行了油气遥感勘探方法的试验研究。例如，美国于 1980～1984 年间分别在怀俄明州、西弗吉尼亚州、得克萨斯州选择了三个油气区，利用 TM 图像，结合地球化学和生物地球化学方法，进行油气资源遥感勘探研究。自 1977 年起，我国地矿部先后在塔里木、柴达木等地进行了油气资源遥感勘探研究，取得了不少成果和实践经验。

6. 在地质矿产勘查中的应用

遥感技术为地质研究和勘查提供了先进的手段，可为矿产资源调查提供重要依据和线索，对高寒、荒漠和热带雨林地区的地质工作提供有价值的资料。特别是卫星遥感，为大区域甚至全球范围的地质研究创造了有利条件。

遥感技术在地质调查中的应用，主要是利用遥感图像的色调、形状、阴影等标志，解译出地质体类型、地层、岩性、地质构造等信息，为区域地质填图提供必要的数据。

遥感技术在矿产资源调查中的应用，主要是根据矿床成因类型，结合地球物理特征，寻找成矿线索或缩小找矿范围，通过成矿条件的分析，提出矿产普查勘探的方向，指出矿区的发展前景。

7. 在水文学和水资源研究中的应用

遥感技术既可观测水体本身的特征和变化，又能够对其周围的自然地理条件及人文活动的影响提供全面的信息，为深入研究自然环境和水文现象之间的相互关系，进而揭示水在自然界的运动变化规律，创造了有利条件。同时，由于卫星遥感对自然界环境动态监测比常规方法更全面、仔细、精确，且能获得全球环境动态变化的大量数据与图像，这在研究区域性的水文过程，乃至全球的水文循环、水量平衡等重大水文课题中具有无比的优越性。因此，在陆地卫星图像广泛的实际应用中，水资源遥感已成为最引人注目的一个方面，遥感技术在水文学和水资源研究中发挥了巨大的作用，主要应用包括：水资源调查、水文情报预报和区域水文研究。

8. 在海洋研究中的应用

在过去的 20 年中，随着航天、海洋电子、计算机、遥感等科学技术的进步，产生了崭新的学科——卫星海洋学。它形成了从海洋状态波谱分析到海洋现象判读等一套完整的理论与方法。

目前，常用的海洋卫星遥感仪器主要有雷达散射计、雷达高度计、合成孔径雷达（SAR）、微波辐射计及可见光/红外辐射计、海洋水色扫描仪等。此外，可见光/近红外波段中的多光谱扫描仪（MSS，TM）和海岸带水色扫描仪（CZCS）均为被动式传感器。它能测量海洋水色、悬浮泥沙、水质等，在海洋渔业、海洋环境污染调查与监测、海岸带开发及全球尺度海洋科学研究中均有较好的应用。

9. 在环境监测中的应用

随着遥感技术在环境保护领域中的广泛应用，一门新的科学——环境遥感诞生了。环境遥感是利用遥感技术揭示环境条件变化、环境污染性质及污染物扩散规律的一门科学。

遥感技术可以有效地用于大气气溶胶监测、有害气体测定和城市热岛效应的监测与分析，该技术目前已在生态环境、土壤污染和垃圾堆与有害物质堆积区的监测中得到广泛应用。

10. 遥感与 GIS 在洪水灾害监测与评估中的应用

洪水灾害是一种骤发性的自然灾害，其发生大多具有一定的突然性，持续时间短，发生的地域易于辨识。但是，人们对洪水灾害的预防和控制则是一个长期的过程，从洪灾发生过程看，人类对洪灾的反应可划分为四个阶段：①洪水控制与洪水综合管理。②洪水监测、预报与预警。③洪水灾情监测与防洪抢险。④洪灾综合评估与减灾决策分析。遥感和地理信息系统相结合，可以直接应用于洪灾研究的各个阶段，实现洪水灾害的监测和灾情评估分析。

此外，遥感技术在现代战争中的应用也是不言而喻的。战前的侦察，敌方目标监测，军事地理信息系统的建立，战争中的实时指挥，武器的制导，数字化战场的仿真，战后的作业效果评估等，都需要依赖高分辨率卫星影像和无人飞机侦察的图像。这里不再一一叙述。

可以肯定地讲，遥感的近代飞速发展，已经形成自身的科学和技术体系。

思 考 题 与 习 题

1. 以 GPS 为例，GNSS 一般由几个部分组成，每个部分各起什么作用？

2. 采用 GPS 进行三维定位时，为什么至少需要观测到四颗及以上的卫星信号？

3. GNSS 卫星定位的主要误差有哪些？

4. 简述 GNSS 在测绘工程中的应用。

5. 什么是摄影测量学？

6. 摄影测量一般分为哪几类？

7. 摄影测量学的发展分为几个阶段，每个阶段各有什么特点？

8. 什么是遥感？

9. 遥感技术一般分为哪几类？

10. 遥感技术在国民经济建设中主要有哪些应用？

第8章 地形图测绘

8.1 地形图基本知识

地形图是按一定比例尺缩小，采用规定符号和表示方法来表示地物、地貌及其他地理要素平面位置与高程的正射投影图。地形图上详细而精确地表示地面各要素，突出表现具有经济、文化、军事意义的地物，是国家各项建设重要的基础资料，广泛用于经济建设、国防建设和科学文化教育等方面。

图 8-1 为 1∶2000 比例尺的地形图示意。

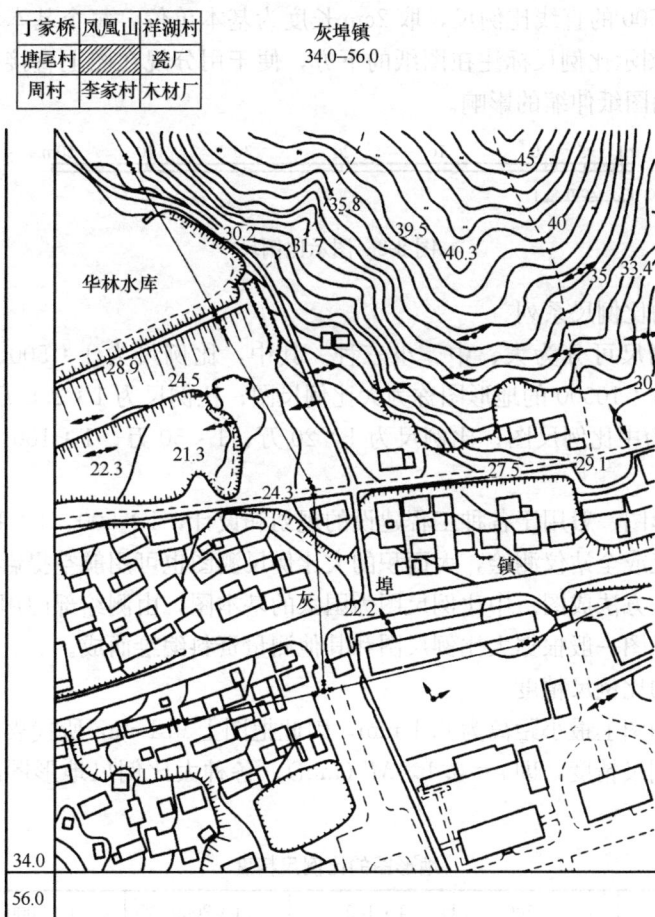

图 8-1　1∶2000 地形图示意

8.1.1 地形图的比例尺

地形图上某线段的长度 d 与实地相应线段的水平长度 D 之比，称为地形图比例尺。用下式表示：

$$\frac{d}{D} = \frac{1}{\dfrac{D}{d}} = \frac{1}{M} \tag{8-1}$$

式中，M 为比例尺分母。M 值愈小，比例尺愈大。

（1）地形图比例尺的形式

1）数字比例尺

数字比例尺是用分子为 1 的分数形式表示，如 1∶500、1∶2000 等，也可表示为 $\dfrac{1}{500}$、$\dfrac{1}{2000}$。

2）图示比例尺

图示比例尺常见的是直线比例尺，它表示每基本单位图上线段长度所代表的实地长度。图 8-2 为 1∶500 的直线比例尺，取 2cm 长度为基本单位，每个基本单位所代表的实地长度为 10 m。图示比例尺标注在图纸的下方，便于用分规在图上直接量取直线段的水平距离，且可抵消图纸伸缩的影响。

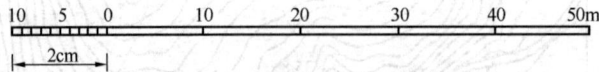

图 8-2　图示比例尺

（2）地形图的比例尺系列

地形图按比例尺可分为大、中、小三种。其中，比例尺为 1∶500、1∶1000、1∶2000、1∶5000、1∶10000 的地形图称为大比例尺图；比例尺为 1∶2.5 万、1∶5 万、1∶10 万的地形图称为中比例尺图；比例尺为 1∶20 万、1∶50 万、1∶100 万的地形图称为小比例尺图。

大比例尺地形图一般用于各种工程建设的规划和设计，1∶500、1∶1000 地形图通常用平板仪、经纬仪或全站仪测绘，大面积的大比例尺测图也可用航空摄影测量（包括无人机倾斜摄影测量）方法成图。中比例尺图为国家的基本图，由测绘部门用航空摄影测量方法成图。小比例尺图一般根据大比例尺图和其他测量资料编绘而成。

（3）地形图的比例尺精度

人眼能分辨的图上最小距离为 0.1 mm，因此把图上 0.1 mm 所代表的实地水平距离称为地形图的比例尺精度，即 $\varepsilon = 0.1 \times M$（mm）。各种大比例尺地形图的比例尺精度见表 8-1。

地形图的比例尺精度　　　　　　　　　　　　　　　　　　　表 8-1

比例尺	1∶500	1∶1000	1∶2000	1∶5000	1∶10000
比例尺精度（cm）	5	10	20	50	100

比例尺精度的概念，对测图和设计用图都有重要的指导意义。首先，根据比例尺精

度，可以确定测绘地形图时的距离测量精度。例如，测绘 1：500 的地形图时，其比例尺精度为 5cm，故量距的精度只需为 5cm 即可，因为小于 5cm 的距离在图上表示不出来。另外，若设计规定需要在图上能量出的实地最短距离时，根据比例尺的精度，可以反算出所需的测图比例尺。如若使图上能量出的实地最短距离为 10cm，则所采用的比例尺不得小于 0.1mm/10cm=1/1000。

比例尺愈大，比例尺精度就愈高，图上表示的地物和地貌也愈详细、准确，但测图费用相应增加。因此，应根据用图的需要选用适当的比例尺。一般在工程建设的规划、设计和施工中，按各个阶段的用图要求选用合适的比例尺地形图。

8.1.2 地形图的分幅与编号

1：500 地形图的图幅一般为 50 cm×50 cm，一幅图所含的实地面积为 0.0625km²，1km² 的测区至少要测绘 16 幅图，测区愈大，图的数量就愈多。为此需要将地形图分幅和编号，以便于测绘、使用和管理。地形图的分幅形式有矩形分幅和梯形分幅两种。梯形分幅一般用于中、小比例尺的地形图，其图框线由经纬线组成，图框是梯形。大比例尺地形图一般采用矩形分幅，矩形分幅图的图框线是由坐标格网线组成，图框是矩形。各种大比例尺地形图的图幅大小见表 8-2。

矩形分幅图的图幅　　　　　　　　　　　　　　表 8-2

比例尺	图幅大小 （cm×cm）	实地面积 （km²）	一幅 1：5000 图内幅数
1：5000	40×40	4	1
1：2000	50×50	1	4
1：1000	50×50	0.25	16
1：500	50×50	0.0625	64

采用矩形分幅时，图幅编号一般采用该幅图西南角坐标 x、y 的千米数编号，x 坐标在前，y 坐标在后，中间用一短横线连接。如图 8-3（a）所示，一幅 1：5000 图西南角的坐标 $x=38$km，$y=62$km，则该图的编号为 38-62。编号时，1：1000、1：2000 比例尺地形图的千米数取至 0.1km，1：500 比例尺地形图的千米数取至 0.01km。

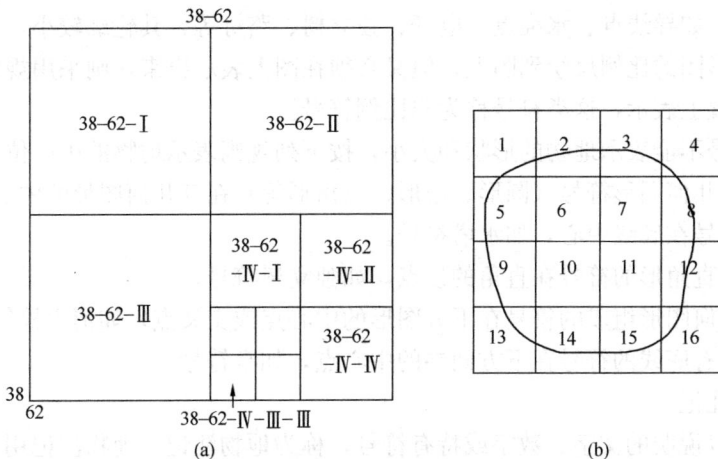

图 8-3　地形图的矩形分幅与编号

如果在同一个地区测绘了几种不同比例尺的地形图，也可采用以 1：5000 地形图图号为基础的编号法。该编号法以 1：5000 地形图西南角坐标值为基本图号，按比例尺由小至大逐级向下分幅。每级均分为四幅，记为罗马数字Ⅰ、Ⅱ、Ⅲ、Ⅳ。如图 8-3（a）所示，1：5000 地形图的编号为 38-62，本幅图内的 1：2000 地形图的编号在 1：5000 地形图图号后分别加上Ⅰ、Ⅱ、Ⅲ、Ⅳ组成，如 38-62-Ⅱ。1：1000 地形图的编号是在 1：2000 地形图图号后分别加上Ⅰ、Ⅱ、Ⅲ、Ⅳ组成，如 38-62-Ⅳ-Ⅰ。1：500 地形图的编号依此类推，如 38-62-Ⅳ-Ⅲ-Ⅲ。

若测区范围较小，图幅数量不多，还可以按数字顺序编号，如图 8-3（b）所示。

8.1.3　地形图的符号

在地形图上主要是运用规定的符号来反映地球表面的地物、地貌的空间位置及相关信息。地形图的符号分为地物符号和地貌符号两类，这些符号总称为地形图图式，图式由国家有关部门统一制定。

1. 地物符号

地物是地面上天然形成或人工构筑的各种固定物体，有明确的轮廓，如河流、湖泊、森林、房屋、桥梁、道路、电力线等。同一种地物的表示符号与比例尺的大小有关。表 8-3 摘自《国家基本比例尺地图图式　第 1 部分：1：500 1：1000 1：2000 地形图图式》GB/T 20257.1—2017。地物符号分为比例符号、半比例符号、非比例符号和地物注记 4 类。

（1）比例符号

对于一些轮廓较大的地物，如房屋、湖泊、花圃等，它们的形状和大小可以按测图比例尺缩绘在图纸上，这类符号称为比例符号。

（2）半比例符号

对于一些带状延伸地物，如小路、围墙、篱笆、电力线等，长度方向可按比例尺缩绘，而宽度方向不能按比例尺缩绘，这类符号称为半比例符号。这类符号的中心线，一般表示其实地地物的中心位置。

（3）非比例符号

有些地物，如导线点、水准点、电杆、独立树、路灯等，其轮廓较小，无法将其形状和大小按照地形图的比例尺绘到图上，但又必须在图上表示出来，则采用规定的符号在该地物的中心位置上表示，这类符号称为非比例符号。

非比例符号不能表示地物的形状和大小，按下列规则表示地物的中心位置：

1）规则的几何图形符号（圆形、矩形、三角形等）在其几何图形的中心。

2）宽底符号在底线中心，如水塔符号。

3）底部为直角形的符号在直角的顶点，如独立树符号。

4）几种几何图形组成的符号在下方图形的中心点或交叉点，如消火栓符号。

5）下方没有底线的符号在下方两端的中心点，如亭符号。

（4）地物注记

对地物加以说明的文字、数字或特有符号，称为地物注记。地物注记用于进一步表明地物的特征和种类，如城镇、单位、学校、道路的名称，道路路面铺设材料、管线的用途、植被的种类、河流的深度、房屋的层数等。

编号	符号名称	符号式样	编号	符号名称	符号式样
1	一般房屋 砼—房屋结构 3—房屋层数	砼3	11	成林	○⁀1.6　松6
2	有地下室的房屋 －1—地下房屋层数	混 3-1			
3	简易房屋	简2	12	地面河流 a. 岸线 b. 高水位岸线 清江—河流名称	清 0.15　0.5　1.0　3.0　江　a b
4	棚房	1.0			
5	台阶	0.6　1.0　1.0	13	高架路	0.4
6	打谷场、水泥预制场 谷—场地说明	谷	14	国道 ②—技术等级代码 G301—国道代码及编号	②(G301)　0.15　0.3
7	花圃	1.5　1.5　10.0　10.0			
8	草地	2.0　1.0　10.0　10.0	15	乡村路 a. 依比例尺的 b. 不依比例尺的	a 4.0 1.0　0.2　b 8.0 2.0　0.3
9	旱地	1.3　2.5　10.0　10.0	16	小路	4.0 1.0　0.3
10	稻田 a—田埂	0.2　a　2.5　10.0　10.0	17	栅栏、栏杆	10.0　1.0

175

编号	符号名称	符号式样	编号	符号名称	符号式样
18	篱笆	10.0　　　　1.0	29	不埋石图根点	2.0 ⊡ $\frac{I16}{84.46}$
19	活树篱笆	6.0　　　　1.0　　0.6	30	架空管道	—■——热——■—
20	铁丝网	10.0　　　　1.0	31	路灯	1.2　　0.3　2.4　　0.6　0.8
21	围墙 a. 依比例尺的 b. 不依比例尺的	a 10.0 b 10.0　　0.3　0.5	32	水塔	2.0　3.0 □ 1.0　1.2
22	零星树木	1.0　○	33	亭	2.4　1.3 ⌂ 2.4　1.3
23	行树 a. 乔木行树 b. 灌木行树	a b	34	省级行政区界线和界标 a. 已定界 b. 未定界 c. 界标	a 4.5　4.5　1.0 0.6 b 1.5　4.5
24	电力线 a. 高压 b. 低压	a 4.0 b 4.0	35	等高线及其注记 a. 首曲线 b. 计曲线 c. 间曲线 d. 助曲线 25—高程	a 0.15 b 25 0.3 c 6.0 0.15　1.0 d 3.0 0.12　1.0
25	电线架				
26	水准点	2.0 ⊗ $\frac{II京石5}{32.804}$	36	斜坡 a—未加固的 b—已加固的	a 2.0　4.0 b
27	三角点	▲ $\frac{凤凰山}{394.688}$　3.0			
28	导线点	2.0 ⊙ $\frac{25}{62.74}$			

2. 地貌符号

地貌是指地球表面高低起伏的形态，它包括山地、丘陵和平原等。在地形图上表示地貌的方法主要采用等高线。用等高线表示地貌，不仅能表示地面的高低起伏，同时还可以表示地面的坡度和地面点的高程。

（1）等高线的概念

等高线是指地面上高程相等的各相邻点所连成的闭合曲线。如图 8-4 所示，设想平静的湖水中有一小岛，当水面高程为 70m 时，该水面与小岛表面有一条交线，这条交线为闭合曲线，且曲线上各点的高程是相等的，该曲线即为高程 70m 的等高线。如果湖水水面分别上涨到80m、90m、100m 高程的位置，就得到高程为 80m、90m、100m 的等高线。这些山体表面的等高线客观地反映了该高程处交线的形状与大小，将这些等高线沿铅垂

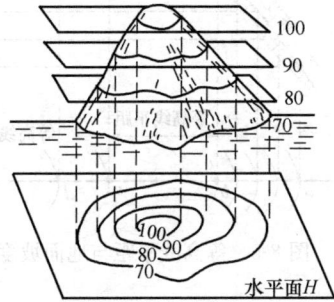

图 8-4 等高线法

线方向投影到水平面 H 上，并按规定的比例尺缩绘到图纸上，就得到图上的等高线。图上的这组等高线反映了该岛高程的变化情况。

（2）等高距和等高线平距

相邻等高线之间的高差称为等高距，用 h 表示。图 8-4 中 $h=10m$。同一幅地形图上等高距是相等的。大比例尺地形图常用的基本等高距为 0.5m、1m、2m、5m。等高距愈小，显示的地貌细部就愈详细；等高距愈大，显示得就愈概略。但等高距太小会使图上的等高线过于密集，特别在坡度较大的山地更是如此，因而影响图面的清晰度。因此，在测绘地形图时，应根据测图比例尺、测区地面的坡度情况，按表 8-4 选择地形图的基本等高距。

地形图的基本等高距（m）　　　　　　　　　　　　　　　表 8-4

比例尺 地形类别	1：500	1：1000	1：2000	1：5000
平地	0.5	0.5	1	2
丘陵地	0.5	1	2	5
山地	1	1	2	5
高山地	1	2	2	5

相邻等高线间的水平距离称为等高线平距，用 d 表示。同一幅地形图上等高线平距并不一定相等，它随地面的起伏情况而改变。相邻等高线之间的地面坡度为：

$$i = \frac{h}{d \cdot M} \tag{8-2}$$

式中，M 为地形图的比例尺分母。在同一幅地形图上，等高线平距愈大，表示地貌的坡度愈小；反之，坡度愈大，如图 8-5 所示。因此，可以在图上根据等高线的疏密程度，判断地面坡度的缓与陡。

（3）等高线的种类

地形图上的等高线分首曲线、计曲线、间曲线和助曲线 4 种，如图 8-6 所示（图中等

高距 $h=20\text{m}$ ）。

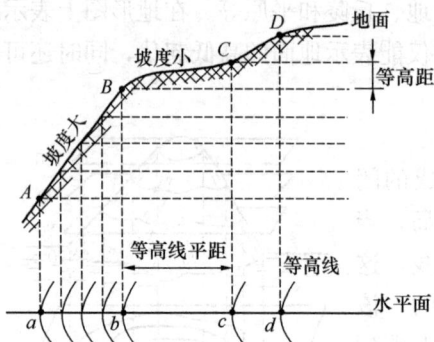

图 8-5　等高线平距与地面坡度的关系

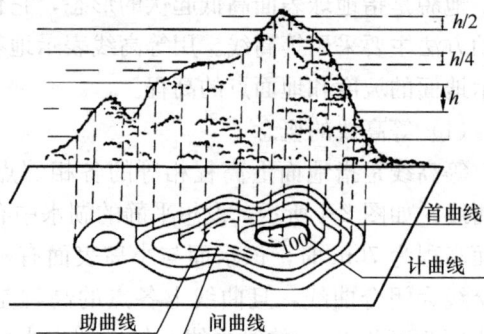

图 8-6　等高线的分类

1）首曲线：按基本等高距描绘的等高线称为首曲线，也称基本等高线。它用 0.15mm 宽的细实线绘制，首曲线上不注记高程。

2）计曲线：为了读图方便，将高程能被 5 倍基本等高距整除的等高线加粗描绘，称为计曲线。每隔 4 条首曲线即绘 1 条计曲线。计曲线上注记其高程，它用 0.3mm 宽的粗实线绘制。

3）间曲线和助曲线：为了表示首曲线不能反映而又重要的局部形态，以二分之一基本等高距补充测绘的等高线称为间曲线，以长虚线表示。有时为了表示别的等高线都不能表示的重要微小形态，还可以以四分之一基本等高距测绘等高线，称为助曲线，用短虚线表示。间曲线和助曲线可不闭合（局部描绘）。

（4）典型地貌的等高线

尽管地面上的地貌形态多种多样，但对它们仔细分析后可以发现，它们不外是几种典型地貌的综合。掌握典型地貌的等高线特征，将有助于我们识读、应用和测绘地形图。典型地貌主要有山头、洼地、山脊、山谷、鞍部、陡崖和悬崖等。

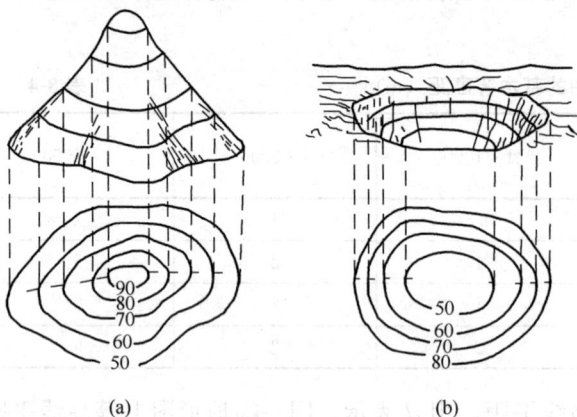

图 8-7　山头与洼地

1）山头与洼地。图 8-7（a）、（b）分别为山头与洼地的等高线，它们都是由一组闭合曲线组成。它们的区别在于：山头的等高线内圈的高程比外圈的高，洼地的等高线内圈的高程比外圈的低。因此根据高程注记，可以区分山头与洼地。

示坡线是垂直于等高线的短线，指示斜坡向下的方向。在山头、洼地的等高线上绘出示坡线，有利于对地貌的判读。

2）山脊与山谷。当山坡的坡度和走向发生改变时，在转折处就会出现山脊或山谷地貌（图 8-8）。山脊是沿着一个方向延伸的高地，其最高的棱线称为山脊线或分水线，山脊的等高线为一簇凸出曲线，凸向低处。山谷是沿着一个方向延伸的洼地，位于两山脊之间。贯穿山谷最低点的连线称为山谷线或集水线。山谷的等高线也为一簇凸出曲线，但凸向高处。

3）鞍部。相邻两个山头间的低凹部分呈马鞍形，称为鞍部。鞍部是山区道路选线的重要位置。其等高线特点为在一大圈闭合曲线内，套有两组小的闭合曲线，如图 8-9 所示。

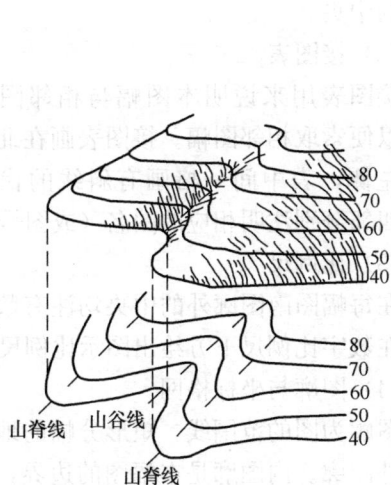

图 8-8　山脊与山谷

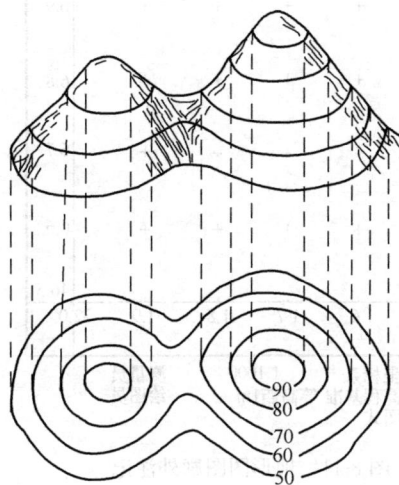

图 8-9　鞍部

4）陡崖和悬崖。陡崖是坡度在 70°以上的陡峭崖壁，有石质和土质之分。在陡崖处等高线非常密集，甚至会重叠，故在陡崖位置不再绘等高线，改绘陡崖符号（图 8-10a、b）。悬崖的上部凸出，下部凹进，上部等高线投影到水平面时，与下部等高线重叠相交，此时将相交处的下部实线改绘为虚线（图 8-10c）。

（5）等高线的特性

1）同一条等高线上各点的高程相等。

2）等高线是闭合曲线，如果不在本幅图内闭合，则必在图外闭合。

3）除在悬崖或绝壁处外，等高线在图上不能相交或重合。

4）等高线平距与地面坡度成反比。平距小，表示坡度陡；平距大，表示坡度缓；平距相等，则坡度相等。

5）等高线与山脊线、山谷线正交。

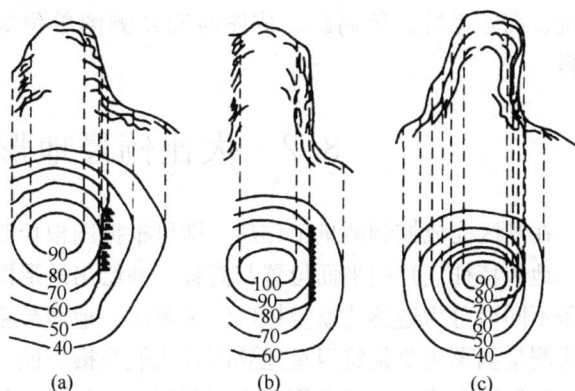

图 8-10　陡崖和悬崖

8.1.4　地形图图廓外注记

为便于图纸的管理、查找和使用，需在地形图的图廓周边标注图名、图号、接图表、比例尺、坐标格网、测绘单位、测图日期等，如图 8-11 所示。

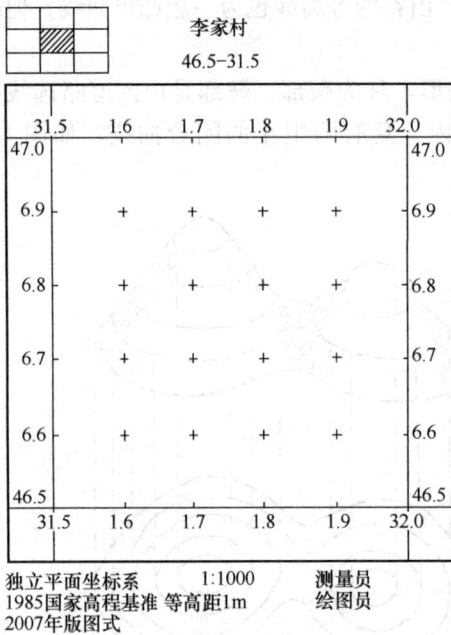

李家村
46.5-31.5

| 31.5 | 1.6 | 1.7 | 1.8 | 1.9 | 32.0 |
47.0 47.0
6.9 + + + 6.9
6.8 + + + 6.8
6.7 + + + 6.7
6.6 + + + 6.6
46.5 46.5
| 31.5 | 1.6 | 1.7 | 1.8 | 1.9 | 32.0 |

独立平面坐标系　　　1:1000　　　测量员
1985国家高程基准 等高距1m　绘图员
2007年版图式

图 8-11　地形图图廓外注记

（1）图名与图号

图名为本幅地形图的名称，以图内最著名的地名、村庄、厂矿企业名称或最突出的地物、地貌等的名称来命名。图号是根据地形图的分幅和编号定的。图名和图号注记在北图廓上方的中央。

（2）接图表

接图表用来说明本图幅与相邻图幅的关系，以便索取相邻图幅。接图表画在北图廓上方的左侧，表中间一格画有斜线的代表本图幅，四邻分别注明相应的图名（或图号）。

（3）比例尺

在每幅图南图廓外的中央均注有数字比例尺，在数字比例尺下方绘出图示比例尺。

（4）图廓与坐标格网

图廓为图的范围线。矩形分幅的地形图有内、外图廓。内图廓是本幅图的边界，由坐标格网线组成。在内图廓四周的内侧每隔 10cm 绘有 5mm 长的分划线，在内图廓外侧均注有对应的坐标值。在图幅内部绘出对应分划线连线交叉点的十字标记线。利用这些十字线在图内很容易精确地绘出 10cm×10cm 的方格。外图廓是距内图廓 12mm 的加粗平行线，仅起装饰作用。

（5）南图廓外的文字说明

南图廓外除在中央标注有比例尺外，在图廓外的左下方还用文字说明地形图的坐标系统、高程系统、等高距、成图时间及测图单位等，这些都是用图和评定质量的重要资料。

8.2　大比例尺地形图的测绘

在测区完成控制测量工作后，即可根据图根控制点来测定地形特征点（包括地物特征点和地貌特征点）的平面位置与高程，并绘出地形图。地形图的测图方法按所采用的仪器设备不同可分为遥感或航空摄影测量测图、地面数字测图、白纸测图等几种。遥感或航空摄影测量测图主要是将卫星遥感图片或航空摄影照片通过内业按一定比例尺转换成地形图的一种测图方式，主要适用于大面积测图（但近几年快速发展的无人机倾斜摄影测量也可应用于小范围的大比例尺测图）。地面数字测图是通过电子全站仪野外采集数据，将数据传输给计算机后，再通过专用测图软件（如 CASS 等）生成电子地图的一种测图方式。白纸测图是通过经纬仪或全站仪采集数据，直接在现场用图板按相似性原理将测量数据绘制成铅笔原图的一种测图方式。本节主要介绍采用白纸测图方法测绘大比例尺地形图的过程与步骤。地面数字测图方法将在下节简要介绍。

8.2.1 测图前的准备工作

(1) 图纸准备

测绘地形图常用的图纸有聚酯薄膜和普通优质绘图纸两种。聚酯薄膜为一面打毛的半透明图纸，厚度约为 0.07～0.1mm。它具有透明度好、伸缩性小、不怕潮湿等优点。图纸弄脏后，可以水洗。可直接在地形原图上着墨，复晒蓝图。缺点是易燃、易折，在测图、使用与保管过程中应注意。

普通优质绘图纸容易变形，为了减少图纸伸缩，测图时应将图纸裱糊在铝板或胶合板上。

(2) 绘制坐标方格网

为了将控制点准确地展绘在图纸上，首先要在图纸上精确地绘制 10cm×10cm 坐标方格网。绘制坐标方格网的方法有对角线法、坐标格网尺法及计算机 AutoCAD 绘制等。目前，厂家生产的聚酯薄膜基本都已印制有坐标方格网。

为了保证坐标方格网的精度，无论是已印制有坐标方格网的图纸还是自己绘制的坐标方格网图纸，都应进行以下几项检查：

1) 把直尺沿方格的对角线方向放置，同一条对角线方向的方格角点应位于同一直线上，偏离不应大于 0.2mm。

2) 检查每个方格的对角线长度，其长度与理论值 141.4mm 之差不超过 0.2mm。

3) 图廓对角线长度与理论值之差不超过 0.3mm。

如超过限差，应该重新绘制。对于印制有坐标方格网的图纸，则应予作废。

(3) 展绘控制点

根据控制点坐标值，将其点位在图纸上标出，称为展绘控制点，简称展点。展点前，首先根据图的分幅位置，将坐标格网线的坐标值注在图框外相应的位置，如图 8-12 所示。

展点时，先根据控制点的坐标，确定其所在的方格。例如，A 点的坐标为 $x_A = 344.675m$，$y_A = 226.758m$，A 点在方格 1234 内。从 2、3 点分别向上量取 $\Delta x_{2A} = (344.675m - 300m)/1000 = 4.47cm$，定出 c、d 两点；从 1、2 点分别向右量取 $\Delta y_{2A} = (226.758m - 200m)/1000 = 2.68cm$，定出 a、b 两点。连接 ab 和 cd，

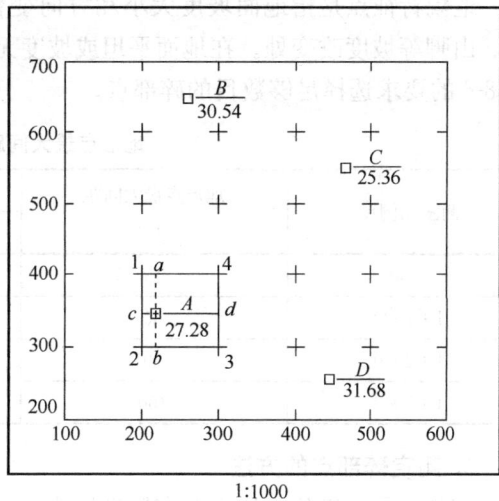

图 8-12　控制点的展绘

其交点即为控制点 A 在图上的位置，然后再将点号与高程注在点位的右侧。同法，将其余控制点 B、C、D 点展绘在图上。

图幅内的全部控制点都展绘完毕后，应对展点精度进行检查，其方法是：在图上分别量取各相邻控制点间的长度，如 AB、BC、CD、DA 的长度，其值与已知值（由坐标反算得到并换算为图上长度）的差不应超过 ±0.3 mm，否则应重新展绘。

为了保证地形图的精度，测区内应有一定数目的图根控制点。《工程测量规范》GB 50026—2007 规定，测区内解析图根点的个数，一般地区不宜少于表 8-5 的规定。

一般地区解析图根点的个数 表 8-5

测图比例尺	图幅尺寸（cm×cm）	解析图根点个数		
		全站仪测图	GNSS（RTK）测图	平板测图
1∶500	50×50	2	1	8
1∶1000	50×50	3	1～2	12
1∶2000	50×50	4	2	15

8.2.2 碎部测量方法

在地形图测绘中，决定地物、地貌位置的特征点称为碎部点。所谓碎部测量就是确定特征点的平面位置与高程。

1. 碎部点选择

（1）地物特征点的选择

地物特征点主要是其轮廓线的转折点、交叉点、弯曲变化点和独立地物中心点等，如房角点、围墙、电力线的转折点，道路、河流的转弯点、交叉点，电杆、独立树的中心点等。由于受测图比例尺的限制，对地物的细部要进行综合取舍，一般规定当建筑物、构筑物轮廓凸凹部分在图上小于 0.5mm 或 1∶500 比例尺图上小于 1mm 时，可用直线连接。

（2）地貌特征点的选择

地貌特征点是指地面坡度大小和方向变化点，如山顶、鞍部、山脊线、山谷线、山坡、山脚等坡度改变处。在地面平坦或坡度无显著变化地区，为了真实地表示地貌，应按表 8-6 的要求选择足够数目的碎部点。

地形点最大间距和最大视距 表 8-6

测图比例尺	地形点最大间距（m）	最大视距（m）	
		主要地物点	次要地物点和地形点
1∶500	15	60	100
1∶1000	30	100	150
1∶2000	50	180	250
1∶5000	100	300	350

2. 测定碎部点的方法

碎部点平面定位方法主要有极坐标法、直角坐标法和交会法等。高程定位方法有三角高程和水准测量等。

（1）极坐标法

极坐标法是测定碎部点平面位置最常用的方法。如图 8-13 所示，A、B 为已展绘在图上的图根控制点，房角点 1、2、3 为待定点，用仪器工具在实地分别测定水平角 β_i、水平距离 D_i（$i=1$，2，3），在图上用量角器和比例尺便可绘出房屋位置。

（2）直角坐标法

如图 8-14 所示，A、B 为图上已绘出的图根控制点或地物点，待定房屋在 A、B 附近，房屋角点 1、2 在 AB 线上垂足为 $1'$、$2'$，通过丈量两段互相垂直水平距离 $A1'$（或 $B1'$）、$1'1$，在图上便可定出点 1，同法在图上定出点 2。

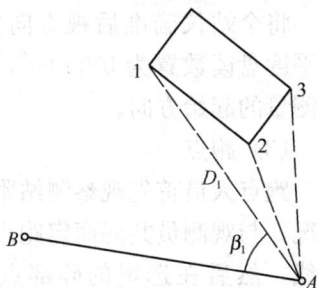

图 8-13　极坐标法测定地物　　　　图 8-14　直角坐标法测定地物

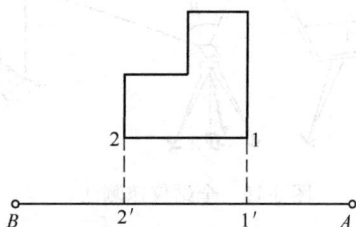

（3）交会法

交会法常用的有角度交会法、距离交会法和边角交会法。

如图 8-15 所示，A、B 为已知控制点，P 为待定点。若现场测量水平距离 AP、BP 有困难，此时可测量水平角 $\angle BAP$、$\angle ABP$，在图上根据这 2 个水平角可定出 2 方向线，其交点即为 P 点在图上的位置。此方法为角度交会法。

图 8-15 中，若测量水平距离 AP、BP 比测量水平角 $\angle BAP$、$\angle ABP$ 方便，则测出水平距离 AP、BP 后，在图上按测图比例尺用分规分别以 A、B 为圆心，以 AP、BP 的图上距离为半径画弧，2 条弧线的交点即为 P 点在图上的位置。此方法为距离交会法。

图 8-15　交会法测定地物

图 8-15 中，如果在 A 点测量水平距离 AP，在 B 点测量水平角 $\angle ABP$，则在图上用量角器按角度、用分规按距离也可定出 P 点。此方法为边角交会法。

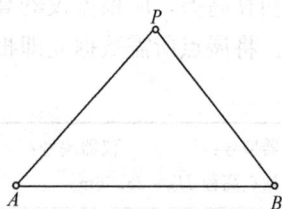

交会法一般用于根据已知控制点或已测定的地物点进行一些次要地物点的定位，若选择的方法得当，将较为方便与快捷。

3. 白纸测图的方法与步骤

白纸测图常用的方法有平板仪测图法、经纬仪速测法、全站仪速测法等。平板仪测图法和经纬仪速测法均是应用视距测量方法来测量水平距离与高程，目前已较少采用，当前广泛应用的是全站仪速测法。

全站仪速测法按极坐标法测定碎部点。该方法通过全站仪测出每个碎部点的所有定位元素：水平角、水平距离和高程。其中，水平距离由电子测距仪直接测定，速度快，精度高；高程采用三角高程测量方法测定。根据水平角、水平距离用量角器和比例尺将碎部点位展绘在图纸上，并在点的右侧注明其高程。

全站仪速测法在一个测站上的观测步骤如下（图 8-16）：

（1）安置仪器

将全站仪安置于测站点（控制点）A 上，对中、整平、量取仪器高 i。将仪器高 i、测站点编号、测站点高程等记入地形测量手簿（表 8-7）。在测站附近安置图板，用小针

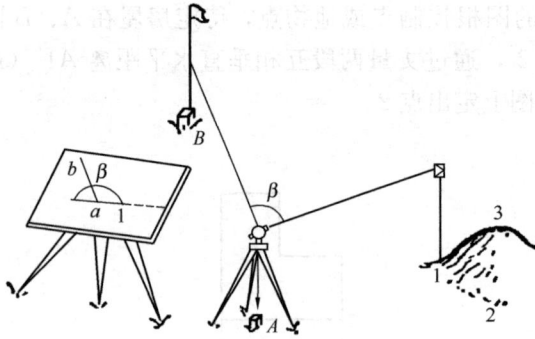

图 8-16　全站仪速测法

把量角器圆心插在点 a 上，画出后视方向线（又称零方向线）ab。

（2）定向

将全站仪瞄准后视方向控制点 B，水平度盘读数置为 $0°00'00''$，作为碎部点测量的起始方向。

（3）跑点

跑点人员首先观察测站附近的地形情况，与观测员共同商定跑点的范围和路线，然后在选定的碎部点上竖立棱镜。要尽量做到跑点有顺序，不漏点，一点多用，方便绘图。

（4）观测

用全站仪瞄准棱镜，读取水平度盘读数、水平距离、初算高差（若已将仪器高、棱镜高、测站点高程输入全站仪内，也可直接读取地面高差和碎部点高程）。观测过程中应检查定向是否仍为 $0°00'00''$，偏差不得超过 $4'$，否则应重新定向。

（5）记录与计算

记录者将观测数据记入手簿（表 8-7），并在备注栏内注明该碎部点特征。若读取的是初算高差，应根据仪器高、棱镜高、测站点高程计算出碎部点高程并填入表 8-7 相应栏内。将展点所需数据立即报给绘图员。

地形测量手簿　　　　　　　　　　表 8-7

仪器型号：		仪器编号：		测站点：A		后视点：B		仪器高 $i=1.48$m	
测站点高程 $H_A=28.66$m		观测者：××		记录者：××		观测日期：			

点　号	水平角 β (° ′)	水平距离 D (m)	初算高差 h' (m)	棱镜高 v (m)	高程 H (m)	备注
1	116　27	83.27	−1.75	1.48	26.91	山脚
2	286　33	44.67	+0.89	1.59	29.44	路
⋮	⋮	⋮	⋮	⋮	⋮	⋮
32	315　48	103.36	+5.62	1.48	34.28	电杆

（6）展点

绘图员根据水平角值，转动量角器，使量角器上该角值的分划线对准所绘的后视方向线 ab，则量角器上与该角对应的半径方向即为所测 A1 方向，在图上定出 $a1$ 方向线，用比例尺按测得的水平距离在 $a1$ 方向上定出点 1（称为刺点），并在点位的右侧注上高程。同法展绘出其他碎部点。

（7）绘图

绘图员在现场根据展绘的碎部点勾绘地形图。地物的外轮廓线或定位线应边测边绘。对于地貌应先对照实地标明山脊线、山谷线，再勾绘等高线。等高线是先勾绘计曲线，再加绘首曲线。

一个测站周围的碎部点测绘完成后，应对照实地检查，确认没有遗漏及错误，方可搬站。

8.2.3 测站点的增设

当测区复杂时，一些隐蔽地区的地形难于利用已有的控制点进行测绘，此时需临时增设测站点。首先，现场确定所增设测站点的地面点位，做好标志。在该点处应保证能与一个以上已知控制点通视，并能观测到隐蔽地区。然后，利用支导线法或交会定点法确定该点的平面坐标，利用三角高程测量方法或水准测量方法测出高程。根据平面坐标在图上展绘出该点并标注高程，即可作为测站点使用。

8.2.4 地物、地貌的勾绘

碎部点展绘在图纸上后，应现场对照实际地形用铅笔描绘地物、勾绘等高线。这样，在绘图过程中能及时发现漏测或测错的地形，以便当场进行补测或返工。

（1）地物的描绘

地物按地形图图式规定的符号表示。对于比例符号的地物，将其外轮廓用直线段连接起来，如果边界是曲线就应逐点连成光滑的曲线。对于非比例符号，在图上绘出中心位置，再用规定的符号表示。

（2）等高线的勾绘

勾绘等高线时，首先用铅笔轻轻描绘出山脊线、山谷线等地性线，再根据碎部点的高程按选定的基本等高距勾绘等高线。对于不能用等高线表示的特殊地貌，如悬崖、陡崖、冲沟等，应按图式规定的符号表示。

由于碎部点是选在地面坡度及方向变化处，因此两相邻碎部点之间可视为均匀坡度，这样可在两相邻碎部点的连线上，按平距与高差成比例的关系，内插出两点间各条等高线通过的位置。如图 8-17（a）所示，地面上两相邻碎部点 A、C 的高程分别为 207.4m、202.8m，当取等高距为 1m 时，就有 203m、204m、205m、206m、207m 五条等高线通过 A、C 两点之间。根据平距与高差成正比的关系，先目估（或通过计算）定出高程为 203m 的 m 点和高程为 207m 的 q 点，然后再将 m 点与 q 点的距离四等分，定出高程为 204m、205m、206m 的 n、o、p 点。同法定出其他相邻两碎部点间等高线应通过的位置。将高程相等的相邻点连成光滑的曲线，即为等高线，图 8-17（b）为勾绘而成的局部等高线地形图。

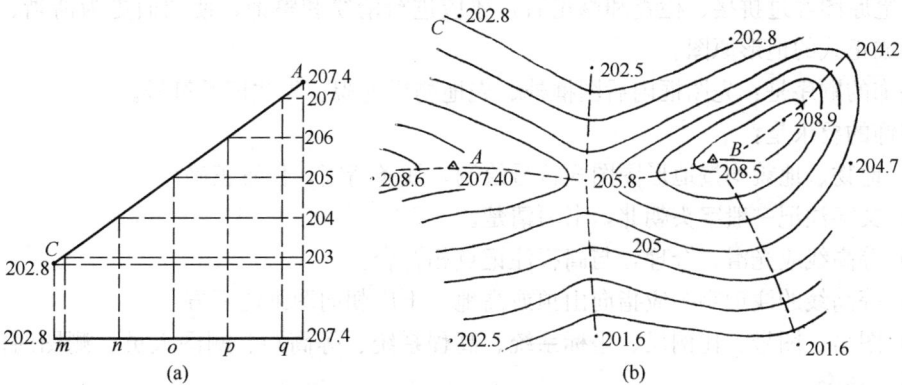

图 8-17　等高线的勾绘

勾绘等高线时，应对照实地情况，先画计曲线，后画首曲线，并注意等高线通过山脊线、山谷线的走向。

8.2.5 地形图的拼接、检查和整饰

(1) 地形图的拼接

当测区面积较大时，需要将整个测区划分为若干幅图进行施测。由于测量误差和绘图误差的影响，相邻图幅在连接处同一地物和同名等高线往往不能完全吻合。如图 8-18 所示，相邻左右两幅图的道路、房屋、同名等高线在图边处没有准确相接，存在接边误差。若接边误差小于限差，可取平均位置，并据此改正相邻图幅的地物、地貌位置，但应注意保持地物、地貌相互位置和走向的正确性。接边误差超过限差时，应到实地检查纠正。

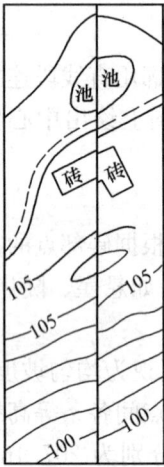

图 8-18 地形图
的拼接

(2) 地形图的检查

为了保证地形图的质量，除测图过程中加强检查外，在地形图测绘完成后，必须对成图质量进行全面检查。地形图的检查包括室内检查、现场巡查和设站检查。

1) 室内检查

检查控制点资料是否齐全、成果精度是否满足要求；图廓、方格网、控制点展绘精度是否符合要求；地物、地貌各要素测绘是否正确、齐全，综合取舍是否恰当，图式符号是否运用正确。

2) 现场巡查

根据室内检查情况，到测区将地形图与实际地形对照检查。主要检查地物、地貌有无遗漏，形状是否相似，等高线勾绘是否符合实际，符号、注记是否正确等。发现问题应现场在图上进行修正或补充。

3) 设站检查

根据室内检查和巡查发现的问题，用测量仪器到野外设站检查。除对发现的问题进行修正和补测外，还要对本测站所测地形点进行抽查，即选择测站周围一些地形点，测定其平面位置与高程，看原测地形图是否符合要求。如果发现点位的误差超限，应按正确的观测结果修正。

(3) 地形图的整饰

铅笔原图经过拼接、检查和修正后，还应进行清绘和整饰，使图面更为清晰、美观，最后形成正式的地形原图。

整饰的顺序是：先图框内后图框外、先地物后地貌、先注记后符号。

整饰的要求是：

1) 地物、地貌均按地形图图式符号绘制，线条清晰，位置正确。

2) 文字注记一般字头朝北，书写清楚。

3) 等高线应光滑、合理，与高程注记点相符合。

4) 等高线的注记字头应指向山顶或高地，不应朝向图纸的下方。

5) 图名、图号、比例尺、坐标系统、高程系统、等高距、测图人员、测图时间应书写正确、齐全。

8.3 数字化测图基本知识

8.3.1 数字化测图概述

传统的地形测量方法是利用测量仪器（主要为光学仪器）对地球表面各地形特征点的空间位置进行测定，然后以一定的比例尺并按图示符号绘制在图纸上。这种测图方法又称为白纸测图，其实质是图解法测图。图解法测图的最终成果是纸质地形图，图纸是地形信息的唯一载体。在图解法测图过程中，成果精度由于受到刺点、绘图、图纸伸缩变形等因素的影响而降低，而且其工序多、劳动强度大、作业效率低、质量控制难度大。

当前，随着计算机技术和电子技术的发展以及测绘技术装备的更新，同时由于数字化测图软件的开发应用，数字化测图已得到了广泛的应用。数字化测图是以计算机为核心，在外接输入、输出硬件设备及软件的支持下，通过计算机对地形空间数据进行处理得到数字地图，需要时再通过绘图仪绘制所需的地形图或各种专题地图。

数字化测图全过程可归纳为数据采集、数据处理与成图、成果输出与存储三个阶段。数字测图的实质是全解析机助制图。

广义的数字化测图包括：利用全站仪或 GPS RTK 等测量仪器进行地面数字化测图；利用手扶数字化仪或扫描数字化仪对纸质地形图的数字化；利用航摄、遥感像片进行数字化测图等技术。其作业程序如图 8-19 所示。大比例尺数字测图一般采用地面数字化测图方法，但目前也可采用无人机倾斜摄影测量方法进行大比例尺数字测图。

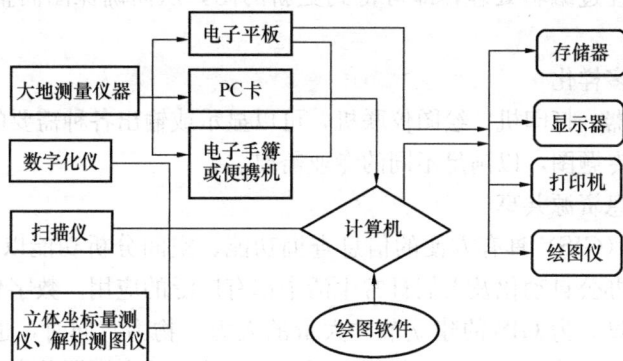

图 8-19　数字测图作业程序示意图

由图 8-19 可见，数字化测图就是在野外通过测量仪器（全站仪或 GPS RTK 等）采集有关地物、地貌的各种信息并记录在记录设备（便携机、PC 卡、电子手簿等）中，在室内通过数据接口将采集的数据输入计算机，由成图软件进行处理、成图、显示，经过编辑修改，形成符合国标的绘图数据文件，最后由计算机控制绘图仪自动绘制所需的地形图，并由储存介质（软盘、光盘、闪存等）保存绘图数据文件，供归档、即时编辑或输出所需要的图件。若有原图或像片（航摄、遥感等），则可以在室内用专用设备（手扶数字化仪或扫描数字化仪等）直接将地形信息采集到计算机中，经过数据处理、编辑等工序，最后成图。

数字化测图具有以下特点：

（1）改进了作业方式

传统的作业方式主要是通过手工操作，外业人工记录、人工绘制地形图。而数字化测图则是外业测量数据自动记录、自动解算处理、自动成图，最后提供方便使用的数字地图。数字化测图自动化程度高，还能自动提取坐标、距离、方位和面积等，绘制的地形图规范、精确、美观。

（2）点位精度高

在数字化测图中，所采集的测量数据作为电子数据格式可以自动传输、记录、存储、处理和成图，在全过程中原始数据的精度毫无损失，不存在传统测图中如刺点误差等诸多误差因素的影响，很好地反映了外业测量的高精度，其点位精度大幅度提高。

（3）信息量大，有利于成果的深加工利用

数字地图所包含的信息量几乎不受"测图比例尺"的限制，甚至可以没有"测图比例尺"的概念。其数据可以分层存放，使地面信息的存放几乎不受限制。通过关闭层、打开层等操作来提取相关信息，便可方便地得到所需的测区内各类专题图、综合图，如路网图、电网图、管线图及地形图等。

（4）信息存储、传递方便

数字信息可以通过磁盘、光盘以计算机文件的形式保存或传递，还可通过互联网传输。这些是传统测图所无法比拟的。

（5）便于成果更新

数字化测图的成果是以点的定位信息和绘图信息存入计算机的，当实地有变化时，只需输入变化信息，经过编辑处理，即可得到更新的图，从而确保图面整体的可靠性和现势性。

（6）成果输出多样化

计算机与显示器、打印机、绘图仪联机，可以显示或输出各种需要的资料信息、不同比例尺的地形图、专题图，以满足不同的专业需要。

（7）可实现信息资源共享

地理信息系统（GIS）具有方便的信息查询功能、空间分析功能以及辅助决策功能，在国民经济建设、办公自动化及人们日常生活中都有广泛的应用。数字化测图能提供现势性强的地理基础信息，为 GIS 的建立节约大量的人力、物力。同时，也可以利用现代通信工具非常便利地为其他数据库提供数据资源，实现地理信息资源共享。

8.3.2　地面数字化测图技术

大比例尺数字测图一般采用地面数字化测图方法，在地面数字化测图中，野外数据采集一般采用全站仪或 GPS RTK。下面以全站仪数字测图为例，说明地面数字测图的基本过程。

（1）野外地形数据的采集

地形图可以分解为点、线、面三种图形元素，其中，点是最基本的图形元素。在白纸测图中，将地面点三维坐标（x，y，H）测定后，绘图员在现场直接对地面的地物、地貌进行观察、识别，然后将这些点按规定的符号连接绘制成各种地物、地貌图形，这些测量点的属性及连接关系是由绘图员在现场确认的。但数字测图却不同，在测定了地面点的三维坐标后，还必须对每个点的属性和连接关系进行说明，否则计算机将无法进行数据处理。因此，在数字测图中，必须赋予测点三类信息：点的三维坐标 (x, y, H)；点的属性信息；点的连接信息。其中，属性信息说明该点的属性（如房屋、道路等），连接信息说明该点与其他点的连接关系和连接线形式（如直线、曲线、圆弧等）。

数字测图中一般是用按一定规则构成的符号串来表示地物属性和连接关系等信息，这种有一定规则的符号串称为数据编码。当前，国内市场上比较成熟的测图软件有：广州南方测绘公司的 CASS、北京清华山维新技术开发有限公司的 EPSW、武汉瑞德公司的 RDMS 等。这些软件一般都是根据各自的需要、作业习惯、仪器设备和数据处理方法等设计自己的数据编码，制定各自的属性信息输入方案。方便的数字化测图系统通常可采用几种编码混合作业，通过软件处理，统一为程序内部码。如广州南方测绘公司开发的 CASS 地形地籍成图系统，使用电子手簿采集数据时，可采用 3 种编码方式作业，即应用程序内部码、野外操作码（又称简码）、无码作业。

程序内部码是生成图形的基本代码，由地物要素码和标识码组成，具体有以下几种：①地物要素码＋测点顺序码（用于面状、线状地物）；② P＋地物要素码＋地物顺序码（用于线状地物的平行线）；③ Y0＋半径（用于圆形地物）；④A＋数字（用于点式地物）。由于程序内部码码长、难记，野外作业时很少使用。野外操作码（简码），由地物代码和连接关系（关系码）的简单符号组成。其形式简单、规律性强，无需特别记忆。地物代码是按一定规则设计的，如代码 F0、F1、F2，…分别表示特种房、普通房、简单房等。关系码只有"＋"、"－"、"P"、"A＄"等符号组成，点不连续时配合数字使用。当野外地形地物较复杂密集时，可采用无码作业，即在野外无需向电子手簿输入任何代码，而是将地物、地貌关系勾绘一份含点号顺序的草图。内业首先是根据外业草图编辑"编码引导文件"，然后经过软件处理生成程序内部码。也可根据外业勾绘的草图和记载的有关说明信息，直接用鼠标进行屏幕编辑成图（连线、加符号、注记、整饰等）。无码作业方法可加快野外采集速度，提高外业效率。

全站仪采集地形点数据步骤如下：

1）将全站仪安置在测站点上，运行仪器内置的设置测站程序，输入测站点坐标、仪器高。

2）望远镜瞄准定向点，输入定向角（或运行定向程序）。定向角是指测站点至定向点的坐标方位角，以便以后计算碎部点的坐标。

3）立反光棱镜。持反光棱镜者在待测地形点处立反光镜，将反光镜的高度输入全站仪。在以后跑尺中，只有当改变反光镜高度时，才重新输入镜高，否则默认值为以前输入的高度。

4）观测。全站仪瞄准反光镜中心并测距，记录测角（竖盘读数、水平方向读数）与测距等观测数据。

5）输入地形点编码并记录。数据记录在全站仪的存储设备或电子手簿上。

目前，国内全站仪数字测图技术流行两种作业模式：草图法数字测图和电子平板法数字测图。

草图法数字测图在作业时按上述步骤操作全站仪，观测的同时需人工绘制地形草图、并把点的记录序号标在草图地形点上。在室内计算机将野外记录数据读入后，由成图系统自动成图。内业人员再根据野外草图，进一步编辑机内数字地形图，形成成品。其特点是野外测记，室内成图。

电子平板法数字测图是将笔记本电脑拿到现场，在作业时全站仪的通信口与笔记本电脑的 RS232 串口相连接，测点的坐标实时由笔记本电脑接收，人机对话方式输入点的编码，机内成图软件将测点在显示屏显示并自动成图。绘图员现场对照地形编辑机内数字地形图。其特点是野外测绘，实时显示测点，现场编辑成图。

（2）图形数据生成

成图系统将野外实测数据读入后，首先将原始数据（三维坐标和编码）预处理，形成三类数据：控制点数据、地貌数据、地物数据。然后分别对三类数据进行处理，形成图形数据文件。

控制点数据处理软件完成对图根测量的内业计算，对控制点的管理，及控制点的绘制、注记。

地貌数据是离散的地形高程点，软件处理过程包括：按某种算法将离散点连接为多边形格网，最常用的是不规则三角形格网；在格网的边上内插等高线通过的点的三维坐标；追踪等高线的点，按某种曲线模型拟合等高线。在地貌数据处理中要考虑到地物、山脊线与山谷线对等高线的影响，陡崖等特殊地形及高程注记等细节问题。

地物的绘制主要是符号的绘制。软件将地物数据按地形编码分类。每一类地物绘在一个层结构中。对于比例符号的绘制，主要依据野外采集的信息。对于非比例符号的绘制，要利用软件中的符号库，按定位线或定位点插入符号。对于半比例符号的绘制，要根据定位线及朝向，调用软件的专用功能完成。

（3）地形图的编辑与输出

由成图软件自动生成的图形类似于白纸测图中的铅笔原图，必须经过屏幕编辑，才能成为最终成品。因为实际地形总是千姿百态的，软件不可能也不必要把各种细节地形都包罗进去。重要的是提供一个操作方便的人机对话编辑界面，完成图形编辑各项工作。

软件在完成分幅、绘制图廓及图外注记后就可正式出图了。可以采取显示器显示、绘图仪打印、磁盘存储图形数据、打印机输出图形有关数据等多种方式输出数字地图，以后还能根据需要随时取出数据绘制任何比例尺的地形图。

思 考 题 与 习 题

1. 地形图比例尺的表示方法有哪几种，大、中、小比例尺地形图是如何划分的？

2. 什么叫比例尺精度，在测绘工作中有何作用，1：5000 地形图的比例尺精度为多少？

3. 地物符号分为哪几种类型，各在什么情况下使用？

4. 等高线、等高距、等高线平距是如何定义的，在等高距不变的条件下，等高线平距与地面坡度之间有何关系？

5. 等高线分哪几类，在图上如何表示，等高线具有哪些特征？

6. 典型地貌有哪些，其等高线各有什么特点？试绘图说明。

7. 地形图图廓外注记包括哪些基本内容？

8. 何谓梯形分幅，何谓矩形分幅，各适用于哪些比例尺地形图？

9. 测图前的准备工作有哪些？

10. 如何选择碎部点？

11. 为什么要进行地形图的拼接，怎样拼接？

12. 按图 8-20 所示碎部点的高程，勾绘等高距为 1m 的等高线，图中虚线为山脊线。

13. 数字化测图全过程一般可归纳为哪三个阶段？

14. 数字化测图具有哪些特点？

15. 试述数字化测图中用全站仪采集数据的步骤。

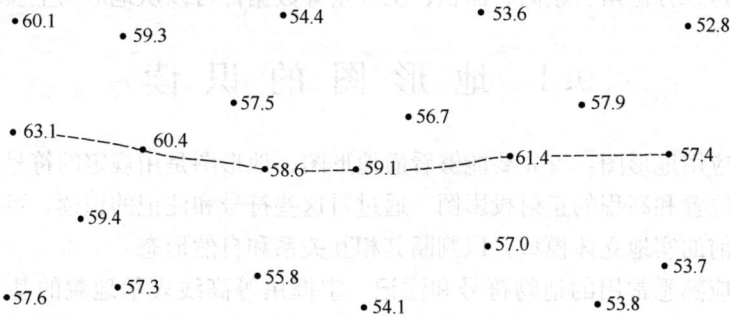

图 8-20 等高线勾绘

第9章 地形图的应用

地形图包含丰富的信息资源，被广泛地应用于国民经济建设和国防建设中，它是建设项目规划、设计和施工中必不可少的基础性资料。地形图具有可量测性的特点，施工中所需的坐标、高程、方位角、距离、面积、土方量等数据都可以从地形图上获取。

9.1 地形图的识读

要正确地应用地形图，首先要能够看懂地形图。地形图是用规定的符号和注记表示地物、地貌平面位置和高程的正射投影图。通过对这些符号和注记的识读，可使地形图成为展现在人们面前的实地立体模型，以判断其相互关系和自然形态。

读图人员应熟悉常用的地物符号和注记，掌握用等高线表示地貌的基本原理。读图时，先识读图廓外注记，了解测图比例尺、坐标系统、高程系统、基本等高距、测图时间及接图表等，然后再识读地物和地貌。

识读地物的目的是了解地物的大小种类、位置和分布情况。通常按先主后次的步骤，并顾及取舍的内容与标准进行。按照地物符号先识别大的居民点、主要道路和用图需要的地物，然后再扩大到识别小的居民点、次要道路、植被和其他地物。通过分析，就会对主、次地物的分布情况，主要地物的位置和大小有较全面的了解。

识读地貌的目的是了解各种地貌的分布和地面的高低起伏形态。对地貌的识读，主要是根据地貌符号（等高线）和地性线（山脊线和山谷线）来辨认和分析。首先根据地性线构成地貌的骨干，对地貌有一个比较全面的认识，不致被复杂的等高线所迷惑，再根据等高线分布密集程度来分析地形的陡缓状况，并找出图上分布的主要山头、洼地、鞍部等典型地貌的位置。

值得注意的是，由于城乡建设的迅速发展，地面上的地物、地貌也会随之发生变化。因此，在应用地形图进行规划及解决工程设计和施工中的各种问题时，除了仔细地识读地形图外，还需要进行实地勘察，以便全面准确地了解建设用地的现状。

9.2 地形图应用的基本内容

9.2.1 点位平面坐标的量测

当需要在地形图上量测某点的平面坐标时，可根据图上的坐标方格网用图解法来求得。如图9-1所示，欲求图上 A 点的平面坐标，首先绘出 A 点所在坐标方格 $abcd$，方格顶点 a 的坐标为 $(x_a，y_a)$，然后过 A 点作格网线的平行线 ef、gh，再量出图上 ag 和 ae 的长度，则 A 点的平面坐标：

$$x_A = x_a + ag \cdot M \brace y_A = y_a + ae \cdot M \rbrace \quad (9\text{-}1)$$

式中 M——比例尺分母。

若要考虑图纸伸缩变形的影响，还应量取 ab 和 ad 的长度，按下式计算 A 点的平面坐标：

$$x_A = x_a + \frac{l}{ab} \cdot ag \cdot M \brace y_A = y_a + \frac{l}{ad} \cdot ae \cdot M \rbrace \quad (9\text{-}2)$$

式中 l——坐标方格网的图上理论长，一般 $l = 100$mm。

9.2.2 两点间水平距离的量测

如图 9-1，要求 A、B 两点间的水平距离，可采用图解法和解析法进行计算。

（1）图解法

用卡规在图上直接卡出 AB 线段的长度，再与图示比例尺比量，即可得其水平距离。也可以用毫米直尺量取图上长度并按比例尺换算为水平距离，但后者受图纸伸缩的影响。

（2）解析法

解析法是先在图上量测出 A、B 两点的坐标，然后再按坐标反算公式计算：

$$D_{AB} = \sqrt{(x_B - x_A)^2 + (y_B - y_A)^2}$$
$$(9\text{-}3)$$

解析法既适用于 A、B 点在同一幅图内的情况，也适用于不在同一幅图内的情况。解析法的精度高于图解法的精度。

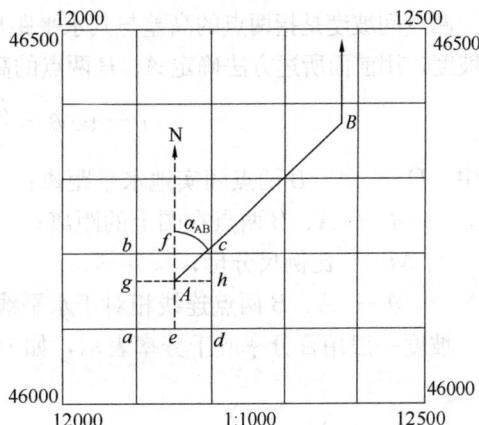

图 9-1 点位平面坐标的量测

9.2.3 直角坐标方位角的量测

如图 9-1，要求直线段 AB 的坐标方位角 α_{AB}，同样可采用图解法和解析法。

（1）图解法

当精度要求不高时，可以采用图解法，即用量角器直接在图上量取 α_{AB}。为了校核，还应再量取其反坐标方位角 α_{BA}。理论上 α_{BA} 和 α_{AB} 应相差 $180°$，但由于量测中存在误差，设量测结果记为 α'_{AB}、α'_{BA}，则可按下式计算 α_{AB} 的最终结果：

$$\alpha_{AB} = \frac{1}{2}(\alpha'_{AB} + \alpha'_{BA} \pm 180°) \quad (9\text{-}4)$$

（2）解析法

解析法是先在图上量测出 A、B 两点的坐标，然后再按坐标反算公式计算：

$$\alpha_{AB} = \arctan \frac{y_B - y_A}{x_B - x_A} \quad (9\text{-}5)$$

9.2.4 点位高程的确定

如果该点正好在某条等高线上，则该点的高程即为等高线的高程。如图 9-2 中的 A 点，其高程 $H_A = 31m$。若该点位于两条等高线之间，如图 9-2 中的 B 点，此时应根据比例内插法确定其高程。首先通过 B 点绘一条大致垂直于两相邻等高线的线段 mn，量取图上 mB 和 mn 的数值，则 B 点高程为：

$$H_B = H_m + \frac{mB}{mn}h \qquad\qquad (9\text{-}6)$$

式中 H_m——m 点的高程；

　　　h——等高距。

在图上求某点的高程时，为了方便快捷，也可以根据相邻两条等高线的高程目估确定。如图 9-2 中的 B 点，通过目估，其高程为 31.7m。

9.2.5 两点间坡度的确定

两点间坡度是指两点的高差与其水平距离的比值。如图 9-3 所示，欲确定 AB 地面连线的坡度，用前面所述方法确定 A、B 两点的高程及 AB 水平距离 D，则 AB 两点间坡度为：

$$i = \tan\theta = \frac{h_{AB}}{D} = \frac{H_B - H_A}{dM} \qquad\qquad (9\text{-}7)$$

式中 D——A、B 两点间实地水平距离；

　　　d——A、B 两点在图上的距离；

　　　M——比例尺分母；

　　　θ——A、B 两点连线相对于水平线的倾角。

坡度一般用百分率或千分率表示，如 $i = 5\%$ 或 $i = -6‰$。

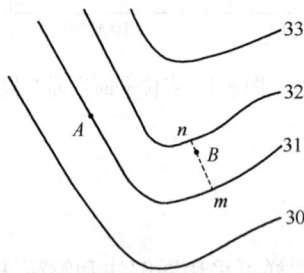

图 9-2 确定点的高程　　　　　图 9-3 两点间坡度

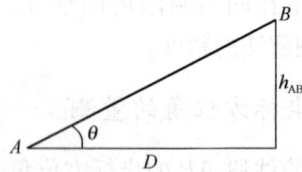

9.3 地形图上面积的量算

在工程建设的规划设计阶段，常需要量算一定范围内图形的面积。量算方法主要有图解法、解析法和求积仪法等。

9.3.1 图解法

（1）几何图形计算法

如果建设场地的边界是折线多边形（图 9-4a）所示，则将多边形分成若干个三角形或梯形，利用三角形或梯形面积计算公式计算出各小图形面积，其总和即为图上的多边形面积 $S_\text{图}$，而实地面积 $S_\text{实} = S_\text{图} \cdot M^2$，其中 M 为比例尺分母。

（2）透明方格纸法

如图 9-4（b）所示，要量算曲线内的面积，先将毫米透明方格纸（其上绘有边长为 1mm 的方格）覆盖在图形上，数出曲线范围内完整的方格数 n_1 和不完整的方格数 n_2。将 2 个不完整方格算作 1 个完整方格，则曲线内的全部方格数为 $n_1 + 0.5 n_2$，该方格数乘以每个方格所代表的图上面积，即可得出整个图形所对应的图上面积，再将其换算为实地面积。

（3）平行线法

如图 9-4（c）所示，将绘有一组间隔为 d 的平行线的透明纸覆盖在图形上，使图形的上部和下部分别相切于一条平行线，将图形分成若干个近似小梯形。量出平行线在图形内的长度 l_0，l_1，l_2，…，l_{n-1}，l_n（其中 $l_0 = 0$，$l_n = 0$），梯形的高均为 d，根据梯形面积的计算公式，可求得图形的图上面积为：

$$S_\text{图} = \frac{1}{2}d(0 + l_1) + \frac{1}{2}d(l_1 + l_2) + \cdots + \frac{1}{2}d(l_{n-1} + 0)$$

$$= d \cdot l_1 + d \cdot l_2 + \cdots + d \cdot l_{n-1} = d \sum_{i=1}^{n-1} l_i \tag{9-8}$$

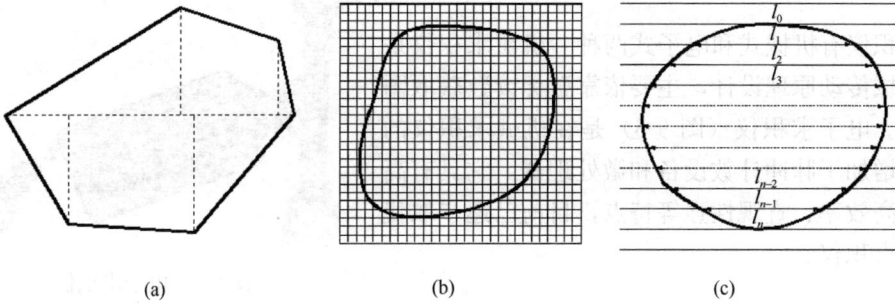

(a) (b) (c)

图 9-4　图解法量算面积

9.3.2　解析法

当图形边界为多边形，而且多边形各顶点的平面坐标已在图上量出或已实地测定，则可用解析法计算其面积。

如图 9-5 所示，将任意多边形各顶点按顺时针方向编号为 1、2、3、4、5，其坐标分别为 $(x_1，y_1)$、$(x_2，y_2)$、$(x_3，y_3)$、$(x_4，y_4)$、$(x_5，y_5)$。由图可知，多边形 12345 的面积等于若干梯形面积的代数和，即：

$$S_{12345} = S_{4'455'} + S_{5'511'} - S_{4'433'} - S_{3'322'} - S_{2'211'}$$

$$= \frac{1}{2}(x_4 - x_5)(y_4 + y_5) + \frac{1}{2}(x_5 - x_1)(y_5 + y_1) - \frac{1}{2}(x_4 - x_3)(y_4 + y_3)$$

$$- \frac{1}{2}(x_3 - x_2)(y_3 + y_2) - \frac{1}{2}(x_2 - x_1)(y_2 + y_1)$$

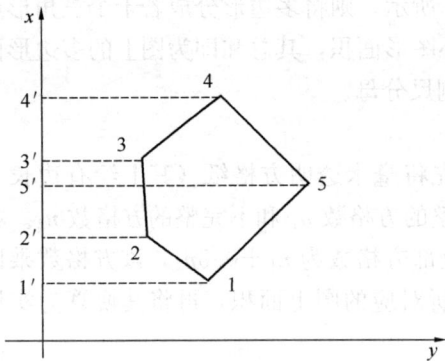

图 9-5　解析法面积量算

整理后得：

$$S_{12345} = \frac{1}{2}\big[x_1(y_2 - y_5) + x_2(y_3 - y_1) \\ + x_3(y_4 - y_2) + x_4(y_5 - y_3) \\ + x_5(y_1 - y_4)\big]$$

若多边形有 n 个顶点，则一般形式为：

$$S = \frac{1}{2}\sum_{i=1}^{n} x_i(y_{i+1} - y_{i-1}) \tag{9-9}$$

上式是将各顶点投影于 x 轴得到的，若将各顶点投影于 y 轴，则一般形式为：

$$S = \frac{1}{2}\sum_{i=1}^{n} y_i(x_{i-1} - x_{i+1}) \tag{9-10}$$

应用式（9-9）和式（9-10）时，应注意多边形顶点是按顺时针方向进行编号。当 $i=1$ 时，y_{i-1} 和 x_{i-1} 分别用 y_n 和 x_n 代入；当 $i=n$ 时，y_{i+1} 和 x_{i+1} 分别用 y_1 和 x_1 代入。

9.3.3　求积仪法

求积仪是一种专门用于量测图上面积的仪器。由于其量测速度快，操作简单，能较为精确地测定任意形状的图形面积，因此得到广泛应用。

求积仪有机械式和电子式两种。机械求积仪是根据机械传动原理设计，主要依靠游标读数获取图形面积。电子求积仪（图 9-6）是在机械求积仪的基础上增加了脉冲计数设备和微处理器，它具有高精度、高效率、直观性强等特点，目前已逐步取代了机械求积仪。

图 9-6　电子求积仪

9.4　地形图在工程建设中的应用

9.4.1　按限制坡度选定最短线路

在山地或丘陵地区进行道路、管线等工程项目设计时，往往要求线路在不超过某一限制坡度的条件下，选择一条最短线路或等坡线路。如图 9-7 所示，需要从 A 点到 B 点定出一条线路，其限制坡度为 i。设地形图比例尺为 $1:M$，等高距为 h。根据坡度定义式 $i = \dfrac{h}{dM}$，可求得线路通过相邻等高线的最短距离 d 为：

$$d = \frac{h}{iM} \tag{9-11}$$

图 9-7 中，若地形图比例尺为 $1:5000$，等高距 $h=5m$，限制坡度为 $i=5\%$，代入式（9-11）可计算得 $d=2cm$。然后，以 A 点为圆心，以 $d=2cm$ 为半径画弧，交 35m 等高线于 1 点和 $1'$ 点。再分别以 1 点和 $1'$ 点为圆心，以 d 为半径画弧，交 40m 等高线于 2 点和 $2'$

点，依此类推，一直到达 B 点附近为止。最后，连接 A-1-2-3-4-5-6-7-B 和 A-1′-2′-3′-4′-5′-6′-7′-B，便在图上得到符合限制坡度的两条线路。综合考虑线形、地质条件、耕地占用、工程费用、施工便利性等因素确定所选用方案。

若相邻等高线的平距大于计算值，则以 d 为半径所画的圆弧不会与等高线相交，这说明该处的地面实际坡度小于限制坡度，此时，线路可按最短距离绘出（如图中的 3′-4′ 段线路）。

9.4.2　确定汇水面积

如图 9-8，线路 AB 在 M 处跨越河谷，为修桥涵，需要知道流经桥涵断面 M 的最大流量，以确定桥涵孔径大小。为此，需要知道有多大面积的雨水汇集在此处，这个面积称汇水面积。

为了计算汇水面积，需要先在地形图上确定汇水范围。由于雨水是沿山脊线（分水线）向两侧山坡分流，因此汇水范围的边界线是由一系列山脊线连接而成的。图 9-8 中，流经 M 处的汇水面积就是由山脊线（图上虚线部分）与线路 AB 所包围的面积。

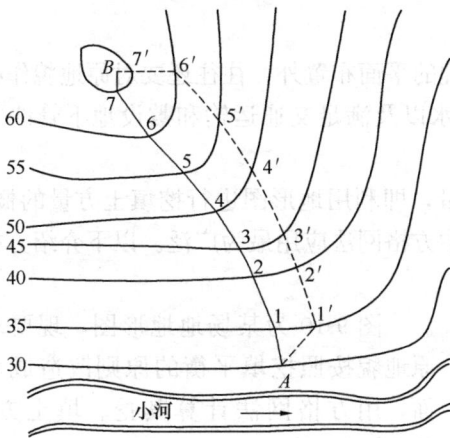

图 9-7　按限制坡度选择最短线路　　　　图 9-8　汇水范围的确定

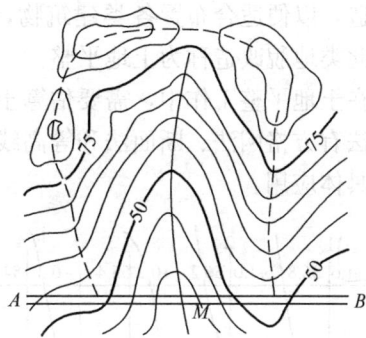

9.4.3　按一定方向绘制纵断面图

在道路、管线等工程项目的规划设计中，为了进行填挖土石方量的估算，合理地确定线路的纵坡，常常需要了解沿线路方向的地面起伏情况。为此，可利用地形图绘制所指定方向的纵断面图。

如图 9-9 所示，欲沿 MN 方向绘制断面图，首先在地形图上作 M、N 两点的连线，与各等高线分别相交于 a，b，$\cdots$，h，i。各交点高程即为其所在等高线的高程，各交点距 M 点的平距可在图上用比例尺量得。在绘图纸或毫米方格纸上绘两垂直的直线，横轴表示平距，纵轴表示高程。在横轴上根据 M 点距各交点平距分别定出 a，b，$\cdots$，h，i，N，又在这些点处依据各点高程沿高程轴线方向向上量取相应的垂线段，得各点在断面上的位置。用平滑的曲线将这些点连接起来，即得到 MN 方向的纵断面图。

为了更真实地反映地形的特征，当断面经过山脊、山顶或山谷等处时，这些地貌特征点应该标示在图上，这些特征点的高程，可用比例内插法求得，如图 9-9 中的 e'。此外，为了更突出地反映地面高低起伏状况，绘制断面图时，高程比例尺一般比平距比例尺大 10～20 倍。

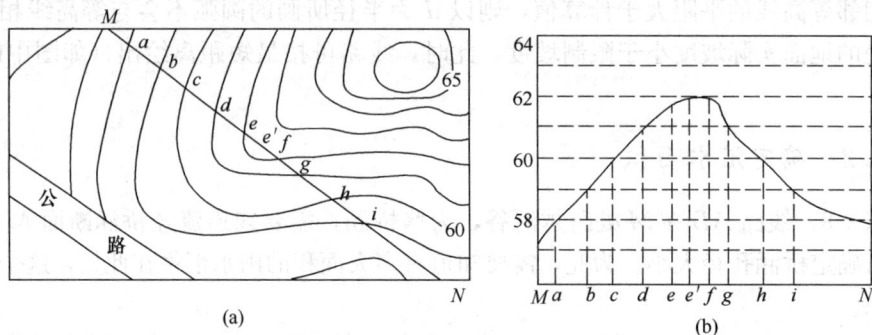

图 9-9　纵断面图的绘制

9.4.4　场地平整时的土方量计算

在各种工程建设中，除了对建筑物要作合理的平面布置外，往往还要对原地貌作必要的改造，以便适合布置各类建筑物，排除地面水以及满足交通运输和敷设地下管线等要求。此类地貌改造称为土地平整。

在土地平整工作中，需要估算土方的工程量，即利用地形图进行挖填土方量的概算。其方法有方格网法、断面法和等高线法等，其中方格网法应用最为广泛。以下介绍方格网法的具体应用。

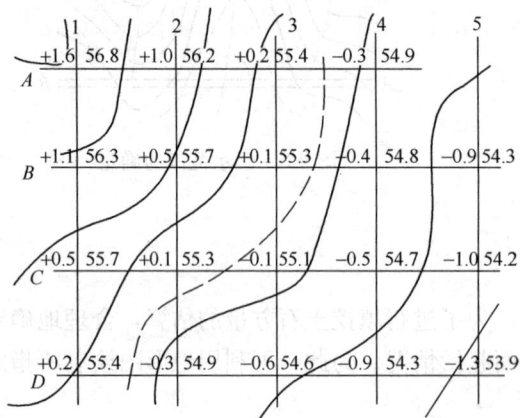

图 9-10　平整为水平面的方格网法土方量计算

图 9-10 为某场地地形图，现要求将原地貌按照挖填平衡的原则改造成水平面，用方格网法计算其挖、填土方量，其步骤如下：

（1）绘方格网并求方格顶点高程

首先，在地形图上拟平整范围内绘制方格网。方格网的大小取决于地形复杂程度、地形图的比例尺及土方计算的精度要求，方格网对应的实地边长一般为 10m 或 20m。绘出方格网后，根据地形图上的等高线，用内插法求出每一方格顶点的地面高程，并注记在相应方格顶点的右上方，如图 9-10 所示。

（2）计算平面设计高程

平整后的平面高程若等于平整前该地区的平均高程，则可满足挖填平衡的条件。为此，首先将每一方格 4 个顶点的地面高程加起来除以 4，得到各方格的平均高程，再将每个方格的平均高程相加除以方格数，就得到设计高程 $H_{设}$。即：

198

$$H_{设} = \frac{1}{n}(H_1 + H_2 + \cdots + H_n) = \frac{1}{n}\sum_{i=1}^{n} H_i \qquad (9\text{-}12)$$

式中 H_i——每一方格的平均高程；

n——方格总数。

分析式（9-12）可以看出，计算中角点 $A1$、$A4$、$B5$、$D1$、$D5$ 的高程只使用 1 次，边点 $B1$、$C1$、$A2$、$A3$、$C5$、$D2$、$D3$、$D4$ 的高程使用 2 次，拐点 $B4$ 的高程使用 3 次，中间点 $B2$、$B3$、$C2$、$C3$、$C4$ 的高程使用 4 次。因此，设计高程 $H_{设}$ 的计算公式又可以写成以下更简便的形式：

$$H_{设} = \frac{(\sum H_{角} + 2\sum H_{边} + 3\sum H_{拐} + 4\sum H_{中})}{4n} \qquad (9\text{-}13)$$

式中 $\sum H_{角}$、$\sum H_{边}$、$\sum H_{拐}$、$\sum H_{中}$——角点、边点、拐点和中点的地面高程之和；

n——方格总数。

将图 9-10 中各方格顶点的地面高程代入式（9-13），即可计算出设计高程 $H_{设}$ 为 55.2m。在地形图中内插出 55.2m 的等高线（图 9-10 中的虚线），该线称为挖填边界线或零线。

（3）计算方格顶点的挖、填高度

根据设计高程和各方格顶点的地面高程，计算出每个方格顶点的挖、填高度：

$$h = H_{地} - H_{设}$$

将计算所得各顶点的挖、填高度标注于相应方格点的左上方（图 9-10）。正数为挖深，负数为填高。

（4）计算挖、填土方量

挖、填土方量可根据方格点的位置特点，按下列公式计算。

角点：挖（填）高度 $\times \frac{1}{4}$ 方格面积

边点：挖（填）高度 $\times \frac{2}{4}$ 方格面积

拐点：挖（填）高度 $\times \frac{3}{4}$ 方格面积

中点：挖（填）高度 $\times \frac{4}{4}$ 方格面积

然后再统计挖方总量和填方总量，两者应基本相等，满足挖填土方平衡的要求。

图 9-10 中，设每一方格面积为 $20\text{m} \times 20\text{m} = 400\text{m}^2$，其土方量计算结果列于表 9-1 中。

挖、填土方量计算一览表 表 9-1

点号	挖深 (m)	填高 (m)	点的性质	代表面积 (m²)	挖方量 (m³)	填方量 (m³)
$A1$	+1.6		角	100	160	
$A2$	+1.0		边	200	200	
$A3$	+0.2		边	200	40	

点号	挖深（m）	填高（m）	点的性质	代表面积（m²）	挖方量（m³）	填方量（m³）
A4		−0.3	角	100		30
B1	+1.1		边	200	220	
B2	+0.5		中	400	200	
B3	+0.1		中	400	40	
B4		−0.4	拐	300		120
B5		−0.9	角	100		90
C1	+0.5		边	200	100	
C2	+0.1		中	400	40	
C3		−0.1	中	400		40
C4		−0.5	中	400		200
C5		−1.0	边	200		200
D1	+0.2		角	100	20	
D2		−0.3	边	200		60
D3		−0.6	边	200		120
D4		−0.9	边	200		180
D5		−1.3	角	100		130
求和					1020	1170

思 考 题 与 习 题

1. 识读地形图的主要目的是什么，主要从哪几个方面进行？

2. 地形图应用的基本内容有哪些？

3. 地形图上面积的量算方法有哪几种，各适用于什么条件？

4. 某四边形如图 9-11 所示，图中各点的坐标分别为 1（863.22，427.38）、2（906.89，532.46）、3（886.53，554.38）、4（817.69，496.55），试按解析法计算该四边形的面积。

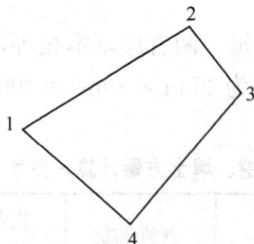

图 9-11 四边形图

5. 地形图上如何确定汇水面积？

6. 如何绘制纵断面图，其纵、横比例尺是否相等？

7. 什么是挖填平衡原则，角点、边点、拐点和中点的土方计算系数各为多少？

8. 图 9-12 是一幅王家庄的地形图，请按要求完成下列内容：

（1）量测图上 A、B 两点的坐标，并计算直线 AB 的坐标方位角 a_{AB}。

（2）用毫米直尺量取 AB 直线的水平距离，并用 A、B 坐标计算校核。

（3）确定 B、C 两点的高程，并计算直线 BC 的坡度。

（4）欲从 A 点修一条道路到 D 点，D 点高程为 70.2m，设计坡度为 $i=10\%$，请按限制坡度选择一条最短路线。

（5）绘制 BC 方向的纵断面图。要求距离比例尺为 1:1000，高程比例尺为 1:100。

（6）欲从王家庄以北进行场地平整，要求平整为建设场地地面平均高程的水平面。场地平整的具体位置：从临时高程控制点 D_n 为起点向东、向北各 30m。请根据要求绘制方格网（小方格网的边长为 10m，图中虚线方格网为示意图，仅供参考），然后计算填、挖土方量。

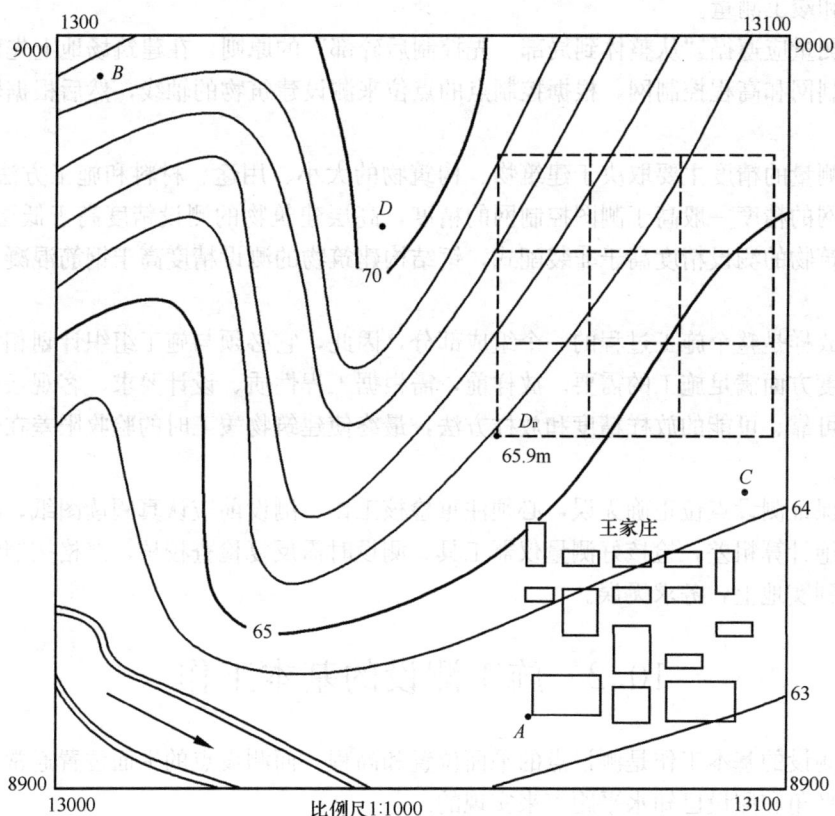

图 9-12　王家庄地形图

第 10 章 建 筑 施 工 测 量

建筑施工测量的任务是将图纸上设计的建筑物、构筑物的平面位置和高程，按设计要求的精度测设到地面上，用桩在实地标定出来，以作为施工的依据。

10.1 建筑施工测量概述

施工测量贯穿于建筑施工阶段的全过程，其主要内容包括施工控制测量、施工放样、变形观测和竣工测量。

施工测量应遵循"从整体到局部，先控制后碎部"的原则，在建筑场地上先建立统一的平面控制和高程控制网，根据控制点的点位来测设建筑物的轴线，然后根据轴线测设各个细部。

施工测量的精度主要取决于建筑物、构筑物的大小、用途、材料和施工方法等因素。施工控制网的精度一般高于测图控制网的精度，高层建筑物的测设精度高于低层建筑物，装配式建筑物的测设精度高于非装配式，钢结构建筑物的测设精度高于钢筋混凝土结构建筑物。

定线放样是整个施工过程的一个组成部分，因此，它必须与施工组织计划相协调，在精度和速度方面满足施工的需要。放样前，需根据工程性质、设计要求、客观条件等来制定恰当、可靠、可能的放样精度和放样方法，最终使建筑物竣工时的验收限差在规范容许范围以内。

为了保证测设点位正确无误，必须注重检核工作。测设前应认真阅读图纸，核准测设数据，杜绝计算粗差，检核好测量仪器工具。测设时需反复检查校核，严格按照设计尺寸放样标定到实地上，务求无误。

10.2 施工测设的基本工作

施工测设的基本工作是测设点的平面位置和高程。而测设点的平面位置通常是通过测设已知水平角和测设已知水平距离来实现的。

10.2.1 点的平面位置测设

1. 测设已知水平角

测设已知水平角就是根据水平角的已知数据和一个已知方向，把该角的另一个方向测设在地面上。水平角的测设方法按测设的精度要求不同分为一般测设方法和精确测设方法两种。

（1）一般测设方法

当测设水平角的精度要求不高时，可采用盘左、盘右取中数的方法。如图 10-1 所示，OA 为已知方向，要在 O 点向右测设已知水平角 β，定出 OB 方向，其步骤如下：

1) 在 O 点设置经纬仪或全站仪，盘左位置瞄准 A 点，读出此时水平度盘读数 $a_{左}$（也可将水平度盘读数调为 $0°00'00''$，即归零）。

2) 松开水平制动螺旋，顺时针方向转动照准部直至水平度盘读数为 $a_{左}+\beta$（或 β）附近，旋紧水平制动螺旋，调节微动螺旋使水平度盘读数精确为 $a_{左}+\beta$（或 β），在此方向线上适当位置定出 B' 点。

3) 在盘右位置同法定出 B'' 点，取 B'、B'' 的中心点 B，则 $\angle AOB$ 就是要测设的已知水平角 β。

（2）精确测设方法

精确测设方法是在一般测设方法的基础上再进行修正，最后精确地定出 B 点，其步骤如下：

1) 如图 10-2 所示，设按一般测设方法所定出的中心点为 B' 点。

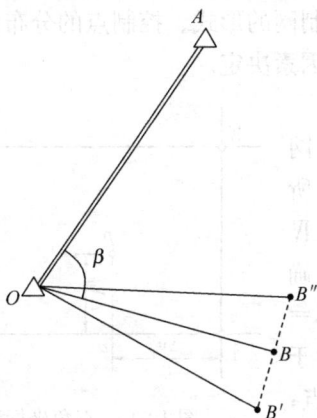

图 10-1　一般方法测设水平角　　　　图 10-2　精确方法测设水平角

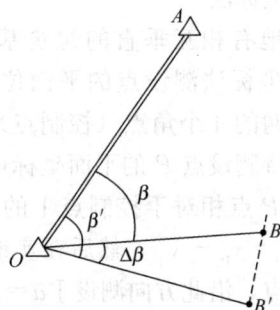

2) 用测回法观测 $\angle AOB'$ 多个测回，取其平均值 β'，并计算该值与已知水平角的差值 $\Delta\beta=\beta'-\beta$。

3) 现场测量出 OB' 水平距离，按下式计算改正距离：

$$B'B \approx OB' \times \frac{\Delta\beta}{\rho''} \tag{10-1}$$

式中　$\rho''=206265''$。

4) 过 B' 点作 OB' 的垂线，沿垂线量取 $B'B$ 的长度得 B 点，则 $\angle AOB$ 即为精确测设的 β 角。此法需注意 $B'B$ 的量取方向，当 $\Delta\beta$ 为正时，向角内量取改正值；当 $\Delta\beta$ 为负时，向角外量取改正值。

2. 测设已知水平距离

测设已知水平距离是以地面上一已知点为线段的起点，沿给定的方向线上测设线段的另一端点，使该线段的长度等于已知值。其测设方法有钢尺测设和光电测距仪测设两种。

（1）钢尺测设已知水平距离

如图 10-3 所示，已知地面上 A 点及 AC 方向线，要求沿 AC 方向测设 AB 水平距离使

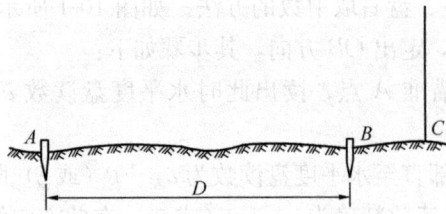

图 10-3　钢尺测设已知水平距离

其等于已知值 D。为此，自 A 点沿 AC 方向拉钢卷尺量取 D 值得 B 点。再校核丈量 AB 距离是否等于测设长度 D 值，若有小差异，应稍改动 B 点位置，使 AB 水平长度等于 D 值。

（2）光电测距仪测设已知水平距离

使用光电测距仪测设已知水平距离 D 时，可用其跟踪测距功能进行。在起点 A 安置测距仪，将反射棱镜沿已定的 AC 方向移动，当仪器的水平距离显示值接近 D 值时，停止移动并在地面作标志。精确测量 A 点至地面标志间的水平距离 D'，计算 $\Delta D = D' - D$。根据 ΔD 的符号，用小钢尺沿 AC 方向精密测设 ΔD，桩钉 B 点。AB 距离即为欲测设的水平距离。

3. 测设点的平面位置

测设点的平面位置常用的方法有直角坐标法、极坐标法、角度交会法、距离交会法和自由设站法。实际测设选用何种方法，可根据施工控制网的形式、控制点的分布情况、测设的精度要求、施工现场条件、所拥有的仪器工具等因素决定。

（1）直角坐标法

当施工场地有相互垂直的建筑基线或建筑方格网时，可用直角坐标法测设点的平面位置。如图 10-4 所示，已知方格网的 4 个角点（控制点）Ⅰ、Ⅱ、Ⅲ、Ⅳ 的平面坐标，待测设点 P 的平面坐标可在设计图纸中确定。首先计算 P 点相对于控制点Ⅰ的坐标增量 $\Delta x_{IP} = x_P - x_I$，$\Delta y_{IP} = y_P - y_I$，然后在实地将经纬仪安置于Ⅰ点，瞄准Ⅱ点，沿此方向测设Ⅰ$a = \Delta y_{IP}$，定出 a 点；又在 a 点安置经纬仪，瞄准Ⅰ点（或Ⅱ点），测设 90°角，找出Ⅰ Ⅱ垂线方向，沿此垂线方向测设 $aP = \Delta x_{IP}$，即可定出 P 点。

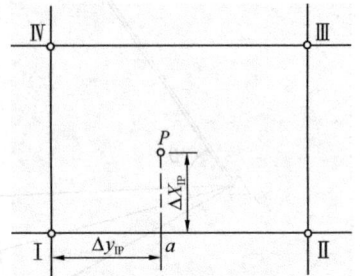

图 10-4　直角坐标法

（2）极坐标法

极坐标法是根据已知水平角度和水平距离测设点位，它是较为常用的一种测设方法。如图 10-5 所示，A、B 为控制点，P 为待定点，所需的测设数据为水平角 β 和水平距离 D。测设数据需根据控制点 A、B 的已知坐标及待定点 P 的设计坐标计算，其计算步骤如下：

1）根据 A、B 点已知坐标按坐标反算公式式（4-28）计算 α_{AB}。

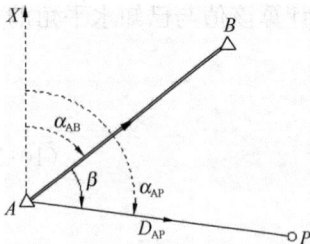

图 10-5　极坐标法

2）根据 A 点已知坐标及 P 点设计坐标按坐标反算公式计算 α_{AP} 和 D_{AP}。

3）$\beta = \alpha_{AP} - \alpha_{AB}$。若 β 为负值，应加上 360°。

【例 10-1】 如图 10-5 所示，已知 A 点坐标为 $X_A = 886.332\text{m}$，$Y_A = 623.548\text{m}$，B 点坐标为 $X_B = 950.065\text{m}$，$Y_B = 727.532\text{m}$，测设点 P 的设计坐标为 $x_P = 869.835\text{m}$，$y_P = 717.102\text{m}$。若在 A 点设站测设 P 点，要求计算测设数据，并简要说明测设方法。

【解】1）计算测设数据

$$\Delta x_{AB} = X_B - X_A = +63.733m, \quad \Delta y_{AB} = Y_B - Y_A = +103.984m$$

$$\Delta x_{AP} = X_P - X_A = -16.497m, \quad \Delta y_{AP} = Y_P - Y_A = +93.554m$$

$$\alpha_{AB}^* = \arctan \frac{\Delta y_{AB}}{\Delta x_{AB}} = \arctan \frac{+103.984}{+63.733} = 58°29'43''$$

因为 $\Delta x_{AB} > 0$，$\Delta y_{AB} > 0$，故 $\alpha_{AB} = \alpha_{AB}^* = 58°29'43''$

同理 $\alpha_{AP}^* = \arctan \dfrac{\Delta y_{AP}}{\Delta x_{AP}} = \arctan \dfrac{+93.554}{-16.497} = -79°59'58''$

因为 $\Delta x_{AP} < 0$，故 $\alpha_{AP} = \alpha_{AP}^* + 180° = 100°00'02''$。

$$D_{AP} = \sqrt{\Delta x_{AP}^2 + \Delta y_{AP}^2} = 94.997m$$

$$\beta = \alpha_{AP} - \alpha_{AB} = 100°00'02'' - 58°29'43'' = 41°30'19''$$

2）测设方法

① 将仪器安置于 A 点，瞄准 B 点。

② 按水平角一般测设方法或精确测设方法测设水平角 $\beta = 41°30'19''$，确定出 AP 方向。

③ 沿 AP 方向测设水平距离 $D_{AP} = 94.997m$，得 P 点位置。

（3）角度交会法

角度交会法一般适用于测距困难的地区。如图 10-6 所示，首先根据控制点 A、B 的已知坐标及待定点 P 的设计坐标，计算出测设所需数据水平角 α、β 的角值。测设时，将经纬仪分别置于控制点 A、B，测设 α、β 角，确定出方向线 AP、BP，两方向线交点的位置即为所求的 P 点位置，桩钉之。

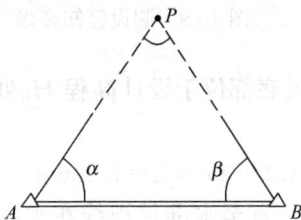

图 10-6　角度交会法　　　　图 10-7　距离交会法

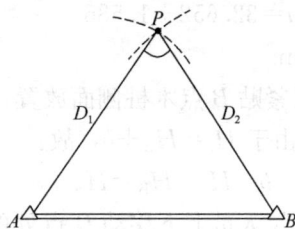

应用角度交会法测设时，交会角 $\angle APB$ 为 90° 最佳，一般应在 30°～150° 之间，交会角过大或过小都会影响交会点 P 的精度。

（4）距离交会法

当场地平坦，而且控制点与测设点的距离不超过一整尺段时，可采用距离交会法。如图 10-7 所示，首先根据控制点 A、B 的已知坐标及测设点 P 的设计坐标，按坐标反算方法求得水平距离 D_1、D_2。然后使用两把钢尺，分别以 A、B 为圆心，以 D_1、D_2 为半径在地面作圆弧，两圆弧的交点位置即为测设点 P 的位置。

（5）自由设站法

前面所介绍的几种测设方法均要求将测站点设在已知控制点上，但实际测设工作中，有时可能会遇到在已有控制点上置镜均不便于测设待定点的情况。如图 10-8 所示，1、2、3、4 点为已知控制点，图中虚线房屋的各房角点为待定点，假定受现场条件限制，在已

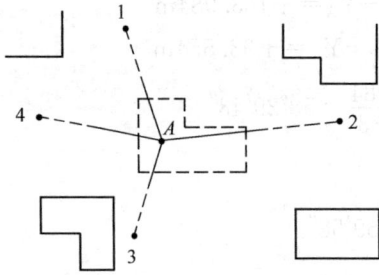

图 10-8　自由设站法

知控制点上置镜均不便于测设各待定点，此时可以根据现场条件选择一临时置镜点 A，A 点应与 3 个以上控制点通视良好，且在 A 点置镜便于施测各待定点。将全站仪安置于 A 点，后视各已知控制点，用后方交会法或边长交会法求得 A 点平面坐标（后方交会法至少要有 3 个已知控制点，边长交会法至少要有 2 个已知控制点），A 点坐标已知后，后视某一控制点，即可采用极坐标法测设各待定点。此法即为自由设站法，自由设站法的优点是可自由选择测站点位置。

10.2.2　测设已知高程

测设已知高程是将设计高程测设在指定桩位上，其方法一般是根据附近已有水准点采用水准测量方法进行。如图 10-9 所示，已知水准点 A 的高程 $H_A = 32.652$m，现欲在 B 点处测设出某建筑物的室内地坪设计高程（建筑物的 ± 0.000）为 $H_B = 33.082$m。将水准仪安置在 A、B 两点之间，在 A 点竖立水准尺，读取 A 尺上的读数 a，设 $a = 1.586$m。则水准仪的视线高程为：

$$H_i = H_A + a = 32.652 + 1.586$$
$$= 34.238\text{m}$$

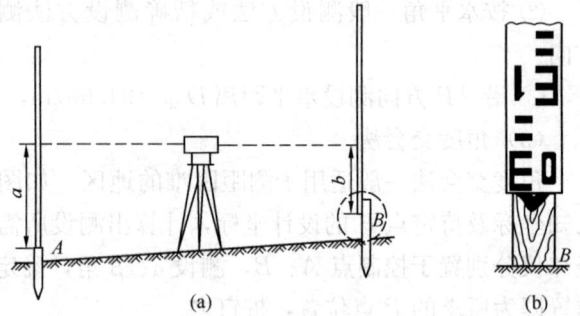

图 10-9　测设已知高程

又将水准尺紧贴 B 点木桩侧面放置，设水准尺底部位于设计高程 H_B 处时，其对应的前视读数为 b，由于 $H_i = H_B + b$，故：

$$b = H_i - H_B = H_A + a - H_B = 34.238 - 33.082 = 1.156\text{m}$$

测设时，扶尺人员上下移动 B 点处的水准尺，直至水准仪视线在水准尺上截取的读数恰好为 $b = 1.156$m 时，紧靠尺底在木桩侧面画一水平线，该线即为欲测设高程的位置。

当测设的高程点和已知水准点之间的高差很大时，如向建筑物顶部或深基坑内标定高程，只用水准尺已无法进行测设。此时，可借用钢尺向上或向下引测，即用高程传递法。

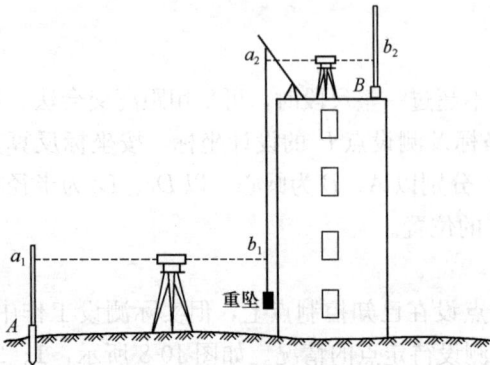

图 10-10　高程传递测设

如图 10-10 所示，水准点 A 的高程 H_A 是已知的，需测设出楼顶部 B 点的设计高程 H_B。

在楼顶边架设吊杆，将一把检验过的钢卷尺零点向下挂在吊杆上，钢尺下端悬挂一个重坠，在地面上和楼顶上各安置一次水准仪，读取读数 a_1、b_1、a_2 后，计算前视应有的读数 b_2：

$$b_2 = H_A + a_1 + a_2 - b_1 - H_B$$

$$\text{(10-2)}$$

206

在 B 桩侧面画线，使其上水准尺读数恰为 b_2 即可。

10.2.3 测设已知坡度

在道路建设及敷设排水管道等工程中，经常要测设设计的坡度线。如图 10-11 所示，A 和 B 为设计坡度线的两端点，两点间水平距离为 D，若已知 A 点的高程为 H_A，设计坡度为 i_{AB}，则可求出 B 点的设计高程 H_B 为：

$$H_B = H_A + i_{AB} \cdot D \qquad (10\text{-}3)$$

先用测设已知高程的方法，利用附近已知水准点将设计高程 H_B 测设于 B 桩顶上，然后将水准仪安置在 A 桩上，使基座上的一个脚螺旋在 AB 方向线上；量取

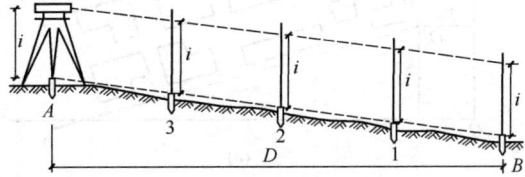

图 10-11 测设已知坡度

仪器高 i；转动该脚螺旋，使 B 桩上的水准尺读数为 i，此时仪器的视线平行于设计坡度线。在 AB 线之间打下 1、2、3 木桩，称为中间点，使各桩上水准尺读数均为 i，则各桩顶的连线即为设计的坡度线。若设计坡度较大，也可用经纬仪进行测设。

10.3 建筑场地施工控制测量

工程建设在勘测阶段已建立了测图控制网，但由于这些控制网是为测图而建立的，没有考虑施工的要求，因此，其控制点的分布、密度及精度都难于满足施工测量的要求。此外，平整场地时，原有测图控制点大多受到破坏，因此，在施工之前，必须重新建立专门的施工控制网，进行施工控制测量。

施工控制测量分为施工平面控制测量和施工高程控制测量两部分。

10.3.1 施工平面控制测量

在大中型建筑施工场地上，施工平面控制网多用正方形或矩形格网组成，称为建筑方格网。在面积不大又不十分复杂的建筑场地上，常布置一条或几条基线，作为施工测量的平面控制，称为建筑基线。对于扩建或改建的建筑区及通视困难场地，则多采用布设灵活的导线网。当前，随着全站仪的广泛应用，导线网已作为施工平面控制的主要布设形式。

1. 建筑方格网

（1）建筑方格网的坐标系统

建筑方格网一般采用施工坐标系（又称建筑坐标系），该坐标系是设计和施工部门为了工作上的方便所采用的一种独立坐标系统。如图 10-12（a）所示，施工坐标系的纵轴通常用 A 表示，横轴用 B 表示，施工坐标也叫 A、B 坐标。

施工坐标系的 A 轴和 B 轴，应与建筑物主轴线平行，以便于用直角坐标法进行建筑物的放样。坐标原点设在总平面图的西南角，使所有建筑物和构筑物的设计坐标均为正值。施工坐标系与测量坐标系往往并不一致，两个坐标系之间的换算，可根据施工坐标系原点 O' 在测量坐标系中的坐标（x'_0，y'_0）及 $O'A$ 轴的坐标方位角 α 来进行。在进行施工测量时，上述换算参数由勘测设计单位给出。

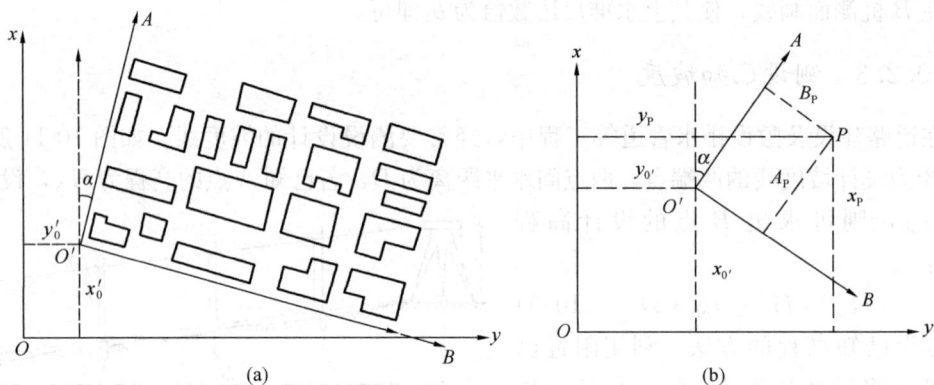

图 10-12 施工坐标系和测量坐标系

如图 10-12（b）所示，已知 P 点的施工坐标为（A_P，B_P），要换算为测量坐标（x_P，y_P），其计算式如下：

$$\left.\begin{array}{l} x_P = x'_0 + A_P\cos\alpha - B_P\sin\alpha \\ y_P = y'_0 + A_P\sin\alpha + B_P\cos\alpha \end{array}\right\} \tag{10-4}$$

反之，已知 P 点的测量坐标（x_P，y_P），要换算为施工坐标（A_P，B_P），其计算式如下：

$$\left.\begin{array}{l} A_P = (x_P - x'_0)\cos\alpha + (y_P - y'_0)\sin\alpha \\ B_P = -(x_P - x'_0)\sin\alpha + (y_P - y'_0)\cos\alpha \end{array}\right\} \tag{10-5}$$

（2）图上布设建筑方格网

布设建筑方格网时，应先选定建筑方格网的主轴线 AB 和 CD（图 10-13），然后再布置方格网，方格网的形式可布置成正方形或矩形。布网时，方格网的主轴线应布设在建筑群的中部，并与主要建筑物的基本轴线平行。矩形方格网的边长视建筑物的大小和分布而定，应注意保证通视且便于测距和测角，点位标石应能长期保存。

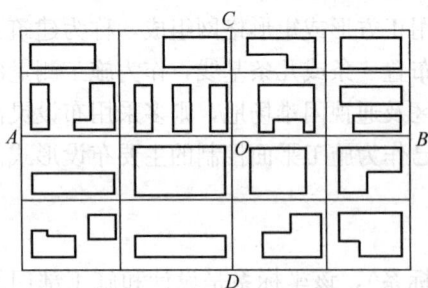

图 10-13　建筑方格网布设

建筑方格网主轴线 AB 和 CD 是建筑方格网扩展的基础。其中的 A、B、C、D、O 点是主轴线的定位点，称主点。主点的施工坐标一般由设计单位给出，也可在总平面图上用图解法求得一点的施工坐标后，再按主轴线的长度推算其他主点的施工坐标。主点一般是通过测量控制点进行测设，当施工坐标系与测量坐标系不一致时，在建筑方格网测设之前，应把主点的施工坐标按式（10-4）换算为测量坐标，以便求算测设数据。

（3）建筑方格网的测设

图 10-14 中，1、2、3 点是施工现场已有的测量控制点，A、O、B 为需测设的主轴线的主点。根据 1、2、3 点已知的测量坐标及经换算后所得的 A、O、B 三点的测量坐标，通过坐标反算求出测设数据 D_1、D_2、D_3 和 β_1、β_2、β_3，然后用极坐标法分别测设出各主点。由于测设有误差，所测设出的三个主点设为 A'、O'、B'，它们一般不在一条直线上

（图 10-15），为此，需在 O' 点上安置经纬仪，精确测量出 $\angle A'O'B'$ 的角值 β，若 β 与 $180°$ 的差值超出限差范围，需进行调整。调整时，将 A'、O'、B' 三点沿垂直方向移动一个相等的改正值 δ，δ 按下式计算：

$$\delta = \frac{a \times b}{2(a+b)} \times \frac{(180° - \beta)}{\rho''} \tag{10-6}$$

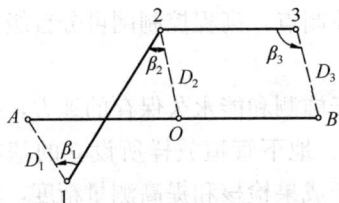

图 10-14　主点的测设

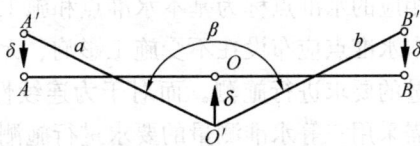

图 10-15　直线上点位的调整

　　A、O、B 三个主点测设好后，如图 10-16 所示，将经纬仪安置在 O 点，瞄准 A 点，分别向左和向右测设 $90°$ 角，定出另一主轴线 COD。同样，由于测设误差的存在，设定出的点为 C'、D'，精确测量 $\angle AOC'$ 和 $\angle AOD'$，它们与 $90°$ 的差值设为 ε_1 和 ε_2，按下式计算出改正值 l_1 和 l_2：

$$l = L \times \frac{\varepsilon''}{\rho''} \tag{10-7}$$

式中　L——OC' 或 OD' 间的距离。

　　C、D 两点定出后，还应实测改正后的 $\angle COD$，它与 $180°$ 之差应在限差范围内。然后精密丈量出 OA、OB、OC、OD 的距离，定出各主点点位。

　　主轴线测设好后，分别在主轴线端点上安置经纬

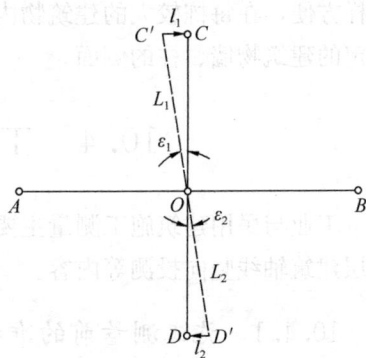

图 10-16　直角调整

仪，均以 O 点为起始方向，分别向左和向右测设出 $90°$ 角，这样就交会出田字形方格网点。为了进行校核，还要安置经纬仪于方格网点上，测量其角值是否为 $90°$，并测量各相邻点间的距离，看它是否与设计边长相等，误差应在允许范围内。然后再以基本方格网点为基础，加密方格网中其余各点。

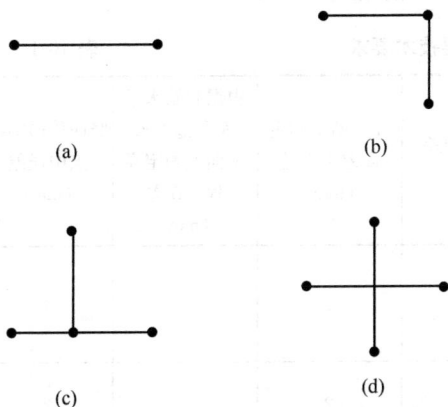

(a)　　　　(b)

(c)　　　　(d)

图 10-17　建筑基线形式

2. 建筑基线

　　建筑基线适用于总平面图比较简单的小型建筑场地。建筑基线应邻近主要建筑物布置，并与其主要轴线平行，基线点不得少于三个，以便检查点位有无变动。建筑基线通常可布置为图 10-17 所示的几种形式。

　　建筑基线的测设方法与建筑方格网主轴线的测设方法相同，也应对直线、直角和距离进行检查和调整。

3. 导线网

　　导线测量方法能根据建筑物定位的需要灵

活布置网点，便于控制点的使用和保存，目前也被广泛应用于建筑施工控制测量中。导线测量分为两级，在面积较大区域，Ⅰ级导线可作为首级控制，以Ⅱ级导线加密。在面积较小区域内以Ⅱ级导线一次布设。各级导线网的技术指标见表6-3。

10.3.2　施工高程控制测量

一般情况下，施工场地平面控制点也可兼作高程控制点，高程控制网可分首级网和加密网，相应的水准点称为基本水准点和施工水准点。

基本水准点应布设在不受施工影响、无振动、便于施测和能永久保存的地方，按四等水准测量的要求进行施测。而对于为连续性生产车间、地下管道放样所立的基本水准点，则需采用三等水准测量的要求进行施测。为了便于成果检核和提高测量精度，场地高程控制网应布设成闭合环线、附合路线或结点网形。

施工水准点用来直接放样建筑物的高程，为了放样方便和减少误差，施工水准点应靠近建筑物，通常可以采用建筑方格网点的标志桩加设圆头钉作为施工水准点。此外，为了放样方便，在每栋较大的建筑物内部或附近，还要布设±0.000水准点，其位置多选在较稳定的建筑物墙、柱的侧面。

10.4　工业与民用建筑施工测量

工业与民用建筑施工测量主要包括建筑物轴线测设、基础施工测量、构件安装测量及高层建筑轴线竖向投测等内容。

10.4.1　施工测量前的准备工作

设计图纸是施工测量的依据，因此在施工放样前，应熟悉该工程的各种设计图纸，包括总平面图、建筑平面图、基础平面图、基础详图及建筑立面图等，必要时，还应对图中所标尺寸进行核算。

为了解现场的地物、地貌和原有测量控制点的分布情况，还应踏勘现场。同时，对场地进行平整和清理，拟订测设计划，绘制测设草图，以便于测设工作顺利开展。

建筑物施工放样的主要技术要求，应符合表10-1的规定。

建筑物施工放样的主要技术要求　　　　　　　　　　　　　　表 10-1

建筑物结构特征	测距相对中误差	测角中误差 (″)	在测站上测定高差中误差 (mm)	根据起始水平面在施工水平面上测定高程中误差 (mm)	竖向传递轴线点中误差 (mm)
金属结构、装配式钢筋混凝土结构、建筑物高度 100～120m 或跨度 30～36m	1/20000	5	1	6	4
15 层房屋、建筑物高度 60～100m 或跨度 18～30m	1/10000	10	2	5	3

建筑物结构特征	测距相对中误差	测角中误差(″)	在测站上测定高差中误差(mm)	根据起始水平面在施工水平面上测定高程中误差(mm)	竖向传递轴线点中误差(mm)
5～15 层房屋、建筑物高度 15～60m 或跨度 6～18m	1/5000	20	2.5	4	2.5
5 层房屋、建筑物高度 15m 或跨度 6m 及以下	1/3000	30	3	3	2
木结构、工业管线或公路铁路专用线	1/2000	30	5	—	—
土工竖向整平	1/1000	45	10		

10.4.2 建筑物轴线测设

1. 民用建筑轴线的测设

民用建筑是指住宅、学校、医院、办公楼、商店等建筑物。民用建筑轴线的测设包括建筑物定位和轴线控制桩或龙门板的设置两项工作。

（1）建筑物定位

建筑物的定位就是将建筑物外廓各轴线的交点（如图 10-18 中的 M、N、P、Q 点）测设到地面上，然后再根据这些点进行细部放样。

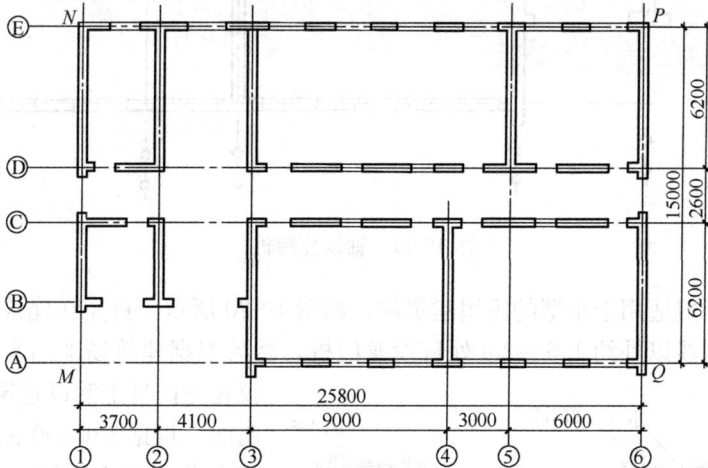

图 10-18　民用建筑物定位

建筑物轴线交点，可根据现场已布设的建筑方格网、建筑基线或其他已有控制点采用直角坐标法或极坐标法进行测设。亦可根据与现有建筑物的关系来测设。

外廓各轴线交点 M、N、P、Q 定位后，应检查各轴线间的角度和尺寸关系，量得的角度和长度与设计值比较，其差值不得超过限差要求。满足后，以桩顶钉一小钉的木桩作为标志（称角桩），然后根据设计图上各轴线间的间距，将其他轴线与外廓轴线的交点定出，钉设木桩（称中心桩）。根据中心轴线，再用石灰在地面上撒出基槽开挖边线。

（2）轴线控制桩或龙门板的设置

由于开挖基槽时角桩及中心桩会被破坏，为了在施工时能方便地恢复各轴线的位置，要求在基槽开挖前将轴线延长至安全地点，并做好标志。延长轴线的方法有两种：轴线控制桩法和龙门板法。

轴线控制桩设置在基槽开挖边界外约 2m 各轴线的延长线上，又称引桩，如图 10-19 所示。引桩为开槽后各施工阶段恢复轴线位置的依据。在多层楼房施工中，为了便于向上投测轴线，引桩应设在较远处，最好将轴线引测至附近固定的建筑物上。

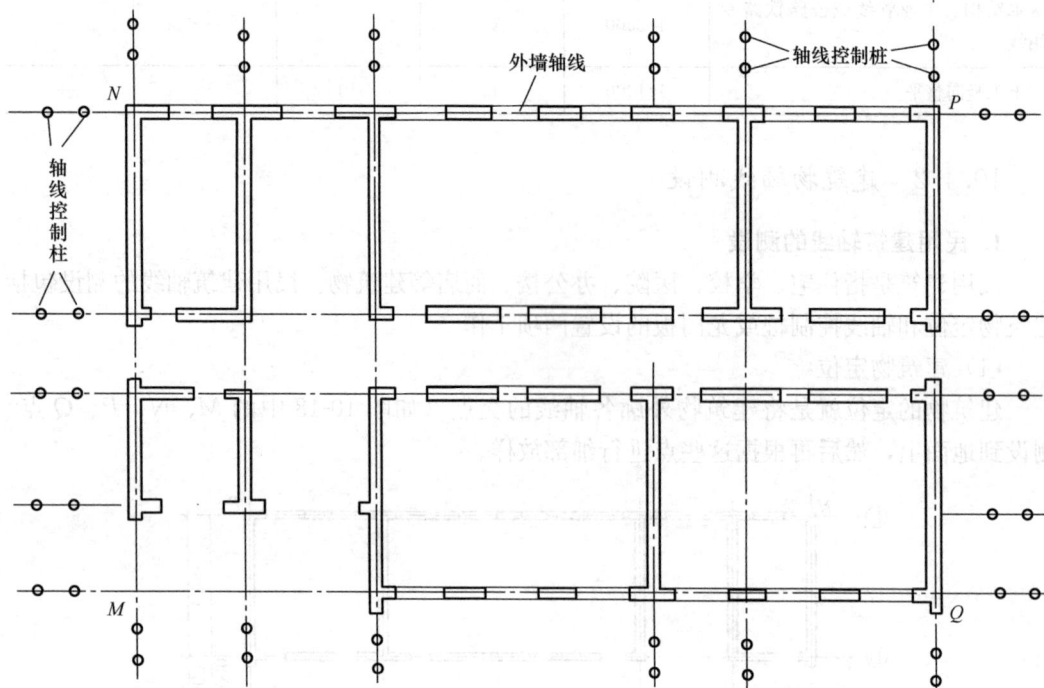

图 10-19 轴线控制桩

龙门板法一般适用于小型的民用建筑物，如图 10-20 所示。首先在建筑物四角与隔墙两端基槽开挖边线以外约 1.5～2m 处钉设龙门桩，然后根据建筑场地的水准点，用水准仪在龙门桩上测设建筑物 ±0.000 标高线，根据 ±0.000 标高线把龙门板钉在龙门桩上，使龙门板的顶面与 ±0.000 标高线一致，最后用经纬仪将各轴线延长，在龙门板上延长线的位置钉一小钉作为标志。龙门板的施工成本较轴线控制桩高，当使用挖掘机开挖基槽时，极易妨碍挖掘机工作，现已较少采用。

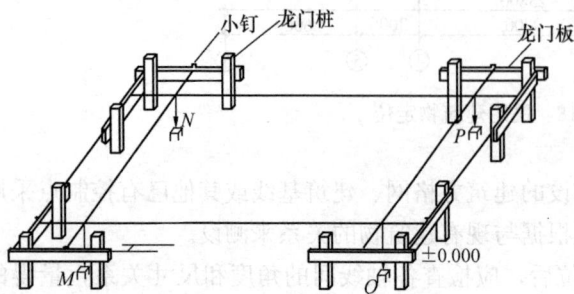

图 10-20 龙门板法

2. 工业厂房柱列轴线测设

工业厂房与民用建筑相比具有柱子多、轴线多、施工精度要求高的特点，因而对于每幢厂房还应在建筑方格网的基础上，再建立满足厂房特殊精度要求的厂房矩形控制网，如图 10-21 所示。

图 10-22 中，Ⓐ、Ⓑ、Ⓒ 和 ①、②、③、④、⑤ 等轴线均为柱列轴线。首先根据现场已有的建筑方格网测设出厂房矩形控制网角点 E、F、G、

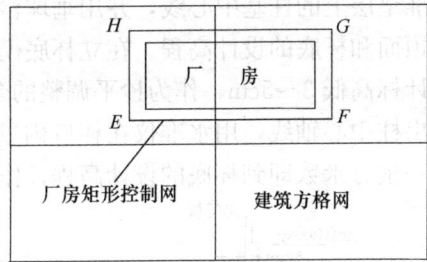

图 10-21　厂房矩形控制网

H，打上木桩，钉上小钉。对厂房矩形控制网精度进行检核，满足要求后，可根据设计图上的柱间距和跨间距，用钢尺沿矩形网各边定出各柱列轴线控制桩的位置，相对应的轴线控制桩的连线即为柱列轴线。

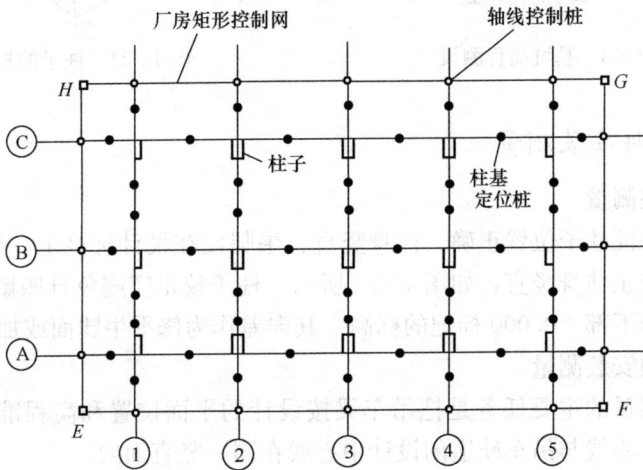

图 10-22　厂房柱列轴线测设

10.4.3　基础施工测量

（1）柱基的测设

柱列轴线控制桩确定后，在两条互相垂直的轴线上各安置一台经纬仪，沿轴线方向交会出柱基的位置。在基坑边缘外侧约 1m 处桩钉 4 个柱基定位桩（图 10-22），作为修坑、立模和吊装杯形基础时的依据，并按柱基设计尺寸用石灰标示出基坑开挖边线。

在测设柱基时，由于柱列轴线不一定都是柱基础中心的连线，且柱基类型、尺寸各异，故放样时需特别留意。

（2）基坑高程的测设

基坑开挖后，在距设计坑底标高 0.5m 处的坑壁四周测设几个水平桩（图 10-23），以作为基坑修坡和清坑底的标高依据。此外，还在坑底测设垫层标高桩，使桩顶高程恰好等于垫层的设计高程。图中，S 是基础坑底到 ±0.000 的高度。

（3）基础模板定位

基坑垫层打好以后，根据坑边定位桩，用拉线的方法，吊垂球把柱基中心线投到垫层上，并弹出墨线，作为柱基立模板和布置基础钢筋网的依据。立模时，将模板底部中心线

对准垫层上的柱基中心线，并用垂球检查模板是否竖直。最后，还需在模板内壁测设出柱基顶面和杯底的设计高程。在立杯底模板时，为了拆模后填高修平杯底，应使杯底顶面比设计标高低3～5cm，作为抄平调整的余量。拆模后用经纬仪根据轴线控制桩在杯口面上定出柱中心轴线，用水准仪在杯口内壁定出一条标高线（图10-24），从标高线起向下量取一整分米数即到杯底的设计高程，作为控制杯底标高之用。

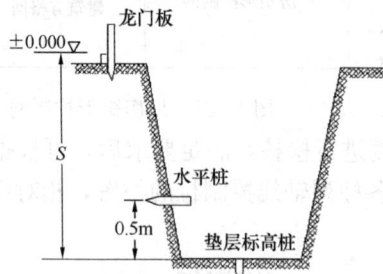

图 10-23　基坑高程测设

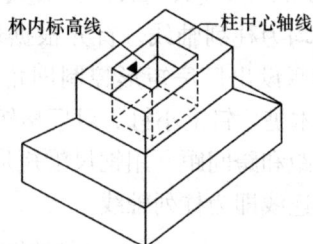

图 10-24　柱子的杯形基础

10.4.4　构件安装测量

（1）柱子安装测量

柱子安装应保证柱子位置正确、柱身竖直、牛腿面在设计标高上。柱子吊入杯口后，用经纬仪交会法校正柱身竖直，如图10-25所示，柱子校正应避免日照影响。柱子竖直校正后，应检查柱身下部±0.000标记的标高，其误差作为修平牛腿面或加垫块的依据。

（2）吊车梁的安装测量

吊车梁安装测量的主要任务是把吊车梁按设计的平面位置和高程准确地安装在牛腿上，使梁的上下中心线与吊车轨道的设计中心线在同一竖直面内。

如图10-26所示，利用厂房中心线，按照设计轨距的尺寸如 d 值，在地面上测设出吊车轨道中线 $A'A'$ 和 $B'B'$。分别在端点 A'、B' 安置经纬仪，以另一相应 A'、B' 点定向，把轨道中线（即吊车中心线）投测于每根柱子的牛腿面上，并弹出墨线。吊装前，先弹出吊车梁顶面中心线和两端中心线，并在牛腿面上弹出梁中心线的位置，然后才把吊车梁安装在牛腿上，使吊车梁中心线与牛腿中心线对齐，允许误差±3mm。吊车梁安装完毕后，再测量两根吊车梁或轨道中线间距是否符合行车跨度，其偏差不得超过±5mm。最后，用钢尺自柱身±0.000标高线沿柱子侧面向上测设梁面设计高程，在梁下垫钢板调整梁面高程，使其符合设计要求，误差应在±5mm以内。

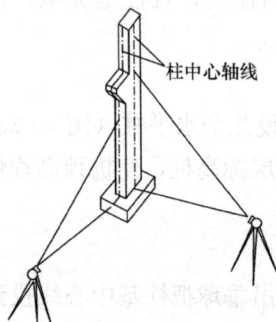

图 10-25　柱子竖直测量

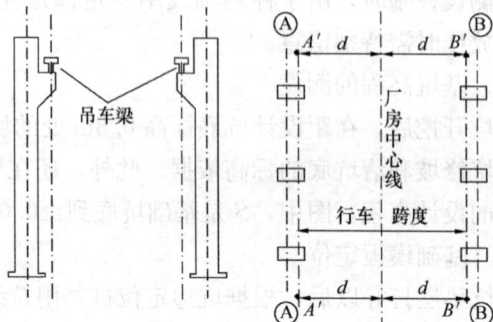

图 10-26　吊车梁安装测量

10.4.5 高层建筑轴线竖向投测

高层建筑轴线竖向投测就是将建筑物地面轴线准确地向高层引测，使各层相应的轴线位于同一竖直面内，轴线向上投测的偏差不超过限值（表 10-2），以保证建筑物在施工中的整体垂直度、几何形状和截面尺寸符合设计要求。

建筑物轴线投测允许偏差　　　　　　　　　　　表 10-2

内容		允许偏差（mm）
每层		3
总高 H（m）	$H \leqslant 30$	5
	$30 < H \leqslant 60$	10
	$60 < H \leqslant 90$	15
	$90 < H \leqslant 120$	20
	$120 < H \leqslant 150$	25
	$H > 150$	30

投测建筑物地面轴线的方法有经纬仪或全站仪引桩投测法和激光垂准仪投测法两种。

1. 经纬仪或全站仪引桩投测法

如图 10-27 所示，某高层建筑的两条中心轴线号分别为③和ⓒ，在测设轴线控制桩时，应将这两条中心轴线的控制桩 3、$3'$、C、C' 设置在距离建筑物较远处，以减小投测时的仰角，提高投测精度。

基础完工后，首先用经纬仪或全站仪将③和ⓒ轴精确地投测到建筑物底部并标定之，如图 10-27 中的 a、a'、b、b' 点。随着建筑物的不断升高，应将轴线逐层向上传递。方法是将仪器安置在控制桩 3、$3'$、C、C' 点上，分别瞄准建筑物底部的 a、a'、b、b' 点，用盘左盘右分中法，将轴线③和ⓒ向上投测至每层楼板上并标定之。如图 10-27 中的 a_i、a_i'、b_i、b_i' 点为第 i 层的 4 个投测点。再以这 4 个轴线控制点为基准，根据设计图纸放出该层的其余轴线。

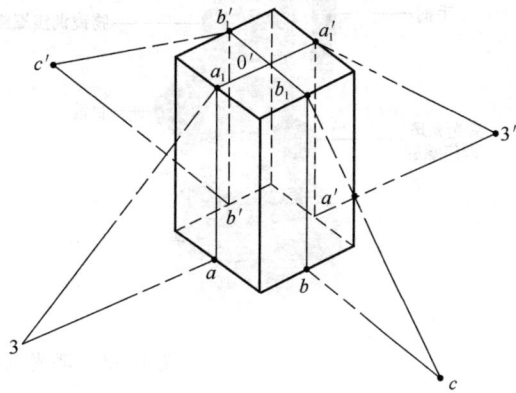

图 10-27　经纬仪或全站仪引桩投测法

当楼层升至相当高度（一般为 10 层以上）时，经纬仪向上投测的仰角增大，投点精度会降低且不便操作，这时需将主轴线控制桩引测延伸至更远的安全地点或附近大楼的屋顶上，以使投测时仰角减小。其操作方法为：将仪器安置在某层的投测点 a_i、a_i'、b_i、b_i' 上，分别瞄准地面上的控制桩 3、$3'$、C、C'，以盘左盘右分中法将轴线引测到远处。图 10-28 为将 C' 点引测到远处的 C_1' 点，将 C 点引测到附近大楼屋顶上的 C_1 点。之后，从 $i+1$ 层开始，就可以将仪器安置在新引测的控制桩上进行投测。

用于引桩投测的经纬仪或全站仪必须经过严格的检验校正，尤其是照准部水准管轴应

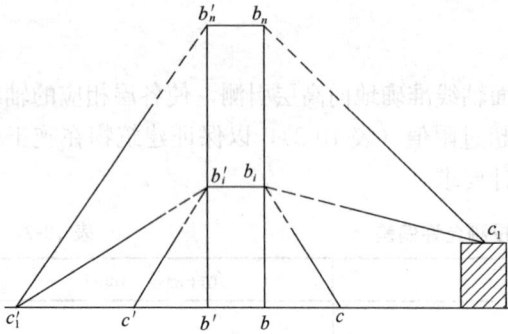

图 10-28　主轴线控制桩引测延伸

垂直于竖轴。投测时，应严格整平。

经纬仪或全站仪引桩投测法方式简便，仪器设备简单，但要求施工场地较开阔，通视条件好。由于仰角原因，测设距离要远，所选轴线控制桩的位置离建筑物的距离宜为建筑物总高的 0.8～1.5 倍以上。此法受天气影响大，一般需在阴天或无风天气下进行。

2. 激光垂准仪投测法

激光垂准仪在地面安置好后，可以向上发射出一束可见的激光铅垂线，从而达到将地面点垂直向上投测的目的。图 10-29 为苏州一光 DZJ2 激光垂准仪，它是在光学垂准系统的基础上添加了激光二极管，可以分别给出上下同轴的两束激光铅垂线，并与望远镜视准轴同心、同轴、同焦。当望远镜照准目标时，在目标处就会出现一个红色光斑，可以通过目镜观察到。仪器也可以向下发射激光束，用于进行激光对中操作。

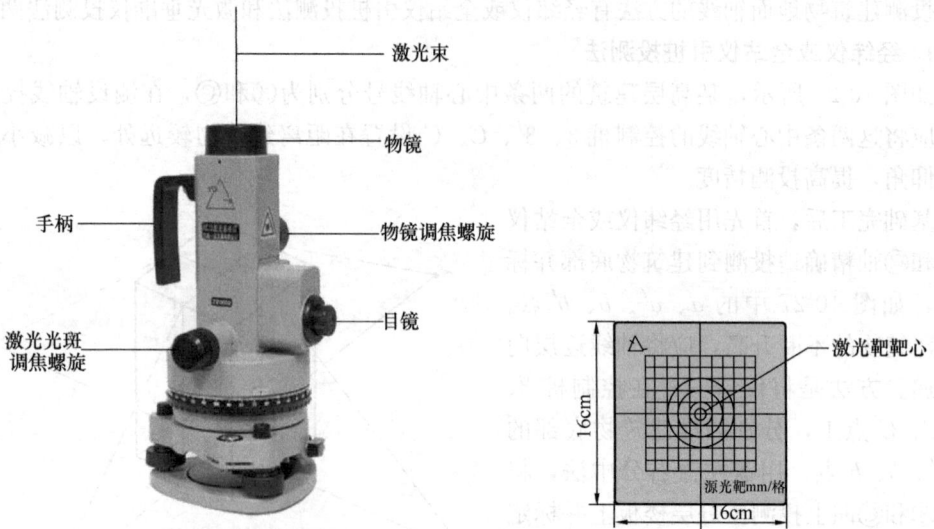

图 10-29　激光垂准仪及激光靶

投测时，先将仪器安置在室内地面待投测点位上，打开电源。通过仪器上的"对点/垂准激光切换开关"使仪器向下发射激光，转动激光光斑调焦螺旋，使激光光斑聚焦于地面上一点，进行常规的对中整平操作，安置好仪器。再按"对点/垂准激光切换开关"切换激光方向为向上发射激光，将仪器标配的网格激光靶放置在目标面上，转动激光光斑调焦螺旋，使激光光斑聚焦于目标面上的一点，移动网格激光靶，使靶心精确地对准激光光斑，将投测轴线点标定在目标面上得 S' 点，将仪器旋转 $180°$，重复上述操作得 S'' 点，取 S' 与 S'' 点连线的中点得最终投测点 S。

建筑物定位轴线的交点一般为柱子的位置，这些交点不能作为投测点向上投测。实际所选择的投测点一般距轴线 0.5～0.8m，如图 10-30 所示。为了使激光束能从底层投测到各层楼板上，在每层楼板的投测点处，还需预留 30cm×30cm 的孔洞，如图 10-31 所示。

将投测点投测到相应楼层上后，根据投测点与建筑物轴线的关系，即可测设出该楼层的建筑轴线。

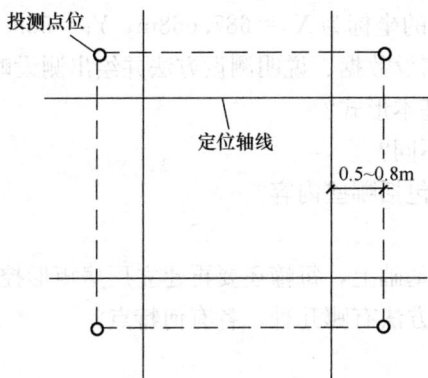

图 10-30　投测点位设计　　　　图 10-31　投测示意图

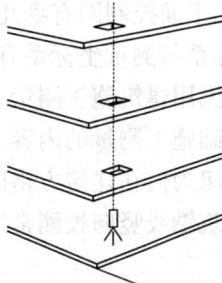

激光垂准仪投测法不受施工场地大小影响和制约，特别是不用顾虑施工脚手架、排栅、安全网遮挡仪器的通视问题，少受外界环境干扰，有利于提高测量精度。但在各层的相应位置要求预留孔洞，给施工带来麻烦。

思 考 题 与 习 题

1. 施工测设的基本工作有哪些，测设与测绘有何不同？

2. 试述用一般测设方法测设已知水平角的过程。

3. 测设点的平面位置有哪几种方法，各适用于什么情况？

4. 测设直角 $\angle ABC$ 后，经检测其值为 $90°00'54''$，已知 $BC=160m$，为了得到直角，应如何调整 C 点的位置？

5. 某开挖管槽工程（图 10-32），已知 ± 0.000 的设计标高为 68.000m，槽底设计相对标高为 $-1.600m$。现根据已知水准点 A（$H_A=67.754m$）测设距槽底 50cm 的水平桩 B，试求：

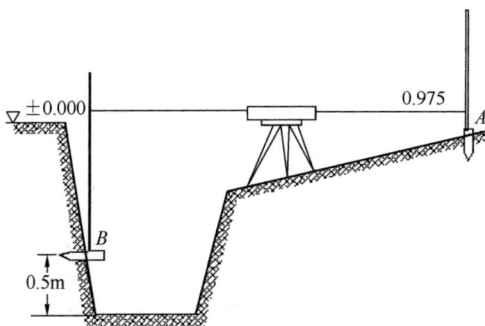

图 10-32　第 5 题图

（1）B 点的绝对高程为多少？

（2）用水准测量方法测设 B 点时，A 点尺读数 $a=0.975$，问 B 点尺的读数 b 应为多少并说明测设方法？

6. 如何测设已知坡度？

7. 已知 A、B 两个控制点的坐标为 $X_A = 627.665m$，$Y_A = 524.783m$，$X_B = 698.263m$，$Y_B = 486.529m$，测设点 P 的坐标为 $X_P = 687.668m$，$Y_P = 569.772m$，若在 A 点设站用极坐标法测设 P 点，试计算测设数据、说明测设方法并绘出测设略图。

8. 建筑施工平面控制网有哪几种基本形式？

9. 施工坐标系与测量坐标系有何不同？

10. 工业与民用建筑施工测量主要包括哪些内容？

11. 试述基础施工测量的内容。

12. 工业厂房为何在建筑方格网的基础上，每幢还要再建立厂房矩形控制网？

13. 高层建筑轴线竖向投测常用的方法有哪几种，各有何特点？

第11章 道路工程测量

11.1 概 述

　　道路工程包括铁路工程和公路工程，道路工程测量工作主要有道路勘测设计测量和道路施工测量。道路勘测设计测量分为初测和定测，初测的主要任务是测出所规划道路区域的带状地形图，主要工作内容包括控制测量和带状地形图测量。带状地形图是道路中线设计最重要的基础图件，设计人员将在图上完成道路中线的设计，即纸上定线设计（图11-1）。定测的主要任务是将纸上定线设计中所确定的道路中线测设到实地，打下中线桩（里程桩），并测出沿道路中线方向的纵断面图和每个里程桩处与中线方向相垂直方向的横断面图，为道路的竖向设计、路基路面设计以及土方量的计算提供资料。而道路施工测量的主要任务是根据道路工程的设计图纸和有关数据测设道路的边桩、边坡、路面等有关点位，为道路工程的施工提供依据。

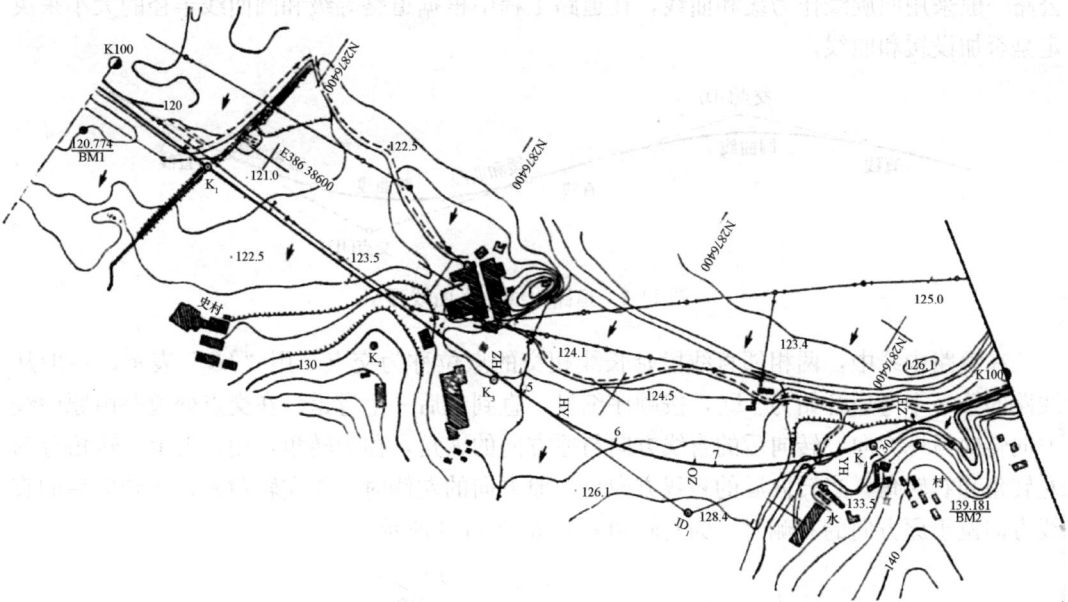

图 11-1　　带状地形图与道路中线设计

　　道路工程测量中的带状地形图和断面图的比例尺可根据实际需要按表11-1选用。由于控制测量和地形图测绘内容已在第6章和第8章介绍，本章主要介绍定测及道路施工测量内容。

道路工程测图比例 表 11-1

道路种类	带状地形图	工点地形图	纵断面图		横断面图	
			水平	垂直	水平	垂直
铁路	1：1000 1：2000 1：5000	1：200 1：500	1：1000 1：2000 1：5000	1：100 1：200 1：1000	1：100 1：200	1：100 1：200
公路	1：2000 1：5000	1：200 1：500 1：1000	1：2000 1：5000	1：200 1：500	1：100 1：200	1：100 1：200

11.2 道路中线的组成

道路工程因为受地形、地质、技术或经济等因素的限制，一般无法以一条直线延续始终，其间需要不断改变方向。在改变方向处，需要通过曲线将相邻直线连接起来，这种曲线称为平曲线。由此，道路中线的平面线形由直线和曲线两部分组成。

道路工程采用的平面线形主要有圆曲线和缓和曲线两种。圆曲线是具有固定曲率半径的圆弧；缓和曲线是连接直线与圆曲线的过渡曲线，也是连接不同半径圆弧的过渡曲线，其曲率半径由无穷大（直线半径）逐渐变化为圆曲线半径，如图 11-2 所示。我国的铁路和公路一般采用回旋线作为缓和曲线，在道路工程中根据道路等级和圆曲线半径的大小来决定是否加设缓和曲线。

图 11-2 道路中线的平面线形

在道路中线中，两相邻直线段延长线相交的点位称为交点，用"JD"表示，一般从线路的第一个弯道开始为 JD_1，按顺序编号，直到最后一个弯道。在交点处道路由原中线方向转向另一方向，转向后的直线方向与原方向的夹角，称为转角，用 α 表示。转角分为左转角和右转角，当转向后的直线方向位于原方向的左侧时，为左转角 α_z；当转向后的直线方向位于原方向的右侧时，为右转角 α_y，如图 11-3 所示。

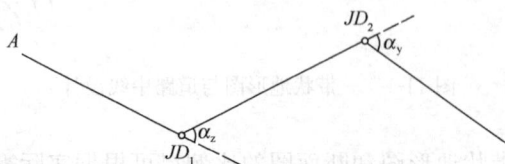

图 11-3 交点与转角

11.3 道路中线测量

道路中线测量分为放线测量和中桩测设两步进行。放线测量就是将纸上定线所确定的各交点间的直线测设于地面上；中桩测设是实地丈量距离、量测转角、测设曲线，并按规定钉设中线桩（里程桩）。

11.3.1 放线测量

放线测量方法主要有穿线法放线和拨角法放线两种。随着全站仪及 GPS-RTK 技术的普及应用，当前还出现了其他的放线测量方法，如坐标法放线等，以下分别进行介绍。

1. 穿线法放线

穿线法放线是以地面上已有的初测导线为基础，根据带状地形图上纸上定线与初测导线间的距离和角度关系，把纸上定线的每一条直线独立地测设出来，再将相邻两直线延长相交，在地面上定出线路中线的基本位置。其工作步骤可分为准备放线资料、放点、穿线和交点。

（1）准备放线资料

要在地面上确定一条直线的位置，需要定出直线上若干个点位。如图 11-4 所示，要把纸上定线的直线 I 测设于地面，只需在地面上定出 A、B、C、D 等诸点即可，这些点称为临时点。为便于测设，临时点一般选初测导线的支距点，即初测导线的垂线与纸上定线的交点，如图中的 A、B、C 及 G 点。也可用纸上定线与初测导线的交点，如图中 D 及 F 点，或能够控制中线位置的任意点，如图中的 E 点。为了检查放线工作的错误，一条直线应有三个以上的临时点。这些点应尽可能选在地势较高，通视良好，且便于测设的地方。

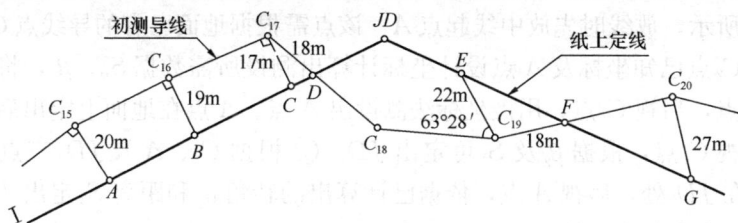

图 11-4 临时点确定及放线示意图

临时点确定以后，即可在地形图上取得放线资料，其方法为：用比例尺和量角器量出纸上定线与初测导线间的距离和角度，如图 11-4 所示；也可用解析法计算放线资料，即根据导线点与临时点的坐标，用坐标反算求出距离和角度。然后按取得的放线资料绘制放线示意图，标明点位和数据作为放点的依据。

（2）放点和穿线

根据放线示意图，在现场找到各相应的导线点，放出各临时点，插上标旗标示临时点位置。放点时，角度用经纬仪或全站仪测设（直角也可用图 11-5 所示的方向

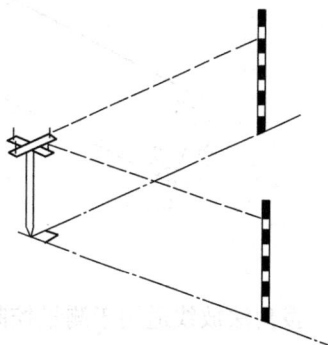

图 11-5 方向架

架测设），距离用钢尺或全站仪测设。如图 11-4 所示，要放出 B 点，可在地面导线点 $C16$ 处用方向架作导线边的垂线，沿垂线方向自 $C16$ 量距 19m，便得到 B 点在地面的位置。

由于放线资料和放点操作都存在误差，所以同一直线上的各临时点测设于地面后，往往不能准确地位于一条直线上，因此，必须用经纬仪进行穿线。

穿线的方法，将经纬仪安置于地面上已放出的一个临时点上，转动照准部，找到一条大多数临时点都靠近或位于其上的直线方向，以此作为所放直线的方向。沿该直线方向在地面上钉出两个以上的控制桩，即直线转点桩 ZD，直线的位置就固定在地面上了，如图 11-6 所示。

（3）交点

图 11-6 穿线

相邻两直线在地面上确定以后，即可测设两直线的交点 JD。如图 11-7 所示，用经纬仪采用正倒镜分中法将直线 I 延长，在估计与直线 II 相交位置的前后打下 a、b 两个木桩，称为骑马桩，并在 a、b 桩上钉上小钉，拉上弦线，标示直线 I 的方向。然后，又用经纬仪将直线 II 延长，在视线与弦线 a、b 相交之处打下木桩，用铅笔将弦线 a、b 的方向画在木桩顶上，再沿此铅笔线重新对点，准确地定出交点位置，加钉小钉以示点位。

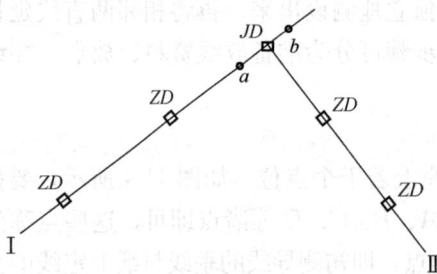

图 11-7 交点

2. 拨角法放线

拨角法放线是放线的又一种方法。它根据纸上定线各交点的设计坐标，预先在室内计算出各直线的长度 S 和转角 α，然后在地面交点处安置仪器，按计算资料拨角放线，定出中线。

如图 11-8 所示，放线时先放中线起点 A，该点需根据地面已有的导线点 C_1、C_2 测设。首先依据 C_1、C_2 点已知坐标及 A 点设计坐标计算出测设所需数据 S_0、β_1，将经纬仪或全站仪安置在 C_1 点，后视 C_2 点，用极坐标法测设出 A 点。A 点在地面上定出后，将仪器安置到 A 点，后视 C_1 点，根据 β_2 及 S_1 可定出 JD_1（β_2 根据 C_1、A 及 JD_1 三点坐标计算），再将仪器安置在 JD_1 处，后视 A 点，依据已计算出的转角 α_1 和距离 S_2 定出 JD_2，同样方法在地面上依次定出各交点桩。

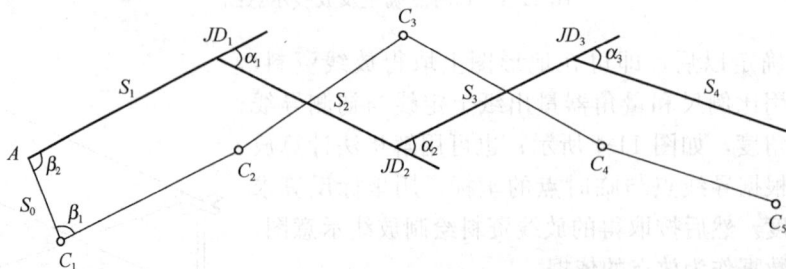

图 11-8 拨角法放线

拨角法放线适用于测量控制点较少的情况，它的优点是施测简便、工效高。但由于每一条直线的测设都是在前一条已测直线的基础上进行，故其存在误差累积，拨角放线距离愈长，误差累积就愈大。因此，一般连续放出若干个点后应与导线点连测，求出方位角闭合差，方位角闭合差应不超过$\pm 30''\sqrt{n}$，长度相对闭合差不超过 1/2000。

3. 坐标法放线

当沿线导线点数量足够时，可通过导线点放出所有的交点。首先，根据导线点已知坐标和各交点设计坐标计算出测设所需的角度和距离，用全站仪采用极坐标法在现场测设出交点。全站仪也可直接采用坐标法测设交点，测设前将交点设计坐标输入全站仪，测设过程中仪器显示棱镜位置与测设点位置在方向和距离上的差值，调整棱镜位置，直至方向和距离差值均为零，此时，棱镜所处位置即为所测设的交点。

若采用 GPS-RTK 放点，事前将交点的设计坐标输入 GPS-RTK 接收机内，在移动站测设过程中，仪器会显示移动站所在位置与测设点位置其坐标 x、y 的差值，调整移动站位置，直至 x、y 坐标的差值均为零，此时，移动站所处位置即为所测设的交点。

坐标法放线由于每条直线均独立测设，减少了误差累积，同时可提高放线效率。

11.3.2 中桩测设

放线测量工作结束以后，在地面上就有了控制中线位置的转点桩 ZD 及交点桩 JD，但这些点的数量还无法满足需求。为了把中线详细地测设在地面上，还必须在中线上每隔一定间距设置中线桩。

中线桩又称里程桩。里程是指距线路起点的水平距离，里程桩上注有里程，称为桩号。桩号用千米数和千米以下的米数相加表示，如某个里程桩的桩号为 K86＋628.65，表示里程为 86628.65m，其中 K86 即 86km。

里程桩分为整桩和加桩两类。整桩包
括千米桩、百米桩和整十米桩。整十米桩
有 10m 桩、20m 桩、40m 桩和 50m 桩几
种，根据地形地貌等条件选择。一般在平
坦地段桩的间距可大些，通常设置 40m 桩
或 50m 桩；在起伏地带桩的间距应小些，
可设置 10m 桩或 20m 桩。加桩是根据道
路中线的地形特点或中线所处的特殊位置
而加设的里程桩。在中线位置的地形变化
处，如中线上坡度变换点、河岸及陡坎处
所设置的加桩称为地形加桩；在中线上的

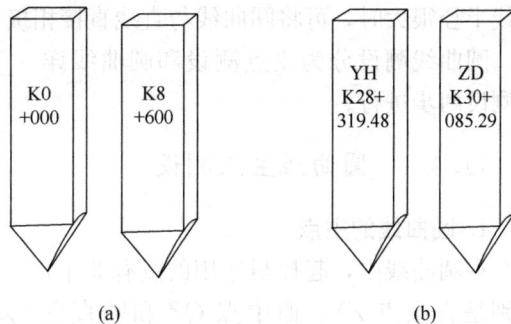

图 11-9　里程桩的基本形式
（a）整桩；（b）加桩

桥梁、涵洞等人工构造物处，以及拟建道路与已有公路、铁路、高压线、渠道等交叉处设置的加桩称为地物加桩。整桩的里程注记到米位，加桩里程需注记到厘米位。图 11-9 为里程桩的基本形式。

曲线部分里程桩的设置方法将在下节介绍。直线部分里程桩的设置是在交点、转点等控制桩上安置经纬仪或全站仪，瞄准同一直线上的其他转点或交点，定出中线方向，用全站仪或钢尺测出控制桩至每个整桩的距离（该距离为控制桩里程与整桩里程之差），在地面钉设出整桩并标注桩号。加桩由于是要求钉设在中线上的地形变化处或中线与重要地物的相交处，因此加桩是先钉设木桩，再确定里程（桩号），其里程为控制桩里程加上控制

桩至该加桩的距离。中桩桩位测量的限差应满足表 11-2 的要求。

中桩桩位测量的限差要求　　　　　　　　　　　　　　　表 11-2

道路种类	纵向误差（m）	横向误差（m）
铁路、高速公路、一级公路	$\dfrac{S}{2000}+0.1$	0.1
二级及以下公路	$\dfrac{S}{1000}+0.1$	0.1

注：S 为中桩桩位测量的距离，以 m 为单位。

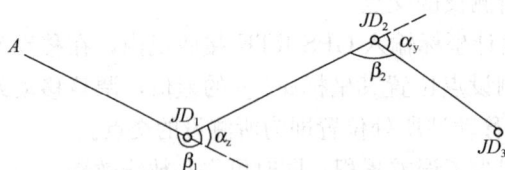

图 11-10　转角的测量

中桩测设时还应测量转角 α，如图 11-10 所示，若将线路起点 A 和各交点构成一条导线，现场用测回法测出导线的各右角 β_i，根据右角 β_i 即可计算出转角 α_i。当 $\beta_i > 180°$ 时，$\alpha_i = \beta_i - 180°$，为左转角；当 $\beta_i < 180°$ 时，$\alpha_i = 180° - \beta_i$，为右转角。

用全站仪或 GPS-RTK 技术进行道路中线测量时，可以在放线测量的同时，进行中线桩测量，即逐桩测量，一次性完成全部测量工作。但在测设平曲线时，需要将平曲线上所有点的独立坐标转换成施工坐标。

11.4　圆曲线测设

线路在转向处，需要用曲线将相邻直线连接起来。当道路等级低、行车速度慢，或圆曲线半径很大时，可将圆曲线与直线直接相接，如图 11-11 所示，这种曲线称为单曲线。

圆曲线测设分为主点测设和圆曲线详细测设两步进行。

11.4.1　圆曲线主点测设

1. 圆曲线的主点

在圆曲线中，起控制作用的点有 3 个，分别是直圆点 ZY、曲中点 QZ 和圆直点 YZ，它们称为圆曲线的主点。其中，直圆点为直线与圆曲线的分界点；曲中点为圆曲线的中点；圆直点为圆曲线与直线的分界点。

JD 也是一个重要的点，但它不在线路上。

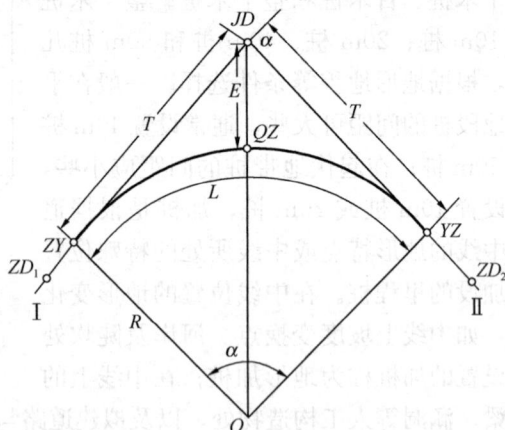

图 11-11　圆曲线及主点

2. 圆曲线要素

圆曲线要素包括：

切线长 T——交点（JD）至直圆点（ZY）或圆直点（YZ）的长度；

曲线长 L——圆曲线的长度，即直圆点（ZY）至圆直点（YZ）的弧长；

外矢距 E——交点（JD）至曲中点（QZ）的距离；

切曲差 D——切线总长（$2T$）与曲线长之差。

此外，还有圆曲线半径 R 和转角 α。

由于圆曲线半径 R 已由设计确定，转角 α 在中桩测设时也已测出，即半径 R 和转角 α 为已知量。由图 11-11，其他圆曲线要素可按下列公式计算：

$$\left.\begin{aligned} T &= R\tan\frac{\alpha}{2} \\ L &= R\alpha\frac{\pi}{180°} \\ E &= R\left(\sec\frac{\alpha}{2}-1\right) \\ D &= 2T-L \end{aligned}\right\} \tag{11-1}$$

3. 主点里程的计算

测设曲线时，交点里程 $JD_{里程}$ 是已知的，由图 11-11，各主点里程可按下列过程计算：

$$\left.\begin{aligned} ZY_{里程} &= JD_{里程}-T \\ YZ_{里程} &= ZY_{里程}+L \\ QZ_{里程} &= YZ_{里程}-L/2 \\ JD_{里程} &= QZ_{里程}+D/2 \end{aligned}\right\} \tag{11-2}$$

最后所计算出的 $JD_{里程}$ 应等于其已知值，作为计算检核条件。

【例 11-1】某线路交点 JD_8 的里程为 K12＋086.76，测得转角 $\alpha_y=28°38'10''$，圆曲线半径 $R=400\text{m}$，求圆曲线要素及主点里程。

【解】（1）圆曲线要素计算

由式（11-1），代入 R 和 α 值可得：

$T=102.09\text{m}$ $L=199.92\text{m}$ $E=12.82\text{m}$ $D=4.26\text{m}$

（2）主点里程计算

JD	K12＋086.76
$-T$	102.09
ZY	K11＋984.67
$+L$	199.92
YZ	K12＋184.59
$-L/2$	99.96
QZ	K12＋084.63
$+D/2$	2.13
JD	K12＋086.76 （检核）

4. 主点的测设

如图 11-11 所示，将经纬仪或全站仪安置在交点 JD 处，望远镜照准 Ⅰ 直线上的转点

ZD_1，沿该方向量切线长 T，定出 ZY 点；望远镜又照准 II 直线上的转点 ZD_2，沿该方向量切线长 T，定出 YZ 点；最后，以 ZD_2 为零方向，用盘左盘右分中法测设角度 $(180°-α)/2$，得到内分角线方向，沿此方向量取外矢距 E 得曲中点 QZ。这 3 个主点要求用方桩加钉小钉标志点位。

11.4.2 圆曲线详细测设

圆曲线主点 ZY、QZ、YZ 在地面上测设完成后，当曲线较长时，仅 3 个主点还不能将圆曲线的线形准确地反映出来，也不能满足设计和施工的需要。因此，必须在主点测设的基础上按一定的桩距 l_0 沿曲线设置里程桩，即进行圆曲线详细测设。圆曲线上里程桩可按整桩号法（桩号为 l_0 的整倍数）或整桩距法（相邻桩间的弧长为 l_0）设置。圆曲线详细测设方法常用的有偏角法和切线支距法。

1. 偏角法

如图 11-12 所示，若已知 ZY 点（或 YZ 点）至圆曲线上某一点 P_i 的弦长 C_i 及弦切角 $Δ_i$（称为偏角），将仪器安置在 ZY 点（或 YZ 点），后视 JD，根据 C_i 和 $Δ_i$ 即可测设出 P_i 点，这种测设方法为偏角法。可以看出，偏角法属于极坐标法，只是这种方法要求将仪器安置在曲线上（ZY 点或 YZ 点，也可安置在曲线上的任一点）。

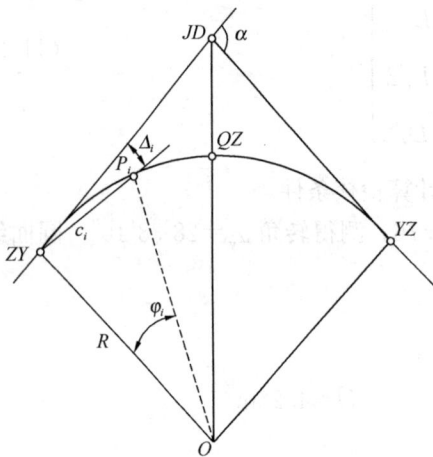

设 P_i 至 ZY 点（或 YZ 点）的弧长为 l_i（l_i 为 P_i 点里程与 ZY 点或 YZ 点里程之差），其对应的圆心角为 $φ_i$，由于弦切角（偏角）等于其对应圆心角的一半，则根据几何关系可得：

圆心角
$$φ_i = \frac{l_i}{R} \cdot \frac{180°}{π} \tag{11-3}$$

偏角
$$Δ_i = \frac{φ_i}{2} = \frac{l_i}{R} \cdot \frac{90°}{π} \tag{11-4}$$

弦长
$$C_i = 2R\sin\frac{φ_i}{2} = 2R\sin Δ_i \tag{11-5}$$

图 11-12　偏角法测设圆曲线

以上计算所得的 $φ_i$、$Δ_i$ 以度为单位。

测设曲线时，可由 ZY 点测设至 YZ 点。但若曲线较长，为避免过长的距离测设，通常采用对称式，即分别以 ZY 点和 YZ 点为起点向 QZ 点进行测设。当曲线在切线的右侧时，$Δ_i$ 应顺时针方向拨角，称为正拨；当曲线在切线的左侧时，$Δ_i$ 应逆时针方向拨角，称为反拨。图 11-12 中，仪器置于 ZY 点上测设曲线时为正拨，置于 YZ 点上时则为反拨。由于经纬仪水平度盘的注字是顺时针方向增加的，正拨时，望远镜照准切线方向，如果水平度盘读数配置在 $0°00'00''$，各桩的偏角读数就等于各桩的偏角值。而反拨时各桩的偏角读数应等于 $360°$ 减去各桩的偏角值。

【例 11-2】［例 11-1］中，若桩距为 $20m$，按整桩号法设置，设曲线由 ZY 点和 YZ 点分别向 QZ 点测设，试计算各桩的偏角和弦长。

【解】 计算结果见表 11-3。

桩号	各桩至 ZY 或 YZ 的曲线长 l（m）	偏角值（° ′ ″）	水平度盘读数（° ′ ″）	弦长（m）
ZY K11+984.67	0.00	0 00 00	0 00 00	0.00
K12+000	15.33	1 05 53	1 05 53	15.33
+020	35.33	2 31 49	2 31 49	35.32
+040	55.33	3 57 46	3 57 46	55.29
+060	75.33	5 23 42	5 23 42	75.22
+080	95.33	6 49 39	6 49 39	95.10
QZ K12+084.63	99.96	7 09 33	7 09 33	99.70
	99.96	7 09 33	352 50 27	99.70
+100	84.59	6 03 30	353 56 30	84.43
+120	64.59	4 37 33	355 22 27	64.52
+140	44.59	3 11 37	356 48 23	44.57
+160	24.59	1 45 40	358 14 20	24.59
+180	4.59	0 19 43	359 40 17	4.59
YZ K12+184.59	0.00	0 00 00	0 00 00	0.00

测设时将经纬仪或全站仪安置在 ZY 点，瞄准 JD，将水平度盘读数置为 0°00′00″，拨角（正拨）Δ_1，使水平度盘读数为 1°05′53″，从 ZY 点沿视线方向测设距离（弦长）15.33m，定出 K12+000 桩；继续转动照准部，使水平度盘读数为 2°31′49″，从 ZY 点沿视线方向测设距离（弦长）35.32m，定出 K12+020 桩。依次测设直至 QZ 点，用偏角法所测设出的 QZ 点点位应与主点测设时定出的 QZ 点位置进行比较，比较结果应满足表 11-2 的要求。

将仪器安置在 YZ 点测设另一半圆曲线时，瞄准 JD 并使水平度盘读数为 0°00′00″，拨角（反拨）Δ_i，使水平度盘读数为 360°−Δ_i，（359°40′17″），从 YZ 点沿视线方向测设距离（弦长）4.59m，定出 K12+180 桩；继续逆时针转动照准部，使水平度盘读数为 358°14′20″，从 YZ 点沿视线方向测设距离（弦长）24.59m，定出 K12+160 桩，依次测设直至 QZ 点。

偏角法不仅可以在 ZY 点和 YZ 点上测设曲线，也可在 QZ 点上测设，甚至可在曲线任一点上测设。偏角法测设精度高，适用性强，是测设曲线常用的一种方法。

2. 切线支距法

切线支距法又称直角坐标法。它是以曲线的起点 ZY 点为坐标原点（下半曲线则以终点 YZ 点为坐标原点），以切线方向为 x 轴，过原点的半径为 y 轴，按曲线上各点的坐标（x，y）设置曲线。

如图 11-13 所示，设 P_i（$i=$1，2，3，…）

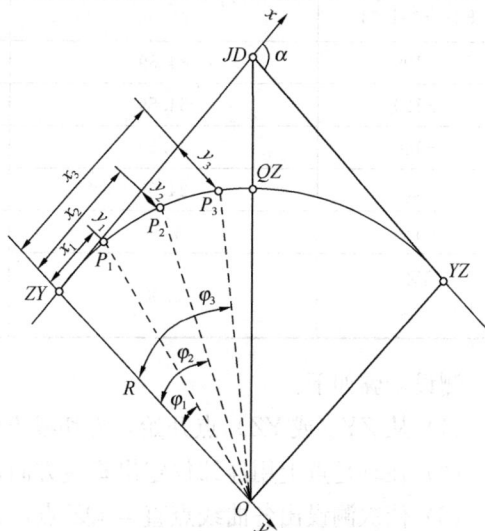

图 11-13　切线支距法测设圆曲线

为曲线上欲测设的点位，该点至 ZY 点（或 YZ 点）的弧长为 l_i，φ_i 为 l_i 所对的圆心角，R 为圆曲线半径，则 P_i 的坐标可按下式计算：

$$\left.\begin{array}{r}\varphi_i = \dfrac{l_i}{R} \cdot \dfrac{180°}{\pi} \\[2mm] x_i = R\sin\varphi_i \\[2mm] y_i = R(1-\cos\varphi_i)\end{array}\right\} \tag{11-6}$$

式中，φ_i 以度为单位（$i=1,2,3,\cdots$）。

采用切线支距法测设曲线时，为了避免支距过长，一般由 ZY、YZ 点分别向 QZ 点施测。

【例 11-3】［例 11-1］中，若桩距为 20m，按整桩号法设置，试计算采用切线支距法进行测设时各桩坐标。

【解】设曲线由 ZY 点和 YZ 点分别向 QZ 点测设，计算结果见表 11-4。

切线支距法测设圆曲线数据计算表　　　　　　　　　　　　表 11-4

桩　号	各桩至 ZY 或 YZ 的曲线长 l (m)	圆心角 φ_i （° ′ ″）	x (m)	y (m)
ZY K11+984.67	0.00	0　00　00	0.00	0.00
K12+000	15.33	2　11　45	15.33	0.29
+020	35.33	5　03　38	35.28	1.56
+040	55.33	7　55　32	55.15	3.82
+060	75.33	10　47　25	74.89	7.07
+080	95.33	13　39　18	94.43	11.31
QZ K12+084.63	99.96	14　19　06	98.92	12.43
	99.96	14　19　06	98.92	12.43
+100	84.59	12　07　00	83.96	8.91
+120	64.59	9　15　07	64.31	5.20
+140	44.59	6　23　13	44.50	2.48
+160	24.59	3　31　20	24.57	0.76
+180	4.59	0　39　27	4.59	0.03
YZ K12+184.59	0.00	0　00　00	0.00	0.00

测设步骤如下：

（1）从 ZY（或 YZ）点开始，沿切线方向量取 x_i，定出垂足点。

（2）在垂足点上用经纬仪定出垂线方向，沿垂线方向量取 y_i，即可定出曲线点 P_i。

（3）依次测设出各曲线点直至 QZ 点，并与主点测设时定出的 QZ 点位置进行比较，比较结果应满足表 11-2 的要求。

11.5 缓和曲线测设

车辆在曲线上运行时会产生离心力,其大小取决于车辆的质量、运行的速度和圆曲线的半径。离心力对车辆和道路(轨道)都有害,当离心力超过某一限度时,车辆就有倾覆(或脱轨)的危险。为了抵消离心力的作用,在曲线部分采用外路面超高的办法,即将外路面抬高一定数值(铁路采用的是外轨抬高,公路采用的是单坡断面),使车辆在曲线上运行时向内倾斜,产生向心力,与离心力相平衡,从而保证车辆安全运行。

由于直线上不设外路面超高,以铁路为例,若直线与圆曲线直接相接,在 ZY 点和 YZ 点处将会出现外轨顶面突然抬高(或降低),形成一个台阶的问题(公路在直线上采用双坡断面,在圆曲线上采用单坡断面,若直线与圆曲线直接相接,也存在类似问题)。此外,直线上道路采用正常宽度,而圆曲线上采用加宽宽度,若直线与圆曲线直接相接,在 ZY 点和 YZ 点处道路宽度也将发生突变。为解决以上问题,在直线与圆曲线间插入一段缓和曲线,缓和曲线的曲率半径由∞(即直线处的曲率半径)逐渐变化到圆曲线的半径 R,其外路面超高和道路宽度也由零及正常宽度逐渐变化到圆曲线的外路面超高 h 和加宽宽度。

缓和曲线可用回旋线(亦称辐射螺旋线)、三次抛物线、双扭线等空间曲线来设置。目前,我国公路和铁路部门,多采用回旋线作为缓和曲线。图 11-14 为两端加入缓和曲线后的对称基本型平面曲线,此时曲线共有五个主点,分别是直缓点 ZH、缓圆点 HY、曲中点 QZ、圆缓点 YH 和缓直点 HZ。

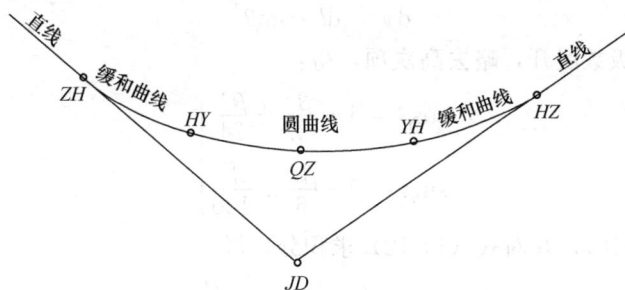

图 11-14 对称基本型平面曲线

11.5.1 缓和曲线的基本公式与参数方程

1. 基本公式

缓和曲线具有的特征是:曲线上任意点的曲率半径 ρ 与该点至起点的曲线长 l 成反比,基本公式为:

$$\rho = \frac{C}{l} \text{ 或 } \qquad \rho l = C \qquad\qquad (11\text{-}7)$$

式中 C——常数,曲线半径变化率。

C 值的确定如下:设缓和曲线总长度为 L_s,当 $l = L_s$ 时,缓和曲线的曲率半径等于圆曲线半径 R,故

$$C = RL_s \qquad (11\text{-}8)$$

2. 切线角公式

缓和曲线上任一点 P 处的切线与起点（ZH 或 HZ）切线的交角 β 称为切线角，如图 11-15 所示。切线角与 P 点至起点曲线长 l 所对的中心角相等。设曲线在 P 点的曲率半径为 ρ，在 P 处取一微分弧段 dl，所对的中心角为 $d\beta$，则：

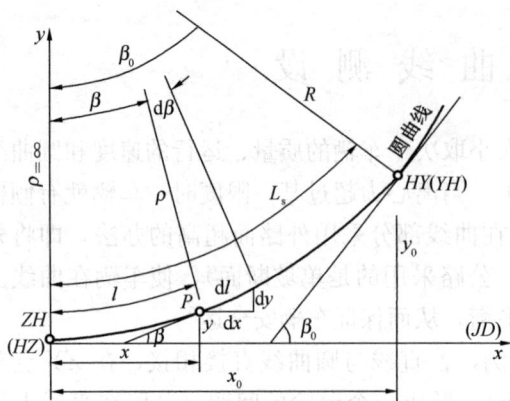

图 11-15　缓和曲线切线角

$$d\beta = \frac{dl}{\rho} = \frac{l}{c}dl \qquad (11\text{-}9)$$

对上式积分得：

$$\beta = \frac{l^2}{2c} = \frac{l^2}{2RL_s} \qquad (11\text{-}10)$$

当 $l = L_s$ 时，$\beta = \beta_0$，即：

$$\beta_0 = \frac{L_s}{2R} \qquad (11\text{-}11)$$

3. 参数方程

如图 11-15 所示，设以缓和曲线的起点 ZH（或 HZ）为坐标原点，过该点的切线为 x 轴，半径方向为 y 轴，在缓和曲线上任取一点 P 的坐标为（x，y），则微分段 dl 在坐标系的投影为：

$$\left.\begin{aligned} dx &= dl \cdot \cos\beta \\ dy &= dl \cdot \sin\beta \end{aligned}\right\} \qquad (11\text{-}12)$$

将 $\cos\beta$、$\sin\beta$ 按幂级数展开，略去高次项，得：

$$\left.\begin{aligned} \cos\beta &= 1 - \frac{\beta^2}{2} + \frac{\beta^4}{24} \\ \sin\beta &= \beta - \frac{\beta^3}{6} + \frac{\beta^5}{120} \end{aligned}\right\} \qquad (11\text{-}13)$$

顾及到式（11-10），并对式（11-12）求积分，得：

$$\left.\begin{aligned} x &= l - \frac{l^5}{40\,R^2\,L_s^2} + \frac{l^9}{3456\,R^4\,L_s^4} \\ y &= \frac{l^3}{6RL_s} - \frac{l^7}{336\,R^3\,L_s^3} \end{aligned}\right\} \qquad (11\text{-}14)$$

当 $l = L_s$ 时，则缓和曲线终点 HY（或 YH）的坐标为

$$\left.\begin{aligned} x_0 &= L_s - \frac{L_s^3}{40\,R^2} + \frac{L_s^5}{3456\,R^4} \\ y_0 &= \frac{L_s^2}{6R} - \frac{L_s^4}{336\,R^3} \end{aligned}\right\} \qquad (11\text{-}15)$$

11.5.2　带有缓和曲线的曲线要素计算及主点的测设

1. 内移值 p、切线增值 q 的计算

如图 11-16 所示，若圆曲线和直线直接相接，则线路中线上的 F、G 点分别是圆曲线

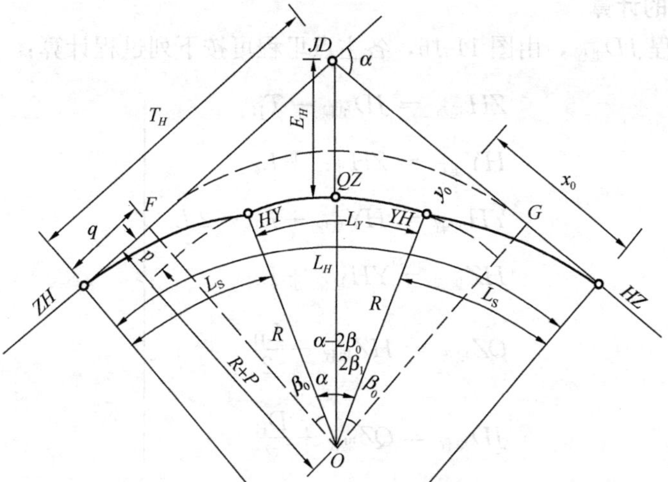

图 11-16　带缓和曲线的曲线与主点要素

（图中虚线）的 ZY、YZ 点，现要在直线和圆曲线之间插入缓和曲线，则相应线形必须发生变化。道路工程中一般是采取不改变原有交点 JD、直线方向及圆心 O 的条件下，将圆曲线向内移 p（即圆曲线半径由 $R+p$ 变为 R），然后插入缓和曲线，形成图中实线的线形。所插入的缓和曲线一部分进入圆曲线部分（即圆曲线缩短），一部分进入直线部分（即切线增长）。图 11-16 中，p 为内移值，q 为切线增值。

由图可知：

$$\left.\begin{array}{l} p = y_0 + R\cos\beta_0 - R \\ q = x_0 - R\sin\beta_0 \end{array}\right\} \tag{11-16}$$

将 $\cos\beta_0$ 和 $\sin\beta_0$ 按幂级数展开并略去高次项，同时将式（11-11）、式（11-15）代入得：

$$\left.\begin{array}{l} p = \dfrac{L_s^2}{24R} \\[3mm] q = \dfrac{L_s}{2} - \dfrac{L_s^3}{240 R^2} \end{array}\right\} \tag{11-17}$$

由于切线增值 q 计算式中第二项很小，故 q 接近缓和曲线长度 L_s 的一半。

2. 曲线要素的计算

由图 11-16 可以看出，插入缓和曲线后，各曲线要素可按下式计算：

切线长　　　　　$T_H = (R + p)\tan\dfrac{\alpha}{2} + q$

曲线长　　　　　$L_H = R(\alpha - 2\beta_0)\dfrac{\pi}{180°} + 2L_s$

外矢距　　　　　$E_H = \dfrac{(R + p)}{\cos\dfrac{\alpha}{2}} - R$

切曲差　　　　　$D_H = 2T_H - L_H$

$$\tag{11-18}$$

其中，α、β_0 以度为单位。

3. 主点里程的计算

根据交点里程 $JD_{里程}$，由图 11-16，各主点里程可按下列过程计算：

$$\left.\begin{aligned}
ZH_{里程} &= JD_{里程} - T_{\mathrm{H}} \\
HY_{里程} &= ZH_{里程} + L_{\mathrm{s}} \\
YH_{里程} &= HY_{里程} + L_{\mathrm{H}} - 2L_{\mathrm{s}} \\
HZ_{里程} &= YH_{里程} + L_{\mathrm{s}} \\
QZ_{里程} &= HZ_{里程} - \frac{L_{\mathrm{H}}}{2} \\
JD_{里程} &= QZ_{里程} + \frac{D_{\mathrm{H}}}{2}
\end{aligned}\right\} \tag{11-19}$$

最后所计算出的 $JD_{里程}$ 应等于其已知值，作为计算检核条件。

4. 主点的测设

ZH、HZ 及 QZ 点的测设与圆曲线主点测设方法相同。HY 与 YH 点可根据缓和曲线终点坐标 x_0、y_0 用切线支距法测设。

11.5.3 带有缓和曲线的曲线详细测设

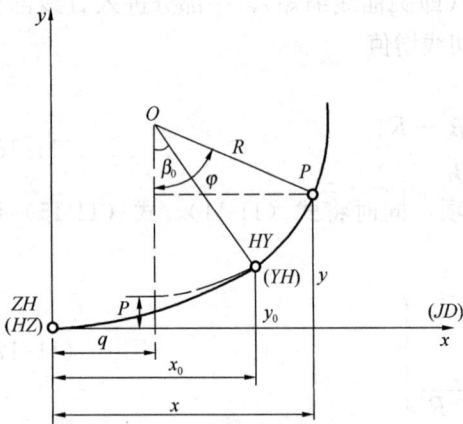

图 11-17 切线支距法测设曲线

1. 切线支距法

切线支距法是以 ZH 点或 HZ 点为坐标原点，以过原点的切线为 x 轴，过原点的半径为 y 轴，利用缓和曲线段和圆曲线段上各待定点的 x、y 坐标设置曲线，如图 11-17 所示。

（1）缓和曲线段坐标计算

缓和曲线段上各待定点坐标可按式（11-14）计算，即：

$$x = l - \frac{l^5}{40R^2L_{\mathrm{s}}^2} + \frac{l^9}{3456R^4L_{\mathrm{s}}^4}$$

$$y = \frac{l^3}{6RL_{\mathrm{s}}} - \frac{l^7}{336R^3L_{\mathrm{s}}^3}$$

式中，l 为待定点至 ZH（或 HZ）点的曲线长，它等于待定点桩号与 ZH（或 HZ）点桩号之差（取绝对值）。

（2）圆曲线段坐标计算

圆曲线段上各待定点坐标，由图 11-17 可知为：

$$\left.\begin{aligned}
\varphi &= \frac{l'}{R} \cdot \frac{180°}{\pi} + \beta_0 \\
x &= R\sin\varphi + q \\
y &= R(1 - \cos\varphi) + p
\end{aligned}\right\} \tag{11-20}$$

式中，β_0、φ 以度为单位；l' 为待定点至 HY（或 YH）的圆弧长，它等于待定点桩号与 HY（或 YH）点桩号之差（取绝对值）。

曲线上各点的测设方法与圆曲线切线支距法相同。

2. 偏角法

（1）缓和曲线段

如图 11-18 所示，设缓和曲线上任意一点 P 至起点 ZH（或 HZ）的曲线长为 l，偏角为 δ，其弦长为 c，则：

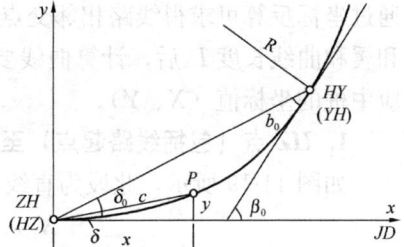

图 11-18　偏角法测设曲线

$$\left.\begin{aligned} \delta &= \arctan \frac{y_P}{x_P} \\ c &= \sqrt{x_P^2 + y_P^2} \end{aligned}\right\} \tag{11-21}$$

其中，P 点坐标 (x_P, y_P) 根据式（11-14）计算。按上式计算出缓和曲线上各点的偏角和弦长后，将仪器安置在 ZH（或 HZ）点上，与偏角法测设圆曲线同样的方法进行测设。

（2）圆曲线段

首先根据式（11-20）计算圆曲线上待定点的坐标，再代入式（11-21）得相应的偏角 δ 和弦长 c，然后采用偏角法测设缓和曲线同样的方法来测设圆曲线上各待定点。

11.6　线路逐桩坐标的计算与全站仪极坐标法测设中线

全站仪极坐标法测设中线是先建立一个贯穿全线的统一坐标系，沿线布设控制导线；再根据线路的几何关系计算出线路各中桩（包括直线段和曲线段）在统一坐标系中的坐标，即逐桩坐标；然后利用导线点坐标和逐桩坐标根据坐标反算求出水平角和距离，在实地利用全站仪通过极坐标法测设中桩。

11.6.1　中线逐桩坐标的计算

线路勘测的初测阶段已在地面布设导线作为控制，沿线导线均采用统一的坐标系统。测出带状地形图后，在定测阶段，设计人员在地形图上完成纸上定线工作，此时可在地形图上量取线路中线各交点在统一坐标系中的坐标。即在逐桩坐标计算前，沿线各导线点及线路中线各交点在统一坐标系中的坐标是已知的。

中线逐桩坐标计算就是计算出线路各中桩在统一坐标系中的坐标。如图 11-19 所示，根据各交点的坐标 (X_{JD}, Y_{JD})（为区别于切线支距法坐标系中的坐标，此处采用大写），

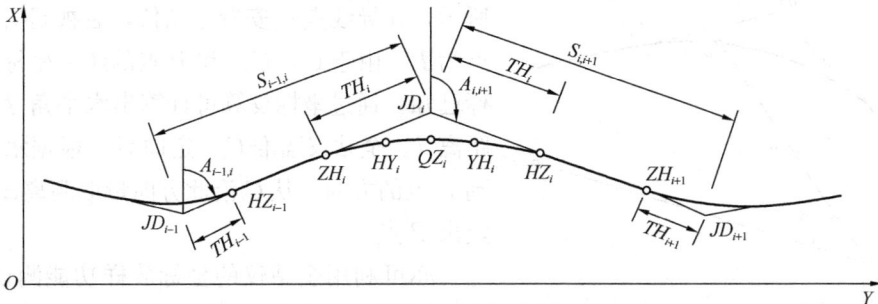

图 11-19　线路中桩坐标计算示意图

通过坐标反算可求得线路相邻交点连线的坐标方位角 A 和边长 S。在选定各圆曲线半径 R 和缓和曲线长度 L_s 后，计算曲线要素，根据各桩的里程桩号，按下述方法即可计算出相应中桩的坐标值（X、Y）。

1. HZ 点（包括线路起点）至 ZH 点之间直线段的中桩坐标计算

如图 11-19 所示，此段为直线，先由下式计算 HZ 点坐标：

$$\left.\begin{array}{l} X_{\mathrm{HZ}i-1} = X_{\mathrm{JD}i-1} + T_{\mathrm{H}i-1}\cos A_{i-1,i} \\ Y_{\mathrm{HZ}i-1} = Y_{\mathrm{JD}i-1} + T_{\mathrm{H}i-1}\sin A_{i-1,i} \end{array}\right\} \tag{11-22}$$

式中　$X_{\mathrm{JD}i-1}$、$Y_{\mathrm{JD}i-1}$——交点 JD_{i-1} 的坐标；

　　　　$T_{\mathrm{H}i-1}$——交点 JD_{i-1} 的切线长；

　　　　$A_{i-1,i}$——JD_{i-1} 至 JD_i 的坐标方位角。

直线段上各中桩坐标按下式计算：

$$\left.\begin{array}{l} X = X_{\mathrm{HZ}i-1} + D\cos A_{i-1,i} \\ Y = Y_{\mathrm{HZ}i-1} + D\sin A_{i-1,i} \end{array}\right\} \tag{11-23}$$

式中　D——中桩点至 HZ_{i-1} 的距离，即中桩点里程与 HZ_{i-1} 点里程之差。

2. ZH 点至 QZ 点之间的中桩坐标计算

此段包括第一缓和曲线及上半圆曲线，可按式（11-14）和式（11-20）先计算出曲线上中桩的切线支距法坐标（x，y），然后通过坐标变换将其转换为统一坐标（X，Y）。坐标变换公式为：

$$\left.\begin{array}{l} X = X_{\mathrm{ZH}i} + x\cos A_{i-1,i} - k \cdot y\sin A_{i-1,i} \\ Y = Y_{\mathrm{ZH}i} + x\sin A_{i-1,i} + k \cdot y\cos A_{i-1,i} \end{array}\right\} \tag{11-24}$$

式中，当曲线为右转时，$k=1$；左转时，$k=-1$。（$X_{\mathrm{ZH}i}$，$Y_{\mathrm{ZH}i}$）为 ZH_i 点坐标，可根据式（11-23）计算，也可根据 JD_i 坐标（$X_{\mathrm{JD}i}$，$Y_{\mathrm{JD}i}$）、$T_{\mathrm{H}i}$ 和 $A_{i-1,i}$ 推算。

3. QZ 点至 HZ 点之间的中桩坐标计算

此段包括下半圆曲线及第二缓和曲线，仍可按式（11-14）和式（11-20）先计算中桩的切线支距法坐标（x，y），再按下式转换为统一坐标（X，Y）：

$$\left.\begin{array}{l} X = X_{\mathrm{HZ}i} - x\cos A_{i,i+1} - k \cdot y\sin A_{i,i+1} \\ Y = Y_{\mathrm{HZ}i} - x\sin A_{i,i+1} + k \cdot y\cos A_{i,i+1} \end{array}\right\} \tag{11-25}$$

式中，$A_{i,i+1}$ 为 JD_i 至 JD_{i+1} 的坐标方位角。k 的意义同上。

11.6.2　全站仪极坐标法测设中线

极坐标法测设中线的基本原理是以控制导线为依据，以角度和距离定点。如图 11-20 所示，在导线点 C_i 安置全站仪，后视 C_{i+1}，待定点为 P。由于 C_i、C_{i+1} 和 P 点的统一坐标系统坐标已知，通过坐标反算可计算出水平角 β 和水平距离 d。全站仪瞄准 C_{i+1} 定向后，根据水平角找到 P 点的方向，从 C_i 沿此方向量取距离 d，即可定出 P 点。

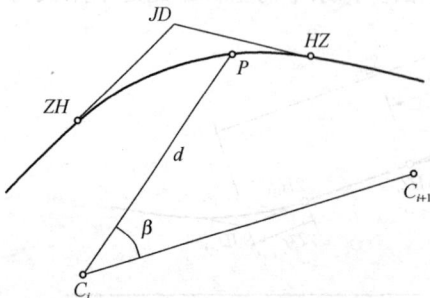

图 11-20　极坐标法测设中桩

亦可利用全站仪的坐标放样功能测设点位，此时只需输入有关点的坐标值即可，由仪器内置电脑自动完成有关数据计算。有条件时，也可采用 GPS-RTK 进行中桩定位。

11.7 线路纵、横断面测量

线路纵断面测量又称中线水准测量，它的任务是在线路中线测设完成之后，测定中线各里程桩的地面高程，绘制线路纵断面图，供线路纵坡设计之用。横断面测量是测定垂直于中线方向中桩两侧一定范围内的地面高程，绘制横断面图，供线路工程设计、计算土石方数量以及施工放边桩之用。

为提高测量精度和有效地进行成果检核，根据"由整体到局部"的测量原则，纵断面测量一般分两步进行：首先进行高程控制测量，称为基平测量；以高程控制点为基础，再进行中桩高程测量，称为中平测量。

11.7.1 基平测量

1. 水准点的设置

一般应采用国家统一的高程系统，独立工程或要求较低的道路工程若与国家水准点连测有困难时可采用假定高程。

水准路线应沿线路布设，水准点应尽量设于线路工程中心线两侧不受施工影响的位置。水准点间距一般为 1～1.5km，山岭重丘区可根据需要适当加密；大桥、隧道口及其他大型构造物两端应增设水准点。水准点的埋设应满足规范要求。

2. 基平测量的方法

基平测量一般采用水准测量方法，在进行水准测量有困难的地区，也可采用光电测距三角高程测量方法。

基平测量的精度应根据道路工程的不同要求采用不同的精度等级，如高速公路、一级公路工程采用四等水准测量，二级及以下公路可采用五等水准测量。

11.7.2 中平测量

1. 测量方法

基平测量完成后，线路沿线按一定间距均布设了水准点，中平测量一般是以相邻两水准点为一测段，从一水准点开始，用视线高程法逐个测出中桩的地面高程，直至附合到下一个水准点上。在每一个测站上，应尽量多地观测中桩，必要时在一定距离内设置转点。相邻两转点间所观测的中桩，称为中间点。为了削弱高程传递的误差，观测时应先观测转点，后观测中间点。转点传递高程，因此转点水准尺应立在尺垫或稳固的固定点上，尺上读数至"mm"，视线长度不大于 150m。中间点不传递高程，尺上读数至"cm"，视线也可适当放长，立尺应紧靠桩边的地面上。

图 11-21 为某一级公路中桩高程测量，水准仪安置于测站 I，后视水准点

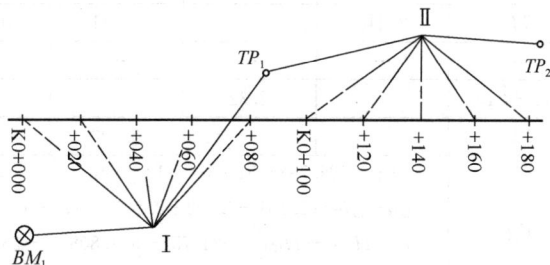

图 11-21 中平测量示意图

BM_1，前视转点 TP_1，将读数记入表 11-5 中的后视、前视栏内。然后观测 BM_1 与 TP_1 间的中桩点 K0+000、+020、+040、+060、+080，将读数记入中视栏。再将仪器搬至测站 Ⅱ，后视转点 TP_1，前视转点 TP_2，然后观测各中桩点+100、+120、+140、+160、+180，将读数分别记入后视、前视和中视栏。按上述方法继续往前测，直至闭合于水准点 BM_2，完成测段观测。

一测段观测结束后，应先计算测段高差 $\sum h_{中}$，它与两端水准点已知高差之差，称为测段高差闭合差。铁路，高速公路，一级、二级公路及要求较高的线路工程允许闭合差为 $\pm 30\sqrt{L}$（mm）（L 为测段长度，以 km 计）；三级、四级公路及一般线路工程允许闭合差为 $\pm 50\sqrt{L}$（mm）。

中桩的地面高程以及前视点高程应按所属测站的视线高程进行计算。每一测站的计算按下列公式进行：

$$视线高程 = 后视点高程 + 后视读数$$
$$中桩高程 = 视线高程 - 中视读数$$
$$转点高程 = 视线高程 - 前视读数$$

中桩高程亦可利用全站仪通过三角高程测量方法进行测量，此时一般是利用全站仪进行中桩平面定位的同时测出各中桩高程，即线路平面放样和中桩高程测量同时进行，无需后续的水准测量和计算，大大简化了测量工作。

中平测量记录计算表　　　　　　　　　　　　　　　　表 11-5

测点	水准尺读数（m）			视线高程 (m)	高程 (m)	备 注
	后视	中视	前视			
BM_1	2.191			514.505	512.314	
K0+000		1.62			512.89	
+020		1.90			512.61	
+040		0.62			513.89	
+060		2.03			512.48	
+080		0.90			513.61	
TP_1	3.162		1.006	516.661	513.499	BM_1、BM_2 的已知高程
+100		0.50			516.16	分别为
+120		0.52			516.14	$H_{BM_1} = 512.314$m
+140		0.82			515.84	$H_{BM_2} = 524.808$m
+160		1.20			515.46	
+180		1.01			515.65	
TP_2	2.246		1.521	517.386	515.140	
…	…	…	…	…	…	
K1+240		2.32			523.06	
BM_2			0.606		524.782	
检核	$\sum h_{中} = 524.782 - 512.314 = 12.468$m $\sum a - \sum b = (2.191 + 3.162 + 2.246 + \cdots) - (1.006 + 1.521 + \cdots + 0.606) = 12.468$ $f_h = H'_{BM_2} - H_{BM_2} = 524.782 - 524.808 = -26$mm $f_{h容} = \pm 30\sqrt{1.24} = \pm 33$mm　$f_h < f_{h容}$					

2. 纵断面图的绘制

纵断面图是沿中线方向绘制的反映地面起伏和纵坡设计的线状图，它表示出各路段纵坡的大小和中线位置的填挖尺寸，是道路设计和施工中的重要文件资料。

图 11-22 为一段道路的纵断面图，在图的上半部，从左至右有两条贯穿全图的线。一条是细的折线，表示中线方向的实际地面线，是以里程为横坐标、高程为纵坐标、根据中桩地面高程绘制的。为了明显反映地面的起伏变化，一般里程比例尺取 1∶5000、1∶2000 或 1∶1000，而高程比例尺则比里程比例尺大 10 倍，取 1∶500、1∶200 或 1∶100。图中另一条是粗线，是包含竖曲线在内的纵坡设计线，是由设计人员绘制的。此外，图上还注有竖曲线示意图及其曲线元素等。

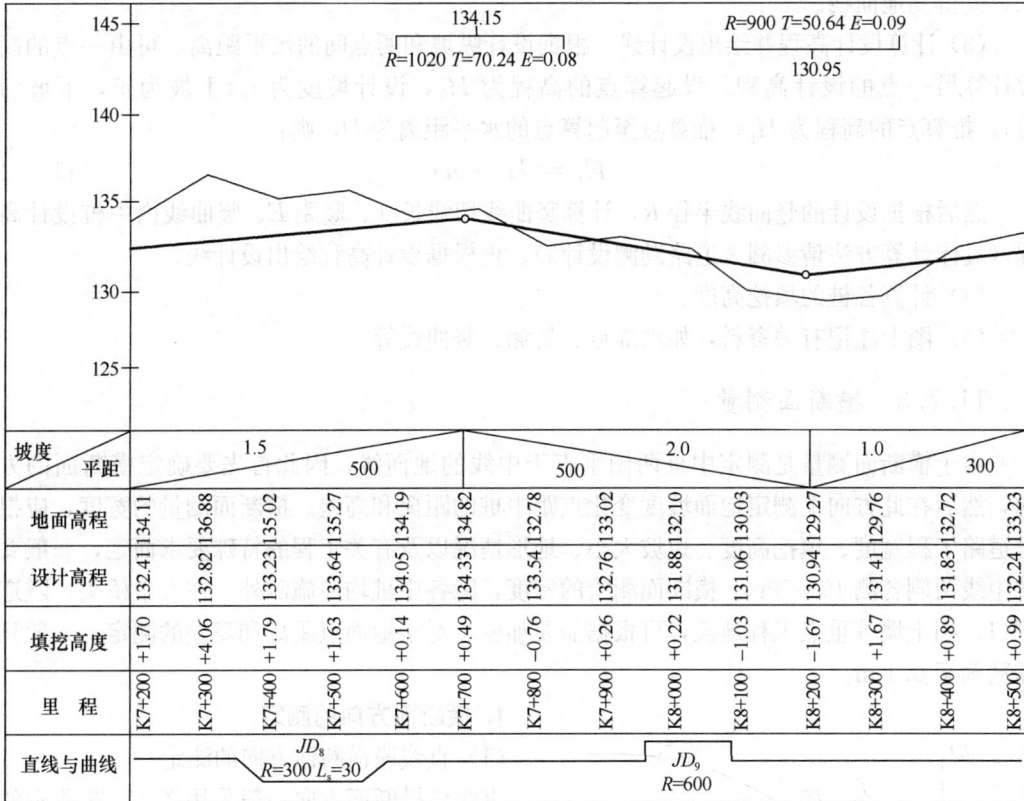

坡度	1.5		2.0		1.0	
平距		500		500		300
地面高程	134.11	136.88 135.02 135.27 134.19	134.82	132.78 133.02 132.10 130.03	129.27	129.76 132.72 133.23
设计高程	132.41	132.82 133.23 133.64 134.05	134.33	133.54 132.76 131.88 131.06	130.94	131.41 131.83 132.24
填挖高度	+1.70	+4.06 +1.79 +1.63 +0.14	+0.49	-0.76 +0.26 +0.22 -1.03	-1.67	+1.67 +0.89 +0.99
里程	K7+200	K7+300 K7+400 K7+500 K7+600	K7+700	K7+800 K7+900 K8+000 K8+100	K8+200	K8+300 K8+400 K8+500

竖曲线元素：R=1020 T=70.24 E=0.08 （134.15）；R=900 T=50.64 E=0.09 （130.95）

直线与曲线：JD_8 $R=300$ $L_s=30$；JD_9 $R=600$

图 11-22　道路纵断面图

图的下部注有有关测量及纵坡设计的资料，主要包括以下内容：

（1）坡度与平距。从左至右向上斜的直线表示上坡（正坡），下斜的表示下坡（负坡），水平的表示平坡。斜线或水平线上面的数字表示坡度的百分数，下面的数字表示平距。

（2）地面高程。按中平测量成果填写相应里程桩的地面高程。

（3）设计高程。根据设计纵坡和相应的平距推算出的里程桩设计高程。

（4）填挖高度。同一桩号的地面高程与设计高程之差，正号为挖深，负号为填高。

（5）里程桩号。按里程比例尺标注百米桩、千米桩及其他桩号。

（6）直线与曲线。按里程表明路线的直线和曲线部分。曲线部分用折线表示，上凸表示路线右转，下凸表示路线左转，并注明交点编号和圆曲线半径，带有缓和曲线者应注明其长度。

纵断面图的绘制一般可按下列步骤进行：

（1）打格制表。按照选定的里程比例尺和高程比例尺打格制表，填写里程桩号、地面高程、直线与曲线等资料。

（2）绘地面线。首先选定纵坐标的起始高程，使绘出的地面线位于图上适当位置。一般是以 5m 整倍数的高程标注在高程标尺上，便于绘图和阅图。然后根据中桩的里程和高程，在图上按纵、横比例尺依次点出各中桩的地面位置，再用直线将相邻点一个个连接起来，就得到地面线。

（3）计算设计高程并绘出设计线。根据设计纵坡和两点间的水平距离，可由一点的高程计算另一点的设计高程。设起算点的高程为 H_0，设计坡度为 i（上坡为正，下坡为负），推算点的高程为 H_p，推算点至起算点的水平距离为 D，则：

$$H_p = H_0 + iD \tag{11-26}$$

然后根据设计的竖曲线半径 R，计算竖曲线切线长 T、竖距 E、竖曲线内中桩设计高程（具体计算方法请参阅《道路勘测设计》）。再根据设计高程绘出设计线。

（4）计算各桩的填挖高度。

（5）图上注记有关资料，如水准点、桥涵、竖曲线等。

11.7.3 横断面测量

由于横断面测量是测定中桩两侧垂直于中线的地面线，因此首先要确定横断面的方向，然后在此方向上测定地面坡度变化点距中桩的距离和高差。横断面测量的宽度，应根据道路工程宽度、填挖高度、边坡大小、地形情况以及有关工程的特殊要求而定，一般要求中线两侧各测 10～50m。横断面测绘的密度，除各中桩均应施测外，在大中桥头、隧道洞口、挡土墙等重点工程地段，可根据需要加密。对于地面点距离和高差的测定，一般只需精确至 0.1 m。

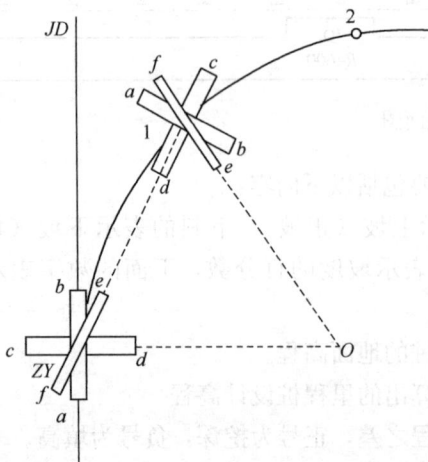

图 11-23　方向架法确定圆曲线横断面

1. 横断面方向的测定

（1）直线段横断面方向的测定

直线段横断面方向一般采用图 11-23 所示的方向架测定，将方向架置于桩点上，方向架上有两个相互垂直的固定杆，用其中一个瞄准该直线上任一中桩，另一个所指方向即为该桩点的横断面方向。也可用经纬仪等仪器测定直线段的横断面方向。

（2）圆曲线横断面方向的测定

1）方向架法。圆曲线上某一点的横断面方向即是过该点的半径方向。测定时一般采用求心方向架，求心方向架上安装有一个可以转动的活动杆，并有一固定螺旋可将其固定。

如图 11-23 所示，欲测定圆曲线上桩点 1 的横断面方向，先在 ZY（或 YZ）点安置方向架，使方向架上的 ab 杆对准 JD 方向，然后将活动杆 fe 对准圆曲线上的 1 点方向，并旋紧螺旋固定活动杆的位置，将方向架搬至 1 点，用 cd 杆对准 ZY（或 YZ）点，按同弧段两端弦切角相等原理，此时活动杆 fe 所指方向即为 1 点的横断面方向。同法依次确定其他点的横断面方向。

2）经纬仪法。当横断面定向准确度要求较高时，可用此法。如图 11-24 所示，欲测定圆曲线上 B 点的横断面方向，先计算出 BA 的弦切角：

$$\delta = \frac{l}{R} \cdot \frac{90°}{\pi} \tag{11-27}$$

式中　　l——AB 之弧长；

　　　　R——圆曲线半径。

施测时，将经纬仪安置于 B 点，以 $0°00'00''$ 照准后视点 A，再顺时针转动照准部使水平度盘读数为 $90°+\delta$，此时经纬仪的视线方向即为 B 点的横断面方向。

（3）缓和曲线横断面方向的测定

缓和曲线上任一点的横断面方向，就是该点的法线方向，亦即是该点切线的垂线方向。因此，只要求出该点至前视点或后视点的偏角值，即可定出该点的法线方向。

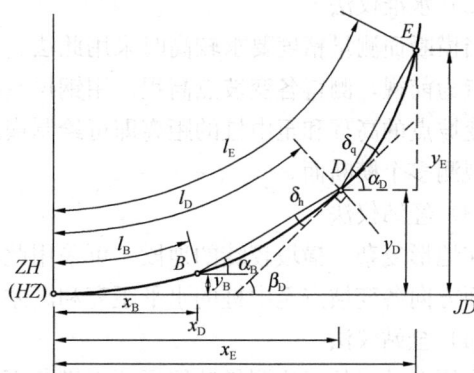

如图 11-25 所示，欲测定缓和曲线上 D 点的横断面方向，B 为 D 点的后视点，E 为前视点，l_B、l_D、l_E 分别为 B、D、E 至缓和曲线起点 ZH（或 HZ）的曲线长，（x_B，y_B）、（x_D，y_D）、（x_E，y_E）分别为 B、D、E 的支距坐标，β_D 为 D 点的切线角。由图 11-25 可知，D 点至前视点 E 的偏角为：

$$\delta_q = \alpha_D - \beta_D \tag{11-28}$$

其中

$$\alpha_D = \arctan \frac{y_E - y_D}{x_E - x_D}$$

$$\beta_D = \frac{l_D^2}{2RL_S} \cdot \frac{180°}{\pi}$$

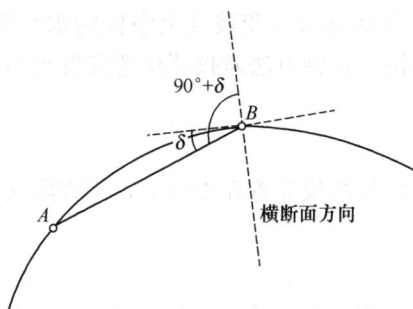

图 11-24　经纬仪法确定圆曲线横断面　　　图 11-25　缓和曲线横断面方向的测定

同样可得出 D 点至后视点 B 的偏角为：

$$\delta_h = \beta_D - \alpha_B \tag{11-29}$$

其中
$$\alpha_B = \arctan \frac{y_D - y_B}{x_D - x_B}$$

施测时，将经纬仪安置于 D 点，以 $0°00'00''$ 照准前视点 E（或后视点 B），再顺时针转动照准部使水平度盘读数为 $90°+\delta_q$（或 $90°-\delta_h$），此时经纬仪的视线方向即为 D 点的横断面方向。

2. 横断面的测量方法

（1）标杆皮尺法

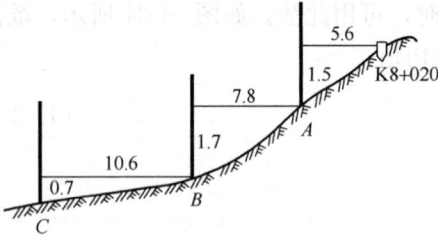

图 11-26　标杆皮尺法测量横断面

如图 11-26 所示，为测定 K8+020 中桩左侧横断面的示意图，A、B、C 为横断面方向上所选定的变坡点，将标杆立于 A 点，从中桩处地面将皮尺拉平，量出至 A 点的距离，皮尺所截取标杆处的高度即为两点间的高差。同法可测得 A 至 B、B 至 C 的距离和高差，直至所需要的宽度为止，中桩一侧测完后再测另一侧。此法简便，但精度较低。

记录表格见表 11-6，表中按线路前进方向分左侧、右侧。分数的分子表示测段两端的高差，分母表示其水平距离。高差为正表示上坡，为负表示下坡。

横断面测量记录表　　　　　　　　　　　　　　　　　　表 11-6

左　侧			桩　号	右　侧			
……			……	……			
$\dfrac{-0.5}{8.0}$	$\dfrac{-1.2}{10.5}$	$\dfrac{-0.8}{6.8}$	K8+000	$\dfrac{+1.0}{6.3}$	$\dfrac{+1.8}{11.2}$	$\dfrac{-0.5}{4.3}$	$\dfrac{+0.8}{5.8}$
$\dfrac{-0.7}{10.6}$	$\dfrac{-1.7}{7.8}$	$\dfrac{-1.5}{5.6}$	K8+020	$\dfrac{+1.3}{5.2}$	$\dfrac{+0.9}{6.8}$	$\dfrac{+1.3}{8.3}$	$\dfrac{+0.5}{4.3}$
……			……	……			

（2）水准仪法

当横断面测量精度要求较高时采用此法。施测时，以中桩为后视，以横断面方向上各变坡点为前视，测得各变坡点高程。用钢尺或皮尺分别量取各变坡点至中桩的水平距离。根据变坡点的高程和至中桩的距离即可绘制横断面图。这种方法若仪器位置安置得当，一站可观测多个横断面。

（3）经纬仪法

在地形复杂、横坡较陡的地段，可采用此法。将经纬仪安置在中桩上，用视距法测出横断面方向各变坡点至中桩的水平距离和高差。

（4）全站仪法

利用全站仪的对边测量功能可测得横断面上各点相对中桩的水平距离和高差；亦可直接测定横断面变坡点三维坐标后，通过计算转换为水平距离和高差。此方法一站可观测多个横断面，且距离和高差均由全站仪测出，效率大为提高。

3. 横断面图的绘制

横断面图一般采用现场边测边绘的方法，以便及时对横断面进行核对。但也可在现场记录（表 11-6），回到室内绘图。手工绘图时一般绘在毫米方格纸上，距离和高程采用同一比例尺（常用 1∶200 或 1∶100）。绘图时，先将中桩位置标出，然后分左、右两侧，按照相应的水平距离和高差，逐一将变坡点标在图上，再用直线连接相邻各点，即得横断面地面线。图 11-27 为道路横断面图，粗线为路基横断面设计线（俗称"戴帽子"）。

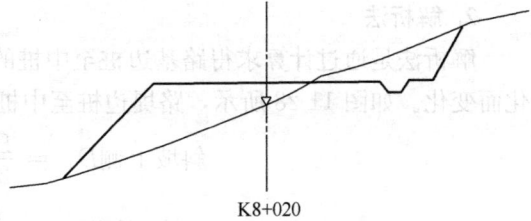

图 11-27　道路横断面图

11.8　道 路 施 工 测 量

11.8.1　施工准备中的测量工作

测量工作是施工准备中的一项重要工作。道路经过勘测设计后，往往要经过一段时间才施工，这期间一些导线点、水准点及中线桩有可能发生破坏或丢失，此外为了检核设计数据的准确性，在施工前必须对设计桩点进行恢复和对设计提供的数据进行复核。

1. 恢复导线点、水准点

对丢失的导线点或水准点要进行补测恢复或根据施工具体要求进行加密。选点可根据地形及施工要求确定，精度应符合要求。

2. 恢复中线

恢复中线指恢复丢失的交点、转点及中桩点的桩位。恢复中线所采用的测量方法与线路中线测量方法基本相同。

3. 横断面的检查和补测

路基施工前，应详细检查、校对横断面，发现错误或怀疑时，应进行复测。其目的一是复核填、挖工程数量；二是复核设置构造物处地形是否与设计相符。检查和补测按横断面测量方法进行。

4. 护桩的测设

在施工过程中中线桩会被埋挖，为了有效、可靠地控制中线位置，施工前要对线路的主要控制桩（如交点、转点、曲线主点以及百米桩、千米桩等），视地形条件在填挖范围以外不受施工破坏、便于引测和易于保护桩位的地方设置护桩。护桩的设置方法有平行线法和延长线法等。

11.8.2　路基边桩的测设

路基边桩测设就是在地面上将每一个横断面的设计路基边坡线与地面的交点用木桩标定出来。边桩的位置由边桩至中桩的距离来确定。常用的边桩测设方法如下：

1. 图解法

直接在横断面图上量取中桩至边桩的距离，然后在实地用皮尺沿横断面方向根据中桩测定边桩的位置。在地面较平坦，填挖方不大时，多采用此法。

2. 解析法

解析法是通过计算求得路基边桩至中桩的平距。边桩至中桩的距离随着地面坡度的变化而变化。如图 11-28 所示，路堤边桩至中桩的距离为：

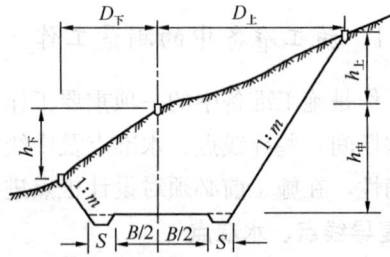

$$斜坡上侧 D_上 = \frac{B}{2} + m(h_中 - h_上) \left.\vphantom{\frac{B}{2}}\right\}$$
$$斜坡下侧 D_下 = \frac{B}{2} + m(h_中 + h_下) \tag{11-30}$$

如图 11-29 所示，路堑边桩至中桩的距离为：

$$斜坡上侧 D_上 = \frac{B}{2} + S + m(h_中 + h_上)$$
$$斜坡下侧 D_下 = \frac{B}{2} + S + m(h_中 - h_下) \tag{11-31}$$

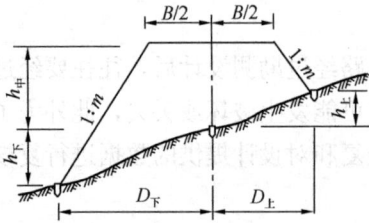

图 11-28　路堤边桩的测设　　　　图 11-29　路堑边桩的测设

以上各式中，B 为路基设计宽度，m 为设计的边坡系数，$h_中$ 为中桩的填挖高度，S 为路堑边沟顶面设计宽，均为已知数；而 $h_上$、$h_下$ 为斜坡上、下侧边桩与中桩的高差，在边桩未定出之前为未知数。因此，在实际工作中采用逐渐趋近法测设边桩。即先根据地面实际情况，参考路基横断面图，现场估计边桩的位置；然后，测出该估计位置与中桩的高差，并以此作为 $h_上$、$h_下$ 代入式（11-30）或式（11-31）计算 $D_上$、$D_下$，并据此在实地定出其位置。若估计位置与其相符，即得边桩位置。否则应按实测资料重新估计边桩位置，重复上述工作，直至相符为止。当填挖高度很大时，为了防止路基边坡坍塌，设计时在边坡一定高度处设置宽度为 d 的坠落平台，计算 D 时也应考虑进去。

11.8.3　路基边坡的测设

测设了路基边桩后，为了使填、挖的边坡达到设计的坡度要求，还应把设计边坡在实地标定出来，以便于施工。

1. 用竹竿、绳索测设边坡

如图 11-30（a）所示，O 为中桩，A、B 为边桩，由中桩向两侧量出 $B/2$ 得 C、D 两点。在 C、D 处竖立竹竿，于竹竿上对应中桩填土高 $h_中$ 之处定出 C'、D' 点，用绳索连接 C'、D' 点，同时由 C'、D' 点用绳索连接到边桩 A、B 上，即给出路基边坡。当路堤填土较高时，如图 11-30（b）所示，可分层挂线。

2. 用边坡模板测设边坡

首先照边坡坡度做好坡度模板，施工时比照模板进行测设。活动边坡模板（带有水准

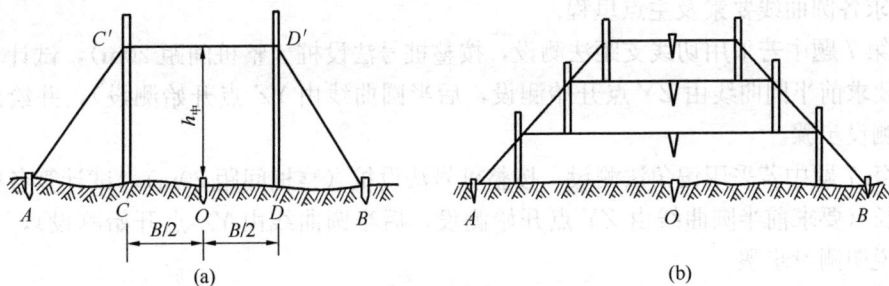

图 11-30 路堤边坡测设

器的边坡尺）如图 11-31（a）所示，当水准器气泡居中时，边坡尺的斜边所指示的坡度为设计边坡坡度，借此可指示与检查路堤边坡的填筑。

固定边坡模板如图 11-31（b）所示，开挖路堑时，在坡顶边桩外侧按设计坡度设置固定边坡模板，施工时可随时指示并检核边坡的开挖与修整。

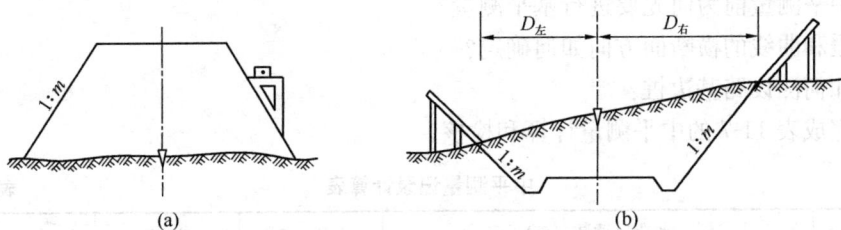

图 11-31 用边坡模板测设边坡

11.8.4 路面放样和竣工测量

在路面底基层（或垫层）施工前，首先应进行路床放样，包括：中线恢复放样、中平测量及路床横坡放样。各结构层（除面层外）横坡按直线形式放样。路拱（面层顶面横坡）需根据具体类型（有抛物线形、屋顶线形和折线形三种）进行计算和放样。

路基土石方工程完成后，应进行全线的竣工测量，包括中线测量、中平测量及横断面测量。路面完工后，应检测路面高程和宽度等。另外，还应对导线点、水准点、曲线交点及长直线转点等进行加固，并重新编制各种固定点表。

思 考 题 与 习 题

1. 道路工程采用的平曲线主要包括哪些曲线，缓和曲线的曲率半径有何特点？

2. 道路中线测量包括哪些内容？

3. 已测得交点 JD_7 的右角 $\beta_7 = 138°05'42''$，交点 JD_8 的右角 $\beta_8 = 206°56'18''$，试计算 JD_7 与 JD_8 的路线转角，并说明是左转角还是右转角。

4. 穿线法放线有哪些工作步骤？

5. 里程桩有何作用，加桩有哪几种，如何注记桩号？

6. 在加设缓和曲线后，曲线发生变化，简述变化的条件和结果。

7. 已知交点的里程桩号为 K6+825.92，测得转角 $\alpha_右 = 28°35'24''$，圆曲线半径 $R=$

600m，求各圆曲线要素及主点里程。

8. 第 7 题中若采用切线支距法测设，按整桩号法设桩（整桩间距 20m），试计算各桩坐标（要求前半圆曲线由 ZY 点开始测设，后半圆曲线由 YZ 点开始测设），并绘出示意图说明测设步骤。

9. 第 7 题中若采用偏角法测设，按整桩号法设桩（整桩间距 20m），试计算各桩的偏角和弦长（要求前半圆曲线由 ZY 点开始测设，后半圆曲线由 YZ 点开始测设），并绘出示意图说明测设步骤。

10. 某带有缓和曲线的曲线，已知交点的里程桩号为 K32＋273.65，测得转角 $\alpha_{左}=$ 23°18′32″，圆曲线半径 $R=800$m，缓和曲线长 $L_S=60$m，试计算该曲线的曲线要素及主点里程，并说明主点的测设方法。

11. 第 10 题中若采用切线支距法进行曲线的详细测设，按整桩号法设桩，试计算各桩坐标。

12. 线路纵、横断面测量的任务是什么？

13. 中平测量前为何先要进行基平测量？

14. 缓和曲线的横断面方向如何确定？

15. 如何测设路基边桩？

16. 完成表 11-7 的中平测量计算和检核。

中平测量记录计算表

表 11-7

测　点	水准尺读数（m）			视线高程（m）	高程（m）	备　注
	后视	中视	前视			
BM_8	1.782				216.883	
K3＋900		1.46				
＋920		2.13				
＋940		0.92				
＋960		2.53				
＋980		0.86				
TP_1	2.257		1.236			
K4＋000		1.50				BM_9 的已知高程为 $H_{BM_9}=218.225$m
＋020		0.82				
＋040		0.99				
＋060		1.20				
TP_2	1.266		0.821			
＋080		1.01				
＋100		1.86				
＋120		1.82				
BM_9			1.896			
检核						

第 12 章 变形监测与竣工测量

12.1 变 形 监 测 概 述

高层建筑、重要厂房和大型设备基础在施工期间和使用初期，由于各种因素的影响，都会产生变形。这种变形在一定限度内应视为正常的现象，但如果超过了规定的限度，则会导致建筑物结构的变形或开裂，影响其使用，严重时会危及建筑物的安全。因此，对高大建筑物及重要设备基础在施工和使用初期，必须进行变形监测，掌握其变形（如沉降、倾斜、位移和裂缝等）发展的严重程度及它们的变形速度，以便及时采取适当的预防或善后措施，确保建筑物安全使用，同时也为今后的设计和施工积累资料。

12.1.1 变形监测网的构成

为了了解和掌握变形体的变形规律和特点，就需要在变形体的周围布设变形监测网。变形监测网点分为基准点、工作基点和变形观测点三种。

基准点是衡量变形体是否产生变形及变形大小的基准，要求基准点在整个变形监测期间保持稳定，其位置应选择在受变形体影响范围以外的区域。一个工程项目至少应布设 3 个以上的基准点。

当基准点离变形体太远或不方便监测变形体时，可设置工作基点。工作基点是用于监测变形体的主要工作点，其位置应选择在离变形体较近、便于监测、同时又基本保持稳定的地方。

变形观测点是反映变形体变形规律和变形趋势的测量点，要求设置在变形体上并能反映变形体变形特征的位置。

基准点和工作基点构成监测基准网，监测基准网应每半年复测一次，当对变形监测成果发生怀疑时，应随时检核监测基准网。

变形监测网由部分基准点、工作基点和变形观测点构成。其监测周期，应根据变形体的变形特征、变形速率、观测精度和工程地质条件等因素综合确定。

12.1.2 变形监测的精度

变形监测的精度要求取决于建筑物预计允许变形值的大小和进行观测的目的。若为建筑物的安全监测，其观测中误差应小于允许变形值的 $1/10 \sim 1/20$；若是为了研究建筑物的变形过程和规律，则观测精度要求要高许多，通常"以当时能达到的最高精度为标准进行观测"。但一般从工程实用出发，如对于钢筋混凝土结构、钢结构的大型连续生产的车间，通常要求观测结果能反映出 1mm 的沉降量；对规模不大的厂房车间，要求能反映出 2mm 的沉降量。因此，对于观测点高程的测定误差，应在 ±1mm 以内。而为了科研目的，则往往要求达到±0.1mm的精度。

根据目前变形监测所采用的仪器和方法以及建筑工程对变形监测的精度要求，变形监测分为一、二、三、四等，各等级的精度要求及适用范围如表12-1所示。

变形监测的等级划分及精度要求 表 12-1

等级	垂直位移监测		水平位移监测	适 用 范 围
	变形观测点的高程中误差（mm）	相邻变形观测点的高差中误差（mm）	变形观测点的点位中误差（mm）	
一等	0.3	0.1	1.5	变形特别敏感的高层建筑、高耸构筑物、工业建筑、重要古建筑、大型坝体、精密工程设施、特大型桥梁、大型直立岩体、大型坝区地壳变形监测等
二等	0.5	0.3	3.0	变形比较敏感的高层建筑、高耸构筑物、工业建筑、古建筑、特大型和大型桥梁、大中型坝体、直立岩体、高边坡、重要工程设施、重大地下工程、危害性较大的滑坡监测等
三等	1.0	0.5	6.0	一般性的高层建筑、多层建筑、工业建筑、高耸构筑物、直立岩体、高边坡、深基坑、一般地下工程、危害性一般的滑坡监测、大型桥梁等
四等	2.0	1.0	12.0	观测精度要求较低的建（构）筑物、普通滑坡监测、中小型桥梁等

12.1.3 变形监测的基本内容

变形监测的内容，主要有沉降观测、水平位移观测、倾斜观测、裂缝观测和挠度观测等。

对于地下工程及深基坑施工，变形监测的内容主要包括：①支护结构顶部的水平位移监测；②支护结构沉降监测；③支护结构倾斜监测；④邻近建筑物、道路、地下管网设施的沉降、倾斜和裂缝监测。

在建筑物主体结构施工及运营中，变形监测的主要内容包括建筑物的沉降、倾斜、挠度、水平位移和裂缝观测。

变形监测要求及时对观测数据进行分析判断，对深基坑和建筑物的变形趋势作出评价，起到指导安全施工和实现信息化施工的重要作用。

12.2 变形监测方法

12.2.1 沉降观测

沉降观测是用水准测量方法定期测量各沉降观测点相对于基准点的高差随时间的变化量，即沉降量，以了解建筑物（构筑物）的下降或上升情况。

1. 沉降观测点的设置

沉降观测点是固定在拟观测建筑物（构筑物）上的测量标志，应牢固地与建筑物（构筑物）结合在一起，便于观测，并尽量保证在整个沉降观测期间不受损坏。观测点的数量和位置，应能全面反映建筑物的沉降情况，尽量布置在沉降变化可能显著的地方，如伸缩缝两侧、地质条件或基础深度改变处、建筑物荷载变化部位、平面形状改变处、建筑物四角或沿外墙每 10～15m 处、具有代表性的支柱和基础上，均应设置观测点。

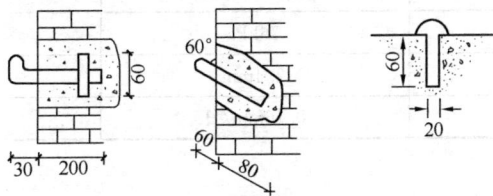

图 12-1　沉降观测点的设置

如图 12-1 所示，观测点可用角钢预埋在墙内；如是钢结构，则可将角钢焊在钢柱上。在建筑物平面部位的观测点，可将大于 $\phi20$mm 的铆钉用 1∶2 砂浆浇筑在建筑物上。

2. 观测时间、方法和精度要求

当基准点和观测点已埋设稳固，建筑物基础施工或基础垫层浇灌后，即可进行第一次观测，此次观测成果将作为以后沉降变形的衡量依据。施工期间，每增加较大荷重，如高层建筑每增加 1～2 层时应观测一次；若地面荷重突然增加或周围大量开挖土方等，均应随时进行沉降观测；当发现变形有异常时，应进行跟踪观测。竣工后的观测周期，可视建筑物的稳定情况而定。

在沉降观测过程中，应定期对基准点进行观测检查，以保证其稳定性。

沉降观测点的精度要求和观测方法，可根据工程需要按表 12-1 所列选定。每次施测前应对仪器进行检验。施测时，尽量做到三固定：固定观测人员、固定仪器、固定观测路线，以减少系统误差的影响，提高观测精度。

沉降观测除了普遍采用水准测量方法之外，还可采用全站仪三角高程测量和液体静力水准测量等方法。

3. 沉降观测的成果整理

沉降观测应在每次观测时详细记录建筑物的荷重情况、施工进度、气象情况及观测日期，在现场及时检查记录中的数据和计算是否准确，精度是否合格。根据水准点的高程和改正后的高差计算出各观测点的高程。用各观测点本次观测所得的高程减上次观测所得的高程，其差值即为该观测点本次的沉降量 S；各次沉降量相加得累计沉降量$\sum S$。表 12-2 为沉降观测成果汇总表示例。

表 12-2 中"平均沉降"栏可由所有沉降点的沉降量计算出它们的平均沉降量：

$$S_{\text{平}} = \frac{\sum_{i=1}^{n} S_i}{n} \tag{12-1}$$

式中　n——建筑物上沉降观测点的个数。

沉降观测成果汇总表　　　　　　　　　　　表 12-2

工程名称：×××楼

工程编号：　　　　　　　　　　　仪器：N3　　　　　　　　NO. 128652

点　号	首次成果 2016.05.16	第二次成果 2016.05.31			第三次成果 2016.06.15			…
	H_0	H	S	ΣS	H	S	ΣS	…
1	17.595	17.590	5	5	17.588	2	7	…
2	17.555	17.549	6	6	17.546	3	9	…
3	17.571	17.565	6	6	17.563	2	8	…
4	17.604	17.601	3	3	17.600	1	4	…
5	17.597	17.591	6	6	17.587	4	10	…
⋮	⋮	⋮	⋮	⋮	⋮	⋮	⋮	⋮
工程施工进展情况	浇灌底层楼板	浇灌二楼楼板			浇灌三楼楼板			…
静荷载 p	35kPa	55kPa			76kPa			…
平均沉降 $S_平$		5.0mm			2.4mm			…
平均沉降速度 $V_平$		0.33mm/日			0.16mm/日			…

"平均沉降速度"栏按下式计算：

$$V_平 = \frac{S_平}{相邻两次观测的间隔天数} \tag{12-2}$$

平均沉降速度是发现及分析异常沉降变形的重要指标。

4. 荷载、时间、沉降量关系曲线图

根据表 12-2，可绘出荷载、时间、沉降量关系曲线图。如图 12-2 所示，图中横坐标表示时间 T（天），上半部分为时间与荷载的关系曲线，其纵坐标表示建筑物的荷载 P；下半部分为时间与沉降量的关系曲线，其纵坐标表示沉降量 S。根据各观测点的沉降量与时间关系便可绘出全部观测点的沉降曲线。利用曲线图，可直观地看出沉降变形随时间的发展情况，也可以看出沉降变形与荷载因素之间的内在联系。

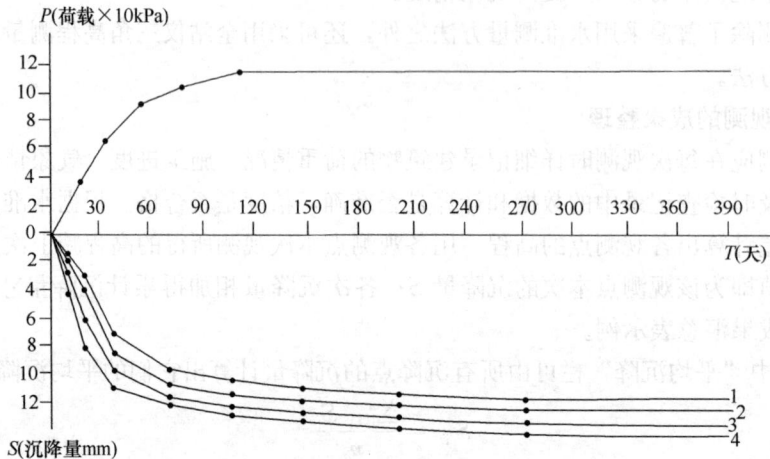

图 12-2　荷载、时间、沉降量关系曲线图

5. 沉降变形分析报告

沉降测量结束，需对全部资料进行加工、分析，以研究沉降变形的规律和特征，并提交沉降变形监测报告。对沉降观测点的变形分析，应根据相邻两观测周期，相同观测点有无显著变化，并结合荷载、气象和地质等外界相关因素综合考虑，进行几何和物理分析，从中获取有用的信息。

值得指出的是，由于一般建筑对均匀沉降不敏感，只要沉降均匀，即使沉降量稍大一些，建筑物的结构也不会有多大破坏。但不均匀沉降却会使墙面开裂甚至构件断裂，危及建筑物的安全。所以，在沉降测量过程中，当出现不均匀沉降、沉降量异常或变形速度突增等情况时，应引起重视，提交变形异常分析报告，并及时采取应变措施。

沉降观测结束，应提交下列有关资料：

（1）沉降观测点位置图。

（2）沉降观测成果汇总表。

（3）荷载、时间、沉降量关系曲线图。

（4）沉降变形分析报告。

除以上资料外，若工程需要，还需提交沉降等值线图（表示沉降在空间分布的情况）和沉降曲线展开图（图中可看出各观测点及建筑物的沉降大小、影响范围）。

12.2.2 水平位移观测

1. 水平位移监测基准网

水平位移观测的目的是为了确定建筑物（构筑物）在平面上随时间所移动的大小和方向。进行水平位移观测，首先要建立水平位移监测基准网，水平位移监测基准网可采用三角形网、导线网、GPS网和视准轴线等形式。当采用视准轴线时，轴线上或轴线两端应设立检核点。

水平位移监测基准网宜采用独立坐标系统，并进行一次布网。由于水平位移监测基准网的边长一般比较短，当监测精度要求较高时，基准点、工作基点均应设置强制归心装置，以减弱对中误差对监测精度的影响。水平位移监测基准网的主要技术要求见表12-3。

水平位移监测基准网的主要技术要求 表 12-3

等级	相邻基准点的点位中误差 (mm)	平均边长 (m)	测角中误差 (″)	测边相对中误差
一等	1.5	300	0.7	≤1/300000
		200	1.0	≤1/200000
二等	3.0	400	1.0	≤1/200000
		200	1.8	≤1/100000
三等	6.0	450	1.8	≤1/100000
		350	2.5	≤1/80000
四等	12.0	600	2.5	≤1/80000

2. 水平位移观测方法

根据场地条件和监测要求，水平位移观测可采用视准线法和坐标法等方法。视准线法一般适用于只要求监测单一方向的平面位移（如大坝、基坑支护的位移），视准线法包括小角度法和活动觇牌法。

（1）小角度法

如图 12-3 所示，A、B、C 为基准点，构成一条基准线。P_1、P_2、P_3 为变形监测点，均位于基准线附近。为了测得 P_1、P_2、P_3 沿 AB 轴垂直方向的位移，可在 A 点安置经纬仪，并在 B 点及 P_1、P_2、P_3 点安置觇牌，通过测量小角 α_1、α_2、α_3，则可求出 P_1、P_2、P_3 相对于 AB 轴线的水平位移量 δ_1、δ_2、δ_3，其值为：

$$\delta_i = D_i \tan\alpha_i \tag{12-3}$$

式中　D_i——A 点至 P_i 点的水平距离。

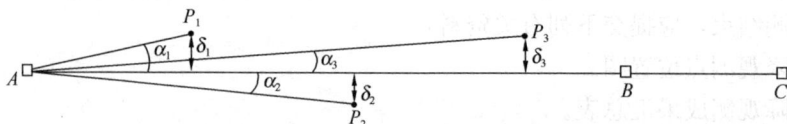

图 12-3　小角度法

由于 α_i 很小，因此在测角时只需旋动照准部微动螺旋即可照准每个目标。

（2）活动觇牌法

活动觇牌法是利用一种精密的附有读数装置的活动觇牌来直接测定偏离值。与小角度法不同的是，在 P_i 点安置的不是固定觇牌，而是活动觇牌，活动觇牌上有微动及测微装置（图 12-4）。观测时，在 A 点安置经纬仪，B 点安置固定觇牌。仪器照准 B 点觇牌后，依次将活动觇牌安置在 P 点的置中装置上，并读取活动觇牌的零位值（可估读数 0.1mm），然后微动觇牌，使觇牌照准标志的对称轴心移动到仪器视场内的十字丝交点上，读取活动觇牌上的读数，该读数值减去零位值，即可求得偏离值。

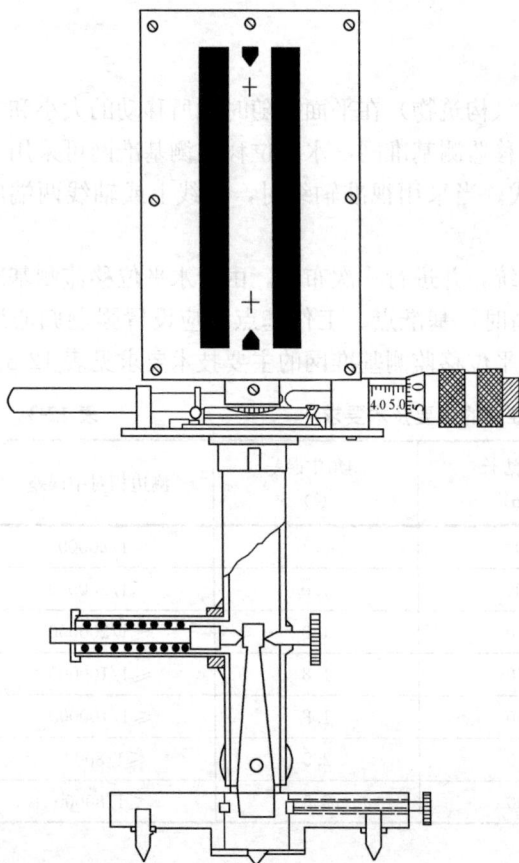

图 12-4　活动觇牌

（3）坐标法

坐标法是将经纬仪或全站仪安置在坐标已知的基准点或工作基点上，通过角度交会法、边长交会法或极坐标法测出变形监测点的坐标，将每次测出的坐标值与前一次坐标值进行比较，即可得到本期水平位移在 x 轴和 y 轴方向的位移分量（Δx，Δy），则本期水平位移量 $\delta = \sqrt{\Delta x^2 + \Delta y^2}$，位移方向根据 Δx、Δy 求出的坐标方位角来确定。这种方法适用性广，可以确定变形监测点的水平位移总量和位移方向。

随着测绘技术和仪器设备的发展，当前也可采用 GPS 测量方法或三维激光扫描仪等进行位移监测。此外，还出现了自动变形监测系统，该系统由测量机器人、软件、计算机及通信电缆等组成，24 小时连续监测，无人值守，具有自动完成测量周期、实时评价测量成果、实时显示变形趋势等智能化的功能，大大提高了监测的效率和实时性。

12.2.3　倾斜观测和裂缝观测

由于建筑物地基的承载力不均匀或建筑物体形复杂（部分高重、部分低轻），形成不同荷载，导致地基基础不均匀下沉，或由于风荷载、地震、抽取地下水等外部作用结果，使建筑物产生倾斜或裂缝，影响甚至危及建筑物的安全。

1. 建筑物的倾斜观测

建筑物的倾斜观测是用测量仪器来测定建筑物的基础和主体结构的倾斜变化，包括倾斜值大小、方向和速率等。

（1）建筑物主体的倾斜观测

建筑物主体的倾斜观测，应测定顶部观测点相对于底部观测点的偏移值。建筑物主体的倾斜率，应按下式计算：

$$i = \tan\alpha = \frac{\Delta D}{H} \tag{12-4}$$

式中　i——主体的倾斜率；

　　ΔD——建筑物顶部观测点相对于底部观测点的偏移值；

　　H——建筑物的高度；

　　α——倾斜角。

从式（12-4）可知，要求得 i 值，就要测出 ΔD 和 H 值。建筑物的高度 H 可以直接丈量或间接求得，因此倾斜测量主要是测定偏移值 ΔD。对于高层建筑物，通常采用经纬仪投影法。

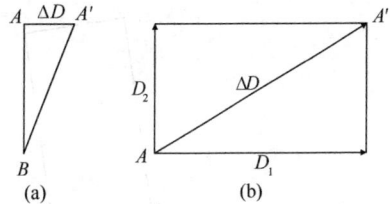

图 12-5　倾斜偏移值的计算

如图 12-5 所示，根据建筑物的设计，顶部 A 点与底部 B 点位于同一竖直线上。当建筑物发生倾斜时，A 点相对于 B 点移动了某一数值 ΔD，移到了 A' 的位置。如 A' 是屋角上的标志，可用经纬仪将其投影到 B 点的水平面上量得。投影时先将经纬仪安置在一墙面的延长线上且离开墙面的距离大于建筑物高度的地方，分别用正倒镜照准墙顶 A 往下投影，取中点，量出中点与 B 点在视线垂直方向的偏离值 D_1，再将经纬仪安置到另一墙面延长线方向上，同法求得与视线垂直方向的偏离值 D_2。然后用矢量相加的方法求出该建筑物的偏移值 ΔD，即 $\Delta D = \sqrt{D_1^2 + D_2^2}$。

对于圆形建（构）筑物如烟囱、水塔等倾斜位移值的测定，通常用经纬仪纵横轴线测水平角计算或用前方交会法。下面以前方交会法为例说明其过程。

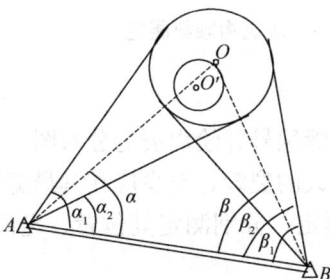

图 12-6　前方交会法测定倾斜值

如图 12-6 所示，在距建筑物 1.5 倍高度的地方选择

A、B两站点，A、B两点与建筑物的交会角值在$60°\sim120°$内。经纬仪分别安置在A、B测站，各自以B、A为零方向，用全圆测回法（$4\sim6$测回）测定顶部、底部（两测站观测建筑物同高的顶、底部）的水平角α_1、α_2及β_1、β_2，再计算其平均值$\alpha_顶$、$\beta_顶$和$\alpha_底$、$\beta_底$（图12-6只给出测底部的示意图）。然后，以A点为坐标原点，A、B方向为x轴正向，垂直方向为y轴，建立独立坐标系。根据A、B的距离及α、β角值，按前方交会有关公式计算得建筑物底部中心的坐标值x_0、y_0及顶部中心坐标x'_0、y'_0，两坐标的差值（$\Delta x= x'_0 - x_0$，$\Delta y= y'_0 - y_0$）就是建筑物顶部相对于底部在两轴线上的倾斜位移值。其总倾斜位移量为$\Delta D=\sqrt{\Delta x^2 + \Delta y^2}$。

另外，亦可用光学垂准器、激光铅直器或悬吊垂球的方法来直接测定建筑物的倾斜量。

（2）建筑物基础倾斜观测

建筑物的基础倾斜观测一般采用精密水准测量的方法，定期测出基础两端点的差异沉降量Δh（图12-7），再根据两点间的距离L，即可算出基础的倾斜度：

$$i = \frac{\Delta h}{L} \tag{12-5}$$

对于整体刚度较好的建筑物，亦可采用基础差异沉降推算主体的倾斜值。如图12-8所示，用精密水准测量测定建筑物基础两端点的差异沉降量Δh，再根据建筑物的宽度L和高度H，推算出顶部即主体的倾斜值ΔD，其值为：

$$\Delta D = \frac{\Delta h}{L}H \tag{12-6}$$

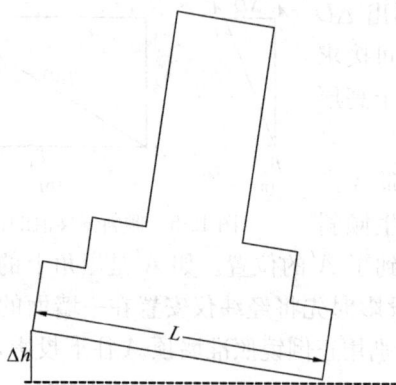

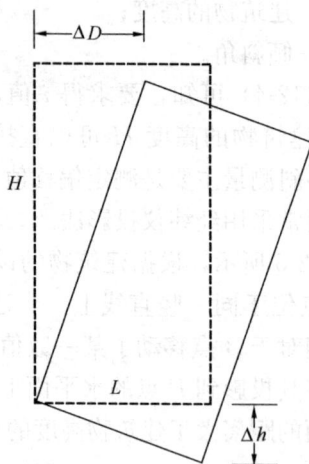

图 12-7　基础倾斜　　　　　　　图 12-8　建筑物倾斜测定

2. 建筑物的裂缝观测

当建筑物出现裂缝变形时，应立即进行全面检查，给裂缝编号并绘出裂缝分布图。

建筑物的裂缝观测应在裂缝两侧设置观测标志，对于较大的裂缝，至少应在其最宽处及裂缝末端各布设一对观测标志。裂缝可直接量取或间接测定，分别测定其位置、走向、长度和宽度的变化。

图12-9（a）所示是一种常用的观测裂缝的标志，这种标志由两片薄钢板做成。将一

片薄钢板先固定在裂缝一侧，并使其一边与裂缝的边缘对齐，另一片稍窄（约 50mm ×
200 mm）的薄钢板固定在裂缝另一侧，并使其一部分紧贴搭盖在对侧的薄钢板上，两片
薄钢板边缘彼此平行。然后在标志表面涂红漆，写明编号与日期。裂缝扩展时，两薄钢板
相互位移拉开距离，露出下面薄钢板上没有涂漆的部分，其宽度即为裂缝扩展的宽度。

裂缝观测亦可用如下简单方法，如图 12-9（b）所示，直接在裂缝始末端两侧用红油
漆绘两平行线，如图中的 a_1、b_1、a_2、b_2，每次观测时，用钢直尺量 a_1b_1、a_2b_2 的长度
d_1、d_2，它们的变化即为裂缝宽度的变化。观测周期视裂缝大小、性质和扩展速度而定。

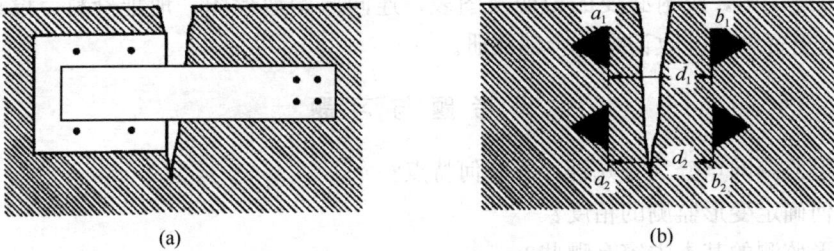

图 12-9　观测裂缝标志

12.3　竣工测量及竣工总图的编绘

建筑物和构筑物竣工验收时进行的测量工作，称为竣工测量。竣工测量的目的一方面
是为了检查工程施工定位的质量，另一方面是为今后工程扩建、改建及管理维护提供必要
的资料。竣工测量的成果是竣工总图。

12.3.1　竣工测量

在每一个单项工程完成后，必须由施工单位进行竣工测量，作为编绘竣工总图的依
据。其内容包括以下各方面：

（1）工业厂房及一般建筑物。包括房角坐标、各种管线进出口的位置和高程，并附房
屋编号、结构层数、面积和竣工时间等资料。

（2）铁路与公路。包括起终点、转折点、交叉点的坐标，曲线元素，桥涵、路面、人
行道等构筑物的位置和高程。

（3）地下管网。窨井、转折点的坐标，井盖、井底、沟槽和管顶等的高程，并附注管
道及窨井的编号、名称、管径、管材、间距、坡度和流向。

（4）架空管网。包括转折点、结点、交叉点的坐标，支架间距，基础面高程等。

（5）特种构筑物。包括沉淀池、烟囱、煤气罐等及其附属建筑物的外形和四角坐标，
圆形构筑物的中心坐标，基础面标高，烟囱高度和沉淀池深度等。

竣工测量完成后，应提交完整的竣工测量资料，包括工程的名称、施工依据和施工成
果，作为编绘竣工总图的依据。

12.3.2　竣工总图的编绘

竣工总图上应包括施工控制点、建筑方格网点、主轴线点、水准点、建（构）筑物辅

助设施、生活福利设施、架空及地下管线、铁路等建筑物或构筑物的坐标和高程，以及相关区域内空地等的地形。有关建筑物、构筑物的符号应与设计图例相同，有关地形图的图例应使用国家地形图图式符号。

建筑区地上及地下所有建筑物、构筑物绘在一张竣工总图上时，如果线条过于密集而不醒目，则可采用分类编图，如综合竣工总图、交通运输竣工总图和管线竣工总图等。比例尺一般采用 1:1000。如不能清楚地表示某些特别密集的地区，也可在局部采用 1:500 的比例尺。

图纸编绘完毕，应附必要的说明及图表，连同原始地形图、地址资料、设计图纸文件、设计变更资料、验收记录等合编成册。

思 考 题 与 习 题

1. 变形监测网点分为哪几种，各有何特点？
2. 如何确定变形监测的精度？
3. 变形监测的基本内容有哪些？
4. 沉降观测点应如何布置，要考虑哪些因素？
5. 进行变形观测时，要求尽量做到"三固定"，什么是"三固定"，其目的是什么？
6. 沉降观测的方法有哪几种？
7. 沉降观测结束后应提交哪些资料？
8. 水平位移观测可采用哪些方法，视准线法适合在什么条件下采用？
9. 圆形建（构）筑物的倾斜观测如何进行？
10. 简述建筑物裂缝观测的基本方法。
11. 竣工测量包括哪些内容？
12. 如何编绘竣工总图？

附录　测量实验与实习

第一部分　测量实验实习须知

测量学课程是一门实践性很强的技术基础课程，其实验教学和测量实习是整个测量教学过程中必不可少的环节。只有通过测量实验和测量实习，理论联系实际，才能有效地巩固课堂所学的理论知识。只有通过实践，做到学为所用，才能更好地提高学生分析问题和解决问题的能力。因此，对测量实验和测量实习必须予以重视。

本部分的内容包括：测量实验（实习）的一般规定、实验（实习）仪器及工具的使用规则二部分。这些都是学生进行测量实验和测量实习必须牢记和严格遵守的内容。

一、实验（实习）的一般规定

1. 熟识实验或实习内容。在实验（实习）之前，必须复习指定的测量实验或测量实习的有关内容，明确工作的内容、目的和任务。

2. 实验（实习）以小组为工作单元进行，采用组长负责制。由组长组织和协调各项实验（实习）工作。组长持有效的证件到实验室办理实验（实习）仪器和相关器材的借领和归还手续。

3. 在实验（实习）期间，学生必须遵守《学生实验守则》和学校相关的纪律及规定。不得无故缺席或迟到早退；不得擅自变更实验（实习）内容。

4. 在实验（实习）中，学生要爱护各类测量仪器设备和相关器材，严格按照设备的操作规程进行实验（实习）。实验（实习）结束时，将所领的实验（实习）仪器和相关器材如数归还实验室。在实验（实习）过程中，如有仪器故障和其他的问题，应该及时向指导老师报告。对因违反实验（实习）相关规定而造成设备遗失或损坏的，应按《教学科研仪器设备损坏或丢失赔偿办法》的规定赔偿。

5. 服从老师的指导和安排，实验（实习）任务必须独立地按时完成。实验（实习）报告及相关的记录必须按指定的格式进行书写，保持整洁。

6. 实验（实习）数据的字体一律用正楷书写，不得草写。记录出错时，用笔在错误的数据上画一短斜线，以表示要修改的部分，并在其上方写上正确数据。实验（实习）的记录数据不准转抄、涂改或用橡皮揩擦，绝不允许伪造实验（实习）数据。

7. 测量实验（测量实习）的数据必须由指导老师检查确认后，才可结束实验（实习）。

8. 一般测量实验（测量实习）是在室外进行的，特别是测量实习，是在室外一个相当大的范围进行。因此，要注意对环境的保护，不得任意砍折、踩踏或损坏任何花草树木及其他公共设施，如有损坏的应予赔偿。

二、实验（实习）仪器及工具的使用规则

正确使用测量仪器和工具是保证测量成果质量、提高测量工作效率的必要条件，同时

也是使仪器和工具使用寿命延长、保证测量仪器良好使用状态的保障。在实验（实习）仪器和工具的借领与使用中，必须严格遵守下列规定。

1. 仪器领用

（1）以小组为单位，凭学生证（学生身份证）到指定的实验室办理借领手续，领取实验（实习）的仪器设备及工具。

（2）借领时应该当场清点领用的实验（实习）设备和器材，做到不漏领不多领。搬运仪器时，仪器箱要锁好，避免剧烈振动。

（3）实验（实习）仪器不得与其他小组擅自调换或随意转借。仪器借用后，找一合适的地方检查各设备及工具的使用状态，调换不能使用或是使用状态差的设备和工具。取用仪器时要轻拿轻放，谨防碰撞。

2. 仪器的安置

（1）安置三脚架，打开仪器箱。开箱后，首先要看清楚并记住仪器安放的位置及状态，避免使用后装箱困难（在三脚架安置稳妥之后，方可打开仪器箱）。开箱前应将仪器箱放在平稳处，严禁托在手上或抱在怀里。

（2）提取仪器之前，应先松开制动螺旋，再用双手握住支架或基座轻轻取出仪器，放在三脚架上，保持一手握住仪器，一手去拧连接螺旋，使仪器与脚架连接牢固。

（3）装好仪器之后，应立刻关闭仪器箱盖并锁好，防止灰尘和湿气进入箱内。严禁坐在仪器箱上。

3. 仪器的使用

（1）仪器安置之后，必须有人看护，防止无关人员搬弄或行人车辆碰撞等非实验（实习）操作导致意外而发生仪器损坏。

（2）在打开物镜盖时或在观测过程中，如发现灰尘，可用镜头纸或软毛刷轻轻拂去。严禁用手指或手帕等物擦拭，以免损坏镜头上的药膜。观测结束后应及时套好物镜盖。

（3）转动仪器时，应先松开制动螺旋，再平稳转动。使用微动螺旋时，应先旋紧制动螺旋。做到"先松后转，转而稳；先制后微，微而轻"，保证仪器的使用状态。制动螺旋应松紧适度，微动螺旋和脚螺旋不要旋到顶端，各种螺旋使用时都应均匀用力，以免损伤螺纹。

（4）在仪器发生故障时，应及时向指导教师报告，不得擅自进行拆卸拼装等处理。

（5）在野外使用仪器时，应该撑伞，严防仪器遭日晒雨淋。

4. 仪器的迁站

（1）在行走不便的地区迁站或远距离迁站时，必须将仪器装箱之后再搬迁，搬迁过程中谨防设备发生振动或碰撞。

（2）短距离迁站时，可将仪器连同三脚架一起搬动，但要十分精心稳妥，即用右手托住仪器，左手抱住脚架，并夹在左腋下贴胸稳步行走。严禁斜扛仪器，以防碰摔。

（3）迁站时，要跟随带走仪器箱和有关工具。

5. 仪器的装箱

（1）每次使用仪器结束之后，应及时清除仪器上的灰尘，将仪器各脚螺旋调至中间位置，一手扶住仪器，一手松开连接螺旋，双手取下仪器。

（2）仪器装箱。先松开各制动螺旋，将仪器放进箱内，观察仪器装箱位置是否放正确，拧紧制动螺旋，然后盖上箱盖并关上箱扣。切不可强压箱盖，以防压坏仪器。

（3）现场清点所有附件和工具，防止遗失。

6. 测量工具的使用

（1）钢尺的使用。应防止扭曲、打结和折断，防止行人踩踏或车辆碾压，尽量避免尺身着水。携尺前进时，应将尺身提起，不得沿地面拖行，以防损坏刻划。

（2）皮尺的使用。应均匀用力拉伸，避免着水、车压。如果皮尺受潮，应及时晾干。

（3）各种标尺、标杆的使用。注意防水防潮，防止受横向压力，不能磨损尺面刻划和漆皮，不用时安放稳妥。使用塔尺时还应注意接口处的正确连接，用后及时收尺。各类标尺、标杆不能当标枪和棍棒玩耍。

（4）在雷雨天气环境，使用金属的塔尺和标杆时，尽量避免过高拉伸。

（5）测图板的使用。应注意保护板面，不得乱写乱扎，不能施以重压。

（6）小件工具（如垂球、测钎、尺垫等）的使用。应用完即收，防止遗失。一切测量工具都应保持清洁，专人保管搬运。

7. 仪器及工具的归还

当实验完毕后，应及时归还，不得随意将仪器拿回寝室私自保管。如果是长时间的测量实习，所有的设备及工具在实习期间由组长安排负责保管。归还时应当面点清，验毕后方可离去。

第二部分　测　量　实　验

实验一　DS_3 水准仪的认识及使用

一、目的和要求

1. 了解 DS_3 水准仪的型号、基本构造，掌握其主要部件的名称和使用。

2. 掌握水准仪的安置、照准、读数及高差计算。

二、计划和设备

1. 实验时数安排为 2 学时。实验小组由 3 人组成，1 人操作仪器，1 人记录，1 人立尺。

2. 每组的实验设备为 DS_3 微倾水准仪 1 台，水准尺 1 根，记录板 1 块。

三、方法和步骤

1. DS_3 水准仪分为：微倾水准仪和自动安平水准仪两种。认识其型号、构造和各部件的名称。

2. 水准仪的安置和水准测量的操作。

水准仪的使用及一测站水准测量的操作练习可以简单地归纳如下：

微倾水准仪　安置→粗平→照准→精平→消除视差→读数

自动安平水准仪　安置→粗平→照准→消除视差→读数

3. 计算一测站高差（高差＝后视读数－前视读数）。

四、注意事项

1. 仪器安放在三脚架架头上，切记务必将脚架中心连接螺旋拧紧。

2. 在读数前，必须使水准管气泡严格居中并消除视差，如果是自动安平水准仪不需手动精平。

3. 注意圆水准气泡和管状气泡的移动规律。

4. 水准尺上读数必须读 4 位数：m、dm、cm、mm。不到 1m 的读数，第一位为零。

实验二　普通水准测量

一、目的和要求

1. 学会在水准测量中如何选择测站和转点，熟悉测站上的仪器操作。

2. 掌握普通水准测量的施测方法。

3. 掌握普通水准测量的记录、高差闭合差调整和高程计算的方法。

二、计划和设备

1. 实验时数安排 2 学时。小组由 4 人组成，轮流分工为：1 人操作水准仪，2 人立水准尺，1 人记录。

2. 实验设备为 DS_3 水准仪 1 台，水准尺 2 根，尺垫 2 只，记录板 1 块、计算器 1 个。

三、方法和步骤

1. 根据指导老师所提供的已知点高程和相关要求，施测一条合适的闭合水准路线（或是附合水准路线）。

2. 根据需要选择转点，并完成每一测站高差测量和计算。

3. 全路线施测完毕，应进行检核。闭合水准路线高差闭合差：$f_h = \sum h$，附合水准路线高差闭合差：$f_h = \sum h - (H_B - H_A)$。高差容许闭合差 $f_{h容} = \pm 12\sqrt{n}$ （mm），其中 n 是测站数。

4. 计算水准路线各待定点高程。

四、注意事项

1. 当水准仪照准、读数时，水准尺必须竖直。

2. 每一测站前后视距应该大致相等。可以用目测或步测检查。

3. 已知水准点和待定水准点上不能安放尺垫。转点上应放尺垫，尺垫应该踩实。

4. 如果使用的是微倾水准仪，切记精平后再读数。

5. 在同一测站，圆水准器只能整平一次。

6. 注意前后尺位置的变换，仪器不动时，前后尺不能移动。

实验三　DS_3 水准仪的检验与校正

一、目的和要求

1. 了解水准仪各轴线间应满足的条件（附图 1）。

2. 掌握 DS_3 水准仪的检验与校正方法。

二、计划和设备

1. 实验时数安排为 2 学时。实验小组由 3 人或 4 人组成，轮流分工为：1 人观测，1 人记录，1 人或 2 人立尺。也可将水准尺绑

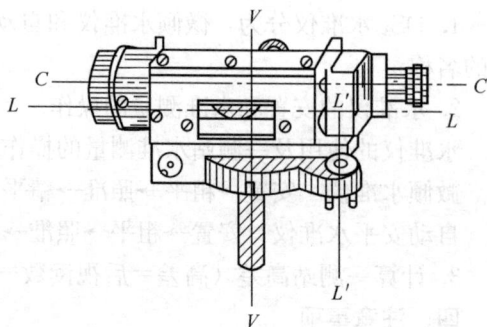

附图 1　水准仪轴系图

定在实验场地的固定地物上。

2. 实验设备为 DS₃ 水准仪 1 台，水准尺 2 根，尺垫 2 个，小螺钉刀 1 把，校正针 1 根，记录板 1 块，铅笔和计算器各 1 个。

三、方法和步骤

1. 圆水准轴平行于竖轴（$L'L'/\!/VV$）的检验与校正。

2. 十字丝横丝应垂直于竖轴的检验与校正。

3. 水准管轴平行于视准轴（$LL/\!/CC$）的检验与校正。

所有校正项目必须在老师的指导下按照相关步骤进行。

四、注意事项

1. 必须按照实验步骤规定的顺序进行检验校正，不能随意颠倒操作。

2. 转动校正螺钉时，先松后紧，每次调动的范围要小。校正完毕，螺钉应处在稍紧位置。

实验四　DJ₆ 光学经纬仪的认识与使用

一、目的和要求

1. 了解 DJ₆ 光学经纬仪的基本构造及主要部件的名称和作用。

2. 掌握经纬仪的对中、整平、照准、读数。

二、计划和设备

1. 实验时数安排为 2 学时。实验小组由 2～3 人组成，轮流操作仪器、读数、记录。

2. 实验设备为 DJ₆ 光学经纬仪 1 台，记录板 1 块，测钎 2 根。

3. 每组在实验场地上选择一测站点和两个目标点，每人独立完成对中、整平、照准、读数。

三、方法和步骤

1. 首先熟悉 DJ₆ 光学经纬仪的构造和各部件的名称及其作用，方便仪器的使用。

2. 安置经纬仪，进行水平角观测的读数练习。操作流程如下：

对中和整平→照准目标(粗瞄和精确瞄准)→读数

如附图 2 所示，读数窗口内标明"H"（或水平）为水平度盘读数；标明"V"（或竖直）为垂直度盘读数。度盘的分微尺读数，估读至 $0.1'$，最终将小于 $1'$ 读数化为秒数。

3. 其他操作练习。

四、注意事项

1. 在对中时，应使三脚架架头大致水平，否则会导致仪器整平的困难。

2. 制动螺旋旋紧时力度要适度，微动螺旋、脚螺旋等宜使用中间部分，而不宜旋至顶端。

3. 用分微尺进行度盘读数时，估读至 $0.1'$。

4. 轴座固定螺旋和中心连接螺旋一定要旋紧，

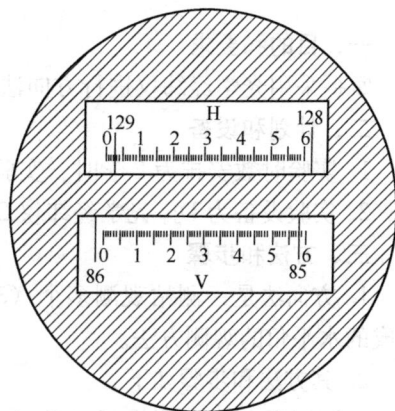

附图 2　分微尺度盘读数

防止仪器从脚架上摔落。

<h2 style="text-align:center">实验五　水平角观测（测回法）</h2>

一、目的和要求

掌握用经纬仪进行测回法观测水平角的操作、记录和计算方法。

二、计划和设备

1. 实验时数安排为 2 学时。实验小组由 2～3 人组成，轮流进行观测、记录和计算。

2. 实验设备为 DJ$_6$ 光学经纬仪 1 台，记录板 1 块，测钎 2 根。

三、方法和步骤

测回法是观测水平角最常用的方法。其方法与步骤如下：

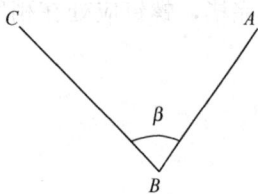

附图 3　左、右方向和水平角

1. 在测站点 B 安置好经纬仪，如附图 3 所示。盘左位置照准左目标 C，记下该水平度盘读数。转动经纬仪照准部，照准右目标 A，记下此时水平度盘读数。计算上半测回测得的水平角值。

2. 盘右位置观测水平角。记录并计算下半测回测得的水平角值。

3. 计算一测回水平角值 β。上、下半测回较差绝对值小于 $40''$。

4. 若该角进行第二个测回时，注意水平度盘起始读数的变换。

四、注意事项

1. 仪器对中误差应小于 2mm。

2. 上、下半测回，照准部的顺时针和逆时针的转动，方向不能反。

3. 照准目标时，应尽量瞄准目标底部同一位置，以减少由于目标倾斜引起水平角观测的误差。

4. 观测过程中，若发现水准管气泡偏移超过 1 格时，应重新整平仪器，并重测该测回。

<h2 style="text-align:center">实验六　水平角观测（方向法）</h2>

一、目的和要求

掌握采用光学经纬仪进行方向法观测水平角的操作、记录、计算及各项限差的校核。

二、计划和设备

1. 实验时数安排为 2 学时。实验小组由 3～4 人组成，轮流进行观测和记录。

2. 实验设备为 DJ$_6$ 光学经纬仪 2 台，记录板 2 块。

三、方法和步骤

1. 方向法是一测站观测多个（3 个或 3 个以上）方向构成的水平角的观测方法。

2. 其方法和步骤如下。

一测回方向法观测目标（以 A、B、C、D 四点为例，如附图 4 所示）的顺序为：

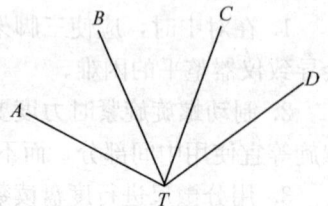

附图 4　方向法观测水平角

上半测回　$A \rightarrow B \rightarrow C \rightarrow D \rightarrow A$

下半测回　$A \rightarrow D \rightarrow C \rightarrow B \rightarrow A$

3. 计算上、下半测回角值和一测回角值，每一测回的观测结果应进行检核计算，结果必须符合测量技术要求。半测回归零限差±18″；同一方向各个测回限差±24″。

四、注意事项

1. 应选择远近适中、易于瞄准的清晰目标作为第一个目标（起始方向）。

2. 每人应独立观测一测回，测回间应变换水平度盘位置。

3. 注意上、下半测回照准部瞄准目标的转动方向。

实 验 七　竖 直 角 观 测

一、目的和要求

1. 熟悉 DJ_6 光学经纬仪竖盘的构造、注记形式、竖盘指标差与竖盘水准管之间的关系。

2. 掌握竖直角观测的方法、记录及计算。

二、计划和设备

1. 实验时数安排为 2 学时。实验小组由 2～3 人组成，轮流操作仪器、记录及计算。

2. 实验设备为 DJ_6 光学经纬仪 1 台，记录板 1 块。

三、方法和步骤

1. 竖直度盘的构造，如附图 5 所示，了解盘面的注记及竖直角的测量原理。

2. 竖直角观测和竖盘指标差计算：

（1）在测站点上安置经纬仪，进行对中、整平。

（2）盘左位置观测和计算竖直角：$\alpha_{左} = 90° - L$。盘右位置观测和计算竖直角：$\alpha_{右} = R - 270°$。

（3）计算一测回竖直角：$\alpha = \frac{1}{2} (\alpha_{左} + \alpha_{右})$。

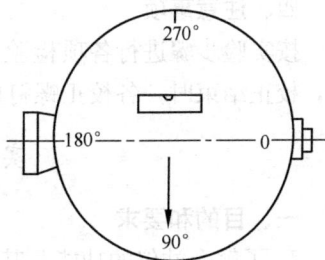

附图 5　竖直度盘结构图

（4）计算指标差：$X = \frac{1}{2} (\alpha_{左} - \alpha_{右})$ 或 $X = \frac{1}{2} (L + R - 360°)$，各测回测得指标差互差不应大于 25″。

（5）计算各测回平均角值。

四、注意事项

1. 进行竖直角观测瞄准目标时，中横丝应瞄准目标的指定位置或切于目标的顶部；每次竖直度盘读数前，应使竖盘水准管气泡居中（具有竖盘指标自动归零装置的除外）。

2. 把读数记录于"竖直角观测记录"表中，及时计算竖直角值和竖盘指标差。

3. 计算竖直角和竖盘指标差时，应注意正、负号。

实 验 八　DJ_6 光学经纬仪的检验与校正

一、目的和要求

1. 掌握经纬仪的主要轴线间应满足的几何条件。

2. 掌握光学经纬仪检验校正的基本方法。

二、计划和设备

1. 实验时数安排为 2 学时。实验小组由 2～3 人组成。

2. 实验设备为 DJ$_6$ 经纬仪 1 台，记录板 1 块，校正针 1 根，小螺钉刀 1 把。

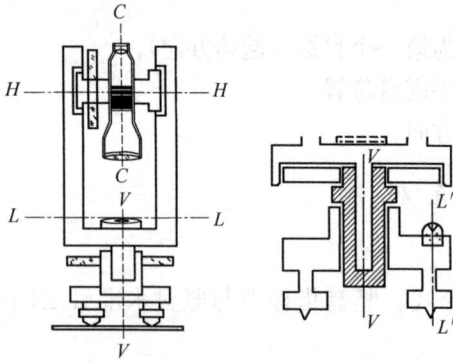

附图 6　经纬仪主要轴系关系

三、方法和步骤

经纬仪的主要轴线间（附图 6）应满足下列条件：水准管轴垂直于竖轴（$LL \perp VV$）；视准轴垂直于横轴（$CC \perp HH$）；横轴垂直于竖轴（$HH \perp VV$）。此外，圆水准轴平行于竖轴（$L'L' \parallel VV$）；十字丝纵丝应垂直于横轴。

1. 水准管轴垂直于竖轴的检验与校正。

2. 圆水准轴平行于竖轴的检验与校正。

3. 十字丝纵丝垂直于横轴的检验与校正。

4. 视准轴垂直于横轴的检验与校正。

5. 横轴垂直于竖轴的检验与校正。

6. 竖盘指标差的检验与校正。

以上校正需在老师指导下按步骤进行，或由专业人士检校。

四、注意事项

按实验步骤进行各项检验与校正，顺序不能颠倒，检验数据正确无误后才能进行校正，校正结束时，各校正螺钉应处于稍紧状态。

实验九　全站仪的认识及使用

一、目的和要求

1. 了解全站仪的功能及其主要部件的名称、性能和作用。

2. 掌握全站仪的使用方法。

二、计划和设备

1. 实验时数安排为 2 学时。每组实验人数为 3～4 人，轮流操作仪器、观测和记录。

2. 每实验小组观测 1 个水平角、1 个竖直角和 2 边距离。

3. 每实验小组全站仪 1 台，棱镜 2 个，对中杆 2 副，记录板 1 块。

三、方法和步骤

1. 全站仪的认识

全站仪是具有电子测角、电子测距、电子计算和数据存储功能的仪器。它本身就是一台带有各种特定功能的进行测量数据采集和处理的电子化、一体化的仪器。全站仪型号不同，外观和性能有较大差异，但主要由电子测角系统、电子测距系统、数据存储系统、数据处理系统等部分组成。

2. 全站仪的使用

全站仪为贵重电子测量仪器，本实验在指导教师演示介绍后，按要求进行操作。

（1）在测站点上安置全站仪，接通电源，仪器自检。在测点上安置棱镜。

（2）盘左，照准左棱镜中心，按测距键，读取并记录水平距离、水平方向读数及竖直角读数。

（3）盘右，按测回法的操作顺序，完成距离、水平方向和竖直角的观测。

盘左、盘右观测完成一测回测量。计算水平角和竖直角，距离采用平均值。

四、注意事项

1. 在进行距离测量时，认清仪器型号，注意正确设计好棱镜常数。

2. 不允许将仪器的望远镜直接对着太阳或是其他强光。

3. 不允许将带有红外光的光束直接对着人的眼睛。

4. 测量完成后，要关机。在拆装电池时，要先关闭电源。

实 验 十　三 角 高 程 测 量

一、目的和要求

掌握三角高程测量的施测方法及计算。

二、计划和设备

1. 实验时数安排为 2 学时。每实验小组由 4 人组成。

2. 每组在实验场地选定 2 点，用三角高程测量方法测出两点间的高差。

3. 每实验小组全站仪 1 台，棱镜 1 个，对中杆 1 副，记录板 1 块，2m 小钢尺 1 把。

三、方法和步骤

在实验场地上选择 A、B 两点（相距约 60m），如附图 7 所示，已知 A 点高程，则可用三角高程测量方法测出 B 点高程。

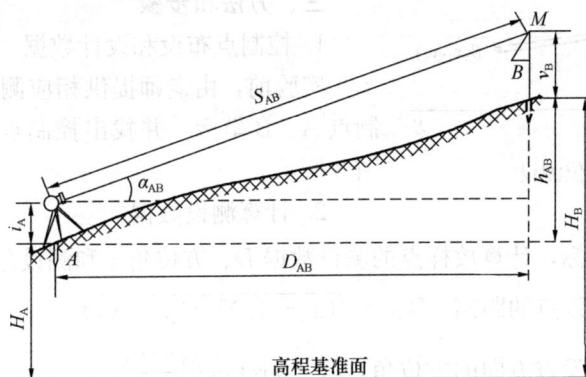

附图 7　三角高程测量

1. 往测

在 A 点安置全站仪，对中、整平。用小钢尺量取仪器高度 i_A。在 B 点安置棱镜，量取棱镜高度 v_B。用全站仪瞄准棱镜中心，测量水平距离 D_{AB} 并测出竖直角 a_{AB}。计算往测高差。

往测高差：
$$h_{AB} = D_{AB} \times \tan\alpha_{AB} + i_A - v_B$$

2. 返测

在 B 点安置全站仪，A 点安置棱镜，用与往测相同方法进行观测和记录。得仪器高度 i_B，棱镜高度 v_A，水平距离 D_{BA}，计算返测高差。

返测高差：
$$h_{BA} = D_{BA} \times \tan\alpha_{BA} + i_B - v_A$$

如往返测高差之差在容许范围之内，则取平均值。否则需重测。计算 B 点高程：

$$H_B = H_A + \frac{1}{2}(h_{AB} - h_{BA})$$

往返测高差之差的容许误差为：$f_{h容} = \pm 4D\,\text{mm}$，其中 D 为两点之间的水平距离，以百米为单位。仪器高、棱镜高精确量至 1mm。

四、注意事项

1. 测量前要输入棱镜常数。竖直角观测时，应以横丝瞄准棱镜中心。

2. 安置好仪器后应及时量取仪器高度，以免在测好后，忘记量取仪器高度而移动仪器。

实验十一　建筑物轴线和点位测设

一、目的和要求

1. 掌握建筑物轴线测设的基本方法。

2. 掌握点的平面位置的测设方法。

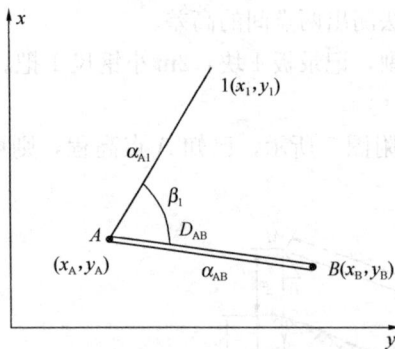

附图 8　点位测设

二、计划和设备

1. 实验时数安排为 2 学时。每组实验人数为 4 人，共同完成测设工作。

2. 每小组全站仪 1 台，棱镜 2 个，记录板 1 块，计算器 1 个，榔头 1 把，木桩和小铁钉各 6 个。

三、方法和步骤

1. 控制点布设和设计数据

实验前，由老师提供相应测设点 1 的坐标和控制点 A、B 坐标，并找出控制点的地面位置，如附图 8 所示。

2. 计算测设数据

根据已知点的坐标，计算放样点的测设数据 D、方位角 α 和测设角 β。

计算测站点与测设点的距离：$D_{A1} = \sqrt{(x_1 - x_A)^2 + (y_1 - y_A)^2}$

计算测站点与测设点方向的方位角：$\alpha_{A1} = \arctan\dfrac{y_1 - y_A}{x_1 - x_A}$

计算地面已知方向的方位角 ：$\alpha_{AB} = \arctan\dfrac{y_B - y_A}{x_B - x_A}$

计算测设角度：$\beta_1 = \alpha_{AB} - \alpha_{A1}$

根据计算数据，按步骤测设点位。以同样的方法可以测设其他点位，完成轴线和点位测设。

3. 校核

对测设好的点位进行校核，边长相对中误差应小于 1/4000，角度误差应小于 $1'$。

四、注意事项

1. 测设过程中，上一步合格后才能进行下一步的操作。

2. 各边往返测量的相对误差不应小于 1/4000。

3. 各校核边，计算值与实测距离的相对误差不应小于1/4000。

实验十二 高 程 测 设

一、目的和要求

掌握建筑施工中高程测设的基本方法。

二、计划和设备

1. 实验时数安排为2学时。每小组4人，1人操作仪器，2人立尺，1人作标记。

2. 每组的实验设备为 DS_3 水准仪1台，水准尺2根，记录板1块，记号笔1支，计算器1个。

三、方法和步骤

1. 确定已知高程点位置：在实验场地上找一个相对固定点作为已知高程控制点。

2. 确定高程测设点的位置：在距离已知高程点合适（大约30m）的地方打下一个木桩，作为测设点所在的位置，如附图9所示。

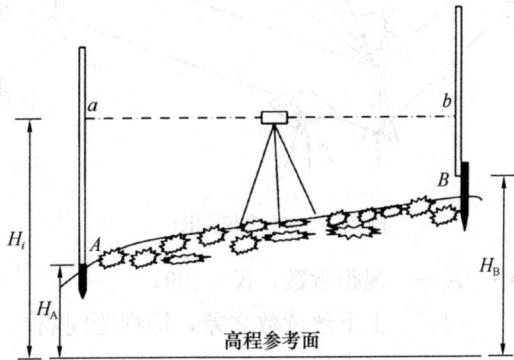

附图9 高程测设

3. 计算测设点的测设数据。

4. 根据测设的操作步骤和测设数据，在木桩标出测设点的具体位置。

5. 校核。用水准仪测量两点之间的高差，测量所得的实测值与设计值之间的不符值，应该在允许的限差内（$\delta_h \leqslant \pm 5mm$），如不符合精度要求，要重新调整，直至符合要求为止。

四、注意事项

1. 在测设高程时，如果是微倾水准仪，每次读数前应使符合水准气泡精准符合。

2. 实验时注意测设点的选择。如果是以木桩为测设点，要注意露出的桩头的高度，以避免设计值超出桩头的高度。

3. 已知高程点 A 的高程和测设点 B 的高程可以现场自行拟订，或由老师提供数据。

实验十三 经纬仪测绘法测绘地形图

一、目的和要求

1. 现场熟悉地形，能合理正确选择地物、地貌特征点。

2. 掌握用经纬仪测绘法测绘大比例尺地形图的方法。

二、计划和设备

1. 实验时数安排为2~3学时。每实验小组由4~5人组成。1人观测，1人记录，1人立尺，1人绘图，合理分工，可轮流操作，共同完成任务。

2. 每实验小组的实验器材为 J_6 光学经纬仪1台，皮尺1把，2m小钢尺1把，水准尺1把，量角器1个，绘图板1块，图纸1张，比例尺1把，标杆1根，标杆架1个。

3. 每组练习测绘一小块 1∶500 地形图，测点数不少于 8～10 点。

三、方法和步骤

1. 在实验场地上选定控制点 A、B（A、B 已展绘在图纸上），以 A 为测站点，安置经纬仪，对中、整平，2m 小钢尺量取仪器高 i。

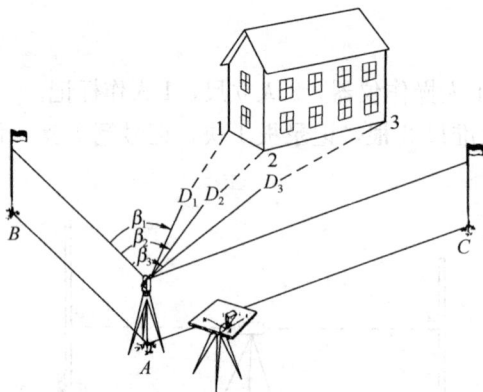

附图 10　经纬仪测图

2. 在 B 点竖立标杆，盘左位置，用经纬仪瞄准 B 点，并将水平度盘读数配置为 $0°00'00''$。

3. 在碎部点 1 立尺，用经纬仪瞄准 1 点，读取上、中、下三丝读数和水平度盘读数。

4. 用视距测量公式计算出 $A1$ 的水平距离 D_1（附图 10）及 1 点高程 H_1。

$$D_1 = Kl \cos^2\alpha$$

$$H = H_A + \frac{1}{2}Kl\sin2\alpha + i - v$$

式中　K——视距常数，$K=100$；

l——上下丝读数之差，即视距间隔；

α——竖直角；

v——中丝读数。

5. 图板设置于测站附近，用量角器在图上以 AB 方向为基准量取 β_1 角，定出 A_1 方向，把实地距离按测图比例尺换算成图上距离，在 A_1 方向上定出 1 点位置，在该点右边注上高程。碎部点距离及高程计算至厘米。

6. 按以上方法测出其他碎部点 2、3 的图上具体位置及高程，从而绘制成地形图（用同样的方法可以测量出其他地形地物点），如附图 10 所示。

四、注意事项

1. 用于测图的经纬仪，指标差应进行检校。

2. 测量时应随测、随算、随绘，及时检查校对。

3. 观测若干点后，经纬仪应进行归零检查。如偏差大于 $4'$ 时，应检查所测碎部点。

4. 绘碎部点方向线时，应轻、细，定出碎部点后应擦去。

5. 相邻碎部点，如高程变化不大，可以跳点注记。

6. 高程点注记字头朝北。

7. 选择碎部点应选择地物地貌特征点。

8. 图上展绘碎部点时，点要细，避免展点误差过大，影响测图质量。

实验十四　圆 曲 线 测 设

一、目的和要求

1. 掌握圆曲线主点的测设方法。

2. 掌握用偏角法进行圆曲线详细测设的方法。

二、计划和设备

1. 实验时数安排为 2~3 学时。每实验小组由 4 人组成。

2. 每组完成一圆曲线的测设。

3. 每实验小组的实验器材为：光学经纬仪 1 台，钢尺 1 把，标杆 2 根，标杆架 2 个，测针 1 组，榔头 1 把，木桩及小钉各 3 个。

三、方法和步骤

1. 由指导老师现场定出交点（JD）及两直线方向，给出半径 R 和 JD 里程。

2. 转向角的测定。

在 JD 安置经纬仪，一测回测出转折角 β，则线路的转向角 α=180°−β，如附图 11 所示。

3. 圆曲线主点测设。

测设主点 ZY、QZ、YZ，并计算和写出主点的里程。

常用计算公式：

$$T = R\tan\frac{\alpha}{2}; \ L = R\alpha\frac{\pi}{180°}; \ E = R\left(\sec\frac{\alpha}{2} - 1\right); \ D = 2T - L$$

附图 11　曲线测设

4. 圆曲线详细测设。

要求在圆曲线上测设里程桩号为整 10m 的各细部点。

（1）测设数据的计算。

曲线细部点测设常用的方法是偏角法。计算出测设点相对应的基本放样数据：弦长和偏角。注意计算的校核。

（2）细部点测设。

按偏角法的步骤进行测设。注意在测设过程中如有超限，应该检查计算的数据是否有错，同时检查上步操作是否有误，重新测设，直至放样满足要求为止。

5. 曲线测设至终点 YZ 点时，其闭合差必须符合以下要求：

横向（半径方向）：±0.1m。

纵向（切线方向）：±L/1000（L 为曲线长度）。

四、注意事项

1. 圆曲线主点测设元素和偏角法测设数据的计算应经过两人独立计算，将计算结果进行校核，测设数据检查无误后才能使用。

2. 在测设过程中，注意现场成果的校核。

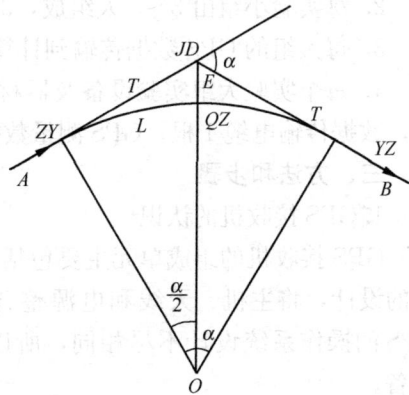

实验十五　GPS 接收机的认识与静态测量

一、目的和要求

1. 了解 GPS 的功能、主要部件的名称及作用。

2. 了解 GPS 静态相对定位的作业方法及数据处理。

二、计划和设备

1. 实验时数安排为 2 学时。

2. 每实验小组由 3~5 人组成，3 个实验小组为一实验大组。

3. 每大组的 GPS 数据传输到计算机后统一进行解算。

4. 每个实验大组实验设备及器材有：GPS 接收机 1 套（4 台），基座 4 套，三脚架 4 副，数据传输电缆 1 根，GPS 测量数据处理软件 1 套，笔记本电脑 1 台。

三、方法和步骤

1. GPS 接收机的认识

GPS 接收机的组成单元主要包括主机、天线和电源三部分。目前，GPS 采用了一体化的设计，将主机、天线和电源整合在一起，天线内置，外观比较简洁。因不同品牌 GPS 的操作系统设计不尽相同，所以使用时，应对设备作全面的了解，以便正确使用设备。

2. 静态测量

GPS 接收机的使用在指导教师演示后进行。

（1）在场地定出 4 个观测点，分别在 4 个观测点上安置 GPS 接收机，对中、整平。

（2）量天线高。

（3）打开 GPS 接收机开关，进行卫星自动搜索和数据采集。

（4）当 4 台接收机连续同步采集时段长度为 40 分钟后（4 台接收机连续同步采集时段长度不少于 40 分钟），退出数据采集，关闭接收机。

（5）再次量测天线高，前后两次天线高量测结果之差应不大于 3mm。记录测站的点号、天线高、接收机编号和观测时间，然后将接收机、基座等收好。

（6）将接收机记录的数据文件下载到笔记本中，进行基线解算和平差处理后输出处理成果，打印出网图及成果报告。

四、注意事项

1. 接收机应安置在比较开阔的点位上，视场内周围障碍物的高度角应不大于 15°。

2. 天线高的量测读数精确至 1mm。

3. 观测期间，不得在天线附近 50m 内使用电台，10m 内使用对讲机。

4. 每大组的 GPS 接收机开关时间应尽量保持同步。

5. 一时段作业过程中，不允许对接收机进行关闭又重新启动。

6. 观测期间要防止接收机振动，更不得移动，要防止人员或其他物体碰触天线或阻挡信号。

实验十六　　GPS-RTK 碎部测量与放样

一、目的和要求

1. 了解 RTK 系统组成与作业过程。

2. 了解利用 GPS-RTK 进行碎部测量的方法和放样的方法。

二、计划和设备

1. 实验时数安排为 2 学时。每实验小组由 4~5 人组成。

2. 每组完成 1 次参考站设置，测量 3 个碎部点坐标和放样 2 个已知坐标点。

3. 每实验小组实验设备及器材：包括基准站和流动站两部分。基准站包括：GPS-RTK 接收机套件（含数据发送电台套件，电源等）；流动站包括：GPS-RTK 接收机套件（含数据接收电台套件，电源，背包，手持控制器，对中杆）。

三、方法和步骤

GPS-RTK 系统的仪器设备较多，首先应在指导教师的介绍下认识仪器，掌握系统各部件的电路连接和使用方法，然后开始进行 GPS－RTK 测量与放样，具体方法如下。

1. 在基准站上安置 GPS 接收机，将天线、电源、电台与接收机连接。

2. 开机连接手簿。通过手簿进行参数设置，然后输入基准站已知坐标和天线高。

3. 将流动站 GPS 接收机与天线、电台、电源、控制器等正确连接。

4. 进行 RTK 测量初始化。初始化可以采用静态、OTF（运动中初始化）两种方法。

四、注意事项

1. 参考站应选择安置在地势较高的控制点上，周围无高度角超过 15°的障碍物和强烈干扰卫星信号或反射卫星信号的物体。

2. 正确输入参考站的相关数据，包括点名、坐标、高程、天线高等，天线高的量取精确至 1mm。

3. 流动站初始化，应在比较开阔的地点进行。初始化时间长短与距参考站的距离有关，两者距离越近，初始化越快。初始化成功后，RTK 启动完成，即可进行 RTK 测量与放样。

第三部分 测 量 实 习 部 分

测量实习作为一门独立的课程开设，是整个测量教学的重要组成部分。通过测量实习，全面提高学生对测定和测设工作的认知，可以使学生进一步了解地形图的形成过程和地形图的应用，培养学生的动手能力和团队的协作精神，使学生系统地掌握测、算、绘的基本原理和方法。

一、测量实习的目的

1. 掌握大比例尺地形图测绘的方法。

2. 熟识地形图的运用。

3. 巩固和加深测量理论知识，提高测量知识的运用能力。

4. 掌握基本的测量数据处理方法。

5. 熟练掌握常规测量仪器的使用。

6. 掌握施工放样的常用方法。

7. 加强实习成员的团队意识，培养实习成员的协作能力和科学严谨的工作态度。

二、测量实习计划与设备

1. 实习时间 2 周。每实习小组学生人数为 5~6 人，设组长 1 名，负责本小组在实习期间具体工作的安排和管理。

2. 实习设备和器材：DJ$_6$ 光学经纬仪 1 台，全站仪 1 台，棱镜 2 个，对中杆 2 个，

DS₃水准仪1台，水准尺2把，尺垫2个，记号笔1支，30m或50m纤维尺（钢尺）1把，绘图板1块，量角器1个，三角尺2把，2m小钢尺1把，工具包1个，图纸1张，记录板1块，各种测量记录表若干张。

3. 测量实习任务：在指定地点按要求测绘一幅1：500（40cm×50cm）的地形图，并对计划中的放样点进行现场测设。各个实习小组在指导老师的指导下，独立完成相应的实习任务。

4. 实习时间安排概要。见附表1所列。

实习时间安排表 附表1

序号	实习内容	时间安排（天）	备 注
1	实习动员、布置任务、领取实习设备及器材、现场勘察选点	0.5	测量准备
2	全站仪、经纬仪、水准仪、对中杆检验	0.5	40cm×50cm 1：500 大比例尺地形图测绘（测定任务）
3	平面控制测量外业测量和内业计算	2	
4	高程控制测量外业和内业计算	1	
5	碎部测量	3	
6	地形图检查、整饰	0.5	
7	图上设计和施工放样	1	施工放样（测设任务）
8	考核、编写实习报告	1	成果检查、整饰、上交资料（内业后期工作）
9	上交实习资料、归还实验仪器	0.5	

三、测量实习内容及技术要求

1. 测量仪器的检查

（1）电子全站仪检查

1）全站仪外观和一般功能的检查。

2）基座光学对点器的检查。

3）水准管轴与竖轴垂直检查（如果是电子气泡的，检查电子气泡居中情况）。如果是电子气泡的仪器，在电子气泡不能按要求居中时，应该及时到专业维修点进行校正。

4）圆水准轴平行于竖轴的检查。

5）望远镜竖丝垂直度检查。

6）望远镜视准轴垂直横轴检查。

7）倾斜补偿器零位误差检查。

对不符合要求的设备由专业人员进行校正。

（2）对中杆及棱镜的检查

1）对中杆检查。检查对中杆的垂直度。

2）棱镜的检查。首先检查棱镜的外观，看棱镜是否有破损情况；再检查棱镜的标志中心是否和棱镜的几何中心重合，如果不重合，按要求进行校正。

（3）经纬仪的检查（如果实习中带有经纬仪的，要进行此项工作）

经纬仪的检查工作按以下内容进行：水准管轴的检查；圆水准器的检查；十字丝位置的检查；视准轴检查；横轴检查；竖盘指标差检查。对不符合要求的设备进行检验校正。

(4) 水准仪的检查与校正

水准仪的检查工作按以下内容进行：圆水准器的检查；十字丝的检查；水准管轴平行视准轴的检查；如果是自动安平水准仪做"补偿器正常工作"检查。对不符合要求的设备进行检验校正。

2. 大比例尺地形图测绘

(1) 平面控制测量

1) 控制点选点

因测量实习区域不同，可以采用不同的平面控制形式。一般采用闭合或附合导线。选点的密度应能覆盖整个测区，便于碎部测量。一般要求相邻点之间的距离在 100m 内，相邻导线边长大致相等，平均长度为 75m。如条件较差，长短边相接时，长边边长和短边边长比不能大于 3∶1。

控制点的位置应选在土质坚实便于保存标志和安置仪器、通视良好便于测角和量距、视野开阔便于施测碎部之处。如果测区内有已知点，则所选图根控制点应包括已知点。点位确定之后，即打下木桩，桩顶钉上小钉作为标志。如点位选在水泥地上，可用红油漆在地上画"⊕"作为点位标志。点位选定后，应对点进行编号，并在附近用红漆写明控制点的编号。

2) 水平角观测

导线的转折角用全站仪（经纬仪）按测回法观测一测回。一般观测导线的左角（或右角），为便于内业计算，防止混淆出错，应避免左、右角混测。

盘左、盘右两个半测回的水平角之差应小于 $40''$。导线角度闭合差的限差为 $f_{β限} = \pm 60'' \sqrt{n}$，$n$ 为导线角个数。

3) 边长测量

导线的边长采用电子全站仪（光电测距仪）往返观测。往返测较差的相对误差应小于 1/4000。

4) 连接测量

导线应与本测区的已知点（高级控制点）进行连测，以取得坐标和方位角的起算数据。在校内的实习场地中，已知控制点的点位和坐标值由指导老师提供。

5) 坐标计算

导线测量内业计算的目的是计算并求得各导线控制点正确的平面坐标。在计算之前，应对外业测量成果进行全面检查。在测量数据符合要求后，绘制导线略图，并在导线略图相对应的位置上注明已知数据及实测的边长、转折角、连接角等观测数据。然后进行内业计算，计算过程应在规定的表格中进行。计算时，图根导线的角度值及方位角值通常取至秒；边长及坐标值通常取至毫米。

(2) 高程控制测量

1) 高程控制点选点和高程控制网的布设

在现场选点。不同测区环境有不同的选点考虑，一般在平面控制选点时，同时考虑高程控制的点位选择，把平面控制点和高程控制点公用，然后根据测区的实际情况，再对测区的高程点进行增减修改，形成一个合理的高程控制网。测量实习经常采用的两种控制形式：闭合水准路线或附合水准路线。

高程系统的选择。本次测量实习高程系统由指导老师提供，按图根控制的要求测出各图根点的高程。图根水准测量的视线长度应小于 100m，路线高程闭合差 $f_{h容} = \pm 40 \sqrt{L}$ mm 或 $f_{h容} = \pm 12 \sqrt{n}$ mm，式中 L 为路线长度，以千米为单位，n 为测站数。

2）高程计算

先计算高差闭合差 f_h，如 $f_h \leqslant f_{h容}$，可对高差闭合差进行调整。计算各高程控制点的高程。

高差闭合差的调整方法是采用简易平差方式：反符号按路线长度或测站数正比例分配。

（3）测绘地形图

1）准备绘图纸

对于没有格网的图纸，用坐标格网尺法或对角线法绘制 40cm×50cm 坐标方格网。坐标格网线粗应不超过 0.1mm；方格边长与理论长度（10cm）之差不应超过 0.2mm；图廓边长及对角线与理论长度之差不应超过 0.3mm；纵横格网线严格正交，同一条对角线上各方格顶点应位于一直线上，其偏离值不超过 0.2mm。

如果是采用带有格网的合格图纸，因图纸有了合格的格网，实习就可以进入下步工作。

2）控制点展绘

绘图纸准备好后，在图上注明格网线的坐标，然后根据控制点的坐标值把控制点展绘到图上。

在独立测区假定起始点坐标时，应设计好格网线的坐标值（本实习的测图比例尺为 1：500，格网线的坐标应为 50m 的整数倍），使控制网位于坐标格网的中部，这样使控制点均匀分布测区，便于碎部测量。

控制点展好后，还应注上点号和高程。在点的右侧画一细短线，上方标注点号，下方注写高程。

控制点展绘完毕，应检查有无差错及是否满足要求。用刻度尺（最好是比例尺）在图上量取相邻控制点间的距离，与已知距离相比其差值不应超过图上 0.3mm。

3）碎部测量

① 测图方法

碎部测量可以采用全站仪极坐标法或是坐标测量法进行测图（也可以采用经纬仪配合量角器测绘）。

本次测量实习采用电子全站仪极坐标法进行测图。碎部测量一测站全站仪对中误差小于 3mm。碎部测量归零检查，其归零差不能大于 $4'$。

② 碎部点的选择

司镜手（司尺手）应熟悉地物地貌的特点。选择碎部点时，做到合理取舍，在保证测点密度的同时，又可以提高测图效率。

记录用于展绘碎部点的测量数据。如果采用全站仪自动记录测量数据，外业完成后，内业进行相应的数据下载和计算。对于采用经纬仪测绘法测绘地形图，还要有效控制不同类型碎部点的最大视距。

③ 地形点的展绘

展绘时应按图式符号表示出居民地、独立地物、管线及垣栅、境界、道路、水系、植被等各项地物和地貌要素以及各类控制点、地理名称注记等。高程注记至厘米，记在测点右边，字头朝北。按相应比例尺勾画等高线。所有地物地貌应在测站现场绘制完成。

④ 测站点的加密

为了保证测图精度，图根点应具有一定的密度。如原有的图根点不能满足测图的需要时，应加密测站点。常用的方法是采用全站仪通过布设支导线进行加密。

3. 地形图的检查与整饰

（1）地形图拼接与检查

先进行图幅的拼接。因本次实习测区小，没有分幅测量，小组间不需图边拼接。如果有拼接的按附表2技术要求来进行检查。

图幅拼接要求　　　　　　　　　　　　　　　　　　　　附表 2

序　号	拼接检查项目	技 术 要 求
1	拼接图边范围	5～10mm
2	主要地物接边误差	≤±1.4mm
3	次要地物接边误差	≤±2.0mm
4	等高线接边误差	小于1/2等高距

然后进行室内检查，主要检查地物、地貌的线条是否正确、清晰，连接是否合理，各种符号是否有错，名称注记是否有遗漏，发现问题应记录，以便室外检查时核对。室外检查时，把图纸拿到现场，与实地进行全面核对，检查地物、地貌表示是否与实地相符，有无遗漏，各种注记是否正确等。若发现问题，应用仪器进行检查、更正或补测。

（2）地形图整饰

用铅笔对原图按照大比例尺地形图图式规定的符号进行整饰。整饰的一般顺序为：内图廓线、控制点、独立地物、主要地物、次要地物、高程注记、等高线、植被、名称注记、外图廓线及图廓外注记等。整饰的基本要求是达到准确、清晰、真实、美观。

图廓线外正上方中间应写明图名，如果是大面积多图测绘时，还要标出本图的图幅号；正下方中间应写明测图比例尺；在图廓线外左上方画出接图表；左下方注明测图方法和日期、坐标和高程系统、等高距及选用图式等；右下方写明测图班组成员的姓名。

4. 施工放样

（1）平面点位的测设

图上设计。在本组实测的地形图上自行设计一建筑物（构筑物），并确定其在图纸上的设计坐标（x、y）。建筑物为长 L、宽 W 米的长方形建筑，设计高程根据实习的场地情况自行设定，或是由指导老师统一给定。

1）测设数据计算

根据建筑物与控制点之间的位置及现场地形情况，可选择采用极坐标法、角度交会法、距离交会法或直角坐标法来测设。选定测设方法后，计算出放样数据。

2）现场测设

根据控制点及所算得的放样数据进行现场测设。点的平面位置测设后，应进行检核。

钢尺丈量检核边的边长，与设计值的相对误差应小于1/3000；光电测距校核边长，与设计值的相对误差应小于1/4000。

（2）高程测设

根据测图控制点的高程，用水准测量方法测设出拟订的建筑物的设计高程。

四、实习资料整理

1. 检查所有记录数据是否有缺漏和改动，如有改动必须由相关测量人员签字确认。

2. 外业数据必须记录在测量手簿相应的表格中，内业的计算也必须在相应的表格中进行。

3. 检查所有计算数据是否有错、缺、漏。

4. 保持资料齐全整洁，不得在数据上随意涂写。

5. 所有数据分类归档。

五、提交实习资料

1. 小组测量实习成果

（1）平面控制测量外业观测记录、成果计算表及平面控制网网形图。

（2）高程控制测量外业观测记录、成果计算表及高程控制网网形图。

（3）平面控制点和高程控制点成果表。

（4）碎部测量记录表。

（5）1：500 地形图一幅。

（6）建筑物施工放样记录和计算表。

（7）其他因临时变更实习任务的测量成果记录和计算表。

2. 编写测量实习报告

其编写内容按如下流程进行：

（1）封面。实习名称、学校、专业、班级、组号、成员姓名、指导教师、编写时间等。

（2）目录。

（3）前言。简述测区概况、实习时间、地点、目的、任务及实习小组工作情况等。

（4）具体的实习内容，其中要包含"小组测量成果"的内容。

（5）个人实习体会。叙述实习过程中所遇困难和问题，阐述问题产生的原因及解决问题的办法，实习的收获及体会。

六、实习注意事项

1. 测量实习的各项工作以实习小组为单位，小组成员之间应密切配合，团结协作，发扬团队精神，以便顺利完成实习任务，达到实习目的。

2. 各小组长要切实负责，合理安排各项工作，使每个人都有练习的机会。

3. 要遵守执行测量实习的有关规定，不得随意缺席。

4. 测量实习要使用的设备及器材较多，借领时应认真清点，做到不多领，不漏领。

5. 每次出测前，要做好测量的准备工作，包括实习内容的预习、测量的方法、计算方法、仪器的使用等准备。每次测量前后，注意现场清点使用的测量设备及器材，避免有遗失。

6. 每项工作观测完成后，应及时整理、校核。当天的数据当天处理。

7. 原始数据不得涂改、伪造。超出限差时，应分析原因，及时返测。

8. 各小组的原始记录在实习期间，应妥善保存，避免数据遗漏。

9. 严格按照仪器的操作规程来使用，不允许私自对设备进行拆卸。

10. 在使用测量仪器时，仪器设站应不影响交通，且少受交通干扰。在测量过程中，仪器必须有专人看管，保护好仪器、点位、尺垫等。

11. 爱护实习场地的绿化环境，注意天气变化对测量人员的影响，注意人身安全。

12. 对在现场出现的问题，无论是技术上还是其他方面的，如果无法自行解决，应该及时向指导老师反映，通过老师指导解决。

参 考 文 献

[1] 李青岳，陈永奇. 工程测量学. 3版. 北京：测绘出版社，2008.

[2] 合肥工业大学，等四校. 测量学. 4版. 北京：中国建筑工业出版社，1995.

[3] 宁津生，陈俊勇，李德仁，等. 测绘学概论. 武汉：武汉大学出版社，2004.

[4] 张正禄. 工程测量学. 武汉：武汉大学出版社，2012.

[5] 邓晖，刘玉珠. 土木工程测量. 广州：华南理工大学出版社，2015.

[6] 许国辉，郑志敏. 土木工程测量. 北京：中国建筑工业出版社，2012.

[7] 覃辉. 土木工程测量. 重庆：重庆大学出版社，2011.

[8] 张坤宜. 交通土木工程测量. 4版. 北京：人民交通出版社，2013.

[9] 陈久强，刘文生. 土木工程测量. 北京：北京大学出版社，2006.

[10] 唐春平，周跃孝. 建筑工程测量. 2版. 北京：北京理工大学出版社，2016.

[11] 段琪庆，王倩. 土木工程测量. 北京：科学出版社，2017.

[12] 余代俊，郑平元. 测量学. 3版. 北京：地质出版社，2016.

[13] 陈改英. 测量学. 3版. 北京：气象出版社，2013.

[14] 马飞虎，孙翠羽. 土木工程测量. 2版. 长沙：中南大学出版社，2016.

[15] 王云江. 市政工程测量. 2版. 北京：中国建筑工业出版社，2012.

[16] 胡伍生，潘庆林. 土木工程测量. 5版. 南京：东南大学出版社，2016.

[17] 李永，刘炳娟. 土木工程测量. 南京：江苏科学技术出版社，2013.

[18] 冷超群，余翠英. 建筑工程测量. 南京：南京大学出版社，2013.

[19] 韩玉民，李利，冷冰. 土木工程测量. 武汉：武汉大学出版社，2014.

[20] 黄显彬. 土木工程测量. 北京：中国建筑工业出版社，2017.

[21] 张宇，杨成杰. 土木工程测量. 西安：西北工业大学出版社，2016.

[22] 索俊锋，杨学锋. 土木工程测量. 北京：国防工业出版社，2015.

[23] 王侬，过静珺. 现代普通测量学. 2版. 北京：清华大学出版社，2015.

[24] 顾孝烈，鲍峰，程效军. 测量学. 4版. 上海：同济大学出版社，2011.

[25] 胡伍生，潘庆林，黄腾. 土木工程施工测量手册. 2版. 北京：人民交通出版社，2010.

[26] 徐绍铨. GPS测量原理及应用. 武汉：武汉测绘科技大学出版社，2011.

[27] 杨晓明，沙从术，等. 数字测图. 北京：测绘出版社，2009.

[28] 朱建军，贺跃光，曾卓乔. 变形测量的理论与方法. 长沙：中南大学出版社，2003.

[29] 杨少伟. 道路勘测设计. 北京：人民交通出版社，2004.

[30] 扬德麟，高飞. 建筑工程测量. 北京：测绘出版社，2001.

[31] 潘正风，杨正尧. 数字测图原理与方法. 武汉：武汉大学出版社出版，2002.

[32] 黄俊华，陈文生. 连续运行卫星定位综合服务系统建设与应用. 北京：科学出版社，2009.

[33] 中华人民共和国国家标准. 工程测量规范 GB 50026—2007. 北京：中国计划出版社，2008.

[34] 中华人民共和国行业标准. 城市测量规范 CJJ/T 8—2011. 北京：中国建筑工业出版社，2012.

[35] 中华人民共和国国家标准. 国家三、四等水准测量规范 GB/T 12898—2009. 北京：中国标准出版社，2009.

[36] 中华人民共和国国家标准. 全球定位系统(GPS)测量规范 GB/T 18314—2009. 北京：中国标准出版社，2009.

[37]　中华人民共和国行业标准 . 建筑变形测量规范 JGJ 8—2016. 北京：中国建筑工业出版社，2007.

[38]　中华人民共和国行业标准 . 公路勘测规范 J TG C10—2007. 北京：人民交通出版社，2007.

[39]　中华人民共和国国家标准 . 1：500、1：1000、1：2000 地形图图式 GB/T 20257.1—2017. 北京：
　　　中国标准出版社，2017.